柴公鸡

柴母鸡

优质肉鸡种公鸡

优质肉鸡种母鸡

白羽肉种鸡

肉仔鸡幼雏

果园养鸡

笼养鸡舍

平养优质肉鸡

平养蛋鸡

平养育雏优质肉鸡

山地放养柴鸡

地面平养的肉鸡

放养鸡群

肉鸡网上平养

散养柴鸡群

育雏笼内的雏鸡

正在清理的网上平养肉鸡舍

3 层阶梯蛋种鸡笼

4 层立式育雏笼

5 层叠层式蛋鸡笼

卷帘鸡舍

三层阶梯式蛋鸡笼

有窗鸡舍外景

产蛋箱

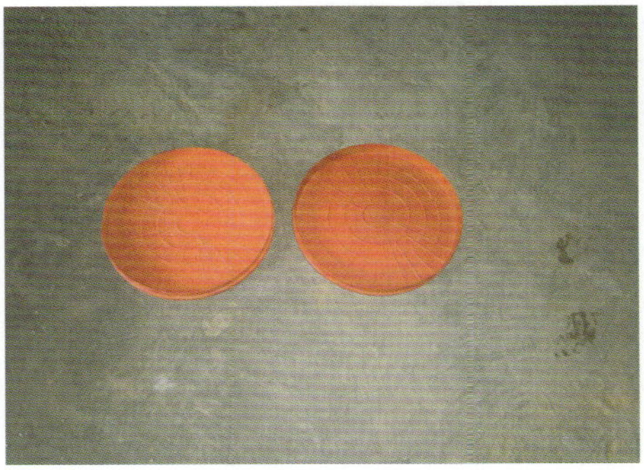

开食料盘

平养肉种鸡喂料系统

输送带式清粪系统

4 层阶梯式自动集蛋机

自动喂料设备

鸡舍湿帘与室外料塔

降温湿帘

现代化孵化厅

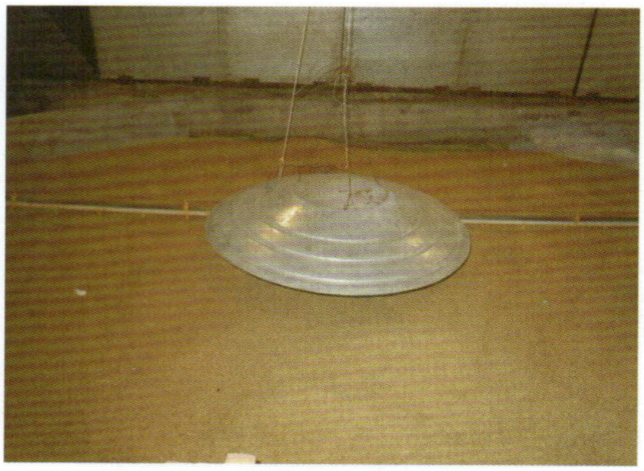

育雏保温伞

育雏室加热设备

纵向通风鸡舍的排风扇

白壳种蛋

褐壳种蛋

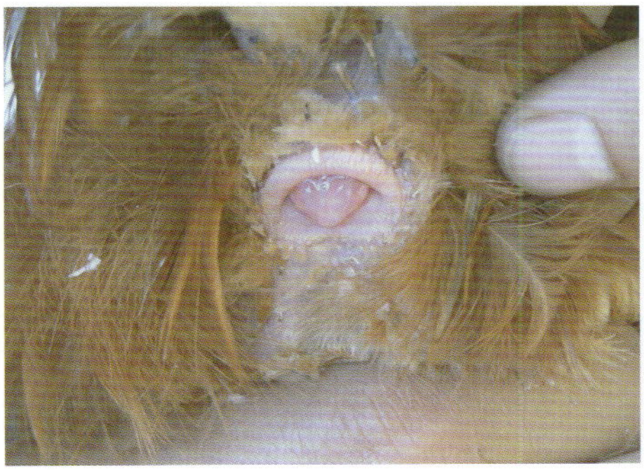

公鸡泄殖腔

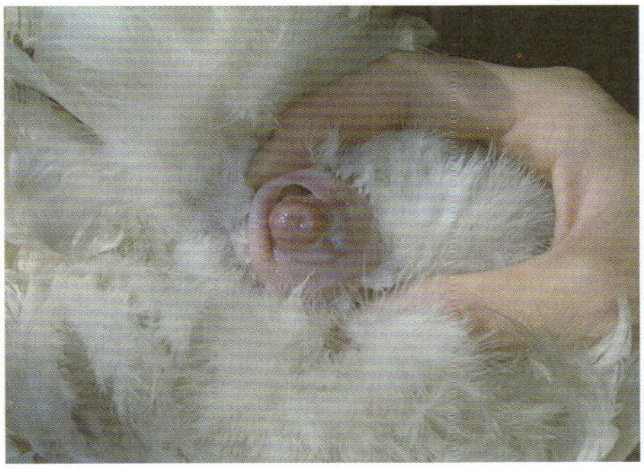

母鸡泄殖腔

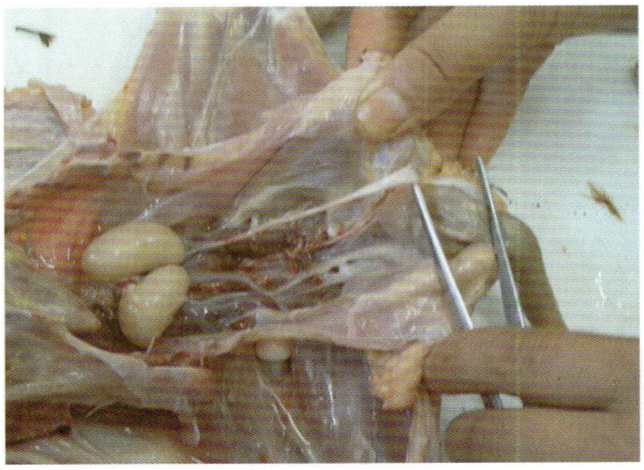

公鸡生殖系统

母鸡生殖系统

不合格雏鸡

患有腿部疾病的肉鸡

人员消毒室

丝羽乌骨鸡

优质肉仔鸡

照蛋检查

现代实用养鸡全书

黄炎坤　主编

河南科学技术出版社

·郑州·

图书在版编目（CIP）数据

现代实用养鸡全书／黄炎坤主编．—郑州：河南科学技术出版社，2014.2

ISBN 978-7-5349-6853-2

Ⅰ.①现…　Ⅱ.①黄…　Ⅲ.①鸡-饲养管理　Ⅳ.①S831.4

中国版本图书馆 CIP 数据核字（2013）第 320404 号

出版发行：河南科学技术出版社

地址：郑州市经五路 66 号　　邮编：450002

电话：（0371）65737028　65788613

网址：www.hnstp.cn

策划编辑：陈淑芹　　编辑邮箱：hnstpnys@126.com

责任编辑：李义坤

责任校对：柯　姣

封面设计：张　伟

版式设计：栾亚平

责任印制：张艳芳

印　　刷：郑州美联印刷有限公司

经　　销：全国新华书店

幅面尺寸：170 mm × 240 mm　　印张：27　　字数：480 千字　　彩插：8 面

版　　次：2014 年 2 月第 1 版　　2014 年 2 月第 1 次印刷

定　　价：48.00 元

本书编写人员名单

主　　编　黄炎坤

副 主 编　王永强　刘建军　石志斌　陈　欣　余清芬

编　　者　王鑫磊　崔　锦　张立恒　黄润芸　韩宇飞　张唯真　张晓燕　王献梅　郑远东　杜彦斌　霍　永　王永强　刘建军　石志斌　陈　欣　余清芬　黄炎坤

前　言

养鸡业是我国畜牧业中发展最快的产业之一，从 1995 年开始，我国鸡蛋的产量跃居世界第一位，人均鸡蛋占有量也位居世界前列，鸡肉产量位居世界第二位，从根本上摆脱了鸡肉、鸡蛋供应紧缺的局面，极大地满足了民众的消费需求。

近年来，随着我国畜牧业发展方式的转变，规模化经营、设施化养殖、标准化管理、安全化生产已经成为现代养鸡业的重要标志。鸡蛋鸡肉质量安全已经成为当今养鸡生产的核心话题，标准化管理将成为提高鸡群健康和生产水平的重要抓手，而规模化经营则是提高生产经营效益的基础。据有关资料显示，我国蛋鸡的规模化养殖比例已经超过 75%，而且存栏 5 万只以上的蛋鸡场数量增加得非常快，存栏 1 万只以下的小型蛋鸡养殖场则日渐减少；肉鸡的规模化养殖比例也超过 80%，而且年出栏 50 万只以上的肉鸡场所生产的肉鸡占肉鸡养殖总量的 60% 以上。养鸡业生产经营模式在生产设施、环境管理、卫生防疫、自动化控制、投入品监管、产品质量追溯体系等方面都赋予了新的内涵。

本书内容以服务产品质量安全为核心，以规模化养鸡为前提，以标准化管理为原则，从养鸡生产的各个环节阐述有关的背景、实用知识和技术，力图为读者提供更贴近现实、更全面、更实用、更规范的养鸡知识和技术，为养鸡业的稳定发展提供科学的参考依据。

本书的编写人员既有高校教师，也有来自生产一线和行业主管部门的专家，在编写过程中参考了大量先贤时俊的资料，同时也参阅了一些生产企业的具体生产管理制度和操作规程，在此向这些作者和企业表示感谢。由于我国地域辽阔、自然气候条件差异较大、养鸡习惯不同，加上有关的数据依然处于修订之中，因此书中所列的有些具体数据仅供参考，在应用时需向当地专家进行咨询。限于作者水平，书中可能会有不妥之处，敬请读者指正。

编者

2013 年 2 月

目　录

第一章　养鸡生产概况

第一节　现代养鸡业

鸡是由原鸡驯化而成的家禽，也称为家鸡。从事家鸡繁育、养殖、保健和经营的产业称为养鸡业。现代养鸡业就是用现代工业装备养鸡业，实现工厂化养鸡生产；用现代科学技术改造养鸡业，使之成为一个高技术产业；用现代管理方式管理养鸡业，提高其管理的科学化水平；用现代科学文化知识提高从业者素质，为现代养鸡业提供可靠的人员保障，从而使养鸡业成为劳动生产率、资源利用率、运行质量和效益较高、可持续发展的强势产业。

一、现代养鸡业的特点

现代养鸡业的特点体现在规模化、自动化、标准化、安全化、专业化、优质化、品牌化等方面。

（一）养殖规模化

1. 养殖规模的变迁　近30年来我国的养鸡生产经历了重大的变革，养殖规模从小到大。目前，规模化养鸡所占的比重已经大幅提高，蛋鸡达到75%以上，肉鸡达到85%以上。适度规模已经成为当今养鸡生产的主流模式。

在20世纪70年代以前，我国养鸡业基本是农村传统的零星散养模式，家庭副业式生产状态，生产方式简单落后，鸡蛋和鸡肉的生产量和商品量都很低，以致全国性的对鸡蛋、鸡肉的供应长期处于严重短缺局面。

自20世纪70年代中后期起，政府为解决城市副食品供应紧张的问题，以政府出资、以当时的食品公司管理为主在部分大中型城市郊区发展规模化养鸡场。但是，当时养鸡场数量很少，只能部分缓解鸡蛋和鸡肉供应紧缺的问题。

20世纪80年代中后期，随着改革开放政策在农村的推行，农村养鸡专业户应运而生，养殖规模从几百只到几千只，虽然单个养鸡户的规模小，但是总体养殖数量却迅速增加；进入21世纪以后，全国各地的规模化养鸡场数量增加很快，取代了大部分3 000只以下规模的养鸡户，这些鸡场的饲养规模一般有上万只或十几万只，少数达到几十万只。这些规模化养鸡场的建立，大大提高了我国养鸡业现代化生产水平，缩小了和国外先进水平的差距，是中国养鸡业规模化生产的转折点，有力地推动了我国蛋鸡业及相关产业的全面发展。

近几年从国家到地方都对规模化养鸡采取了鼓励、优惠和扶持的政策，各地兴建养鸡小区，促进了蛋鸡规模化饲养的发展。

2. 规模化养鸡生产的优势　规模化养鸡生产解决了传统的小规模养鸡生产中所存在的问题，主要表现在以下几方面。

（1）有利于卫生防疫：许多中小规模的养鸡场管理者由于缺乏必要的卫生防疫知识和观念，对鸡场的卫生防疫工作做得很不到位，包括场址的选择、场内的规划、卫生防疫设施的建设、卫生防疫制度的建立与实施、疫苗和药品的使用、粪便污水和病死鸡的无害化处理、饮水卫生等，都与规范化要求相去甚远。由于卫生防疫管理工作不到位，许多养鸡场会经常有传染病发生。从目前兽药企业的经营情况看，中小规模养殖场的药物使用量占有绝大多数的比例。规模化生产有足够的技术力量为卫生防疫提供条件。

（2）有利于生产管理的规范化：许多中小规模养鸡场的老板没有受过畜牧兽医相关专业知识和技术的系统教育，经营企业靠的是经验和教训的积累。对于国家制定的有关标准、规范了解很少，对于各个生产环节的市场管理规程掌握得很不系统。这就导致很多生产环节的管理不规范，造成生产中出现较多的问题。规模化养鸡场制定了系统的规章制度和生产操作规程，能够保证生产管理的规范化运行。

（3）有利于增强品牌意识：我国的鸡蛋生产与销售多是以带壳鸡蛋直接销售为主，许多蛋鸡养殖场户是在场内等待鸡蛋贩子到场内批发鸡蛋。这些鸡蛋被鸡蛋贩子运送到批发市场，直接转售给零售商，或者包装之后进行销售。很多蛋鸡养殖场户，根本没有品牌意识，没有建立自己的商品品牌，没有进行品牌运作。白羽肉鸡的情况好一些，大多数通过有品牌的企业屠宰加工后上市销售。优质肉鸡的情况与鸡蛋相似，在全国大多数地方都是以活鸡的形式出售，不仅小的养殖场户没有品牌意识，即便是规模较大的养殖企业提供的活鸡也多数没有商标或专用标识。发展规模化生产就会使企业不断重视品牌运作，发挥品牌在经营效益中的作用。

（4）有利于提高质量意识：对于绝大多数中小规模的养鸡场来说，老板的生产目标是提高鸡群的成活率、产蛋率、蛋重、生长速度、劳动生产效率，很少会把提高产品的质量尤其是内在的卫生质量放在重要位置，这显然与当今的食品生产与消费潮流背道而驰。作为规模化企业，要实施品牌运作就必须把产品质量放在重要位置，以质量争市场、争效益。

（5）有利于加强环境污染治理：中小规模的养鸡场几乎没有粪便、污水和病死鸡的无害化处理设施。鸡粪在鸡场院子内外堆积，污水在鸡场周围流淌，死鸡浅埋或随地丢弃（甚至出售给收购死鸡的人）现象随处可见。由于这些现象的存在，导致养鸡场环境被严重污染（土壤、地下水、建筑物与物体表面等微生物数量超标，水中矿物质含量超标）。鸡群的生活环境一旦被污染，则鸡群时刻暴露在被感染的外界条件下，很容易造成鸡群被感染。规模化养鸡场必须按照国家有关环境污染治理的要求设立相应的污染治理场地、设施，落实污染物的达标排放。

（6）有利于解决“科技棚架”问题：近年来我国在家禽饲养设施与环境控制、自动化技术、营养与饲料、疫病诊断与防治技术、饲养管理技术等领域内的研究已经达到或接近国际先进水平，但是许多新技术、新产品却没有能够在生产中得到应用。当前，大多数中小型养鸡场（户）所使用的技术仍然停留在10年前的水平。许多在实际生产中所出现的而且造成较大损失的问题对于专业技术人员来说都是比较容易控制的问题。“科技棚架”问题的存在制约了养鸡生产过程和产品的技术含量，限制了我国养鸡生产水平的进一步提高。

发展规模化养殖，则可以通过企业或合作社聘请专家和专业技术人员来指导，解决生产技术和经营问题。

（7）有利于缓解产品的市场价格波动：小型养鸡场（户）跟风现象突出，市场行情好的时候大量上马或扩大生产规模，市场低迷的时候纷纷减小饲养规模甚至下马。这种生产的不稳定性造成了鸡蛋和鸡肉价格出现大幅度的波动，而且每次波动的最终受害者仍是这些小型养鸡场（户）。

规模化养鸡场鸡群的存栏相对平稳，生产的计划安排有序，能够缓解大起大落的问题。

3. 适度规模是趋势 虽然近年来国内大型养鸡企业的生产规模在增大，如有的蛋鸡场一个场的饲养规模达到300多万只，有的一个公司（有多个蛋鸡场）的总体养殖量超过800万只；大型肉鸡生产企业的年养殖规模超过1亿只，有不少在0.5亿只左右。但是，从我国的实情出发，适度规模是非常必要的，片面追求超大规模在很多地方并不会有更好的效益。

有不少专家提出，在当前情况下蛋鸡生产中一个养殖场的饲养数量控制在5万~20万只是比较恰当的；一个商品肉鸡养殖场的年出栏量控制在50万~350万只比较合适，肉种鸡的养殖规模在3万~10万只比较好。

（二）设施自动化

1. 机械化是现代养鸡业的特征 现代养鸡业结合了工业生产的特点，机械化是其重要特征。从种蛋生产到孵化、育雏、育成、产蛋或肉鸡养殖、出栏等几乎所有环节基本实现了机械化。

机械化程度的提高是实现规模化、集约化养鸡生产的重要基础。有了现代化的孵化设备，一台巷道式孵化器一个批次能够孵化出约10万只的雏鸡，一个规模化的孵化厂一个批次可以提供约百万只的雏鸡，这在以往使用土法孵化的情况下是无法想象的；一套现代化的蛋鸡养殖设备在一栋鸡舍内能够饲养5万~10万只产蛋鸡，而在以往非机械化的情况下采用平养方式一栋鸡舍的蛋鸡养殖量仅为2 000~8 000只。

2. 自动化是提高生产效率的基础 自动化控制是提高生产效率的保障，现代化的养鸡业在很大程度上实现了多数生产过程管理的自动化，如在喂料、饮水、清粪、通风、温度控制、照明、鸡蛋收拣、鸡舍内部监控、设备故障报警等系统都实现了自动化控制。

自动化控制在很大程度上降低了劳动强度，如在养鸡生产中喂料、清粪、收拣鸡蛋、刷洗水槽等都是劳动量很大的工作，在这些环节实现了自动化之后，工人的劳动强度大幅度减小，有效地改善了劳动条件。

自动化有助于减少人工操作过程中的一些失误，如使用光照自动控制系统只要设定好开灯时间、关灯时间以及开关灯时的光线亮度（勒克斯）阈值，控制系统就会按时开关灯，不会出现饲养员因为某些事造成的早晨开灯推迟、晚上忘记关灯等问题；通风与温度控制系统能够在夏季和冬季根据鸡舍内的温度情况自动启闭通风降温或输送热风等设备，无论是白天还是晚上都使鸡舍内保持适宜的环境条件。

（三）管理标准化

按照《农业部关于加快推进畜禽标准化规模养殖的意见》，畜禽标准化生产，就是在场址布局、栏舍建设、生产设施配备、良种选择、投入品使用、卫生防疫、粪污处理等方面严格执行法律法规和相关标准的规定，并按程序组织生产的过程。

各地政府主管部门和养殖场要着力于标准的制（修）订、实施与推广，达到“六化”，即畜禽良种化、养殖设施化、生产规范化、防疫制度化、粪污处理无害化和监管常态化。要因地制宜，选用高产优质高效畜禽良种，品种来源清楚、检疫合格，实现畜禽品种良种化；养殖场选址布局应科学合理，符合防疫要求，畜禽圈舍、饲养与环境控制设备等生产设施设备满足标准化生产的需要，实现养殖设施化；落实畜禽养殖场和小区备案制度，制定并实施科学规范的畜禽饲养管理规程，配制和使用安全高效饲料，严格遵守饲料、饲料添加剂和兽药使用有关规定，实现生产规范化；完善防疫设施，健全防疫制度，加强动物防疫条件审查，有效防止重大动物疫病发生，实现防疫制度化；畜禽粪污处理方法得当，设施齐全且运转正常，达到相关排放标准，实现粪污处理无害化或资源化利用；依照《中华人民共和国畜牧法》《饲料和饲料添加剂管理条例》《兽药管理条例》等法律法规，对饲料、饲料添加剂和兽药等投入品使用，畜禽养殖档案建立和畜禽标识使用实施有效监管，从源头上保障畜产品质量安全，实现监管常态化。各地要建立健全畜禽标准化生产体系，加强关键技术培训与指导，加快相关标准的推广应用步伐，着力提升畜禽标准化生产水平。

（四）生产安全化

1. 鸡病的防治工作不可忽视　在总体生产水平还不高的情况下，鸡病依然是养鸡业健康发展的一大障碍。由于生产过程中暴发鸡病而造成严重亏损的养殖场户并不少见。据有关资料报道，我国养鸡业每年由于传染病所导致的蛋用鸡死亡数量超过1亿只、肉鸡的死亡数量超过4亿只，直接造成的经济损失约60亿元，间接造成的损失超过150亿元。其他疾病造成的经济损失约40亿元。对于一个养鸡场来说，一旦发生鸡病，所造成的损失和不良影响是多方面的。

（1）鸡病发生后导致直接的经济损失大：一些鸡病（尤其是传染病）发生后会造成大量的鸡只出现发病症状甚至死亡，给生产造成损失。目前，在蛋鸡生产中处于产蛋前期的鸡群发病的概率高于其他阶段，这就给蛋鸡生产造成严重的损失，这个时期鸡群发病后产蛋率常常由90%左右下降到50%左右，鸡只死亡也多，前期的培育成本往往难以收回；在快大型肉鸡生产中，25日龄以后的肉鸡发病率和死亡率增高，鸡苗和饲料、能源投入几乎无法得到任何回报，也使其损失增大。

（2）鸡病发生后产品质量受影响：目前，鸡肉和鸡蛋的质量安全主要受鸡群的健康影响，如果鸡群发病则病原体有可能感染鸡肉和鸡蛋，如果使用药物治疗则在肉蛋中可能会有药物残留。鸡病发生后肉蛋的外观品质也受影响，如褐壳蛋的蛋壳颜色变浅、蛋壳粗糙、畸形，肉鸡屠体外观有瘢痕、结痂、肿胀或肌肉发育不良（全身或局部），影响其商品价值。

可以说，目前鸡产品质量安全都与鸡群的健康有关，关注食品安全就必须关注鸡群保健。

2. 环境安全是鸡群保健的重要基础

（1）环境污染是鸡病频发的根源：

1）生物病原污染：患病或隐性带病的家禽会随粪便排出多种致病菌和寄生虫卵，如沙门菌、鸡金黄色葡萄球菌、鸡传染性支气管炎和马立克病毒、蛔虫卵、球虫卵等。若不适当处理，则会成为传染源，造成疫病传播，不仅影响到畜禽的健康，也影响到人类的健康。

2）重金属的污染：当今养鸡生产中，大量使用的含砷促生长剂会通过粪便排出而对环境造成较大的污染。据测算，一个10万只肉鸡场若连续使用有机砷作促生长剂，15年后，周围土壤中的砷含量会增加一倍，那时，该地所产的多数农产品的砷含量都将超过国家标准而无法食用。

3）氮和磷的污染：鸡粪中含有大量的氮、磷化合物，如肉仔鸡粪便中含有约50%的食入氮及55%的食入磷。进入土壤后，这些氮和磷转化为硝酸盐和磷酸盐。当它们含量过高时，不仅会对土壤造成污染，使土壤表面有硝酸盐渗出，而且还能通过土壤冲刷和毛细管作用造成地下水和地表水的污染。若地下水被污染，需300年才可净化；而地面水被污染后，除滋生大量蚊蝇外，还造成水体富营养化，使藻类和其他水生植物大量繁殖，使水中的溶解氧（DO）减少，使鱼虾等动物因缺氧而死亡。水中生物的死亡和腐败产生多种有害物质，使水质恶化，不仅不能饮用，即使作为灌溉用水，也会造成水稻等作物的减产。

4）恶臭对环境的污染：恶臭来自于饲料中蛋白质的代谢终产物，或粪尿中多余的养分和代谢物经细菌分解产生的恶臭物质，包括氨、硫化氢、吲哚、硫醇等。它们不仅影响了周围居民的生活，而且降低了鸡的生产性能及增加了鸡只的发病率。

（2）粪便和污水的污染很严重：许多养鸡场的粪便和污水没有经过无害化处理，造成环境污染，影响生产安全。粪便和污水没有及时进行无害化处理的原因很多。

1）污物无害化处理的成本偏高、直接效益低：目前，使用比较多的畜禽粪便无害化处理方式是烘干。由于粪便中水分的含量高，烘干过程需要消耗大量的燃料，加上目前一些粪便烘干处理设备的热效率较低，燃料的费用更高。而在夏季，由于鸡饮水量增加，粪便更稀，必须进行固液分离后才能够进一步处理，这也使处理过程的困难更多。经过烘干处理的粪便大多数是作为花卉、大棚蔬菜和其他经济作物的肥料使用，这些植物种植总面积小、肥料的需要量也少，作为肥料使用其销售价格也较低。以往有人将烘干的鸡粪作为非常规的饲料原料添加到牛、羊、猪或水产动物的配合饲料中以降低饲料成本，并提高粪便加工的效益。但是，自从我国实施农产品清洁生产后，不允许将动物粪便再加工后用于饲养其他动物，这就减少了一条动物粪便加工利用的途径。

2）对污物无害化处理的研究落后：目前，我国在有关养殖场污染物治理方面的科研投资还非常少，从事这方面研究的人员也很少。根据有关资料报道，在减轻畜禽粪便污染或无害化处理方面的研究主要集中在以下几方面：在养殖场污染物无害化治理方面的应用方法主要有烘干、生产沼气、堆积沤制有机肥、有氧发酵等；在减少粪便贮存期间对周围环境污染方面的研究与应用主要是建造合适的贮粪场。其建造要求基本为带顶棚的水泥池（槽），既可以防止贮存期间粪水渗入地下，又可以防止风吹雨淋所造成的粪水到处流淌。在提高饲料消化率、减少粪便，以及饲料中的氮、磷和有机物的排泄量方面的研究主要集中在复合消化酶制剂的应用方面。在维持动物肠道微生态平衡、减少排泄物中有害微生物的含量方面的研究则主要集中在微生态制剂、寡糖等新型饲料添加剂的应用方面。

3）农业用肥的季节性与鸡粪产生经常性的矛盾：鸡粪便中含有大量的有机

质，氮、磷、钾三种作物营养元素的含量高，是优质的有机肥。过去，在农户少量饲养畜禽的情况下，粪便都经过沤制后作为农田的底肥，应用效果很好。但是，在目前饲养规模大和集中的情况下，鸡粪便的产生量很大，而且是每天都在产生，而农业生产中有机肥的使用具有明显的季节性特点。这就使鸡养殖中每天产生的粪水需要有合适的场所堆放，以便于在农耕时使用。但是，粪水在堆放期间，污水会不断地渗入地下，粪水堆积场附近的土壤中很快就会出现营养过饱和状态，一些有机质和微生物就要污染地下水。

4）养殖场粪污无害化处理的现有技术多存在缺陷和二次污染：如现在对于鸡粪的处理多采用直接晾晒、烘干、生物发酵等方式。鸡粪烘干能耗大、成本高，产生的废气对空气产生二次污染；直接晾晒、直接堆腐、发酵池发酵受外界环境影响大，且易滋生蚊蝇，传播病害，污染环境。沼气池投资大、成本高、受外界环境影响较大，如北方冬天外界温度低，沼气发酵效果降低，运行效益下降，而且沼渣养分低，水分含量高，再利用率低，没有成熟的制作专用肥的技术，常造成沼液和沼渣无法消纳或转运，成为二次污染源。

3. 常规安全同样重要

（1）防火安全：在一些鸡场中有的建筑设施的防火效果不好，加上有的鸡舍间距很小，电线私拉乱扯现象多，冬季加热设备管理存在疏漏等，火灾时有发生。发生火灾有时会造成全场性的灾难，甚至出现人身伤亡事故。

（2）用电安全：现代化养鸡生产由于自动化机械设备的大量使用，对电的依赖性越来越高，如果不注意用电安全，就会发生触电事故或由于漏电造成火灾。

（3）设备使用安全：许多机械设备在使用过程中存在安全隐患，需要按照设备使用说明进行安装、使用和维护。

（4）场舍安全：对于一个养鸡场来说，场区的安全包括不被自然灾害所侵袭（如洪水、滑坡、泥石流、台风等），不被外来人员、车辆所干扰，不被其他企业所排放的废气、废水、粉尘、噪声所干扰等。对于鸡舍安全而言，主要是能够有良好的牢固性、防火性能好等。

（五）经营专业化

传统养鸡业都是采用小而全或大而全的经营模式。现代养鸡业的重要特征是生产的高度专业化。经营的高度专业化有利于在任何一个企业内只考虑某个类型的生产任务，有利于提高生产水平和工作效率。

（1）专门化的种鸡场和孵化厂：饲养种鸡配套系，按照制种方案进行制种，按照种鸡饲养管理和卫生防疫要求加强管理，生产的种蛋在本场内的孵化厂进行孵化，为其他养鸡场提供优质雏鸡。

（2）专门化的配合饲料厂：有独立的饲料营养研发团队、原料采购、饲料成分化验检测、饲料加工、饲料运输等配套体系。可以直接为养鸡场提供全价饲料。目前，有的饲料企业可以把饲料厂生产的全价配合饲料直接用罐车运送到鸡舍外的料塔内，省去了许多中间环节。

（3）专门化的青年鸡培育场：从孵化厂接收雏鸡，在本场内进行养殖，饲养到14周龄左右，提供给产蛋鸡场。

（4）专门化的产蛋鸡场：只饲养专门化的青年鸡培育场提供的14～17周龄后备鸡，直到72周龄前后淘汰。不饲养雏鸡和育成前期的鸡群。

（六）产品优质化

在当今政府和消费者对食品安全高度重视的情况下，家禽产品质量安全关系到一个企业的生存。然而，在家禽生产过程中，畜禽的引进、卫生防疫、饲养管理、环境消毒、无害化处理等诸多因素直接影响着畜禽产品质量安全。

1. 违禁添加剂与禽产品质量安全　养鸡生产中一些养鸡场（户）为了提高鸡的生产性能和成活率常常使用一些添加剂，而有的添加剂是国家禁止在养殖过程中使用的，如各种激素类制剂、化学染色剂（如苏丹红等）等，这些添加剂使用后会在肉蛋中残留，从而影响消费者的健康。

2. 违禁药物与禽产品质量安全　生产者在养殖过程中，超量使用矿物质、抗生素、防腐剂和类激素等，超量药物在动物食品中的残留量直接影响到食品安全。畜禽养殖产生的污染成为破坏环境的主要根源，粪便污水排放在有限的土地上，破坏了生态环境。被污染的生态环境恢复周期延长，水质、空气质量下降，导致动物疫病传播，影响畜禽产品质量。生产者不顾后果，盲目追求经济效益，出现许多违规违禁的做法，非法使用危害甚烈的违禁药物和各种速成生长激素等，人为地造成大批不安全畜禽产品的产生。特别在畜禽的引进、防疫、卫生、消毒及无害化处理等方面，未按科学化、标准化管理，畜禽疫病风险加大，对畜禽产品质量安全构成威胁。

（七）营销品牌化

进入20世纪90年代中期，我国鸡蛋市场逐渐进入相对过剩的时期，小生产与大市场需求的矛盾日益表现出来。随着人民生活质量的提高，消费者日益关注鸡蛋的新鲜度、药物残留、沙门菌污染等质量问题，优质的绿色品牌鸡蛋日益受到消费者的青睐，国际市场对我国出口鸡蛋、鸡肉兽药残留指标要求越来越高，而千家万户小规模生产难以保证产品质量。目前消费者选择高质量产品时，最关心的是品牌和诚信，品牌消费、绿色消费已成为时尚，其中食品消费的品牌化趋势尤为突出。我们养鸡行业不仅要在国内竞争，而且还要参与国际竞争，所以创造品牌企业、生产品牌产品对企业可持续发展相当重要。

（八）布局区域化

我国现代养鸡业发展具有区域化布局特点，在饲料资源丰富、消费群体大、经济发展较快或邻近经济发展快的地区鸡的养殖量也大，如山东、河南、广东、河北、四川、江苏、安徽等。在这些养鸡大省同样也需要根据各地的自然气候条件、地理条件、社会经济条件合理布局，因地制宜发展养殖业，形成区域优势。

近年来，河南省的这种区域化布局已经初步形成，在河南省西北部、西南部和南部浅山区利用自然隔离条件已经开始建设规模化蛋鸡场，为安全生产提供基本隔离条件；在一些山区大量进行鸡群的生态放养，生产优质鸡蛋和肉鸡；在农区则主要发展集约化肉鸡养殖。

二、现代养鸡业的工程体系

（一）现代养鸡设备工程体系

设施化是现代养鸡业的主要标志。现代养鸡设备工程体系包括鸡舍设计建造体系、饲养设备体系、环境控制设备体系、卫生防疫设备体系和自动化设备体系等项目。

1. 鸡舍设计建造体系　鸡舍设计与建造的效果关系到鸡舍内环境条件的控制、卫生防疫措施的实施、房舍的利用效率、鸡舍的建造成本、鸡舍内环境受外界因素影响的程度等。

要求鸡舍能够满足室内环境控制、卫生防疫管理、生产设备运行、减少外界影响、防火、合理用地、性价比合理等要求。

2. 饲养设备体系　饲养设备包括鸡笼、网床、喂料系统、饮水系统等。要求饲养设备能够满足鸡群的生物学习性，能够为鸡群提供舒适的生活环境，不会对鸡只造成伤害，设备运行顺畅，能够合理控制鸡群的采食和饮水量与时间，能够有效减少饲料和水的浪费。

3. 环境控制设备体系　环境控制设备包括加热设备、降温设备、通风设备、照明设备等。环境控制设备的合理应用能够为鸡群提供一个满足生活、生产需要的舒适环境。如鸡舍内温度适宜、空气中有害气体和粉尘含量很低、气流速度适中、光线分布均匀而且强度适中、设备运行产生的噪声小等。

4. 卫生防疫设备体系　卫生防疫设备包括消毒池、更衣洗浴消毒间、喷雾消毒设备、高压冲洗消毒设备、清粪设备、免疫接种设备等。消毒设备必须能够对消毒对象进行全方位的消毒，清粪设备要能够保证正常运行并把粪便清理到指定位置，免疫接种设备能够有助于提高接种效率并保证接种效果。

5. 自动化设备体系　自动化设备体系包括自动喂饲、自动集蛋、自动控制光照等系统，这些自动化设备是现代化养鸡生产重要的技术支撑。

（二）现代养鸡环境控制工程体系

环境控制是现代养鸡生产的基础条件，没有适宜的生产环境就不可能有好的生产效果。

1. 气候环境条件控制　气候环境条件控制主要包括温度、湿度、气流、光照等环境条件，这些环境条件在不同的季节存在较大的差异，而且不同周龄的鸡群对这些条件的要求也不一样。除利用自然条件外还需要通过相应的设施设备进行调控以保证鸡舍内的环境条件能够满足鸡群的生活生产需要。

2. 空气质量控制 空气质量控制包括空气中有害气体（如氨气、硫化氢、一氧化碳等）、二氧化碳、粉尘和微生物等。这些成分的含量与鸡群的健康状况成反比，需要采取措施降低其含量。

3. 环境污染控制 环境污染已经成为当今养鸡生产过程中对鸡群健康影响最大的因素，也是一个普遍存在的问题。要解决家禽生产安全问题就必须解决好环境污染问题。它包括养鸡场粪便、污水、病死鸡等的合理收集与无害化处理。

（三）现代养鸡饲料工程体系

饲料不仅影响到鸡群的生产性能，还会影响到鸡群的健康和肉蛋产品的质量，保证良好的饲料质量是高产优质的基本保障。

1. 饲料原料质量控制 饲料原料的质量直接关系到成品饲料的质量，把好原料质量关是生产优质配合饲料的基础。影响饲料原料质量的因素很多，包括有关农产品的生长环境（土壤、水质是否被污染）、生长过程农药和化肥的施用情况、采收与贮藏期间的环境条件、贮藏时间长短等。

矿物质原料中有害成分的含量、植物性饲料中有害物质的脱毒处理、动物性饲料的微生物污染、农副产品加工方法与加工条件不当等，都是影响饲料原料质量常见的因素。

加强对饲料原料理化指标的检测是防止问题原料购入和使用的主要手段。

2. 饲料加工过程控制 饲料加工过程包括加工工艺、加工设备的质量、各种原料的称量、饲料原料的预处理（粉碎等）、混合搅拌、包装等环节。每个环节都会影响配合饲料的质量。

3. 饲料质量管理

（1）饲料配方设计：这是针对不同生理阶段、不同生产目标、不同饲料原料成本、不同生产季节为鸡群设计的日粮组成。要求在满足鸡群健康和生产的前提下降低生产成本。

（2）原料库管理：保证库房内各种原料分类摆放整齐、便于识别和取用、有安全防范措施和设备、有原料进出登记。

（3）成品库管理：不同类型的产品分类放置、便于识别和外运，存入和输出记录详细。

（4）成品质量检测：每批产品都需要按照要求对相关指标进行检测，保证出厂产品的质量。

（四）现代养鸡良种工程体系

现代养鸡良种工程体系包括制种体系、良种扩繁体系和种质管理等项目。

1. 制种　现代养鸡生产所饲养的品种严格来说都属于专门化配套品系。制种体系就是根据市场需求结合育种公司的素材、技术、资金、市场等条件培育专门化品系。一个育种公司培育的专门化品系少的有4~6个，多的有十多个甚至数十个，这些专门化品系大多数是采用近交选育的方式培育出的近交系。

育种公司根据市场需要，用不同的父本专用品系与母本专用品系进行配合力测定，最终确定最合适的品系配套组合并推向市场。

2. 良种扩繁　良种扩繁是不同级别的种鸡场对育种场推出的品系配套组合进行扩繁，生产商品代种蛋或雏鸡用于商品生产。这些种鸡场包括祖代种鸡场和父母代种鸡场。

3. 种质管理　为了保证本地所引进的良种鸡能够发挥最佳生产性能，在不同地区需要建立鸡生产性能测定站，对于育种公司推出的新配套系进行性能对比测定，为在当地的推广提供科学依据。

（五）现代养鸡管理工程体系

管理水平是现代养鸡水平的重要体现，高的管理水平是保证现代养鸡生产和经营能够有效开展的基础。作为一个养鸡场在管理方面主要考虑以下四个方面。

1. 经营管理　经营管理是指在企业内，为使生产、经营、人力资源、财务等各种业务能按经营目标顺利地执行、有效地调整而进行的系列管理、运营的活动。其基本任务是合理地组织生产力，使供、产、销各个环节相互衔接，密切配合，人、财、物各种要素合理结合，充分利用，以尽量少的活劳动消耗和物质消耗，生产出更多的符合社会需要的产品。

对于一个养鸡场来说，其经营的目的就是如何利用现实条件获得最大的经济效益和社会效益。其管理活动是综合性的：包括合理确定企业的经营模式和管理体制，设置管理机构，配备管理人员；搞好市场调查，掌握经济信息，进行经营预测和经营决策，确定经营方针、经营目标和生产结构；编制经营计划，签订经济合同；建立健全经济责任制和各种管理制度；搞好劳动力资源的利用和管理，做好思想政治工作；加强土地与其他自然资源的开发、利用和管理；搞好机械设备管理、物资管理、生产管理、技术管理和质量管理；合理组织产品销售，搞好销售管理；加强财务管理和成本管理，处理好收益和利润的分配；全面分析评价企业生产经营的经济效益，开展企业经营诊断等。

2. 技术管理　技术管理通常是指在技术行业中所做的管理工作，管理者一般具有较高的技术水平，同时带领着自己所管理的团队完成某项技术任务。技术管理的实际操作中，强调的是管理者对所领导的团队的技术分配、技术指向和技术监察。管理者用自己所掌握的技术知识和能力来提高整个团队的效率，继而完成技术任务。

3. 人力资源管理　人力资源管理是指根据企业发展战略的要求，有计划地对人力资源进行合理配置，通过对企业中员工的招聘、培训、使用、考核、激励、调整等一系列过程，调动员工的积极性，发挥员工的潜能，为企业创造价值，确保企业战略目标的实现。它是企业的一系列人力资源政策以及相应的管理活动。这些活动主要包括企业人力资源战略的制定，员工的招募与选拔，培训与开发，绩效管理，薪酬管理，员工流动管理，员工关系管理，员工安全与健康管理等。即企业运用现代管理方法，对人力资源的获取（选人）、开发（育人）、保持（留人）和利用（用人）等方面所进行的计划、组织、指挥、控制和协调等一系列活动，最终达到实现企业发展目标的一种管理行为。

人力资源管理，就是指运用现代化的科学方法，对与一定物力相结合的人力进行合理的培训、组织和调配，使人力、物力经常保持最佳比例，同时对人的思想、心理和行为进行恰当的诱导、控制和协调，充分发挥人的主观能动性，使人尽其才，事得其人，人事相宜，以实现组织目标。

人力资源管理目标是指企业人力资源管理需要完成的职责和需要达到的绩效。人力资源管理既要考虑组织目标的实现，又要考虑员工个人的发展，强调在实现组织目标的同时实现个人的全面发展。

人力资源管理目标包括全体管理人员在人力资源管理方面的目标任务与专门的人力资源部门的目标与任务。其内容包括：保证组织对人力资源的需求得到最大程度的满足；最大限度地开发与管理组织内外的人力资源，促进组织的持续发展；维护与激励组织内部人力资源，使其潜能得到最大限度的发挥，使其人力资源得到应有的提升与扩充。

4. 财务管理 财务管理是在一定的整体目标下，关于资产的购置（投资），资本的融通（筹资）和经营中现金流量（营运资金），以及利润分配的管理。简单地说，财务管理是组织企业财务活动，处理财务关系的一项经济管理工作。财务管理是企业管理的一个组成部分，它是根据财经法规制度、按照财务管理的原则、组织企业财务活动、处理财务关系的一项经济管理工作。

（六）现代养鸡疫病防控工程体系

1. 确立预防为主、防管并重的安全生产理念 鸡场管理人员和一般工作人员都要把鸡病的预防工作作为生产和管理的第一要务对待，没有健康的鸡群就不会有高产的鸡群，就不会有优质的产品，就不会有良好的效益。把综合性卫生防疫措施落实到日常工作和生活的每个环节。

2. 加强卫生防疫设备建设与管理 养鸡场要有必要的防疫设备，包括围墙、门卫室、人员消毒室、车辆消毒室（池）、移动喷雾消毒设备等，要保证每个消毒设备都能够发挥作用。

3. 加强卫生防疫制度建设与管理 要建立完善的卫生防疫制度，要让每个工作人员熟悉卫生防疫制度，把制度落到实处。

4. 加强生产环境污染的控制　要从建场、规划、日常管理的各个时期、各个环节重视污染的治理工作，防治生产环境被污染。

三、我国养鸡业概况

家禽业是养殖业中发展较快的产业，禽肉的产量在肉类总产量中所占份额逐年扩大，世界主要肉类产量变化见表 1-1。

表 1-1　近年来世界主要肉类产量（单位：千吨）

肉类品种	2001 年		2005 年		2009 年		2010 年	
	世界	中国	世界	中国	世界	中国	世界	中国
禽肉	69 464	1 273	77 320	1 352	81 012	1 585	83 328	1 610
猪肉	95 377	4 051	100 399	4 555	103 223	4 890	104 514	5 071
牛肉	57 751	508	57 356	568	57 323	635	57 358	653

（一）我国的蛋鸡存栏数量与鸡蛋产量

1. 蛋鸡存栏情况　我国蛋鸡存栏量在 1990 年就已成为世界第一，目前全国蛋鸡的存栏量超过 25 亿只，人均 1. 8 只。表 1-2 反映的是 2010 年蛋鸡存栏量最多的 10 个国家蛋鸡生产情况。我国在近年来虽然每年蛋鸡存栏量有所波动，但是总量的变化不大。

表 1-2　2010 年主要国家蛋鸡存栏量与鸡蛋产量

国家	蛋鸡存栏/万只	鸡蛋产量/万吨
中国	253 660. 3	2 363. 4
美国	33 952. 6	534. 9
印度	24 200. 0	320. 0
墨西哥	18 800. 0	236. 0
日本	13 991. 0	250. 5
俄罗斯	14 473. 9	219. 5
巴西	27 600. 5	192. 2
印度尼西亚	23 852. 7	105. 9
乌克兰	11 000. 0	91. 3
法国	5 148. 0	91. 8

2. 鸡蛋产量　表 1-2 中反映了世界主要鸡蛋生产国在 2010 年的鸡蛋生产情况。我国鸡蛋的产量位居世界第一，约占全世界鸡蛋总产量的 45%。从表 1-2 中也能够看出，我国蛋鸡的生产水平偏低，平均每只存栏鸡的产蛋量为 9. 3 千克，

美国、日本和印度分别为 15.75 千克、17.9 千克和 13.2 千克。

表 1-3 反映的是近 20 年全世界鸡蛋产量最多的 10 个国家的排序变化情况。我国鸡蛋的产量一直位居第一位，苏联解体后美国鸡蛋的产量位居第二位。印度和印度尼西亚鸡蛋的产量也呈现较快的增长趋势。

表 1-3 近 20 年世界鸡蛋产量前十名的变化情况

排序	1990 年	2000 年	2010 年
1	中国	中国	中国
2	苏联	美国	美国
3	美国	日本	印度
4	日本	印度	日本
5	巴西	俄罗斯	墨西哥
6	印度	墨西哥	俄罗斯
7	墨西哥	巴西	印度尼西亚
8	德国	法国	法国
9	法国	德国	乌克兰
10	西班牙	土耳其	土耳其

3. 鸡蛋的进出口贸易与人均占有情况 据报道，我国每年鸡蛋的出口量不足总产量的 0.5%，出口国家主要是日本和韩国。影响我国鸡蛋出口的主要因素是国内大型蛋鸡场数量少、生产管理尤其是产品质量监管存在不足。

我国鸡蛋的人均占有量在 2010 年达到 300 个，位居世界前列。国内的人均鸡蛋占有量基本接近饱和，今后主要的市场扩张在于提高中西部农村的消费水平。

（二）我国肉鸡存栏量与鸡肉产量

1. 肉鸡屠宰量 我国近年来的肉鸡年屠宰数量约为 90 亿只。由于市场行情变化，每年的肉鸡养殖量、出栏量都会有些变化，但是总体数量变化在 15% 以内。

2. 鸡肉产量 近年来全世界鸡肉产量的增长速度大于其他家畜肉类产量的增长速度，我国鸡肉的产量也呈现逐年增长的趋势，鸡肉的产量位居世界第二。如表 1-4 所示。

表 1-4　2010 年主要国家和地区鸡肉产销情况占全世界的比例（%）

国家或地区	鸡肉产量	鸡肉消费	进口量	出口量
美国	22	18	1	35
中国	17	17	4	4
巴西	16	12	0	36
欧盟 27 国	12	12	8	11
墨西哥	4	4	7	0
印度	3	4	—	0
俄罗斯	3	4	8	0
阿根廷	2	2	0	2
伊朗	2	2	1	—
南非	2	2	3	0

3. 鸡肉的贸易和消费　2011 年我国鸡肉的进出口数量分别占鸡肉总产量的 4%和 6%左右。人均鸡肉的占有量约为 11 千克，达到世界平均水平。

（三）我国养鸡的分布特点

目前，我国养鸡主要的生产区域集中在华北、华东、华南和东北等粮食主产区。相对而言，西北、西南（除四川和重庆）地区的养鸡数量较小，这与该地区人口数量少、粮食产量低、经济发展较慢有很大关系。近年来，鸡蛋产量排在前 5 位的省份是：河北、河南、山东、辽宁、江苏；肉鸡生产量排在前 6 位的省份是：山东、广东、河南、吉林、江苏、四川。

在华北和东北地区，饲养的蛋鸡品种类型比较复杂，这与当地不同类型鸡蛋的价格差异小有关；而在华南和东南沿海地区，蛋鸡类型主要是褐壳蛋鸡和粉壳蛋鸡，很少有白壳蛋鸡。

白羽肉鸡的主要生产地区在长江以北，另外在福建也有较多养殖，在中南地区、西南地区优质肉鸡的养殖占有绝对优势。

近年来，放养柴鸡的规模在很多地方得以不断扩大，为满足城市消费者追求美味、优质鸡产品的需要提供了良好条件。

（四）国内主要的种鸡类型

1. 育种公司提供的高产配套系　高产配套系都是以生产性能高而著称，如蛋鸡配套系的年产蛋量能够达到每只鸡 280 多个，约 17.5 千克；白羽肉鸡配套系的商品代肉鸡，42 日龄平均体重能够达到 2.5 千克左右。

高产配套系都是现代育种技术的成果，通过选育专门化父本品系和母本品系，然后进行杂交组合实验，最终推出高产配套组合。目前所饲养的专门化蛋鸡配套系如海兰褐、罗曼褐、京红1号、罗曼白、北京白、海兰白、京粉1号、罗曼粉、海兰灰等都属于高产蛋鸡配套系；AA、罗斯308、科宝、艾维茵等属于肉鸡高产配套系。

2. 优质肉鸡配套系 优质肉鸡是在我国及东南亚部分国家肉鸡市场上特有的名词，它是用地方鸡种与肉用或兼用鸡种进行杂交后选育出的一个类型的鸡种。其特征是羽毛颜色为黄色或麻色、胫部颜色黄色或青色、皮肤黄色；比白羽肉鸡生长速度慢、饲养期长、肉的风味好。优质肉鸡的市场销售价格一般也较高。

优质肉鸡的消费市场主要在江南各地，其次为中原地区，其在国内的总产量与白羽肉鸡基本相同。

3. 地方良种鸡 我国地域辽阔，各地自然气候条件、社会风俗、生活习惯、作物类型与产量等存在较大差异，在数千年的社会发展过程中也形成了大量适应不同地区自然环境和人们消费习惯的地方良种鸡，据全国各地进行的畜禽遗传资源普查结果显示，地方良种鸡有70多种。

地方良种鸡生产性能较低，大多数的年产蛋量不足180个，大多数品种180日龄体重公鸡不足2.0千克，母鸡不足1.7千克。但是，地方良种鸡的适应性、抗病力、耐粗饲性强，肉和蛋的风味好。目前，在一些地区用放养的方式饲养地方良种鸡以生产高档的肉鸡和鸡蛋。

4. 特色型品种或种群 除常规的商品鸡品种外，还有一些特色型鸡的品种，如用于观赏的菊花鸡、元宝鸡、贵妃鸡、小型矮化鸡、长尾鸡等，用于娱乐的斗鸡，用作药用的乌骨鸡等。这些类型的鸡饲养量较小，但是价格常常被炒作得很高。

（五）我国养鸡业存在的问题

1. 传染病的危害很大 目前，养鸡过程中传染病频繁发生，病的类型复杂，危害很大，据估计每年鸡群的死亡率达到10%左右。由于疾病导致鸡的淘汰时间或出栏时间提前，鸡群的生产性能也无法得到有效发挥，对养鸡场造成的经济压力明显加大。传染病的发生也是造成药物滥用，鸡肉和鸡蛋质量安全问题频发的根源。

鸡群死淘率如此高居不下的原因主要是疾病流行问题没有得到很好控制，每隔1~2年就会有一种病出现大的流行。新病不断出现，一些老病又不断出现非典型症状，再加上一些细菌病的继发或混发，造成养鸡场对病的控制压力很大。

2. 生产环境条件不佳 饲养环境包括卫生隔离条件、场区环境控制、舍内环境控制、饲养密度、粪便污水处理情况等方面。在养殖环境条件控制不好的鸡场，即使选用最优良的品种、最全价的饲料、最合理的防疫措施等，也无法达到鸡只应有的生产水平。我国养鸡死淘率高、总体生产水平低的原医之一就是环境设施差，尤其是农村规模化养鸡更差。在养鸡比较集中的地区，鸡场之间的间隔距离不足、粪便到处堆放、鸡舍低矮简陋、冬季不能防寒、夏季不能通风降温，不但疾病容易流行，而且鸡的生产水平也降低。

改善环境条件是当今提高养鸡生产水平的重要基础。

3. 鸡产品市场价格波动大 目前我国还存在大量的养殖小区和散养户，它们严重缺乏规范化管理、科学化饲养，越来越显示出规模化程度低的弊端。大部分散养农户盲目饲养，在进行养鸡之前缺乏详细的市场调查和科学规划，造成目前养鸡业零散、规模不一，饲养管理水平和防疫技术相差很大，防疫水平不一致；占养殖数量较大比重的中小型养殖场和养殖专业户，由于疾病综合防控能力较低，形成了疾病多、病情复杂、疾病防控难度大、生产性能普遍较低的状况，这与养鸡业的发展规律相违背。

4. 养鸡观念存在误区

（1）重治轻防：表现为无病乱投药，有病滥投药。目前，很多养鸡场（户）在卫生防疫管理方面依然缺乏预防意识，鸡群发病后却很舍得花钱治疗。另外，很多养鸡场（户）用投服抗生素的方法进行疾病预防，尤其是肉鸡市场更明显，有的甚至出现一旦停药就担心发病，这样做的直接后果就是造成耐药性和经济成本的增加，而且鸡群一旦发病，无论投什么药都没有明显效果，所以就出现了有病滥投药的现象。

（2）重治轻管：目前，由于疾病发生越来越严重，所以很多鸡场都非常注重鸡群的免疫接种，但却忽略了为鸡群提供良好的饲养管理条件。再好的疫苗也没有 100%的保护率，所以除了做好免疫之外还应做好饲养管理工作，而且做好饲养管理也是疫苗发挥正常功效的保证。如果鸡群在饲养环境恶劣或者应激的环境下会使疫苗免疫效果降低，甚至造成免疫失败；在营养不平衡或者营养不良的状态下鸡群产生免疫力的能力也较差。

（3）重价轻质：对于生产过程中必须购买的兽药、疫苗、雏鸡、饲料等生产投入品，一些小规模的养殖场（户）往往只注重表面价格，而忽略了产品质量，直接影响到了生产效果。

一些种鸡场和大型的蛋鸡场则比较注重产品的质量。随着养殖业的发展，养殖场将逐渐走向规模养殖，小型养殖场则会被逐渐淘汰，所以以后兽药企业的发展，高品质、高质量的产品是立足市场的根本。要想做强做大，必须从产品上入手，保证产品质量。其实用户并不怕花钱，他们怕的是花了钱却没有治疗效果。

5. 种鸡特定疫病净化观念滞后 一些种鸡场在注重高产性能选育的同时，忽略了抗病性能的培育和筛选，使鸡的抗病性能呈下降趋势。另外，一些经蛋传播的疾病，如鸡白痢、鸡支原体病、鸡腺病毒感染、网状内皮组织增殖病等在很多养殖场（户）均有发生，这与种鸡场净化不力、缺少无特定病原体（SPF）鸡胚疫苗和抗血清的应用有很大关系。

6. 鸡群应激反应频繁出现 有些饲料场（户）在养鸡生产中，由于管理不当（如换气不良、缺水、不按规程免疫接种、光照不合理等）、环境改变（如高温、噪声、气候突变）等各种因素，导致严重的应激反应，使之抵抗力差，影响了鸡只正常代谢和免疫应答，从而也易引起各种疾病的流行。

7. 缺乏必要的宏观调控 由于养鸡业的重点已经转到广大农村的千家万户，多数养鸡户缺乏市场知识，在养鸡的时期和数量上带有较大的盲目性，往往受当前利益的左右。从20世纪90年代初开始随着我国养鸡数量的基本饱和，养鸡业大起大落，使不少养鸡场尤其是国营大中型鸡场蒙受惨重损失。1997年我国年人均占用禽蛋量达到17.5千克，处于世界前列，而我国人均消费水平远远达不到这个水平，生产相对过量，造成鸡蛋价格大幅下滑。我国养鸡业要走上规范化程度还需要较长的时间，除了政府和行业协会的宏观调控外，需要养鸡者自己能够对市场进行准确预测，减少生产的盲目性。

8. 环境污染问题突出 养鸡的生产环境直接影响鸡群的健康和生产水平，同时也影响其产品的质量。由于养鸡生产过程中不断地产生污水、粪便，而作为有机肥使用又有明显的季节性，因此不可避免地存在污水蓄积、粪便堆积的问题。目前，污水和粪便处理主要是采用液态无氧发酵（生产沼气）和固态堆积发酵、高温烘干等方法。这些方法的使用又往往受到设备条件、处理成本等因素的制约而没有得到广泛应用，造成目前养鸡场环境被污水、粪便污染的问题十分突出。

2001年12月，国家环保总局颁布了《畜禽养殖业污染物排放标准》（GB 18596—2001），规定规模化养殖场（蛋鸡场饲养规模在1万只以上、肉鸡年出栏在50万只以上）在2003年1月开始执行。但是，直到目前绝大多数蛋鸡场仍然没有在粪便、污水的无害化处理方面采用有效的措施。

环境污染使得蛋鸡生活环境中病原微生物密度偏高，鸡群时刻面临传染病的威胁；地下水中硝态氮、细菌总数、矿物质总量等指标的超标也影响着家禽的健康和生产。在一定程度上说，当前禽病问题与环境污染有着密不可分的联系。

（六）我国养鸡业发展趋势

1. 发展集团化合作经营模式 无论是适应国内大中城市农牧产品市场准入制还是扩大鸡蛋、鸡肉及加工产品出口方面，都需要有大型企业集团作为支撑。这就要求在今后一段时期内我国的养鸡场（户）应该按照区域逐步组成一些大型的集团公司或联合体。

大型的养鸡集团公司或联合体是解决当前我国养鸡生产小规模分散生产和经营落后模式的根本途径。在集团和联合体内实施品牌战略，实行统一技术和经营管理规范。这不仅有助于解决"科技棚架"问题，而且对于产品的出口贸易和适应大中城市农牧产品市场准入制也是十分必要的。

2. 加强鸡场污染的综合治理工作　在过去和现在的养鸡生产过程中，生产者基本没有对生产所造成的环境污染给予应有的重视，鸡粪随地堆放、污水四处流淌、死鸡随便丢弃或出售的现象十分普遍。在全国畜禽养殖场产生的粪污中只有5%被简单处理后加以利用，其他基本都不加处理随意排放，对环境造成的污染已经到了很严重的程度。这也是造成疾病难以有效控制的重要原因。

国家环保总局已经制定发布了《畜禽养殖业污染物排放标准》（GB 18596—2001），在今后需要加大监督和执行力度，加强宣传，提高养鸡生产者的环境保护意识。

我国养鸡生产主要集中在农业省区，在畜禽粪水无害化处理方面还缺少有效实用的技术。在许多企业内都存在着可以明显改善的地方，包括对贮粪场的改造、鸡粪的发酵和干燥处理等。今后，需要在鸡场粪便、污水的无害化及资源化处理方面加大研究力度，为解决这个问题提供可行的方法。

3. 提高鸡场规范化管理水平　与发达国家和地区相比，我国养鸡生产的专业化、自动化程度还比较低，在管理方面存在诸多不规范的环节。例如，我国和大多数省市已经制定了种畜禽管理条例，但是在实际生产中能够认真贯彻执行的很少。在技术管理层面上同样广泛地存在管理不规范的现象。例如消毒管理、病死鸡处理、鸡群的日常管理、环境管理等。

提高鸡场规范化管理水平也是提高鸡单产的主要途径，按照当前我国鸡群的产蛋水平，产蛋率仍可提高15%左右，在肉鸡生产方面将42日龄出栏的鸡群成活率提高3%也是完全有可能的。

提高企业的经营管理水平也是今后需要努力的方向，尤其是提高养鸡生产经营者的科学文化素质。目前，我国绝大多数鸡生产场（户）的经营者学历和文化程度低，缺乏现代化企业经营管理理念和科学决策意识，这也是造成我国养鸡业生产水平低、管理混乱的主要原因。

4. 提高生产者的质量和品牌意识　通过提高生产者的质量和品牌意识，达到提高鸡产品质量的最终目标。尤其是今后在鸡产品的商标注册方面要求会更严格，经营者和消费者对商标的重视程度也会更高。这些需要通过加强环境治理、严格卫生防疫制度、为鸡群创造良好的环境条件、科学配制饲料、规范生产过程等具体环节来实现。

5. 加强鸡产品市场的开发和调控　我国的鸡蛋生产存在着明显的年度或季节不平衡性，鸡蛋的市场销售价格能够充分反映出当时市场鸡蛋的供应情况，如2004年春季北方大部分地区鸡蛋的零售价格在4元/千克左右，而2004年冬季则高达5.8元/千克左右。对于蛋鸡生产者来说，市场鸡蛋价格的剧烈波动严重影响生产的稳定性。要缓解这种波动所带来的负面影响，必须通过增加蛋品出口、加大鸡蛋深加工产品的产销量和适当调控蛋鸡生产规模来实现。对养鸡生产规模的宏观调控需要通过加大检查和执法力度，提高从业者的基本素质要求，鼓励合作化生产和经营模式的发展，加强行业协会的指导等多种途径来落实。

四、现代养鸡业的必备条件

现代养鸡业是一项系统工程，是多种相关技术条件的高度整合，如果在某一方面有欠缺或出现问题，整个生产经营过程就会受到影响。

（一）生产和经营者要有良好的素质

企业领导者和员工的职业素质是影响一个企业发展最重要的因素。要提高企业生产经营水平就必须不断地提高管理人员和工作人员的素质。

1. 要有高度的责任意识 工作人员要有高度的敬业精神，要在职业活动领域，树立主人翁意识，增强责任感、事业心，追求崇高的职业理想；培养认真踏实、恪尽职守、精益求精的工作态度；力求干一行、爱一行、专一行，努力成为本行业的行家里手；具有积极向上的劳动态度和艰苦奋斗精神；保持高昂的工作热情和务实精神。高度的责任意识体现在每个人就是要明确自己工作岗位的职责，并落实好自己的职责。

在养鸡生产中对从业人员的责任意识要求更高，因为工作的对象是具有生命的蛋鸡和肉鸡，其生理状况、健康状况、生产性能容易受各种外界因素的影响。生产中某些环节的工作会比较累、比较脏，但是这些环节对生产影响又是直接且重大的，如育雏需要昼夜值班以观察雏鸡对周围环境的反应，免疫接种时需要保证疫苗接种的数量、部位的准确性，在孵化过程中需昼夜值班以了解孵化设备的运行是否正常等。

养鸡生产中许多环节的观察、操作需要认真细致地处理，如果工作责任心不强、处理问题粗心则常常导致不良的后果。在生产实践中，一些规模化养鸡场不同鸡舍鸡群的生产性能存在明显差异，其中一个重要的原因就在于不同鸡舍饲养员责任心的不同。目前，很多养鸡场由于工作环境条件不好，在员工使用方面存在重利用、轻教育培养，重视招聘、忽视留用的状况，这就给提高员工素质带来了很多的困难。

2. 要有良好的技术素质 养鸡生产是一门专业技术，很多产品、用具、设备都是高科技的成果，其中的每个环节看似简单，但是要真正做好并不是件容易的事情。因此，从事养鸡生产的人不仅要具备良好的思想素质、充足的资金条件，更要有良好的科学意识和技术水平。对生产中的各个环节不仅要愿意去做，还要知道如何去做，怎样做好。技术人员不仅要有扎实的专业理论、熟练的专业技能，还要注意培养技术工人，后者对生产效果的影响更大。在鸡场标准化建设方面要求在规模化鸡场中必须有规定数量的具有大专以上学历的毕业生或具有中级以上专业技术职称的人员负责鸡场中相关技术环节的工作。

3. 要有良好的管理素质　管理者的管理素质从根本上说就是提高企业组织管理效率的能力。养鸡生产企业与其他企业一样，在生产和经营管理中有很深的学问，尤其是在市场经济条件下，鸡蛋鸡肉市场价格和需求类型变化频繁。如果不能很好地确定经营理念、制定经营策略，加强企业内人事、财务、物资、技术和质量管理，则很难在市场竞争中站稳脚跟。

（二）把握市场需求变化，调节生产安排

饲养业生产是我国跨入市场调节机制最早的行业，生产效益在很大程度上是由产品的市场价格所决定的。

作为养鸡生产和经营者来说，在进行投资之前需要对市场的需求进行广泛的调查，了解市场对某种产品的需求量和供应情况。对于那些市场需求量较小、市场供应比较充足的产品要慎重投资。

任何一种商品的市场供需情况不会一直稳定不变，都处于波动的变化过程之中，而这种变化通常体现在商品的价格上。同时，这种变化是有一定规律的，对于经营者来说，需要通过分析市场行情来把握市场变化的规律，决定饲养的时间和数量等，使产品在主要供应市场阶段与该产品的市场高价格时期相吻合。只有这样才能获取更高的生产效益。例如，2011 年鸡蛋的价格持续偏高，刺激了很多人投资养鸡业，使得 2011 年年底蛋鸡的存栏量急剧增加，导致市场鸡蛋供过于求，2012 年 1~5 月鸡蛋价格大幅下跌造成广泛性的亏损，同时也严重打击了养鸡生产者的信心，淘汰产蛋鸡群、停止饲养雏鸡，结果进入 8 月以后鸡蛋价格迅速回升。2012 年 3 月河南市场上鸡蛋的批发价格约为每千克 5. 6 元，明显低于生产成本（约为每千克 6. 8 元），而在 9 月鸡蛋的批发价格则超过每千克 9. 6 元。像这种鸡蛋价格的季节性变化不仅影响到养鸡场的生产效益，对整个养鸡产业来说也是一个很大的冲击。因此，了解市场行情、及时调整生产计划、把握市场商机是当前情况下提高养鸡生产效益的关键。

开发市场也是提高养鸡生产效益的重要措施，一些鸡所特有的经济学特性或产品优势还不为消费者所了解，需要通过宣传才能够让消费者认识、了解和接受。

（三）鸡的品种质量要好

品种质量是蛋鸡生产的重要基础条件，不同的品种其生产性能存在差别，产品外观质量也不相同。作为优良品种应该具备的条件有以下几点：

1. 主要产品符合市场需求　产品符合市场需求才能够以理想的价格顺利地销售。我国地域辽阔，由于受传统习俗、认知水平、收入水平等因素的影响，不同地区的消费者对产品质量的认可也是有很大差别的。如在华南地区人们喜欢褐

壳蛋、粉壳蛋和绿壳蛋，而在华北地区则对褐壳蛋和白壳蛋无明显的偏爱性；在北方城市中绿壳蛋的价格会比褐壳蛋和白壳蛋高很多。很多地方，重量小的鸡蛋销售价格较高，尤其是在养鸡场内的批发价，重量低于 50 克的鸡蛋批发价要比重量大于 60 克的鸡蛋每千克高出 0.5 元左右。在选择蛋鸡品种时要考虑当地人们对鸡蛋外观质量性状的偏爱。

同样，在南方各省市的消费者喜欢黄羽或麻羽肉鸡，尤其是生长期较长的仿土鸡，而对白羽肉鸡没有太大的兴趣；在华北和东北地区优质肉鸡的销售价格多数情况下略高于快大型肉鸡。广东、广西母鸡的销售价格高于公鸡，而在北方和西南地区公鸡的销售情况要好于母鸡。

2. 要有良好的生产性能 尽管目前大多数蛋鸡配套系的种源相同或相似，但是在各个品种之间的生产性能会有一定的差别，在不同类型蛋鸡之间这种差别可能会更大。如一般的褐壳蛋鸡和白壳蛋鸡年产蛋数能够达到 280 个左右，而绿壳蛋鸡一般为 200 个左右；快大型优质肉鸡 70 日龄体重约 2 千克，普通优质肉鸡 70 日龄体重约 1.5 千克，特优型（仿土鸡）优质肉鸡 120 日龄体重约 1.7 千克，快大型肉鸡 42 日龄可达到 2.5 千克左右。由此可见，选择生产性能高的品种对于提高生产水平是十分重要的。

3. 要有良好的适应性和抗病力 不同品种的适应性有差异，有的品种在某些地区（尤其是原产地）能够表现出良好的生产水平，但是引种到其他地区后则生产性能或抗病力明显下降。如果不考虑所饲养品种对当地条件的适应性，对于引种者来说可能会造成很大的经济损失。

（四）良好的生产设施与环境

在养鸡场标准化建设中对于生产设施提出了专门的要求，这是因为合格的生产设施能够为鸡群提供一个良好的生活和生产环境，能够有效地缓解外界不良条件对鸡群的影响。此外，还可以降低生产成本，提高劳动效率。

多数养鸡生产过程是在舍内进行的，舍内环境对鸡的健康和生产有着直接影响。由于生产设施对鸡舍内环境影响很大，能否保持舍内环境条件的适宜是衡量生产设施质量的决定因素。

蛋鸡舍和设备的投资也是生产成本的重要组成部分，合理利用当地资源，在保证设施牢固性和高效能的前提下降低投资也是降低生产成本的重要途径。

各项环境条件（温度、湿度、空气质量、光照、噪声等）都会对蛋鸡的健康和生产产生影响，各种类型的禽类对环境条件的要求也有差异。必须结合各种禽类的具体要求为其提供适宜的生活环境。

环境污染是造成当前我国养鸡生产过程中疫病问题频发的根本原因，也是造成蛋鸡生产能力低下的重要原因。许多鸡养殖场户由于在生产中不注意粪便、污水和病死禽的无害化处理，导致生产环境被严重污染，使鸡生活在一个充满疾病威胁的环境中，任何因素造成的机体抵抗力下降都可能导致疾病的暴发。

（五）科学配制鸡饲料

鸡的生产水平是由遗传品质所决定的，而这种遗传潜力的发挥则很大程度上受饲料质量的影响。没有优质的饲料，任何优良品种的鸡都不可能发挥出高产的遗传潜力。

由于鸡自身的生物学特性和特殊的饲养方式，不同类型鸡的饲料配合要求有明显的区别，必须按照不同类型、阶段鸡的生产要求配制饲料。

饲料质量不仅影响鸡的生产水平，而且对产品质量影响也很显著。如屠体中脂肪含量、蛋黄颜色的深浅等。有些饲料营养成分还能够进入肉或蛋内，进而影响肉和蛋的质量。

（六）严格卫生防疫，防止疫病发生

由于我国养鸡生产主要集中在广大农户和中小型养鸡场，呈现出大群体、小规模分散饲养的生产和经营模式，给疫病的防治工作带来很大困难，也使疫病成为当前威胁养鸡生产发展的主要障碍。

疫病发生不仅导致鸡死亡率增加、生产水平下降、生产成本增高，而且还直接影响到产品的卫生质量。疫病问题也是造成部分鸡饲养场（户）生产失败的主要根源。疫病防治需要采取综合性的卫生防疫措施，单纯依靠某一种措施或方法是难以达到防治目的的。

（七）饲养管理技术要规范

饲养管理技术实际上是上述各项条件经过合理配置形成的一个新的体系，包含了上述各环节的所有内容。它要求根据不同生产目的、生理阶段、生产环境和季节等具体情况，选择恰当的配合饲料、采取合理的喂饲方法、调整适宜的环境条件、采取综合性卫生防疫措施。满足鸡的生长发育和生活需要，创造达到最佳生产性能的条件。

（八）要具备一定的经济基础

一只蛋鸡的固定投资约需 50 元，一只蛋鸡从育雏到产蛋需要投入 30 元左右。对于商品肉鸡，采用一般的建筑设施，每只鸡的固定投资约需 35 元；从进雏到出栏一只肉鸡的生产投入约 16 元。这种投资额度受不同地区建筑材料价格、不同时期饲料和肉鸡苗价格的影响比较大。

（九）要有合适的场地

场地既要高燥又要供水充足，既要交通方便又要有利于隔离与防疫。对于商品蛋鸡场，如果采用有窗鸡舍、3 层阶梯式鸡笼饲养方式，存栏 2 万只蛋鸡需要占地 10 亩（1 亩 = 667 米^2）左右；采用密闭式鸡舍、3 层阶梯式鸡笼饲养方式，存栏 2 万只蛋鸡需要占地 8 亩左右。对于商品肉鸡场，每批出栏 10 万只肉鸡，需占地 35 亩左右。

鸡场占用土地的数量受饲养方式、鸡舍类型和大小的影响比较大，上述参数的变动范围可能在20%以内。

第二节 鸡的生物学特性与经济学特性

一、鸡的生物学特性

（一）新陈代谢旺盛

主要体现在以下3方面。

1. 体温高 鸡的体温比家畜高很多，成年鸡的体温为40.5～41.8℃，幼雏的体温比成年鸡略低。与家畜相比，鸡需要消耗较多的营养物质用于保持其较高的体温。

2. 心率快 成年鸡的心跳频率为160～200次/分，雏鸡比成年鸡的频率高，雌鸡比雄鸡的频率高。

3. 呼吸频率高 成年鸡的呼吸频率为25～100次/分，雏鸡的呼吸频率比成年鸡高。

（二）抗病力低

由于养鸡采用集约化生产方式，饲养密度高，容易造成环境条件的恶化，一旦个别的鸡感染疾病则很容易在群内扩散。此外，鸡的解剖生理特点也影响到其抗病力。

1. 鸡的肺容量小，有气囊 气囊分布在颈部、胸部和腹部，一些病原微生物通过呼吸系统进入体内后会造成大范围的侵害，而且由于气囊表面没有血管分布，治疗药物很难到达病变部位。

2. 没有横膈膜 胸腔和腹腔没有横膈膜阻隔，两者是连通的，腹腔内的感染容易引起胸腔继发感染。

3. 没有淋巴结 缺少了部分免疫组织器官，在一定程度上影响到其免疫力。

4. 泄殖腔为生殖道和消化道的共同开口 在鸡的泄殖腔内既有生殖道的开口，又有消化道和泌尿系统的开口，有些病原体会经过泄殖腔在消化道和生殖道之间互相感染。蛋在产出的时候经过泄殖腔也容易被泄殖腔内的粪便或附着的病原体污染。

（三）耐寒怕热习性

由于鸡体表大部分被羽毛覆盖，加上羽毛良好的隔热性能，其体热的散发受到阻止，在夏季较高气温的条件下，如果无合适的降温散热条件则会出现明显的热应激，造成产蛋减少或停产。但是，由于鸡全身覆盖羽毛，在冬天能够阻挡冷风对皮肤的刺激，因此其耐寒性比较强。

在实际生产中不要由于鸡有耐寒习性就忽视保温问题，在我国华北、东南、华南、西南、中原地区虽然冬季温度低，但是不会影响到成年鸡的生存。然而温度低则会影响鸡群的生产性能，如饲料效率降低、生产性能下降等。因此，做好鸡舍的冬季保温甚至加热对于保证鸡群良好的体质和生产性能是至关重要的。

夏季高温很容易造成鸡的热应激，导致采食减少、饮水增多、粪便变稀、生长减慢、产蛋下降、疾病增多等问题的出现，甚至会出现热死鸡的现象。因此，夏季防暑在蛋鸡和肉鸡生产中都是不可忽视的措施。

（四）繁殖习性

1. 卵生　与哺乳动物相比，鸡的繁殖过程有其独特性，其胚胎发育分为母体内和母体外两个阶段。而家畜的胚胎发育过程则全部是在母体内完成的。

鸡胚胎发育的母体内阶段是在蛋的形成过程中。当卵巢上的卵泡成熟后发生排卵，卵被输卵管漏斗部接纳后在该部位与精子接触并开始受精过程，当蛋到达输卵管峡部的时候受精过程完成并开始第一次合子的细胞分裂，此后胚胎在子宫部不断进行细胞分裂，当蛋产出的时候就发育到了囊胚期或原肠胚早期。

当蛋产出体外后，胚胎停止发育，进入休眠状态。当环境条件适宜的时候（母鸡抱窝或人工孵化），胚胎在母体外继续发育直至成为一个雏鸡。

在现代孵化生产中，由于胚胎在母体外发育期间不再与种母鸡发生关系，但是母鸡本身的营养状况、健康状况依然会通过种蛋而影响胚胎的发育过程。

2. 就巢习性　就巢是鸡在进化过程中形成的一种繁殖行为，在人工孵化技术开始应用之前，鸡（也包括其他家禽）都是通过就巢孵化后代的。就巢期间母鸡采食和饮水减少，停止产蛋，经常待在鸡窝内卧在鸡蛋上进行孵化。由于就巢鸡不产蛋，在现代养鸡生产中就巢就成为一种不良习性，经过系统选育能够使鸡的就巢行为减弱或消失。目前，白壳蛋鸡基本上已经没有就巢习性，褐壳蛋鸡、白羽肉种鸡偶尔表现出较弱的就巢行为，土种鸡的就巢性比较明显。

3. 无繁殖季节性　鸡没有繁殖季节性，只要饲料营养充足、环境条件适宜，种鸡、母鸡就能够一年四季产蛋。因此，在养鸡生产实践中必须为鸡群创造良好的生产条件。

（五）换羽习性

雏鸡出壳后全身长满绒毛，在4日龄前后绒毛开始脱落并长出青年羽，这个过程大约在5周龄时完成；7周龄时青年鸡的羽毛开始脱换并长出成年羽，这个过程大约在17周龄完成。

舍饲的成年鸡在经历一个产蛋年度后随着产蛋率的降低逐渐开始换羽。放养的成年鸡一般到第二年的夏末冬初开始换羽，换羽时间对于一个个体大约需要7

周时间，对于一个群体则需要10~13周时间。在蛋鸡或种鸡饲养中，可以在50~65周龄期间进行强制换羽。被强制换羽的鸡群大约经过6周时间基本完成换羽过程并开始新的产蛋期。

（六）合群习性

鸡是群居性动物，喜欢大群生活在一起，因此，大群饲养能够和谐相处。但是，如果一群鸡在一起生活时间长，相互熟悉，此时若将一只陌生的个体放入群内则会受到群内大多数鸡的攻击，直到几天后才会相安无事。

在养鸡生产中，鸡群既可以小群饲养也可以大群饲养。如需调群则要小心，不能经常调群，以免被调群的鸡只进入另外的鸡群后受到攻击。尤其是公鸡，在混群后的打斗现象更突出。

（七）胆小习性

鸡胆小、容易受惊吓，无论雏鸡还是青年鸡、成年鸡，受到惊吓后都会出现惊群，会造成部分个体的伤残甚至死亡。突然的响声（如汽车鸣喇叭、人员大声喊叫、窗户的摆动、工具翻倒的碰撞）、陌生人和其他动物的靠近、雷鸣电闪、灯光的晃动都会引起惊群。惊群的鸡其生长速度或产蛋性能都会受到严重影响。因此在养鸡生产实践中必须注意防止惊群现象的发生。

（八）沙浴习性

地面平养的鸡群会表现出喜欢沙浴的习性。尤其是当鸡群到舍外运动场活动的时候，会在沙土地上用爪和喙在地面刨坑，当有一个小坑的时候鸡就会卧在里面将疏松的沙土揉到羽毛上，过一会儿再抖动羽毛将沙土抖下。

通过沙浴鸡可以预防体表寄生虫的发生，还可以在沙土中啄食一些沙粒、草根、虫子等。

（九）栖高习性

鸡的祖先为了躲避敌害，在夜间往往栖息在较高的树枝上，在被驯化后依然保留了这种习性。除白羽肉鸡由于体格大、体躯重、不能高飞外，蛋用鸡、优质肉鸡和柴鸡都还有一定的飞高能力。

在平养鸡群的生产中要注意在鸡舍内设置栖架让鸡只夜间卧在栖架上，既可以减少地面鸡只的密度，又可以保持羽毛的干净和卫生。对于放养鸡群还要注意在场地周围设置的围网高度不能低，以免鸡只飞窜出去而丢失。

（十）雏鸡属于早成雏

雏鸡出壳后全身被覆绒毛，能够四处走动、自主觅食和饮水，不需要父母亲的哺喂，只要环境条件适宜，有充足的饲料和饮水就能够独立生活。

二、鸡的经济学特性

（一）繁殖潜力大

鸡的年产蛋数可高达300个/只，蛋用鸡种多数达到280个左右。但是，一些地方鸡种的产蛋数比较少，年产蛋只有150个左右，如果通过选育则能够进一步提高其产蛋量。蛋用家禽的产蛋性能高，蛋鸡18周龄达性成熟，1个产蛋年度内的产蛋量能够达到17千克左右，约为其自身体重的9倍。肉种鸡的年产蛋数量在180个左右，每年能够提供雏鸡150多个。

（二）饲料效率高

高产蛋鸡每生产1千克鸡蛋只需要消耗2.3~2.5千克的饲料，快大型肉鸡体重增长1千克约消耗2千克的饲料。

（三）生产周期短

白羽肉鸡目前的上市日龄为35~45天，体重能够达到1.7~2.5千克。一个鸡舍一年可以饲养5~6批。一批肉鸡从进雏到出售只有1个多月的时间，资金周转快。

优质肉鸡的饲养期为60~120天。相对于大多数的家畜而言，其生长期也是比较短的。如果能够合理搭配育雏期和育肥期，一个鸡舍一年能够饲养4~6批。

蛋鸡的饲养周期相对较长，从雏鸡出壳到开始产蛋大约需要19周，一般产蛋期可以利用50周。

（四）产品营养丰富

鸡蛋是营养最全面、消化吸收效率较高的食品，适合各个年龄的人食用；鸡肉是良好的补品，仔鸡肉中蛋白质含量高而脂肪含量低，肉的消化吸收率很高，是较好的动物性食品。

第三节 养鸡投资分析

了解养鸡的投资，有助于对投资者提供相关信息，帮助其科学决策。

一、固定投资分析

1. 场地费用 主要是征用土地的费用，由于各地土地使用费差异很大，加上所占用的地方是否是可耕地，这方面的差别较大。一般情况下，在农区建鸡场每亩地每年的租金是当地每亩地小麦的产量与价格乘积所得出的结果。如果小麦平均亩产400千克，每千克的市场价格为2.2元，则每亩地每年的租金为880元。如果靠近经济发达的城市郊区，租金的价格会更高。

如果是一个饲养1万只产蛋鸡的鸡场，占地约7亩：像这样一个小规模的场需要两栋成年鸡舍和一栋育雏育成一体舍，如果采用2列3走道布局，一个成年鸡舍需要70组产蛋鸡笼，鸡舍建筑面积约为525平方米（长度75米、总宽度7米），3栋鸡舍占地2.36亩，配套房舍占地约需1亩，建筑指数按50%计算则占地6.7亩。规模大则占地相对较小。如饲养5万只产蛋鸡的鸡场占地约需30亩：鸡舍长度75米、总宽度10米的成年鸡舍（可以养成年产蛋鸡7 600只）7栋（可以养5.29万只）；配套2栋长度75米、总宽度7米的育雏-育成鸡舍，9栋鸡舍占地9.5亩，配套房舍占地约需1.5亩，建筑指数按40%计算则占地27.5亩。当然，建造不同类型的鸡舍、使用不同的鸡笼、采用不同的笼具布局都会对占地面积产生一定程度的影响。

2. 房舍费用

（1）鸡舍的建造成本：一般情况下可以按照每平方米250元计算。如果要存栏1万只产蛋鸡（采用3层全阶梯鸡笼，舍内为2列3走道布局），则需要育成-产蛋一体化鸡舍1 000米^2，需要育雏-育成一体化鸡舍300米^2。房舍的投资需要33万元左右。如果采用密闭式鸡舍则建造成本会较高，每平方米的投资约为350元。

肉鸡舍一般采用网上平养或地面垫料平养方式，既可以使用密闭式鸡舍，也可以使用有窗鸡舍或卷帘式鸡舍，每平方米鸡舍造价220~330元。对于一个存栏10 000万只肉鸡的鸡舍，需要1 100米^2，鸡舍的投资为25万~36万元。

（2）消毒设施：它包括车辆消毒设施和人员更衣消毒设施。一个车辆消毒设施（包括喷雾消毒设备）需要投资3.5万元左右，一个人员消毒设施需1万~3万元。

通常在鸡场大门口有一个车辆消毒设施、一个简易人员消毒设施；在生产区门口有一个车辆消毒设施和人员消毒设施。

（3）办公生活用房：一个存栏1万只产蛋鸡或年出栏20万只肉鸡的鸡场所需办公生活用房约150米^2；一个存栏5万只产蛋鸡或年出栏100万~150万只肉鸡的鸡场所需办公生活用房约400米^2。如果以楼房的方式建造，每平方米约需700元，以平房的方式建造约需300元。

（4）辅助生产用房：包括库房、门卫室、配电房等，一个存栏1万只产蛋鸡或年出栏20万只肉鸡的鸡场所需辅助生产用房约200米^2；一个存栏5万只产蛋鸡的鸡场所需办公生活用房约600米^2。

3. 设备费用 设备包括育雏笼具、青年鸡笼具、产蛋鸡笼具、平养的网床、清粪设备、喂饲设备、饮水设备、环境控制设备等。一般情况下每只成年产蛋鸡的初期设备配套费用约45元，每只肉鸡约25元。

4. 道路费用 主要包括场外专用道路和场内道路的修建费用。

5. 绿化费用　包括鸡舍前后的遮阴绿化、道路两旁的景观绿化、外墙内外的隔离绿化等。

6. 其他固定投资费用　包括除以上各种设备之外的固定投资。

二、流动资金投入分析

1. 鸡苗成本　鸡苗的价格受年度、季节的影响较大，如近年来商品代蛋鸡母雏的价格变化从 2.5 元/只到 3.6 元/只不等，白羽商品肉鸡苗价格从 1.5 元/只到 3.5 元/只不等。如果饲养种鸡，则鸡苗的价格更高。

2. 饲料成本　目前，蛋用雏鸡的配合饲料价格约为2.8 元/千克，育成鸡约 2.5 元/千克，产蛋鸡约 2.7 元/千克；白羽肉鸡商品代的配合饲料价格约为 2.9 元/千克。

一只蛋用雏鸡从接入育雏室到开产约需要消耗饲料 8.5 千克，产蛋期间每只鸡每天消耗饲料 115 克左右。一只商品代白羽肉鸡饲养至 42 日龄，当体重达到 2.5 千克左右的时候平均消耗的饲料约 4.75 千克；一只白羽肉种鸡产蛋期间每天的饲料消耗约 170 克。

3. 药物成本　在养鸡过程中为了预防疾病需要使用疫苗、抗生素、消毒药等药物。一般饲养一只白羽肉鸡需要的药物成本约为 1.2 元，一只优质肉鸡约需 1.5 元，一只蛋鸡（从育雏到淘汰）约需 2.5 元。

4. 工人工资与福利　这与企业的工资标准、劳动生产效率有很大关系。

5. 水电与燃料成本　正常生产过程中每天都需要消耗水和电，育雏期间或冬季养鸡还需要使用燃料加热。

第二章 养鸡生产设施

生产设施是现代养鸡生产的硬件，是养鸡生产管理水平的重要体现和基础。因为生产设施直接关系到鸡场的外部环境、内部环境、自动化水平、劳动生产效率等具体的生产条件，因此合理规划设计养鸡生产设施是现代养鸡生产的关键。此外，生产设施具有长远的影响力，如果规划设计出现问题则改造、改建很困难，也会增加生产成本；生产设施规划设计不合理会对鸡场的卫生防疫、鸡舍环境控制、生产管理造成不良影响，直接影响到鸡群的健康和生产；而且，生产设施是现代养鸡生产中投资最大的部分，设计不合理会增加生产经营成本。

第一节 场址选择与场区规划

场址选择关系到鸡场的生产安全和发展，而场区规划关系到场内的生产管理和卫生防疫。

一、场址选择

现代化的养鸡生产必须综合考虑占地规模、场区周边环境、交通运输条件、区域基础设施、生产与饲养管理水平、排水与排污条件、与其他污染源之间的隔离等因素。场址选择不当，可导致整个鸡场在运营过程中对周围的大气、水、土壤等环境污染而遭到周边企业或城乡居民的反对；另外，也可能受到周边村庄、企业给鸡场造成的污染。因此，场址选择是鸡场建设可行性研究的主要内容和规划建设必须面对的首要问题，需要考虑鸡场所处地方的自然条件和社会条件两方面的因素。

（一）自然条件要求

1. 地势地形 鸡场应选在地势较高、相对平坦及排水良好的场地，要避开低洼潮湿地，远离沼泽地。这样的场地能够及时排出场区内的废水、雨后积水，保持场区环境的干燥。鸡有怕潮湿的习性，保持环境的相对干燥有利于鸡群的健康。如果场地低洼，生产过程中产生的污水会长期在场区内积存，污水中的微生物、有机质、化学物质会逐渐渗入土壤和地下水中，污染土壤和地下水。同样，如果排水不利，雨后场区内出现积水也会把粪便和污水冲得到处流淌，这些粪水流淌到哪里就会把污染带到哪里。场区内潮湿还会为微生物和寄生虫、昆虫的繁殖提供有利条件。

地势要尽量背风向阳，以保持场区小气候温热状况的相对稳定，减少冬春季风雪的侵袭，中原和北方地区的养鸡场做好冬季鸡舍的保温有助于减少呼吸系统疾病的发生。地势向阳还能够使场区得到充足的阳光，有利于保持场区的干燥，有助于利用阳光中的紫外线对环境进行消毒。同时，阳光充足也有利于鸡舍的采光。

在平原地区选择养鸡场场址时，一般要求场地比较平坦、开阔，应将场址选择在较周围地段稍高的地方，而且附近有排水条件以利排水防涝。场区内地面坡度以1%~3%为宜，如果没有坡度反而不利于排水。地下水位至少低于建筑物地基0.5米以下，以减少地下水对鸡舍内湿度的影响。对靠近河流、湖泊的地区，场地应距河流、湖泊边缘至少有500米的距离，而且场区地势要比当地水文资料中最高水位高出1~2米，以防涨水时被水淹没。

在山区建鸡场，场址应选在稍平缓的坡上，坡面向阳，总坡度不超过25%，建筑区坡度应在2.5%以内。适当的坡度有助于雨后积水和生产过程中产生的废水及时排放，但是坡度过大不利于物料运输。山区建场还要注意地质构造情况，要注意避开断层、容易发生滑坡、塌方的地段，也要避开坡底和谷地及风口，以免受山洪和暴风雪的袭击。有些山区的谷地或山坳，常因地形地势限制，易形成局部空气涡流现象，致使场区内污浊空气长时间滞留、潮湿、阴冷或闷热，因此应注意避免。

但是，在山区建鸡场具有自然隔离效果好的优势，一些鸡场租用一个山沟，在沿山沟边缘地势相对平缓的地方建鸡舍，鸡舍之间的距离比较远而且自然隔离效果也好，只要在山沟口修建大门就能够将山沟与外界隔离开来。

场地地形宜开阔整齐，避免过多的边角和过于狭长。

2. 水源水质　对于养鸡场来说水源是至关重要的条件。要求鸡场要有水质良好和水量丰富的水源，同时便于取用和进行水源防护。目前，大多数养鸡场都是在场区内挖深井（深度超过60米）以保障水质和水量。

水量充足是指能满足场内人、鸡饮用和其他生产、生活用水的需要，且在干燥或冻结时期也能满足场内全部用水需要。一般来说，蛋鸡场内水的消耗量可以按照每只鸡每天不少于5升的用量进行计算。在缺水的地方修建鸡场要特别注意干旱季节的供水问题，如果出现缺水将会影响到鸡群的健康和生产。

水质要清洁，不含细菌、寄生虫卵及有毒矿物元素。在选择地下水作水源时，要调查是否因水质不良而出现过某些地方性疾病。国家农业部在NY 5027—

2008《无公害食品畜禽饮用水水质》中明确规定了无公害畜牧生产中的水质要求。水源不符合饮用水卫生标准时，必须经净化消毒处理，达到标准后方能饮用。很多鸡场使用的都是地下水，要求井的深度应不小于30米，浅井水更容易受污染。水井挖好后要对水质进行化验，能够符合饮用水要求才可以使用。要做好水井的防护，避免井水被污染。

3. 土壤地质 土壤的透气性、吸湿性、毛细管特性及土壤化学成分等不仅直接和间接影响鸡场的空气、水质和地上植被等，还影响土壤的净化作用。沙壤土最适合场区建设，但在一些受客观条件限制的地方，选择理想的土壤条件很不容易，需要在规划设计、施工建造和日常使用管理上设法弥补土壤缺陷。

对施工地段工程地质状况的了解，主要是收集工地附近的地质勘察资料，地层的构造状况，如断层、陷落、塌方及地下泥沼地层。对土层土壤的了解也很重要，如土层土壤的承载力，是否是膨胀土或回填土。膨胀土遇水后膨胀，导致基础被破坏，不能直接作为建筑物基础的受力层；回填土土质松紧不均，会造成建筑物基础不均匀沉降，使建筑物倾斜或遭破坏。遇到这样的土层，需要做好加固处理，严重的不便处理的或投资过大的则应放弃选用。此外，了解拟建地段附近土质情况，对施工用材也有意义，如砂层可以作为砂浆、垫层的骨料，可以就地取材，节省投资。

4. 气候因素 气候状况不仅影响建筑规划、布局和设计，而且会影响鸡舍朝向、防寒与遮阳设施的设置，与家禽场防暑、防寒日程安排等也十分密切。因此，规划家禽场时，需要收集拟建地区与建筑设计有关和影响家禽场小气候的气候气象资料和常年气象变化、灾害性天气情况等，如平均气温、绝对最高气温、最低气温，土壤冻结深度，降水量与积雪深度，最大风力，常年主导风向、风向频率，日照情况等。各地均有民用建筑热工设计规范和标准，在鸡舍建筑的热工计算时可以参照使用。

（二）社会条件

1. 符合城乡建设规划 鸡场选址应符合本地区农牧业发展总体规划、土地利用发展规划、城乡建设发展规划和环境保护规划，不要在城镇建设发展方向上选址，以免影响城乡人民的生活环境，造成频繁的搬迁和重建。

2. 交通运输条件 规模化养鸡场每天都有大量的饲料、粪便、产品进出，所以场址应尽可能接近饲料产地和加工地，靠近产品销售地，确保其有合理的运输半径。大型集约化商品场，其物资需求和产品供销量极大，对外联系密切，故应保证交通方便，场外应通有公路，但应远离交通主干线。

3. 电力供应情况 家禽场生产、生活用电都要求有可靠的供电条件，一些家禽生产环节如孵化、育雏、机械通风等电力供应必须绝对保证。通常，建设畜牧场要求有Ⅱ级供电电源。在Ⅲ级以下供电电源时，则需自备发电机，以保证场内供电的稳定。为减少供电投资，应尽可能靠近输电线路，以缩短新线路铺设距离。

4. 卫生防疫要求　为防止家禽场受到周围环境的污染，选址时应避开居民点的污水排出口，不能将场址选在化工厂、屠宰场、制革厂等容易产生环境污染的企业下风向处或附近。在城镇郊区建场，应距离大城市20千米，小城镇10千米。按照畜牧场建设标准，要求距离铁路、高速公路、交通干线不小于1千米，距离一般道路不小于500米，距离其他畜牧场、兽医机构、畜禽屠宰场不小于2千米，距居民区不小于3千米，且必须在城乡建设区常年主导风向的下风向。禁止在以下地区或地段建场：规定的自然保护区、生活饮用水水源保护区、风景旅游区；受洪水或山洪威胁及有泥石流、滑坡等自然灾害多发地带；自然环境污染严重的地区。

5. 土地征用需要　必须遵守十分珍惜和合理利用土地的原则，不得占用基本农田，尽量利用荒地和劣地建场。大型家禽企业分期建设时，场址选择应一次完成，分期征地。近期工程应集中布置，征用土地满足本期工程所需面积（表2-1）；远期工程可预留用地，随建随征。征用土地可按场区总平面设计图计算实际占地面积。

表2-1　土地征用面积估算表

场别	饲养规模/万只	约占地面积/亩
蛋种鸡场	1	7
	5	30
商品蛋鸡场	5	28
	10	50
肉鸡场	年出栏肉鸡100万只	75

6. 处理好周边环境　鸡场的辅助设施，特别是蓄粪池，应尽可能远离周围住宅区，一定要避开邻近居民的视线，尽可能利用树木等将其遮挡起来。建设安全护栏，并为蓄粪池配备永久性的盖罩。

应仔细核算粪便和污水的排放量，以准确计算粪便的贮存能力，并在粪便最易向环境扩散的季节里，贮存好所产生的所有粪便，防止粪便流失和扩散。建场的同时，最好规划一个粪便综合处理利用厂，化害为利。

近年来一些养鸡企业考虑到在平原农区养鸡存在土地征用困难、成本高，区域内养殖密度过高、不利于生产安全等问题，采取“三退三进”的场址选择策略。即退出农区、进入山区，退出养殖密度高的地区、进入养殖密度低的地区，退出靠近城镇村庄的地方、进入隔离效果相对好的地方。

二、场区规划

（一）鸡场内的小区类型

鸡场内的小区类型与鸡场的生产规模和鸡群类型有关，一般的鸡场内小区包括办公区、生活区、辅助生产区、生产区、排污区等。小规模的鸡场其办公区、生活区、辅助生产区往往合在一起，称为办公生活区。

1. 办公区 办公区主要是鸡场管理人员办公的地方，是与外界来往比较频繁的场所。要求与生产区之间有较大的距离以利于卫生隔离。较大规模的鸡场由于与外界来往较多，为了减少外来人员车辆对养鸡生产的干扰，一般把办公区建在城镇交通比较便利的地方，便于对外接待。

2. 生活区 生活区是养鸡场工作人员吃饭、住宿、休闲娱乐、运动、召开小型会议的地方。一般要求靠近生产区，但是要保持30米以上的直线距离，以减少相互污染和影响。

3. 辅助生产区 辅助生产区主要是饲料加工车间与库房、工具房、配电室与发电室、供水管理室、物品库等。一般处于生活区与生产区之间，或与生活区平行而与生产区相邻。

4. 生产区 这是养鸡场内主要的区域，所占面积最大，与外界的隔离要求最严。不同生产性质的鸡场其生产区内的规划有很大差异。

作为商品性肉鸡场，生产区内只有肉鸡舍，每一栋肉鸡舍的建筑类型都相同。

作为肉种鸡场，生产区内有两种鸡舍，即育雏室和育成-成年一体化鸡舍。育雏室要独立成区，与育成-成年一体化鸡舍之间有25米以上的距离。而育成-成年一体化鸡舍之间有15米左右的距离就可以。

如果是商品蛋鸡场，生产区内鸡舍的类型有两种或三种。如果是两种鸡舍，则是育雏-育成一体化鸡舍和育成-成年一体化鸡舍，前者饲养雏鸡和育成前期的鸡群（13周龄以前），后者饲养育成后期和成年鸡群（14周龄以后）。同类鸡舍之间的距离不小于15米，不同类型鸡舍之间的距离不小于25米。如果是三种鸡舍，则分别是育雏室、育成鸡舍和产蛋鸡舍。

如果是蛋种鸡场，除与商品鸡场相同的鸡舍外，有的还单独建有种公鸡舍。

5. 污物处理区 在规模化养鸡场内专门用于粪便、污水和病死鸡存放与无害化处理的场所，要求与其他各区之间要有较远的距离，以减少其对周围环境的污染。

（二）鸡场生产流程

鸡场内有两条最主要的流程，一条为饲料（库）→鸡群（舍）→产品（库），这三者间联系最频繁、劳动量最大；另外一条流程线为饲料（库）→鸡群（舍）→粪污（场），其末端为粪污处理场。因此，饲料库、蛋库和粪场均要靠近生产区，但不能在生产区内，因为三者需与场外联系。饲料库、蛋库和粪场为相反的两个末端，因此其平面位置也应是相反方向或处于偏角的位置。

（三）鸡场各区的规划布局

首先考虑办公和生活场所尽量不受饲料粉尘、粪便气味和其他废弃物的污染；其次考虑生产鸡群的防疫卫生，为杜绝各类传染源对鸡群的危害，依地势、风向排列各类鸡舍顺序，若地势与风向在方向上不一致时，则以风向为主。因地势而使水的地面径流造成污染时，可用地下沟改变流水方向，避免污染重点鸡舍；或者避开主导风向，将要保护的鸡舍建在安全位置，避免受上风向空气污染。根据拟建场地条件，也可用林带相隔，拉开距离使空气自然净化。对人员流动方向的改变，可建隔墙阻止。鸡场分区规划的总体原则是人、鸡、污三者以人为先、污为后，风与水以风为主的排列顺序。

鸡场内生活区和行政区、生产区应严格分开并相隔一定距离，生活区和行政区在风向上与生产区相平行。有条件时，生活区可设置于鸡场之外，否则如果隔离措施不严，会造成将来防疫措施的重大失误，使各种疫病连续不断地发生，导致养鸡失败。

生产区是鸡场布局中的主体，应慎重对待，孵化室应和所有的鸡舍相隔一定距离，最好设立于整个鸡场之外。鸡场生产区内，应按规模大小、饲养批次将鸡群分成数个饲养小区，区与区之间应有一定的隔离距离，各类鸡舍之间的距离应以各品种各代次不同而不同，祖代鸡舍之间的距离相对来说应相隔远一些，以60~80米为宜，父母代鸡舍之间每栋距离为40~60米，商品代鸡舍每栋之间距离为20~40米。总之，种鸡代次越高，鸡舍间距应越大。每栋鸡舍之间应有隔离措施，如围墙或沙沟等。

生产区内布局还应考虑风向，从上风方向至下风方向按代次应依次安排祖代、父母代、商品代，按鸡的生长期应安排育雏舍、育成舍和成年种鸡舍，这样有利于保护重要鸡群的安全。

（四）鸡场道路

鸡场内道路布局应分为清洁道和脏污道，清洁道的走向为孵化室、育雏室、育成舍、成年鸡舍，各舍有入口连接清洁道；脏污道主要用于运输鸡粪、死鸡及鸡舍内需要外出清洗的脏污设备，其走向也为孵化室、育雏室、育成舍、成年鸡舍，各舍均有出口连接脏污道。清洁道和脏污道以沟渠或林带相隔。

（五）鸡场的绿化

绿化是衡量环境质量的一项重要指标。各种绿化布置能改善场区的小气候和舍内环境，有利于提高生产率，进行绿化设计时必须注意不影响场区通风和鸡舍的自然通风效果。

1. 绿化的作用

（1）调节气温、改善环境：一般情况下，夏季树木遮阳可使鸡舍墙面和屋面上的太阳辐射能大为减少，树木本身也能够利用阳光进行光合作用而吸收大量的太阳辐射能，茂盛的树冠能够挡住70%~80%的太阳辐射能。夏季树荫下面的气温比裸露地面的温度低3℃。

（2）调节气流：冬季绿化林带可以阻挡寒风的袭击，降低风速，改变气流方向，减轻冷风对鸡舍的侵袭。在林带高度1倍距离内，风速可降低60%，10倍距离时可降低20%。夏季因绿化林带内气温较低，可产生微风，有利于鸡舍内污浊空气和外部新鲜空气的交换。

（3）净化空气：集约化养鸡场在生产过程中会不断排出大量有害气体，而绿化植物一般可以吸收25%的有害气体，有的植物具有较强的吸附氨气的功能。绿化树木还能在光合作用过程中吸收二氧化碳、释放出氧气，从而净化空气，保护环境，充分发挥“天然生物净化器”的作用。

（4）防疫作用：鸡舍内排出的粉尘是病原体的重要载体，是疾病传播的重要媒介。绿化植物能够通过对粉尘的阻挡、过滤和吸附作用，减少空气中的细菌含量。有的植物还能分泌出杀菌的有机物质，能够对黏附到其表面的病原体起到消毒和防疫作用。

（5）增收作用：鸡场内种植树木不仅可以美化和净化环境，而且能够增加收入。一般的树木生长10年左右就能够成材，如果种植果树还可以生产水果，种植具有药用价值的树木还可以采集中药材。

2. 绿化的基本要求

（1）沿围墙的绿化：鸡场周围沿围墙或隔离网、隔离沟的绿化适宜乔木与灌木相结合的绿化方式，能够尽可能多地阻挡风和灰尘进入鸡场。乔木与围墙之间要有2米的距离以减少其根部对墙基的破坏。

（2）鸡场道路的绿化：道路两侧用常绿小乔木或果树进行绿化，可以起到美化环境的作用。树坑与路面之间要有不小于1米的距离以减少树根对路基的破坏。

（3）小区之间的隔离绿化：在每个功能小区之间可以用乔木和灌木间隔种植的方式绿化，尽可能多地阻挡气流和粉尘，尽可能多地吸附粉尘和氨气。

（4）鸡舍前后的绿化：鸡舍南侧适宜种植高大的阔叶乔木以利于在夏季能够起到遮阳的作用；鸡舍北侧可以种植常绿小乔木以便于在冬季起到阻挡寒风的作用。树木与墙壁之间的距离要有2.5米左右。

（5）鸡舍之间空地的绿化：如果鸡舍之间的距离超过20米，在鸡舍前后绿化树木之间还可以进行绿化。绿化树木以果树或常绿小乔木为宜，减少对窗户通风和采光的影响。

3. 关于绿化的争议　一些养鸡场不通过栽种树木进行绿化，无论是围墙周围还是鸡舍前后都不种树。其观点是鸡场内种树容易招引飞鸟，而飞鸟是一些传染病的传播媒介，不种树则可减少飞鸟在鸡场内的栖息地，鸡场内的飞鸟就少了，鸡群就安全了。这种想法有其一定的道理。但如果鸡舍设计得合理，能够阻挡飞鸟进入鸡舍，就能够防止鸟类传播疾病。尤其是现在养鸡都是在鸡舍内饲养，如果飞鸟不能进入鸡舍也就减少了传播疾病的机会。另外，即便是不种树，在杂草丛中也会有小鸟的活动。

目前，在一些大型标准化养鸡场有许多鸡舍都采用密闭式鸡舍，野鸟是很难进入鸡舍的。如果对于密闭式鸡舍在进风口采取措施，对进入鸡舍的空气进行消毒处理则完全可以忽略野鸟对养鸡安全的影响。而一些中小型养鸡场的鸡舍门和窗户一般都加有金属网用于防止野鸟和老鼠的进入，这种措施也有一定的效果。

第二节　鸡舍设计

鸡舍是鸡群生活的场所，是鸡群生活的小环境，鸡舍内环境条件对鸡群的影响最大。同时，鸡舍建造也是养鸡生产初期主要的投资项目，关系到以后鸡群的生产成本。鸡舍是养鸡场的固定设施，一旦建成后很难移动和改造，因此鸡舍设计是否合理也决定了以后较长时期内的生产情况。

一、鸡舍的基本结构

鸡舍的基本结构包括地面、墙壁、门窗、屋顶等部分，还包括水电线路、加热或降温系统等。

（一）地基和基础

地基和基础是鸡舍的承重构件，共同保证鸡舍的坚固、耐久和安全。因此，要求其必须具备足够的强度和稳定性，防止房舍因沉降过大和产生不均匀沉降而引起裂缝和倾斜。

1. 地基　地基是指房舍最下面承受荷载的那部分土层，有天然地基和人工地基之分。当土层的地质状况较好、承载力较强时可以采用天然地基；而在地质状况不佳的条件下，如坡地、沙地或淤泥地质，或虽然土层质地较好但上部荷载过大时，为使地基具有足够的承载能力，则要采用人工加固地基，即人工地基。

在进行地基设计时，要考虑以下情况：基础底面的单位面积压力小于地基的容许承载力；建筑物的沉降值小于容许变形值；地基无滑动的危险。

总荷载较小的简易鸡舍或小型鸡舍可直接建在天然地基上，但是用作鸡舍天然地基的土层必须具备足够的承重能力、足够的厚度，且组成一致、压缩性（下沉度）小而匀（不超过2~3厘米）、抗冲刷力强、膨胀性小、地下水位在2米以下，且无侵蚀作用。

沙砾、碎石、岩性土层以及有足够厚度且不受地下水冲刷的沙质土层是良好的天然地基。黏土、黄土含水多时压缩性很大，且冬季膨胀性也大，如不能保证干燥，不适于作天然地基。富含植物有机质土层、填土不适宜用作天然地基。

鸡舍一般应尽量选用天然地基，为了选准地基，在建筑鸡舍之前，应确切地掌握有关土层的组成情况、厚度及地下水位等资料，只有这样，才能保证选择的正确性。

土层在施工前经过人工处理加固的称为人工地基。如果没有合适的天然地基则需要对地基进行处理，可以参考以下几种处理方法。

（1）换填法：当建筑物基础下的持力层比较软弱、不能满足上部结构荷载对地基的要求时，常采用换土垫层来处理软弱地基。即将基础下一定范围内的土层挖去，然后回填以强度较大的沙、碎石或灰土等，并夯实至密实。

（2）预压法：预压法是一种有效的软土地基处理方法。该方法的实质是：在建筑物或构筑物建造前，先在拟建场地上施加或分级施加与其相当的荷载，使土体中孔隙水排出，孔隙体积变小，土体密实，提高地基承载力和稳定性。

（3）强夯法：强夯法是根据建筑物的特点用重量不等的夯锤从高处落下，反复多次夯击地面，对地基进行强力夯实。实践证明，经夯击后的地基承载力可提高1.5~3倍，压缩性可降低100%~300%。

（4）振冲法：振冲法是振动水冲击法的简称，按不同土类可分为振冲置换法和振冲密实法两类。振冲法在黏性土中主要起振冲置换作用，置换后填料形成的桩体与土组成复合地基；在沙土中主要起振动挤密和振动液化作用。

其他如沙石桩法、土或灰土挤密桩法、深层搅拌法等可用于多层鸡舍或荷载量较大的鸡舍。

2. 基础 基础指鸡舍墙壁底部与地基接触的承重构件，用来将上部结构荷载传给地基，是鸡舍的重要组成部分。它的作用是把建筑上部的荷载传给地基。墙和整个鸡舍的坚固与稳定状况取决于基础。故基础应具备坚固、耐久、抗机械作用能力及防潮、抗震、抗冻能力。在鸡舍建造中常用的条形基础一般由垫层、大放脚（墙脚以下的加宽部分）和基础墙组成。砖基础每层放脚宽度一般宽出墙为6厘米，有时也可为12厘米。

一般中小型鸡舍用作基础的材料除机制砖外，还有碎砖三合土、灰土、毛石等。但对于大型鸡舍或地基条件不够好时也常采用钢筋混凝土基础。灰土基础的主要优点是经济、实用，适用于地下水位低、地基条件较好的地区；毛石基础适用于盛产石头的山区。

基础的底面宽度和埋置深度应根据鸡舍的总荷载、地基的承载力、土层的冻胀程度及地下水位高低等情况计算确定。北方地区在膨胀土层上修建鸡舍时，应将基础埋置在土层最大冻结深度以下。基础受潮是引起墙壁潮湿及舍内湿度大的原因之一，故应注意基础防潮、防水。基础的防潮层设在基础墙的顶部，舍内地面以下6厘米。基础应尽量避免埋置在地下水中。加强基础的保温对改善鸡舍环境有重要意义。

（二）地面

地面通常也叫地坪，指单层房舍的地表构造部分，多层房舍的水平分隔层称为楼面。在鸡舍建造中绝大多数情况下采用单层设计，只有少数大型的鸡场采用两层或多层鸡舍。在养鸡生产中因为鸡大部分时间都生活在鸡舍内，鸡笼直接安放在地面或鸡群直接在鸡舍地面上生活（包括躺卧休息、睡眠、排泄），所以鸡舍地面质量的好坏，不仅可影响舍内小气候与卫生状况，还会影响鸡本身及产品的质量。

1. 鸡舍地面应具备的基本要求 坚实、不易变形、致密、平坦、有弱的弹性、不硬、不滑；有利于消毒排污，容易被消毒药物接触到，室内的粪便、污水、垃圾容易清理；保温、不渗水、不返潮；经济耐用。

2. 常见鸡舍地面类型 常见的鸡舍地面形式有3种（图2-1）。多数情况下鸡舍采用混凝土地面，它除了保温性能差外，其他性能均较好。土地面、三合土地面、砖地面、木地面等保温性能虽好于混凝土地面，但不坚固、易吸水、不便于清洗、消毒。尤其是土地面，在使用过程中由于粪便中的水分及微生物、有机质、无机元素渗入地下，会给以后的鸡群造成很大的威胁。沥青混凝土地面保温隔热较好，其他性能也较理想，但因容易含有危害畜禽健康的有毒有害物质，现已很少在鸡舍内使用。

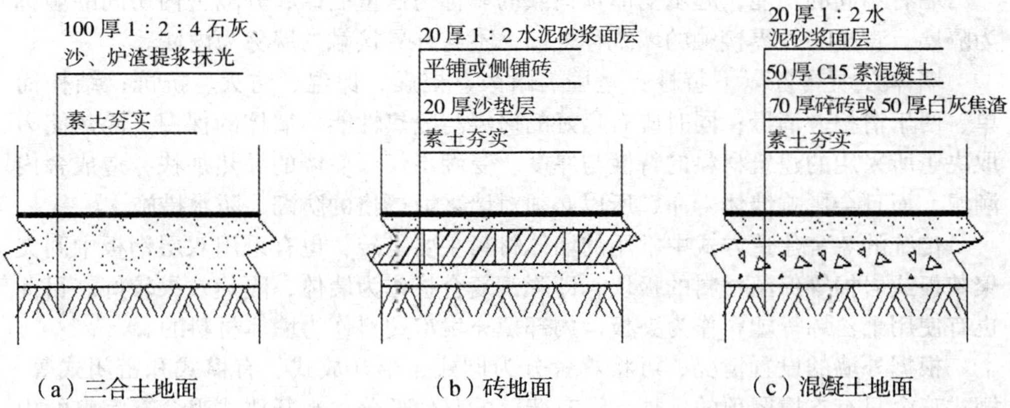

图2-1 鸡舍地面形式（单位：毫米）

地面要有良好的保温隔热性能，这不仅有利于地面保温，而且有利于舍温调节。地面的防水、隔潮性能对地面本身的导热性和舍内小气候状况、卫生状况的影响也很大。

地面平坦、有弹性且不滑，在畜牧生产上是一项重要的环境卫生学要求。地面太硬，不仅鸡只躺卧时感到不舒适，且对鸡只肢体有害，易引起膝关节水肿，也易疲劳。地面向排污沟应有适当坡度，以保证洗涤水及粪水被顺利排走。地面裂纹容易造成老鼠挖洞，影响地面的牢固性，也容易使水渗入地下。

鸡舍地面结构需要按照鸡的饲养方式、清粪方式、饮水方式等因素而定。

对于平养鸡舍要求舍内地面一般要高出舍外地面 30 厘米，潮湿或地下水位高的地区应在 50 厘米以上。表面坚固无缝隙，多采用混凝土铺平，虽造价较高，但便于清洗消毒，还能防潮保持鸡舍干燥。笼养鸡舍地面设浅粪沟，比地面深 15~20 厘米。

对于笼养鸡舍采用自动刮粪板清粪方式，要求鸡舍末端粪槽底部不能低于舍外地面。

（三）墙壁

墙是基础以上露出地面的部分，是承接屋顶的荷载并传给基础的承重构件，也是将鸡舍与外部空间隔开的外围护结构，是鸡舍的主要结构，包括山墙和侧墙。以砖墙为例，墙的重量占鸡舍建筑物总重量的 40%~65%，造价占总造价的 30%~40%。同时墙体也在鸡舍保温隔热中占有特殊的地位，据测定，冬季通过墙散失的热量占整个鸡舍总散失热量的 35%~40%。舍内的湿度、通风、采光也要通过设置在墙壁上的窗户来调节。因此，墙对鸡舍舍内温湿状况的调节起着重要作用。

墙有不同的功能，起承受屋顶荷载的墙称为承重墙；起分隔舍内房间的墙称为隔墙。直接与外界接触的墙统称外墙，不与外界接触的墙称为内墙。

墙体必须具备以下特性：坚固、耐久、抗震、保温、防火、抗冻；结构简单、便于清扫、消毒；同时应有良好的保温与隔热性能。墙体的保温、隔热能力取决于所采用的建筑材料的特性与厚度。受潮不仅可使墙的导热加快，造成舍内潮湿，而且会影响墙体寿命，所以必须对墙采取严格的防潮、防水措施。

传统的鸡舍建造方式中常用的墙体材料主要是砖，也有采用双层钢板中间夹聚苯板或岩棉等保温材料的板块，即彩钢复合板作为墙体，隔热效果较好。目前也有使用聚乙烯等塑料作为夹板，内部填充发泡塑料作为墙体材料的。

根据外墙的设置情况，可将鸡舍分为棚式、半开放式、有窗式和密闭式等。棚式鸡舍只有支撑屋顶的立柱，没有墙壁的其他部分；半开放式鸡舍有完整的山墙，前后墙的高度只有正常高度的 1/2 或 1/3，位于墙基之上，屋檐下则无墙，用金属网遮挡以防鼠雀进入，如果安装卷帘则成为卷帘鸡舍；有窗鸡舍最为常见，在前后墙上设置窗户用于采光和通风；密闭式鸡舍也称无窗鸡舍，前后墙上设置的少数应急窗平时被堵严，不透光、不通风。

（四）屋顶和天棚

1. 屋顶 屋顶是鸡舍顶部的承重构件和围护构件，主要作用是承重、保温隔热和防水。它由支承结构和屋面组成。支承结构承受着鸡舍顶部包括自重在内的全部荷载，并将其传给墙或柱；屋面起围护作用，可以抵御降水和风沙的侵袭，以及隔绝太阳辐射等，以满足生产需要。屋顶对于鸡舍的冬季保温和夏季隔热都有重要意义。屋顶的保温与隔热作用比墙重要，因为舍内上部空气温度高，屋顶内外实际温差总是大于外墙内外温差。据估算，冬季鸡舍屋顶散热占鸡舍散热总量的50%左右，而夏季屋顶的辐射热能够妨碍鸡舍内热量的散发，甚至导致舍内温度的升高。

屋顶除了要求防水、保温、承重外，还要透气、光滑、耐久、耐火、结构轻便、简单、造价便宜。任何一种材料不可能兼有防水、保温、承重三种功能，所以正确选择屋顶、处理好三方面的关系，对于保证鸡舍环境的控制极为重要。

（1）屋顶类型：屋顶形式种类繁多，在鸡舍建筑中常用的有以下 7 种形式（图 2-2）。

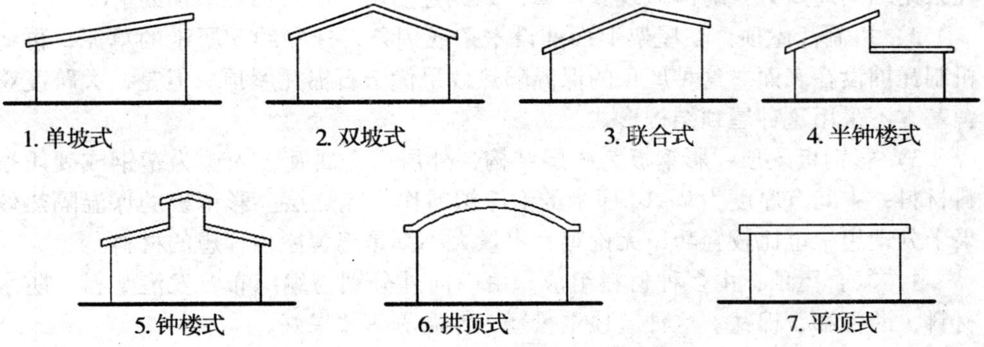

图 2-2 鸡舍屋顶类型

1）单坡式屋顶：屋顶只有一个坡向，跨度较小，结构简单，造价低廉，可就地取材。因前面设窗，采光充分，舍内阳光充足、干燥。缺点是建造成本较高（墙壁和土地利用效率低）。故只适用于单列舍和较小规模的鸡群，一般在小规模养殖户多用。

2）双坡式屋顶：它是最基本的鸡舍屋顶形式，目前在我国使用最为广泛。这种形式的屋顶可适用于较大跨度鸡舍，可用于各种规模和各种类型的鸡群，同时有利于保温和通风，这种屋顶易于修建，比较经济。

3）联合式屋顶：这种屋顶是在单坡式屋顶前檐增加一个短檐，起挡风避雨作用，适用于跨度较小的鸡舍。与单坡式屋顶鸡舍相比，采光略差，但保温能力较强。

4）钟楼式和半钟楼式屋顶：这是在双坡式屋顶增设双侧或单侧天窗的屋顶形式，以加强通风和采光，这种屋顶多在跨度较大的鸡舍采用。这种屋顶适用于温暖地区。

5）拱顶式屋顶：一般用砖、碎石和混凝土等材料发券砌筑，跨度较小的鸡舍用单曲拱，跨度较大时用双曲拱，拱顶面层须做保温层和防水层，这类屋顶造价较低，适用于各种规模的鸡舍。

6）平屋顶：随着建材工业的发展，平屋顶的使用逐渐增多。其优点是可充分利用屋顶平台，节省木材；缺点是防水问题比较难解决，建造成本高。

此外，还有哥特式、锯齿式、折板式等形式的屋顶，这些在鸡舍建筑上很少选用。

（2）屋顶材料：屋顶材料关系到屋顶的重量、防雨以及夏季的防暑和冬季的御寒。屋顶材料类型比较多。

1）石棉瓦屋顶：在屋架上铺设一层或两层石棉瓦。这种形式的屋顶是目前一些中小型养鸡场鸡舍建造中使用最多的形式，但是其防寒保暖效果不太理想，在采用纵向通风方式时漏风现象严重，尤其是使用一层石棉瓦屋顶的情况下。

2）机制瓦屋顶：在屋架上面铺设木条或荆条，抹厚约 3 厘米的草泥，再将机制瓦铺设在表面。这种屋顶的保温隔热效果优于石棉瓦屋顶。但是，大跨度鸡舍基本不采用这种屋顶结构形式。

3）彩钢板屋顶：彩钢板为 3 层结构，外层为金属瓦，内层为塑钢或硬质塑料材料，中间有厚度为 7~10 厘米的泡沫塑料作为隔热层。彩钢板的保温隔热效果十分理想，也比较轻巧，无论鸡舍容量大小都是鸡舍屋顶理想的材料。

4）复合屋顶：由多种材料组成，由内向外分别为编织布、发泡塑料、防水材料、沥青和石棉瓦。这种屋顶重量轻，保温隔热效果好。

5）钢筋混凝土：它是平顶房屋顶的主要建筑材料。

6）砖与混凝土：它是拱形屋顶的重要建筑材料。

2. 天棚　天棚又名顶棚、吊顶、天花板，是将鸡舍与屋顶下空间隔开的结构。天棚的功能主要在于加强鸡舍冬季的保温和夏季的防热效果，同时也有利于提高纵向通风效率。天棚上屋顶下的空间称为作楼，也称作顶楼。有的鸡舍将进风口设在天棚之上，在天棚的不同部位设置百叶窗，冬季开启鸡舍排风扇后外界的冷空气先进入阁楼部分并与其中的热空气混合后再通过百叶窗进入鸡舍内，能够有效防止通风造成的鸡舍温度下降和鸡只受凉。

天棚应具备保温、隔热、不透水、不透气、坚固、耐久、防潮、耐火、光滑、结构轻便、简单的特点。

常用的天棚材料有胶合板、矿棉吸音板等，在农村常常可见到草泥、芦苇、草席等简易天棚。在一些鸡场也有使用塑料布或编织布作为天棚材料的，其耐久性略差，容易被老鼠损坏，而且在通风的时候常常会出现上下抖动。

鸡舍内的高度通常以净高表示。净高指舍内地面至天棚的高，无天棚时指室内地面至屋架下弦的高，也叫柁下高。在寒冷地区，适当降低净高有利于保温；而在炎热地区，适当加大净高则有利于缓和高温的不良影响。

（五）门窗

门窗作为墙壁中的镶嵌部分，均属非承重的建筑配件。门的主要作用是交通和分隔房间，有时兼有采光和通风作用；窗户的主要作用是采光和通风，同时还具有分隔和围护作用。

1. 门　鸡舍门有外门与内门之分，舍内分间的门和鸡舍附属建筑通向舍内的门叫内门，鸡舍通向舍外的门叫外门。

鸡舍内专供人出入的门一般高度为 2.0~2.4 米，宽度为 0.9~1.0 米；供人、鸡、手推车出入的门一般高 2.0~2.4 米，宽 1.4~2.0 米。但是，不同类型的鸡舍门的高度会有所差异，有的门高度可能只有 1.6 米左右。门的位置可根据鸡舍的长度和跨度确定，一般设在两端墙上；若鸡舍在纵墙上设门，最好设在向阳背风的一侧。

在寒冷地区为加强门的保温，通常设门斗以防冷空气侵入，门斗的深度应不小于 2 米，宽度应比门大出 1.0~1.2 米。

鸡舍门应向外开，门上不应有尖锐突出物，不应有木门槛，不应有台阶。但为了防止雨、雪水淌入舍内，鸡舍地面应高出舍外 20~30 厘米。舍内外以坡道相联系。

为了防止蚊蝇和鸟雀进入鸡舍，通常要安装纱网式门帘。要注意门的设计，在开门或关门的时候要避免发出大的响声，以防鸡群受惊。

2. 窗　鸡舍窗户可为木窗、钢窗和铝合金窗，形式多为外开平开窗，也可用悬窗或推拉窗。由于窗户多设在墙或屋顶上，是墙与屋顶散热的重要部分。因此，窗的面积、位置、形状和数量等，应根据不同的气候条件和鸡群的要求，进行合理设计。考虑到采光、通风与保温的矛盾，在寒冷地区窗的设置必须统筹兼顾。

鸡舍窗户设计的一般原则是：在保证采光系数要求的前提下尽量少设窗户，以能保证夏季通风为宜。有的鸡舍采用一种导热系数小的透明、半透明的材料做屋顶或屋顶的一部分（如阳光板），这就解决了采光与保温的矛盾．但这种结构的使用还有待深入研究。在鸡舍建筑中也有采用密闭鸡舍，即无窗鸡舍，目的是为了更有效地控制鸡舍环境；但前提是必须保证可靠的人工照明和可靠的通风换气系统，要有充足可靠的电源。

3. 天窗　对于采用自然通风的鸡舍，有些在屋顶设置有天窗，一般每间隔1~2间房设置1个天窗（图2-3）。天窗的作用在于使室内上部的热空气从其中逸出。天窗必须有遮雨的顶罩，有防止鸟雀进入的金属网，有调节通风量的挡板。

图2-3　天窗的结构

4. 地窗　采用地面平养方式的鸡舍，可以设置地窗供鸡只出入鸡舍，以便于到舍外运动场活动。地窗的高度要高于鸡站立时头顶的高度，一般为0.5~0.7米，宽度为0.5~0.7米。对于一些采用自然通风方式的鸡舍，也有设置地窗的，但地窗的规格略小。地窗一般设置在窗户的下面，每间房设置1个（图2-4）。

图2-4　地窗的结构

地窗要安装小门，用于调节通风量或阻挡鸡只出入或其他动物进入。门应向外开以不影响舍内的操作。

（六）其他结构和配件

过梁是设在门窗洞口上的构件，起承受洞口以上构件重量的作用，有砖过梁（砖拱）、钢筋砖过梁和钢筋混凝土过梁。圈梁是加强房舍整体稳定性的构件，设在墙顶部或中部，或地基上。

鸡舍一般不高，圈梁可设于墙顶部（檐下），沿内外墙交圈制作。采用钢筋砖圈梁和钢筋混凝土圈梁。一般来说，砖过梁高度为24厘米；钢筋砖过梁和钢筋砖圈梁高度为30~42厘米，钢筋混凝土圈梁高度为18~24厘米。过梁和圈梁的宽度一般与墙厚等同。

二、鸡舍类型

（一）有窗鸡舍

其特点是在鸡舍的前后墙上设有窗户，日常主要通过空气流动来通风换气，靠自然光照实现鸡舍内的采光（图 2-5）。这样的鸡舍舍内环境条件在一定程度上受外界气候条件的影响，如温度基本上随季节转换而升降，自然光照随季节变化而延长或缩短，恶劣气候如电闪雷鸣也会影响到舍内的鸡群。

（a）

（b）

图 2-5 有窗鸡舍外景

有窗鸡舍的设计、建材、施工工艺与内部设置等条件要求较为简单，造价较低，投资较少，对材料的要求不十分严格，深受个体养鸡户和小规模养鸡场的青睐。但是普通鸡舍内鸡的生理状况与生产性能均受外界环境条件变化的影响，外界环境条件变化越大、越突然，对鸡的影响越大，疾病发病率也越高，故而鸡的生产性能不稳定，经济效益难以保障。因此，根据各地的自然环境及气候条件，合理设计、修建普通鸡舍、减少外界环境对舍内小气候的不利影响显得十分重要。

（二）密闭式鸡舍

密闭式鸡舍除鸡舍两端山墙上的门外，在两侧墙上仅有少数的应急窗，平时被完全封闭，顶盖和四周墙壁隔热性能良好，舍内通风、光照、温度和湿度等都靠机械设备进行控制，舍内环境条件受外界气候条件变化的影响相对较小（图2-6）。这种鸡舍因建筑成本昂贵，要求 24 小时能提供电力等能源，技术条件也要求较高，故我国农村鸡场及一般专业户都不采用此种鸡舍。这种鸡舍能给鸡群提供适宜的生长环境，鸡群成活率高，可较大密度饲养，但成本较高，一般适宜于大型机械化鸡场和育种公司。

建造时一般在密闭式鸡舍的两侧墙上留有应急窗，它用于停电时通风和采光。平时，应急窗用专门的挡板进行遮挡。

图 2-6　密闭式蛋鸡舍

（三）棚式鸡舍

这种鸡舍是在靠近地面垒砌约 70 厘米的侧墙，用竹竿或拱形钢筋混凝土柱作为屋架，使用塑料膜作为屋顶材料，在棚内养鸡。棚式鸡舍由于屋顶材料薄，对外界高温和低温的缓解能力较差，棚内环境容易受外环境的影响（图 2-7、图 2-8 和图 2-9）。冬季为了保温而减少通风常会造成棚内有害气体的积聚，也容易导致棚内湿度过大。有些棚式鸡舍为了提高冬季的保温性能或夏季的隔热性能，屋顶由内向外依次使用塑料薄膜、草秸和油毡作为隔热材料。

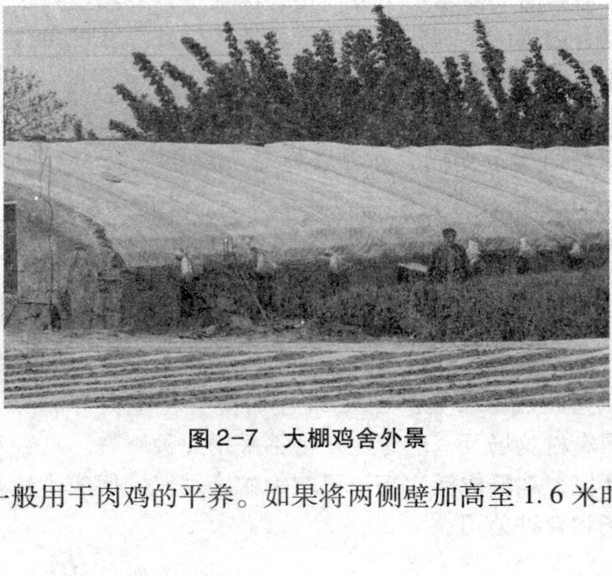

图 2-7　大棚鸡舍外景

棚式鸡舍一般用于肉鸡的平养。如果将两侧壁加高至 1.6 米时也可以进行蛋鸡的笼养。

图 2-8 大棚鸡舍内景（平养）

图 2-9 大棚鸡舍内景（笼养）

（四）卷帘鸡舍

此类鸡舍兼有密闭式和开放式鸡舍的优点，在我国的南、北方无论是高热地区还是寒冷地区都可以采用。鸡舍的屋顶材料采用石棉瓦、铝合金瓦、普通瓦片、玻璃钢瓦，并且采用防漏隔热层处理。此种鸡舍除了在离地 15 厘米以上建有 50 厘米高的墙体外，其余全部敞开，在侧墙壁的内层和外层安装隔热卷帘，由机械传动，内层卷帘和外层卷帘可以分别向上和向下卷起或闭合，能在不同的高度开放，可以达到各种通风要求。夏季炎热可以全部敞开，冬季寒冷可以全部闭合（图 2-10）。

图 2-10 卷帘式鸡舍外景

（五）联体鸡舍

这种鸡舍实质上是将若干个鸡舍连在一起建造，相邻的两个鸡舍共用一面侧墙（图 2-11）。这种形式的鸡舍建筑成本略低，能够有效利用土地，适宜于同一批次饲养量大的生产方式。如果相连的鸡舍内饲养不同批次的鸡则容易造成相互之间的不良影响。

图 2-11　联体鸡舍

三、养鸡生产工艺

（一）蛋鸡生产工艺

1. 两段式生产工艺　目前，在大多数蛋鸡场采用这种生产工艺，它将蛋鸡的一生划分为两个阶段，第一阶段为出壳至 12 周龄（包括育雏期和育成前期），鸡群饲养在育雏-育成一体化鸡舍内，使用的是育雏-育成一体化鸡笼；第二阶段为 13 周龄至 72 周龄前后（包括育成后期和产蛋期），饲养在成年鸡舍内，使用的是产蛋鸡笼或育成-产蛋一体化鸡笼。

采用这种生产工艺，在一个鸡场内只需要建两种鸡舍，即育雏-育成一体化鸡舍和成年鸡舍，当每个鸡舍内容鸡量相似的时候，两种鸡舍的数量比例应为 1∶3。

2. 三段式生产工艺　在传统的蛋鸡养殖中，大多数采用三段式生产工艺，即将蛋鸡的一生划分为育雏、育成和产蛋三个阶段。

对应于这种生产工艺，在鸡场规划建设的时候，要考虑建设育雏室、青年鸡舍和产蛋鸡舍 3 种类型的鸡舍，并在鸡舍内安装相应的育雏笼、青年鸡笼和产蛋鸡笼。

一般来说，当每个鸡舍内容鸡量相似的时候，3 种鸡舍的数量比例应为 1∶2∶6。

目前，在我国已经出现一定数量的专业化蛋鸡分阶段饲养场，即专门的青年鸡场和成年蛋鸡场。专门化的青年鸡场只饲养雏鸡和育成前期的鸡，一般在 13 周龄之前就出售。专门化的成年鸡场则是只饲养育成后期和成年的蛋鸡，从专门化的青年鸡场购买青年鸡，装入产蛋鸡笼饲养至 70 周龄前后，鸡群淘汰后经过清理、冲洗、消毒和一段时间的闲置再从青年鸡场购买下一批青年鸡。

（二）肉鸡生产工艺

1. 商品肉鸡生产工艺　白羽快大型商品肉鸡通常采用一段式饲养方式，即整个饲养期都在一个鸡舍内完成。

优质肉鸡有采用一段式饲养方式的，也有采用两段式饲养方式的，后者是将4周龄前的雏鸡用育雏笼饲养，第5周龄转入平养鸡舍饲养至出栏。

2. 肉种鸡生产工艺

（1）白羽快大型肉种鸡生产工艺：一般采用两段式饲养工艺，20周龄前在一个鸡舍，20周龄后转入成年鸡舍。

（2）优质肉种鸡生产工艺：优质肉种鸡的生产工艺与蛋鸡的生产工艺基本一致。

四、鸡舍设计的基本要求

（一）鸡舍设计与建造的基本原则

鸡舍设计与建造合理与否，不仅关系到鸡舍的安全和使用年限，而且对鸡生产潜力的发挥、舍内小气候状况、鸡场工程投资等具有重要影响。进行鸡舍设计与建造时，必须遵循以下原则：

1. 满足建筑功能要求　鸡场建筑物有一些独特的性质和功能。它要求这些建筑物既具有一般房屋的功能，又有适应鸡只饲养的特点；由于场内饲养密度大，所以需要有兽医卫生及防疫设施和完善的防疫制度；由于有大量的废弃物产生，所以场内必须具备完善的粪尿处理系统；另外，还必须有完善的供料贮料系统和供水系统。这些特性，决定了鸡场的设计施工只有在畜牧兽医专业技术人员参与下，才能使鸡场的生产工艺和建筑设计符合畜牧生产的要求，才能保证设计的科学性。

2. 符合鸡场生产工艺要求　规模化鸡场通常按照流水式生产工艺流程，进行高效率、高密度、高品质生产，鸡舍建筑设计应符合家禽生产工艺要求，便于生产操作及提高劳动生产率，利于集约化经营与管理，满足机械化、自动化所需条件和留有发展余地。首先，要求在卫生防疫上确保本场人、鸡安全，避免外界的干扰和污染，同时也不污染和影响周围环境；其次，要求场内各功能区划分和布局合理，各种建筑物位置恰当，便于组织生产；再次，要求鸡场总体设计与鸡舍单体设计相配套，鸡舍单体设计与建造符合鸡场的卫生要求和设备安装的要求；最后，要求按照“全进全出”的生产工艺组织养鸡场的商品化生产。

3. 有利于各种技术措施的实施和应用　正确选择和运用建筑材料，根据建筑空间特点，确定合理的建筑形式、构造和施工方案，使鸡舍建筑坚固耐用，建造方便。同时鸡舍建筑要利于环境调控技术的实施，以便保证家禽良好的健康状况和高产。

4. 注意环境保护和节约投资　既要避免鸡场废弃物对自身环境的污染，又要避免外部环境对鸡场造成的污染，更要防止鸡场对外部环境的污染。要搞好鸡场环境保护，合理选择场址及规划是先决条件，重视以废弃物处理为中心的环境保护设计，大力进行生态鸡场建设，充分利用废弃物，是环境保护的重要措施。

在鸡舍设计和建造过程中，应进行周密的计划和核算，根据当地的经济技术条件和气候条件，因地制宜、就地取材，尽量做到节省劳动力、节约建筑材料，减少投资。在满足先进生产工艺的前提下，尽可能做到经济实用。

（二）鸡舍长度设计

1. 影响鸡舍长度的因素 鸡舍长度主要受场地的限制，也受通风方式和鸡舍内鸡只容量的影响。

鸡场在选择场址的时候一般选择在地势比较开阔的地方，这样有利于场区内的布局和规划。地势狭窄的地方鸡舍的长度受场地的影响比较大。在地势开阔的地方建造鸡舍，场区内鸡舍的布局也会影响鸡舍的长度。

通风方式对鸡舍长度的影响主要发生在采用负压纵向通风时。如果鸡舍的长度超过 80 米，风机在拉动舍内气流流动时所受的阻力较大，影响通风效率。采用自然通风时，气流横向穿越鸡舍，通风效率受鸡舍跨度的影响大而基本不受长度的影响。

在集约化蛋鸡场内，每栋鸡舍内鸡只的容量都比较多，一般为 5 000~20 000 只，这样的鸡舍长度一般比较长；而在小型养鸡场或养殖户，每栋鸡舍的容量比较小，一般为 1 500~3 500 只，鸡舍的长度通常比较短。

2. 鸡舍长度设计实践 目前，蛋鸡舍的长度短的有 20 米左右，长的有 70 米或更长。一般房子的开间长度为 3 米或 3. 3 米，鸡舍的总长度是开间长度的倍数。

若采用纵向通风方式，鸡舍的长度以 60~70 米为宜。舍内每列鸡笼的数量确定要考虑鸡笼两端留的通道宽度，前端宽度为 2. 0~2. 5 米，末端宽度为 1. 5 米左右。通常产蛋鸡笼的长度为 1. 95 米。如一个长度 51 米（17 间房）的产蛋鸡舍，舍内的净长度为 50. 5 米，每列放置 24 组鸡笼（长度为 46. 8 米），前端走道宽度为 2. 2 米，末端走道为 1. 5 米。

农村如果饲养蛋鸡的规模小，也可以建较短的鸡舍。

肉鸡生产大多数采用平养方式，鸡舍的长度主要考虑场地的形状、大小和生产规模。有的鸡舍长度超过 100 米，也有的不足 30 米。

（二）鸡舍跨度设计

通风方式是影响鸡舍跨度的重要因素之一。采用自然通风方式的鸡舍其跨度不宜超过 6 米，否则会造成通风不畅、舍内气流分布不均匀等问题；采用横向机械通风方式的鸡舍其跨度在 5~7 米都是适宜的；采用纵向机械通风方式的鸡舍则可以采用更大的跨度。采用自然通风或横向通风时是否设置天窗也会影响鸡舍跨度的设计，如果安装天窗则可以适当增加鸡舍的跨度。

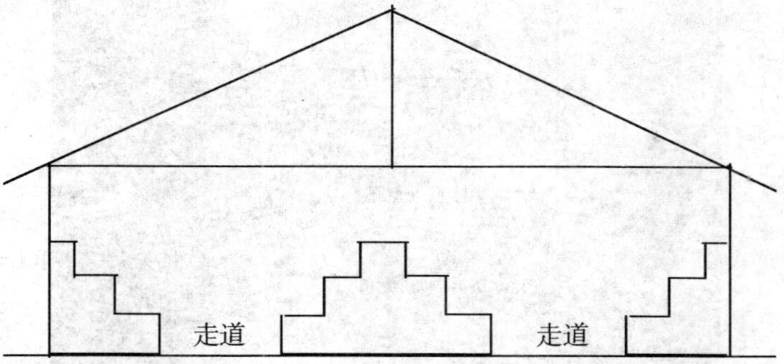

图 2-12　3 列 2 走道蛋鸡舍内部布局形式

蛋鸡舍内鸡笼的规格和排列方式会影响鸡舍的跨度（图 2-12 和图 2-13）。不同的鸡笼其宽度不同，如采用 3 层全阶梯全架鸡笼，其宽度为 2.18 米；采用 3 层半阶梯全架鸡笼，其宽度为 1.68 米；采用半架鸡笼，其宽度比全架鸡笼宽度的一半多 5 厘米。鸡笼在舍内的排列方式有多种，一般在考虑鸡笼宽度的同时，要考虑走道的宽度，走道宽度为 0.8~1.0 米。如果使用 3 层全阶梯全架鸡笼，采用 2 列 3 走道排列方式，2 列鸡笼的宽度为 2.18 米+2.18 米（4.36 米），3 个走道的宽度为 2.4~3 米，鸡舍内净跨度为 6.8~7 米；如果采用 4 列 3 走道排列方式，两侧靠墙放置半架鸡笼中间放置 2 列全架鸡笼，则鸡笼的总宽度为 6.64 米，3 条走道的宽度为 2.4~3 米，鸡舍内的净宽度为 9.1~9.5 米。

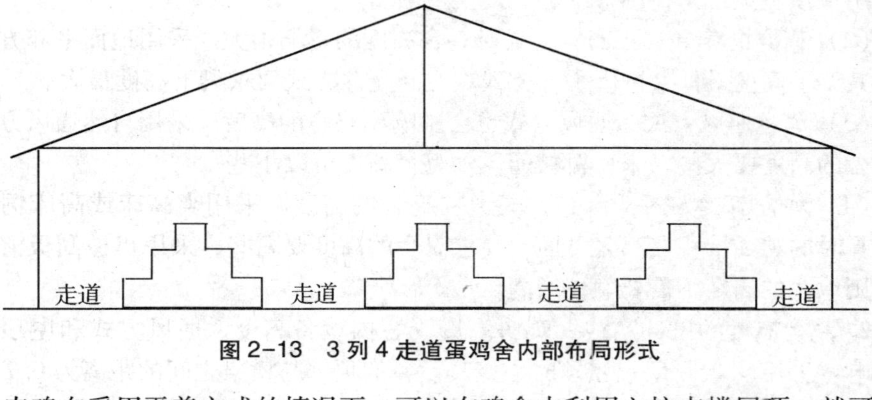

图 2-13　3 列 4 走道蛋鸡舍内部布局形式

肉鸡在采用平养方式的情况下，可以在鸡舍内利用立柱支撑屋顶，就可以适当加大鸡舍的宽度（图 2-14）。

鸡舍结构和所使用的建筑材料对鸡舍跨度的影响也很大。鸡舍的屋顶结构有“人”字形、拱形、平顶、波形等多种，人字形屋顶的鸡舍不适宜跨度大；鸡舍的宽度还受屋顶建筑材料的影响，屋顶为木质结构时宽度不宜超过 7 米，否则需

图 2-14 肉鸡舍内支撑屋顶的立柱

要的材料规格太大，成本高、牢固度低；使用轻钢结构或钢筋混凝土结构则可以使鸡舍的跨度加大。

（三）鸡舍高度设计

1. 影响鸡舍高度的因素

（1）鸡舍屋顶类型：鸡舍屋顶类型对鸡舍高度的影响很大。采用“人”字形屋顶或拱形屋顶时，梁上到屋顶下的空间比较大，梁下的高度可以适当减小，而采用平顶屋顶结构，则梁下的高度要适当增加。

（2）鸡群饲养方式：饲养方式对鸡舍高度的影响很大。采用地面平养方式的鸡舍其梁下高度最低，网上平养方式次之，笼养方式要求梁下高度最大。

（3）鸡舍通风方式：通风方式也会影响到鸡舍的高度。采用自然通风方式要求鸡舍的高度要大些，采用机械通风则鸡舍高度可以小些。

（4）鸡舍清粪方式：清粪方式影响鸡舍的高度。采用半高床或高床饲养方式，平时的鸡粪堆积在鸡笼下面，要求鸡舍的高度要高些；采用机械刮板清粪方式，则鸡舍的高度不需要额外增高。

2. 鸡舍高度的设计实践 鸡舍高度受舍内设备高度、通风方式和屋顶结构的影响。采用“人”字形屋顶时，笼具设备的顶部与横梁之间的距离为 0.7 米左右；采用平顶结构则应有 1 米左右的距离。采用自然通风时鸡舍高度应较大，采用纵向负压机械通风则鸡舍高度应稍低。鸡舍内地面比舍外高 0.4 米。

产蛋鸡舍高度在很大程度上还受鸡笼高度的影响，一般使用较多的三层阶梯式鸡笼高度为 1.65 米。布局时横梁距舍内地面高度为 2.35 米，距舍外地面高度为 2.75 米。但是，当采用平屋顶时，梁距舍内地面高度不低于 2.6 米。目前，一些 4~8 层蛋鸡笼也开始应用，这就要求鸡舍的高度更高。

平养肉鸡舍要求横梁距舍内地面或网床平面的高度为 1.8~2.5 米。网上平养方式的肉鸡舍高度要考虑地面与网床之间的距离，一般网床的高度约为 60 厘米，如果采用高床式网上平养，则地面与网床之间的距离为 1.8 米左右。

五、不同类型鸡舍设计要点

（一）育雏舍设计

育雏室是饲养雏鸡的场所，而雏鸡对环境温度的要求比较高，第 1 周要求室温要达到 30℃以上，第 2 周要达到 28℃以上，这样高的室温就要求育雏室的保温隔热性能要好，而且还需要有配套的加热设备以提高舍内温度。因此，育雏室的设计要把保温隔热性能放在第 1 位，兼顾育雏室的通风。

为了考虑鸡舍的加热问题，在育雏室设计时必须把加热设施列为设计的重要组成部分，而且不同的加热设施对于设计的要求也不一样。

从鸡舍保温隔热要求看，鸡舍屋顶要使用保温隔热效果好的材料，如彩钢瓦等，鸡舍的窗户不宜大，每间房前后的窗户宽度为 0.8 米左右，高度为 1 米左右，窗扇以横向设置为宜，可以设 2 层，窗扇的底部固定、上部可以向内开，这样在打开窗扇的时候外面进入的冷空气能够被挡在上部，减少直接吹向鸡体的气流。

育雏室的通风一般采用横向通风设计，常常在育雏室的北侧安装直径约 40 厘米的壁扇，每间房可以安装一个，向室外排风；进风口可以使用育雏室南侧的窗户。

育雏室的宽度和长度设计要考虑使用什么样的育雏笼具、笼具的规格和能够养多少只 6 周龄的雏鸡，要保证育成舍和成年鸡舍的笼位数能够配套。

（二）育成舍设计

育成鸡的适应性相对较强，但是在育成后期对室内光照时间的要求比较严格，因此在设计育成鸡舍的时候要考虑窗户的规格和位置，既能够保证正常的通风、采光，又能够在育成后期便于遮光。

育成鸡舍的饲养方式一般为笼养，常使用 3 层或 4 层阶梯式鸡笼。鸡舍的宽度和长度设计既要考虑鸡笼的规格，也要考虑成年鸡舍的笼位数以便于相互配套。

规模化鸡场的育成鸡舍都是采用自动清粪设备，在设计时要考虑粪槽与鸡笼宽度、刮粪板宽度的协调。

（三）产蛋舍设计

产蛋鸡舍设计要兼顾到各项环境条件的控制，在设计窗户时要把通风、采光和保暖结合起来。尤其是在中原地区冬季寒冷、夏季炎热的气候条件下，真正设计出一个四季皆宜的鸡舍很不容易。在条件好的鸡场，产蛋鸡舍的设计常常夏季要考虑防暑降温设施的应用，冬季要考虑防寒保暖设备的应用。

第三节　环境控制设备

一、加温设备

1. 热风炉　目前，在鸡场内使用热风炉是解决鸡舍冬季通风与保温的主要措施。生产中使用的热风炉有两种类型：一是使用水暖系统并在散热片后面安装小风机以将热气送到散热片前面的区域，二是通过管道直接将热风送入鸡舍内。

（1）锅炉与水暖输送系统：由主机、水温散热器、微电脑自控箱及水暖管道等共同组成（图 2–15）。主机是锅炉，水暖管道将锅炉内的热水送到水温散热器。水温散热器由散热片和风机组成，微电脑自控箱可以通过安装在鸡舍特定位置的感温探头，自动调控主机的炉火大小以控制鸡舍内的温度保持在一个相对平稳的水平。

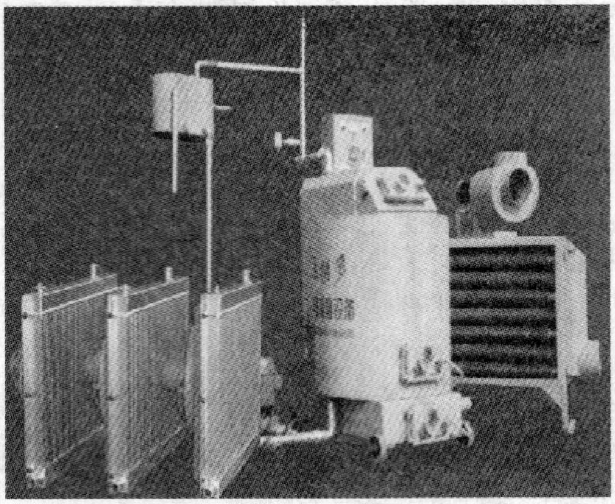

图 2–15　锅炉与水暖输送系统

（2）锅炉与暖风输送管道系统：也称为燃煤热风炉，由火炉（主机）、送风机、送风管和自动控温系统组成（图 2–16）。火炉将空气进行加热（通常能够达到 70 ℃左右），然后送风机将热空气吹进送风管。送风管架设在鸡舍的横梁下，其下部有出风孔，送风机启动后送风管内的热空气就会通过出风孔吹到鸡舍内。

1）鸡舍燃煤热风炉产品的主要特点：一是燃煤热风机节能，热风采暖根本不需要水，无需送水管道、暖气片及循环泵等，而是将热风直接送入供暖点及空间，热损失极小，附属设备投资不大，热风供暖升温快。二是燃煤热风机运行成

图 2-16　水暖风暖两用热风炉（左为加热部分，右为室内送热部分）

本低，同蒸汽热水采暖相比，采暖效率可提高 60%以上，节约能源可达 70%以上，投资维修率可降低 60%左右，具有明显的经济效益。三是燃煤热风机易操作，温度可自由调节，无需承压力运行，不需专职锅炉工，可调性强，停开均可，可灵活机动掌握。四是空气流通快，便于排出有害气体，净化环境空气，同时可对热风加湿，调节环境湿度。

2）燃料种类：可用煤炭，木材下脚料（刨花、锯末等），燃油，液化气，天然气。

3）自动燃煤热风机的选用：风机功率 5 千瓦，每小时燃煤 6 千克，适用于 300 米^2 的鸡舍；风机功率 5.5 千瓦，每小时燃煤 8 千克，适用于 500 米^2 的鸡舍。

2. 地上烟道　地上烟道也称为火垄（图 2-17）。地上水平烟道是在育雏室墙外建一个炉灶，根据育雏室面积的大小在室内用砖砌成一个或两个烟道，一端与炉灶相通。烟道排列形式因房舍而定。烟道另一端穿出对侧墙后，沿墙外侧建一个较高的烟囱，烟囱应高出鸡舍 1 米左右，通过烟道对地面和育雏室空间加温。烟道供温应注意烟道不能漏气，以防煤气中毒。烟道供温时室内空气新鲜、粪便干燥，可减少疾病感染，适用于广大农户养鸡和中小型鸡场，对平养和笼养均适宜。

3. 地下火道　鸡舍的一端设置炉灶，灶坑深约 1.5 米，炉膛比鸡舍内地面低约 30 厘米，在鸡舍的另一端设置烟囱。炉膛与烟囱之间由 3～5 条管道相连，管道均匀分布在鸡舍内的地下，一般管道之间的距离在 1.5 米左右。靠近炉膛处管道上壁距地面约 25 厘米，靠近烟囱处距地面约 7 厘米。

使用地下火道加热方式的鸡舍，地面温度高、室内湿度小。缺点是老鼠易在管道内挖洞而堵塞管道，另外，管道设计不合理时室内各处温度不均匀。

4. 煤炉供温　煤炉由炉灶和铁皮烟筒组成。使用时先将煤炉加煤升温后放

图 2-17　地上烟道

进育雏室内，炉上加铁皮烟筒，烟筒伸出室外，烟筒的接口处必须密封，以防煤烟漏出致使雏鸡发生煤气中毒死亡。此方法适用于较小规模的养鸡户使用，方便简单。

5. 保温伞供温　保温伞由伞罩和内伞两部分组成。伞罩用镀锌铁皮或纤维板制成伞状罩，内伞有隔热材料，以利保温。热源用电阻丝、电热管子或煤炉等，安装在伞内壁周围，伞中心安装电热灯泡。直径为 2 米的保温伞可养鸡 300~500 只。保温伞育雏时要求室温在 24 ℃以上，伞下距地面高度 5 厘米处温度 35 ℃，雏鸡可以在伞下自由出入。此种方法一般用于平面垫料育雏。

6. 红外线灯泡育雏　利用红外线灯泡散发出的热量育雏，简单易行，被广泛使用。为了增加红外线灯的取暖效果，可在灯泡上部制作一个大小适宜的保温灯罩，红外线灯泡的悬挂高度一般离地 25~30 厘米。一只 250 瓦的红外线灯泡在室温 25 ℃时一般可供 110 只雏鸡保温，20 ℃时可供 90 只雏鸡保温。

7. 地热供暖系统　该系统由地热井、抽水泵、压力罐、输水系统、散热器、通风管、循环水管、调节阀等构成（图 2-18、图 2-19 和图 2-20）。

（1）地热井：根据不同地区的地质和水资源（地热资源）特点，热水井的深度不一样，多数在 1 000~2 000 米。

（2）抽水泵：将地热井内的热水抽到地表面的压力罐内。

（3）压力罐：通过加压泵的作用，增大容器内的压力以便于将其中的热水输送到输水系统内。

（4）输水系统：它是压力罐通向各个用热水单元的热水管道。

（5）散热器：包括散热片和风机，设备运行后热水通过散热片释放热量，被风机吹到通风管内。

图 2-18　地热井及加压系统

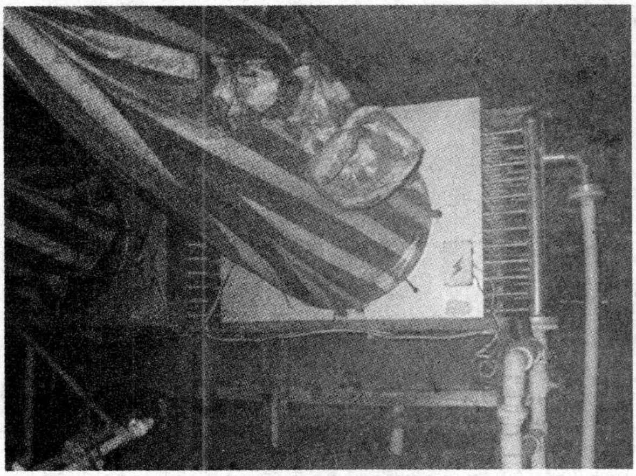

图 2-19　散热器及通风管

（6）**通风管**：散热器内送出的热空气通过送风管扩散到指定的范围内。

（7）**循环水管**：作为辅助性加热系统，可以敷设在鸡舍的局部（尤其是肉鸡刚接入鸡舍后生活的区域）以提高局部温度。

（8）**调节阀**：用于控制水管内的热水流速以调节温度。

该系统适用于较大规模的肉鸡养殖场，以辐射方式向室内散热，使室内地表温度均匀，室温由下而上逐渐递减，有利于防止肉鸡腹部受凉。热源使用范围广，在间歇供暖情况下，可保持室内恒温，热利用效率高。另外，该系统节省燃

图 2-20　热水流量调节阀

料，电力消耗低，操作管理简单，安全可靠，经济实用，减少污浊空气对流，空气洁净无污染，热稳定性好，室内温度变化小。从地热井内抽出的热水输送到鸡舍散热器的时候，水温能够达到 55 ℃，能够满足一定范围内的升温需要。如果升温范围较大则需要加铺循环水管以辅助提高局部温度。

二、降温设备

1. 湿帘-风机降温系统　湿帘-风机降温系统由湿帘和风机共同组成（图2-21）。湿帘是由特种纸制成的蜂窝结构材料系统，在波纹状的纤维纸表面有层薄的水膜，当室外的干热空气被风机抽吸穿过湿帘纸时，水膜中的水会吸收空气中的热量后蒸发，带走大量潜热，使经过湿帘纸的空气温度降低，经过这样处理后的凉爽湿润空气进入室内，与室内的热空气混合后，通过风机排出室外。同时，在冷却过程中，能清除室外空气中的粉尘废气、增加进气含氧量，使室内空气更为清新，工作环境更佳。利用水帘墙降温系统、水蒸发吸热原理、负压通风原理，来排出鸡舍内的废气、污气及解除高温闷热。

风机多数采用低压大流量轴流风机。通风方式以负压纵向通风方式为主。

2. 冷风机　冷风机主体部分由湿帘组成的四方体和风机组成（图 2-22），启动水循环系统后，凉水经过水帘，吸附空气中的热量，之后降温后的空气被风机送入鸡舍。这种冷风机降温的范围较小。

3. 喷雾降温系统　喷雾降温系统由室内喷雾系统和风机组成。喷雾系统由加压泵、水管和雾化喷头组成，水管安装在鸡舍的横梁下，水管上每间隔 1~1. 5

图 2-21　湿帘、风机配套降温系统（左为风机，右为湿帘）

米安装一个雾化十字喷头。当加压泵启动后，高压的水通过水管从雾化喷头中形成细雾喷出，水雾吸收空气中的热量，并随着空气流动排出舍外。

图 2-22　冷风机

三、通风设备

1. 轴流风机　轴流风机主要由外壳、叶片和电机组成，叶片直接安装在电机的转轴上（图 2-23）。轴流风机风向与轴平行，具有风量大、耗能少、噪声低、结构简单、安装维修方便、运行可靠等特点，而且叶片可以逆转，以改变输送气流的方向，而风量和风压不变。因此，既可用于送风也可用于排风，但风压衰减较快。目前，鸡舍的纵向通风常用节能、大直径、低转速的轴流风机。

2. 离心风机　离心风机主要由蜗牛形外壳、工作轮和机座组成（图 2-24）。这种风机工作时，空气从进风口进入风机，旋转的带叶片工作轮形成离心力将其压入外壳，然后再沿着外壳经出风口送入通风管中。离心风机不具有逆转性，但

图 2-23　轴流风机

产生的压力较大，多用于畜舍热风和冷风输送。

3. 吊扇　在平养肉鸡舍内有安装吊扇进行通风的。使用一般的工业吊扇，固定在横梁上，启动后风扇转动并搅动周围空气流动。

4. 工业壁扇　工业壁扇是最简易的风机（图 2-25），一般安装在鸡舍的前后墙上，启动后气流比较缓慢，多数用于育雏室或肉鸡舍的通风。

图 2-24　离心风机

图 2-25　工业壁扇

四、照明设备

1. 灯泡　目前，鸡舍内使用的照明灯具主要是白炽灯，也有使用节能灯的。如果能够配上灯罩则照明效率更高。

2. 光照控制器　基本功能是自动启闭鸡舍照明灯，即利用定时器的多个时间段自编程序功能，设定开灯时间和关灯时间，自动按时开关灯，以实现精确控制舍内光照时间。

第四节　养鸡笼具

一、育雏笼

用于饲养雏鸡或13周龄之前的小鸡。

1. 叠层式育雏笼　每组育雏笼的尺寸通常为：长1.0~1.4米、宽0.6米、层高0.35米、每层间隔0.1米，常用的4层育雏笼的高度为1.8米左右。使用的时候将若干组育雏笼组装在一起（图2-26、图2-27和图2-28）。

料槽挂在育雏笼两侧前网的外面，前10天使用真空饮水器并放在笼内，以后使用乳头式饮水器。

清粪有人工清粪和自动清粪两种方式。人工清粪方式需要在每两层之间放置盛粪盘接取上层鸡笼内鸡群的粪便，然后定期清理；自动清粪是在两层鸡笼之间设置传送带，上层笼内的鸡群排泄的粪便落在传送带上，传送带转动的时候在笼列末端有专门的刮板将粪便刮下来。

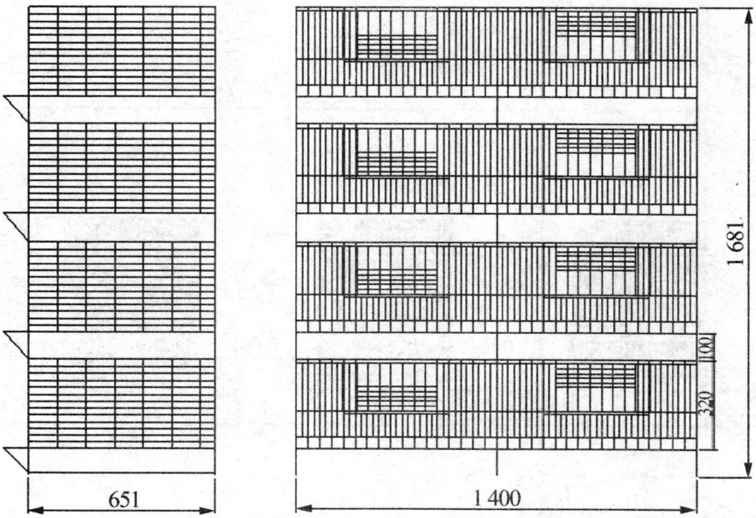

图2-26　4层叠层式育雏笼（单位：毫米；本图片由河南金凤养鸡设备公司提供）

2. 阶梯式育雏笼　三层阶梯式育雏笼的规格：长1.95米、宽2.40米、高1.40米，每组可饲养400~600只雏鸡。前网为双层，可以调节格栅间距的宽窄。料槽设在前网下部外侧（图2-29）。10日龄前使用真空饮水器，之后使用乳头式饮水器。

图 2-27　叠层式育雏笼

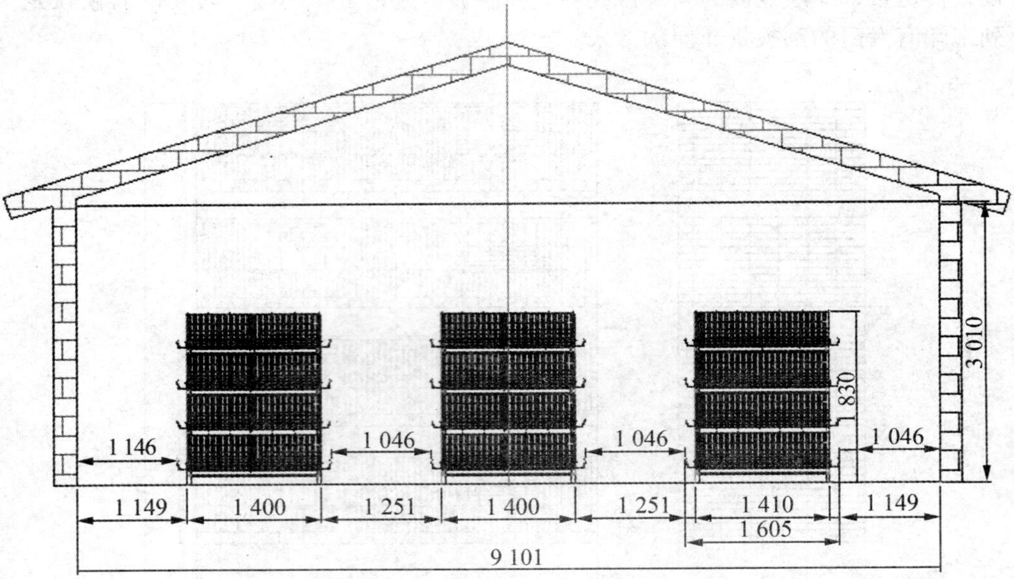

图 2-28　3 列 4 层叠层式育雏室（单位：毫米；本图片由河南金凤养鸡设备公司提供）

二、育成笼

如果采用三阶段蛋鸡养殖方式，有专门的育成鸡舍，舍内有专用的育成鸡笼。育成鸡笼一般为 3 层全阶梯形式，也有 4 层的（图 2-30）。

图 2-29　三层阶梯式育雏笼（本图片由河南金凤养鸡设备公司提供）

一般的育成鸡笼（3 层）高度为 1. 6 ~ 1. 7 米，宽度为 1. 7 ~ 1. 8 米。单笼长 80 厘米，高 40 厘米，深 42 厘米，每个单笼可容育成鸡 7 ~ 15 只。笼底网孔为 4 厘米×2 厘米，其余网孔均为 2. 5 厘米×2. 5 厘米。笼门尺寸为 14 厘米×15 厘米。

图 2-30　3 层阶梯式育成鸡笼（本图片由河南金凤养鸡设备公司提供）

三、产蛋笼

（一）阶梯式产蛋鸡笼

产蛋鸡笼主要有饲养白壳蛋鸡的轻型蛋鸡笼和饲养褐壳蛋鸡的中型蛋鸡笼。另外，有少量重型产蛋鸡笼用于饲养种鸡。轻型蛋鸡笼一般由 4 格组成一个单笼，每格养鸡4只。单排笼长187.5厘米、笼深32.5厘米，养鸡16只，平均每只鸡占笼底面积381厘米^2。中型蛋鸡笼由5格组成一个单笼，每格养鸡3只，单笼长195厘米、笼深37厘米，前高38厘米，后高33厘米，养鸡15只，平均每只鸡占笼底面积481厘米^2。

图2-31　3层阶梯式产蛋鸡笼

阶梯式3层产蛋鸡笼每组为3层6条或4层8条，每条一般为四开门或五开门，可以分别饲养16只或15只成年鸡（图2-31和图2-32）。阶梯式3层产蛋鸡笼装备的高度为150厘米，宽度为210厘米；阶梯式4层产蛋鸡笼装备高度为185厘米，宽度为220厘米。

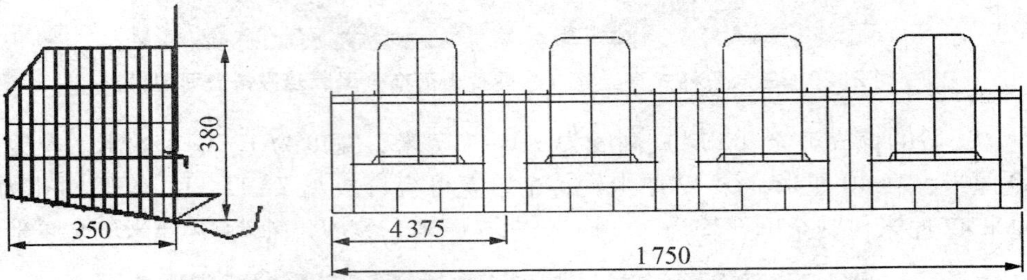

图2-32　产蛋鸡笼的端面和正面结构（单位：毫米；本图片由河南金凤养鸡设备公司提供）

（二）叠层式产蛋鸡笼

由4~8层笼重叠组成，与阶梯式鸡笼相比，在相同的空间内能够多养50%的蛋鸡。目前，在大型蛋鸡场使用较多（图2-33）。

图2-33　叠层式产蛋鸡笼（本图片由河南金凤养鸡设备公司提供）

四、种公鸡笼

在种鸡养殖（尤其是蛋种鸡和优质肉种鸡）过程中基本都采用人工授精技术，在这种情况下种公鸡需要采用笼养方式。与种母鸡笼相比，种公鸡笼的特点：一是底网是平的，二是每只公鸡占用一个小单笼，三是小单笼的高度、深度都更大一些。由于单笼的高度较大，种公鸡笼通常为2层阶梯式（图2-34、图2-35和图2-36）。

图2-34　种公鸡笼

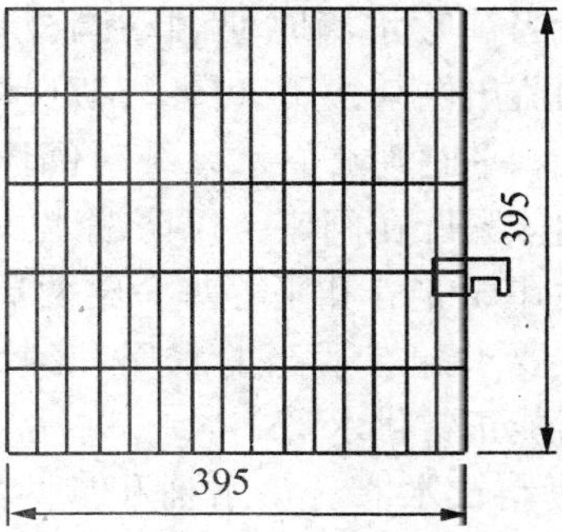

图2-35　种公鸡笼端面示意
（单位：毫米；本图片由河南金凤养鸡设备公司提供）

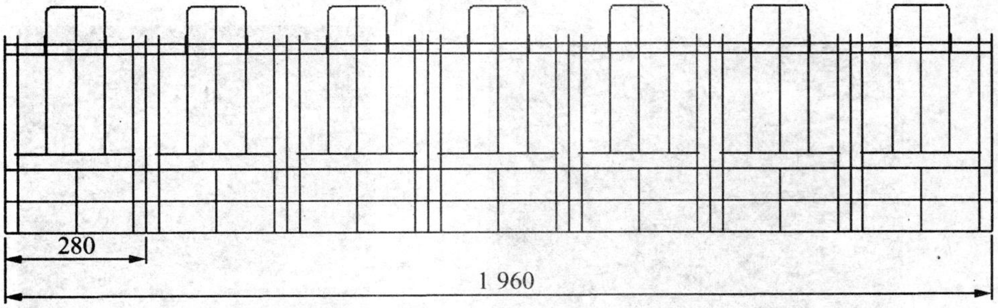

图2-36　七位竖拉门公鸡笼正面示意（单位：毫米；本图片由河南金凤养鸡设备公司提供）

第五节　饲喂设备

一、供水设备

1. 乳头式饮水器　乳头式饮水器有锥面、平面、球面密封型三大类。该设备利用毛细管原理，使阀杆底部经常保持挂有一滴水，当鸡啄水滴时便触动阀杆顶开阀门，水便自动流出供其饮用（图 2-37、图 2-38 和图 2-39）。平时则靠供水系统对阀体顶部的压力，使阀体紧压在阀座上以防漏水。乳头式饮水设备适用于笼养和平养鸡舍给两周龄以上的鸡供水。要求配有适当的水压和纯净的水源，使饮水器能正常供水。

图 2-37　乳头式饮水器水箱

2. 真空饮水器　由水桶和盘两部分组成，多为塑料制品。桶倒扣在盘中部，并由销子定位（图 2-40）。桶内的水由桶下部壁上的小孔流入饮水器盘的环形槽内，能保持一定的水位。真空式饮水器主要用于平养鸡舍和两周龄内的笼养雏鸡，它也是放养鸡群的主要供水方式。

图 2-38　乳头式饮水器水管和出水阀

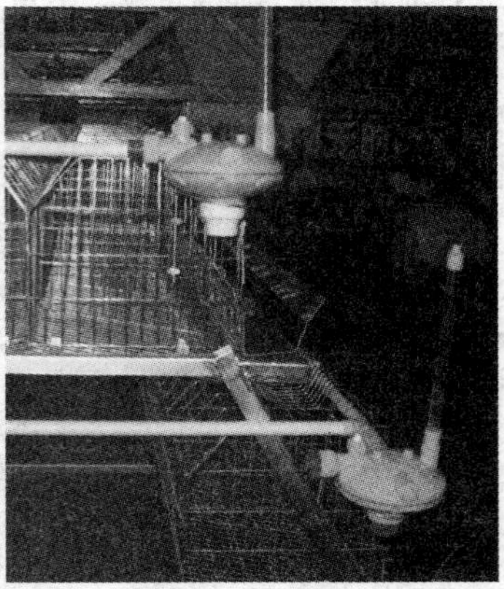

图 2-39　乳头式饮水器调压阀

3. 吊塔饮水器　吊塔饮水器又称普拉松饮水器，靠盘内水的重量来启闭供水阀门，即当盘内无水时，阀门打开，当盘内水达到一定量时，阀门关闭（图2-41）。主要用于平养鸡舍，用绳索吊在离地面一定高度（与雏鸡的背部或成鸡的眼睛等高）。该饮水器的优点是适应性广，不妨碍鸡群活动。

图 2-40　真空饮水器

图 2-41　吊塔饮水器

二、供料设备

1. 料桶　由塑料制成的料桶、圆形料盘和连接调节机构组成（图 2-42）。料桶与料盘之间有短链相接，留一定的空隙供饲料从料桶流入料盘。大多数在料盘的上面罩有塑料栅格以防止鸡只踩入其中。料桶的容量从 2 千克到 10 千克，可以供笼养育雏、地面平养和网上平养、放养鸡群使用。

图 2-42　料桶

室内平养鸡群（地面平养和网上平养）一般将料桶用绳子悬吊在鸡舍的横梁上，根据鸡体格的大小及时调整高度，要求料盘边缘的高度与鸡的背部平齐。

2. 料槽　笼养鸡基本上都是采用料槽喂饲，料槽的外侧面略向外倾斜并比内侧面稍高，以便于在添加饲料的时候减少饲料的抛撒。内侧壁垂直，顶部向内卷曲，可以防止鸡采食过程中将饲料勾到槽外。使用料槽要注意连接缝要密封良好，如果脱开则很容易使饲料漏出；料槽的两端要安装堵头，防止饲料从两端漏出。

放养鸡群也有用砖和水泥在室外运动场砌设料槽的，一般宽度为 20 厘米、深度为 10 厘米，长度依据场地而定。适用于干粉料、湿料和颗粒料的饲喂。

3. 料盆　适用于放养鸡群，用塑料盆或陶瓷盆作为料槽放在运动场用于喂饲。

4. 螺旋弹簧式喂饲机 螺旋弹簧式喂饲机由料箱、内有螺旋弹簧的输料管以及圆盘形饲槽组成（图2-43），属于直线形喂料设备。工作时，饲料由舍外的贮料塔运入料箱，然后由螺旋弹簧将饲料沿着管道推送，依次向套接在输料管道出口下方的饲槽装料，当最后一个饲槽装满时，限位控制开关开启，使喂饲机的电动机停止转动，即完成一次喂饲。

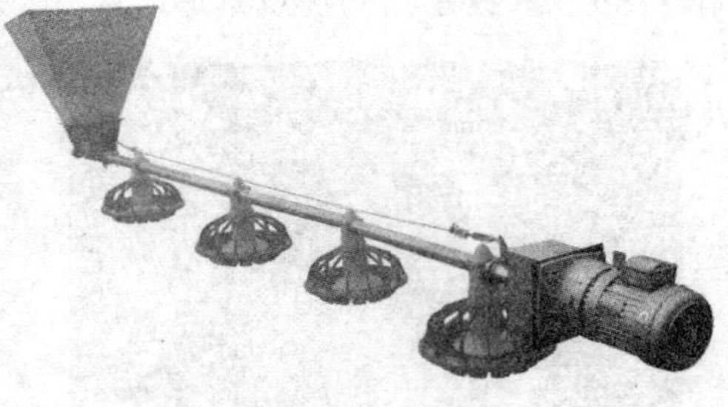
图 2-43 螺旋弹簧式喂饲机

螺旋弹簧式喂饲机一般只用于平养鸡舍，优点是结构简单，便于自动化操作和防止饲料被污染。

5. 链板式喂饲机 链板式喂饲机可用于平养和笼养。它由料箱、驱动机构、链板、长饲槽、转角轮、饲料清洁筛、饲槽支架等组成（图2-44）。链板是该设备的主要部件，它由若干链板相连而构成一封闭环。链板的前缘是一铲形斜面，当驱动机构带动链板沿饲槽和料斗构成的环路移动时，铲形斜面就将料斗内的饲料推送到整个长饲槽。按喂料机链片运行速度又分为高速链式喂料机（18~24 米/分）和低速链式喂料机（7~13 米/分）两种。

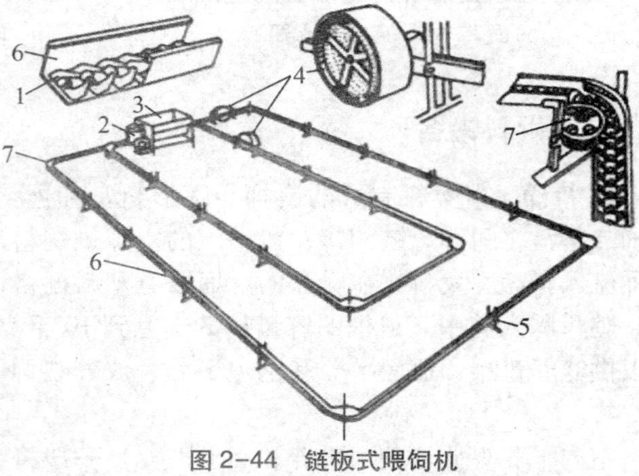

图 2-44 链板式喂饲机
1. 链片 2. 驱动装置 3. 料箱 4. 清洁筛
5. 饲槽支架 6. 饲槽 7. 转角轮

一般来说，跨度 10 米左右的种鸡舍、跨度 7 米左右的肉鸡和蛋鸡舍用单链，跨度 10 米左右的蛋、肉鸡舍用双链。

链板式喂饲机用于笼养时，三层料机可单独设置料斗和驱动机构，也可采用同一料斗和使用同一驱动机构。

链板式喂饲机的优点是结构简单、工作可靠。缺点是饲料易被污染和分级（粉料）。

6. 室外料塔 室外料塔一般在大容量鸡舍使用，与室内自动喂料系统相结合。散装物料运输车从饲料厂装载饲料后直接运送到养鸡场并把饲料输送到料塔内（图 2-45 和图 2-46）。室外料塔通过专用输送管道将饲料送入鸡舍内自动供料系统的小料箱中。

图 2-45 位于两个鸡舍之间的料塔

图 2-46 运料车将饲料直接输入料塔

7. 轨道车喂饲机 轨道车喂饲机用于多层笼养鸡舍，是一种骑跨在鸡笼上的喂料车，沿鸡笼上边或旁边的轨道缓慢行走，将料箱中的饲料分送至各层食槽中，根据料箱的配置形式可分为顶料箱式和跨笼料箱式（图 2-47 和图 2-48）。顶料箱行车式喂料机只有一个料桶，料箱底部装有搅龙，当喂料机工作时搅龙随之运转，将饲料推出料箱沿溜管均匀流入食槽。跨笼料箱喂料机根据鸡笼形式配置，每列食槽上都跨设一个矩形小料箱，料箱下部锥形扁口通向食槽中，当沿鸡笼移动时，饲料便沿锥面下滑落入食槽中。喂饲机的行进速度为 10~12 米/秒。

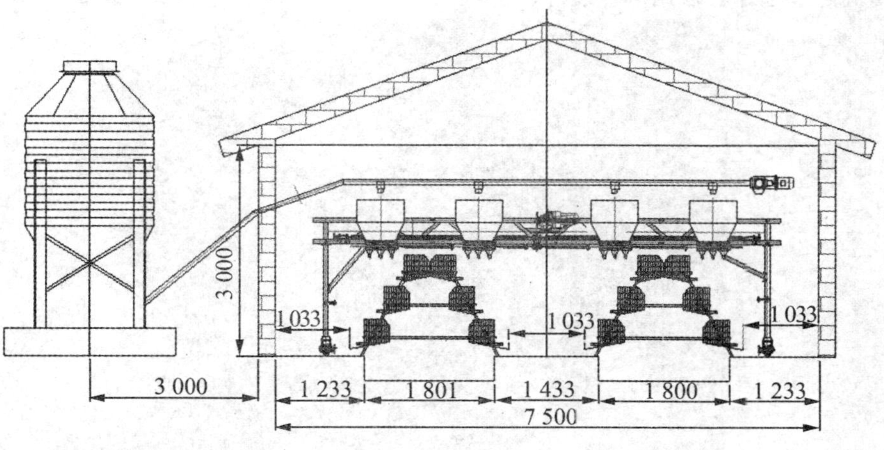

图 2-47 2 列 3 层轨道车喂饲机示意（单位：毫米；本图片由河南金凤养鸡设备公司提供）

图 2-48　轨道车喂饲机（本图片由河南金凤养鸡设备公司提供）

第六节　清粪与粪便处理设备

一、清粪设备

1. 刮板式清粪机　刮板式清粪机由电动机减速器、绳索、转角轮和刮板等组成（图 2-49、图 2-50 和图 2-51）。用于网上平养和笼养，安置在鸡笼下的粪沟内，刮板略小于粪沟宽度。每开动一次，刮板做一次往返移动，刮板向前移动时将鸡粪刮到鸡舍一端的横向粪沟内，返回时刮板上抬空行。横向粪沟内的鸡粪由螺旋清粪机排至舍外。根据鸡舍设计，一台电动机可负载单列、双列或多列。

图 2-49　刮板式清粪机电动机与减速器（本图片由河南金凤养鸡设备公司提供）

在用于半阶梯笼养和叠层笼养时采用多层式刮板，其安置在每一层的盛粪板上，刮粪及毛刷装设在安有动力装置相反一端。以四层笼养为例，开动电动机时，两层刮板为工作行程，另两层为空行，到达尽头时电动机反转，刮板反向移动，此时另两层刮板为工作行程，到达尽头时电动机停止。

图 2-50　刮板式清粪机转角轮
（本图片由河南金凤养鸡设备公司提供）

图 2-51　刮板式清粪机刮板
（本图片由河南金凤养鸡设备公司提供）

自动刮粪板主要技术参数见表 2-2。

表 2-2　自动刮粪板主要技术参数

编号	类目	单位	规格
1	型号	—	9FQM-2H-1960-25
2	类型	—	牵引式
3	功率	千瓦	1.5~3
4	电压	伏	380
5	电源类型	—	AC，3 相电源
6	最大工作牵引力	牛	2 800~3 200
7	主机结构尺寸（长×宽×高）	米	（0.6~1.2）×（0.5~0.7）×（0.25~0.45）
8	重量	千克	350
9	刮粪板宽度	毫米	1 800~2 000
10	刮粪板回程离地间隙	毫米	50
11	刮净率	%	95
12	粪沟宽度	米	2

2. 输送带式清粪机 输送带式清粪机适用于叠层式笼养鸡舍清粪，主要由电动机和链传动装置，主、被动辊，盛粪带等组成（图 2-52）。盛粪带安装在每层鸡笼下面，启动时由电动机、减速器通过链条带动各层的主动辊运转，将鸡粪输送到一端，被端部设置的刮粪板刮落，从而完成清粪作业。

图 2-52 鸡笼粪便传送带（左为叠层式，右为阶梯式）

3. 螺旋弹簧横向清粪机 螺旋弹簧横向清粪机是机械清粪的配套设备。当纵向清粪机将鸡粪清理到鸡舍一端时，再由横向清粪机将刮出的鸡粪输送到舍外。作业时清粪螺旋直接放入粪槽内，不用加中间支承，输送混有鸡毛的黏稠鸡粪也不会堵塞。

二、粪便污水处理设备

在规模化养鸡场中按照标准化建设要求，应该有粪便处理设备和污水处理设备。但是，在中小规模养鸡场中鸡群产生的粪便很快就被运走用作有机肥，污水的产生量很少。

1. 粪便处理设备 目前，粪便处理主要是进行干燥处理，一般分两个步骤：首先将粪便收集后堆放在太阳棚下并定时搅动以促进其中水分的蒸发，如果粪便太稀则需要混入一些粉碎的作物秸秆。当粪便中水分降到 40%以下时，再用烘干设备进行烘干处理，烘干后的粪便含水量在 20%以下，可以混入专门的微量元素制作成专用肥（如蔬菜、瓜果、花卉等用肥），包装后出售。

太阳棚一般是在鸡场的贮粪场修建一个或多个长方形池子，池子宽度为 5~10 米，长度为 10~25 米，池子的底部高出周围地面约 15 厘米，三面修建高度为 1~1.5 米高的矮墙，一面不修墙以便于出料。顶部用灰白色玻璃钢瓦做棚顶，高度约 3.5 米。鸡舍内的粪便清理出来后用专门的运送车运至池中，粪便在池内堆积发酵 15 天左右即可进入烘干加工过程。

烘干设备（图 2-53）是利用高温蒸汽与半干的粪便混合并不停搅动，促使粪便中的水分蒸发并通过高温杀灭粪便中的各种病原体，最后使粪便中水分降至20%以下再进行包装出售。

图 2-53　鸡粪烘干设备

2. 污水处理设备　目前应用最多的是沼气发生设备。

第七节　消毒设备

一、清洗设备

一般使用的是高压冲洗机（图 2-54），可以用于冲洗鸡舍墙壁、地面、笼具、车辆、路面等。既可以用自来水冲洗，也可以用消毒液在冲洗的同时进行消毒。

图 2-54　高压冲洗机

二、火焰消毒设备

火焰消毒设备由燃料容器、连接软管、阀门、喷火器组成。燃料常用的是燃气，也有使用柴油的。火焰温度高达 1 300 ℃。可以对鸡舍地面、墙壁、金属制品等进行高温消毒。

三、喷雾消毒设备

1. 喷雾器 一般使用农用喷雾器（图 2–55），将稀释后的消毒液装入其中后在消毒环境中喷雾。

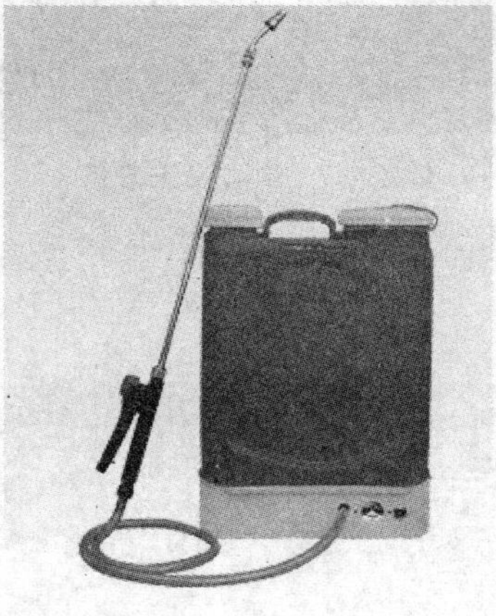

图 2–55 喷雾消毒器

2. 鸡舍内雾化系统 鸡舍内雾化系统由水桶（容量 30~50 升，可以将稀释后的消毒液装在其中）、高压泵、室内水管及其上面安装的雾化喷头组成。当高压泵启动后将消毒药水压入水管中，通过雾化喷头将消毒液喷洒在鸡舍内。安装雾化喷头的水管一般固定在横梁上。

第八节 其他设备

一、集蛋设备

1. 自动集蛋系统 一般在大型蛋鸡场使用，在盛蛋网的上面有帆布传送带，在设备运转时传送带将鸡蛋输送到鸡笼的前端，此处有鸡蛋收集转运设备将鸡蛋转移至分拣平台上，工作人员坐在平台前将鸡蛋装箱（图 2–56）。

2. 蛋托 蛋托有纸浆和塑料两种材质，一般的蛋托上面为 5 列 6 行，可以放 30 个鸡蛋（图 2-57）。

3. 蛋筐 蛋筐一般为塑料材质，每个蛋筐可以盛放 15 千克的鸡蛋。同一公司生产的同一型号蛋筐的规格、尺寸是相同的，如有的为 655 毫米×355 毫米×250 毫米，有的为 645 毫米×330 毫米×295 毫米。

图 2-56 自动集蛋系统

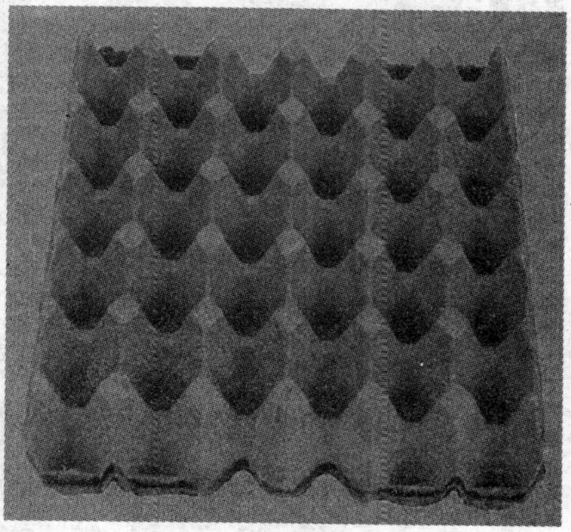

图 2-57 纸浆蛋托

二、断喙器

目前，采用最多的是台式自动断喙器（图 2-58）。它采用低速电动机，通过链杆传动机件，带动电热动刀上下运动，并与微动鸡嘴定位刀片自动对刀，快速完成切嘴止血功能。整机由变压器、电动机、冷却抽风机等构成；机头装有电动机启动船形开关、电热动刀电压调节的多段开关和停刀止血时间调节旋钮，（0~4 秒任意可调）。XHDH-A8 使用电压为 220 V±15%，消耗功率为 220~250 瓦，动刀温度为 600~800 ℃；断喙器 ≤1 800 羽/时，停刀止血时间为 0~4 秒，可调停刀红热时间。

使用时打开电源，将刀温调到微红至橘红程度，具体应按鸡只大小确定；带动刀发红后，立即开动电动机及风扇船形开关；根据鸡只的大小，选好微动刀孔径，然后左手提稳鸡的双脚，右手拇指压鸡后脑，食指压喉部。接着把鸡喙伸进刀孔，动刀落下后，应停 2~3 秒止血；使用完毕，应关闭开关，拔下电源插头，整机冷却后用塑料袋套好，以防积尘、受潮。

三、鸡用周转箱

为网格状长方体结构，外尺寸为 750 毫米×550 毫米×270 毫米；箱底为“米”字形细孔，承载性能好，能有效避免活鸡擦伤、瘀血，长方体结构有利于

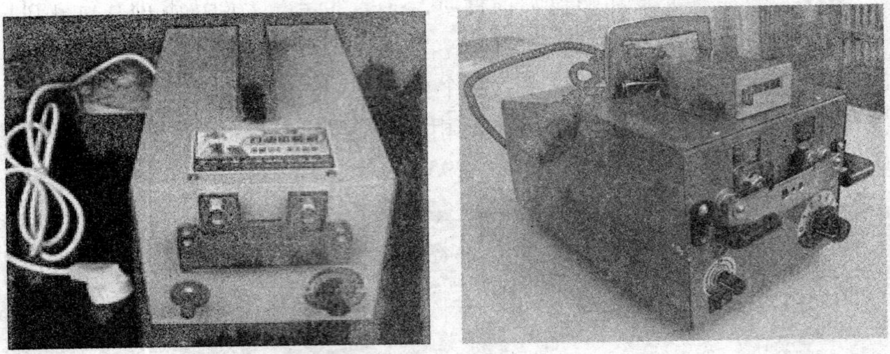

图 2-58　台式自动断喙器

装车和卸货，提高工作效率（图 2-59）。箱体上盖设有推拉式小门，便于箱门自由闭合。单箱载重 50 千克以上，可装活鸡 12 只左右；运输途中可叠放 10 层。

图 2-59　鸡周转箱

四、产蛋箱（窝）

在肉种鸡生产中，一般要求配置适当数量的产蛋箱。产蛋箱一般设计为 1~2 层、两面（图 2-60）。每个面的每一层 5~6 个产蛋窝，每个蛋窝的大小约是 30 厘米（宽）×35 厘米（深）×30 厘米（高）。产蛋箱的底层踏板最好考虑使用活动踏板，前沿挡板的高度要能保持窝内有足够的垫料。

五、鸡蛋自动消毒包装系统

该系统包括鸡蛋清洗、消毒、烘干、涂膜、喷码等环节（图 2-61），经处理后的鸡蛋表面干净，能够有效防止蛋内水分蒸发和外部细菌的侵入，也有利于产品质量监督和追溯。

图 2-60　产蛋箱

图 2-61　蛋品初加工系统

第三章　鸡的品种与繁育

第一节　鸡的起源、驯化与外貌特征

一、鸡的起源

根据大多数资料介绍，一般人都认为家鸡的祖先是原鸡。因为家鸡在体型、羽色及叫声等方面都与原鸡极相似，而且原鸡主要分布于中国南部和印度北部。这些地区也与人类在初期文化发展过程中，对野生动物进行驯养活动的地点相近。原鸡体型近似家鸡：雄原鸡背腰部羽毛为具有金属光泽的金黄、橙黄或橙红色，并具褐色羽干纹；肉冠及肉垂红色，且大而显著；飞羽褐黑色，具栗色外缘；尾羽黑色，具金属绿色光泽，中央两枚尾羽最长，下垂如镰刀状；后躯羽毛褐黑色，脚蓝灰色。雌原鸡背腰部羽毛大都为黑褐色，上背黄色且具黑纹，胸部棕色，向后渐变为棕灰色。有关研究证实，红原鸡是家鸡的直系祖先，它不仅在体型、羽色、习性及叫声等方面都与家鸡最为相似，而且混入家鸡群中能与家鸡交尾，并且能生育出有繁殖力的后代。

傅衍等测定了6个家鸡品种30个个体的线粒体D0环区539bp的碱基序列，并与Gen Bank中的红原鸡、灰原鸡、绿原鸡、黑尾原鸡及鹌鹑的相应序列做比较分析，构建了分析系统树。结果表明，原鸡属4个种种间差异较大，其中家鸡与泰国及邻近地区红原鸡关系最近，与印尼红原鸡、黑尾原鸡、灰原鸡、绿原鸡及鹌鹑的关系依次变远。这提示中国家鸡可能起源于泰国及邻近地区的红原鸡。

二、鸡的驯化

先民在捕猎过程中将捕获的原鸡用绳子系住腿脚，豢养在住处附近并喂饲，经过一定的阶段，这些最初的家养原鸡就能够产蛋、抱窝、抚育后代。经过若干世代之后，这些原鸡的后代就逐渐被驯化为家鸡。

关于原鸡被驯化成为家鸡的具体时代尚无确切证据，黄河中游新石器时代早期磁山文化的命名地——河北省武安县磁山遗址（距今约7 000年），出土了大量猪、狗、羊、鸡等家畜、家禽骨骼，磁山遗址大量鸡骨骼的发现，把我国驯养家鸡的历史追溯到7 000 多年前。在四川广汉三星堆遗址（距今4 800~2 800 年）出土了商代晚期的青铜鸡，青铜鸡昂首引颈，尾羽丰满，立于“门”字形方座上，通高14. 2 厘米，长10. 2 厘米，与它同时出土的还有青铜立人像、青铜面具、青铜神树等，均为祭祀所用之器物，说明商代的巴蜀文化中已将鸡神化为金鸡。殷商时代（约公元前16 世纪至公元前11 世纪）的甲骨文里已有“鸡”字。记录周朝历史事件的《诗经》讲到鸡不只一处，其中以《鸡鸣篇》为最早（约公元前11 世纪）。东周战国时期还设有“鸡人官”，专司祭祀。综上所述，可知鸡的驯化在我国至少已有3 000 多年的历史。从最近的考古资料来看，在距今6 000年前黄帝时代邳州先民已经将原鸡驯化成家鸡了。

鸡的驯化很可能是在不同时期、不同地域被驯化的。由于各地自然气候条件和人们宗教信仰、生活习惯等方面的差异，对早期鸡的驯化过程中种鸡的选留有不同的要求，这就形成了不同外貌特征的种群。

三、鸡的外貌特征

（一）鸡外貌特征识别

鸡的外貌部位大体可以分为头部、颈部、体躯与翅膀、尾部和腿5 个部分(图3-1)。

1. 头部　鸡的头部包括喙与鼻孔、面部、眼睛、头顶、耳叶、耳孔、鸡冠与髯等。

喙是表皮衍生的角质化产物，是啄食、饮水、梳理羽毛和自卫器官。鸡的喙分为上喙和下喙，上喙略长于下喙，喙的前端比较尖。上喙靠近基部两侧有长条形的鼻孔。

鸡的面部有较为稀疏的羽毛，以短纤毛为主，性成熟后面部的皮肤发红，尤其是高产鸡；眼睛位于两侧面部中间，没有上眼睑；眼睛的后方有耳孔，耳孔外周有密集的小羽毛将其覆盖以防止水、灰尘和小虫子进入耳孔；耳孔的后下方有耳叶，不同品种鸡的耳叶颜色有差异。

鸡冠生长于鸡的头顶部。鸡冠的种类很多，是品种的重要特征，其形状有单冠、豆冠、玫瑰冠等多种，生产中常见的是单冠。单冠包括冠基、冠齿和冠尾，冠齿一般为5~7 个。不同周龄鸡冠的大小和颜色差异很大，健康与否和是否处于产蛋期都会使鸡冠的颜色和形状有所不同。这主要是因为鸡冠的发育受雌激素或雄激素的影响，当体内这种激素多的时候鸡冠就会变大变红。鸡的颌下两侧有髯，也称肉垂。冠和髯的颜色绝大多数为红色，个别品种（如乌鸡或杂交乌鸡）为乌青色或青紫色。

2. 颈部　鸡的颈部较长（颈椎数量为13~14 节），转动比较灵活。颈部被颈

图 3-1　鸡的外貌部位

1. 冠　2. 头顶　3. 眼　4. 鼻孔　5. 喙　6. 肉髯　7. 耳孔　8. 耳叶　9. 颈和颈羽　10. 胸　11. 背　12. 腰　13. 主尾羽　14. 大镰羽　15. 小镰羽　16. 覆尾羽　17. 鞍羽　18. 翼羽　19. 腹　20. 小腿　21. 踝关节　22. 跖（胫）　23. 距　24. 趾　25. 爪

羽所覆盖。

3. 体躯与翅膀　鸡的体躯包括胸、背、腰和腹 4 部分，体躯为羽毛所覆盖。双翅贴于体躯两侧，正常的鸡翅膀应紧扣身体，下垂是体弱多病的表现。肉鸡的胸部较宽，背部宽且长，蛋鸡的后腹部较大。

4. 尾部　尾部主要是生长在尾综骨上的尾羽和尾脂腺。公鸡尾部在主尾羽和覆尾羽的上面有大镰羽和小镰羽，母鸡只有主尾羽和覆尾羽。尾脂腺是鸟类尾部背侧特有的一对腺体，在体表有一个分泌物出口，鸡可以用喙尖啄该部位，将其分泌的油脂用喙尖涂抹在羽毛上。

5. 腿　腿包括大腿部、小腿部、胫部和趾。胫部和趾表面覆盖的鳞片为皮肤衍生物，年幼时鳞片柔软，成年后角质化，年龄愈大，鳞片愈硬；胫中部内侧有距，公鸡的比较发达，年龄大小影响距的长短和形状。鸡趾一般为 4 个，少数为 5 个。个别品种鸡的胫部生长有羽毛称为胫羽。鸡趾的前端有指甲一样的爪，趾爪不仅能够保证鸡站立，还是在地上刨食的主要工具。

其他部位的羽毛：颈部下段的梳羽、腰部的鞍羽（蓑羽），是判断公母鸡的重要参考依据。公鸡的梳羽和鞍羽长而且末端尖，母鸡的短而且末端钝圆。翅膀边缘下侧有 10 根主翼羽、上侧为副翼羽，主翼羽和副翼羽之间有 1 根轴羽，翅膀背侧覆盖在主翼羽根部的是覆主翼羽，覆盖在副翼羽表面的是覆副翼羽。

（二）外貌识别在生产中的应用

1. 用于判断鸡的生产类型　通常肉用型鸡的外貌特征是头部粗大，颈部粗且较短，胫部粗，胸部宽深；蛋用型鸡头部清秀，颈部细长，胸部较小而腹部较大，胫部较细。

2. 用于推断鸡的年龄　年龄越大则羽毛越粗乱，胫部和趾部鳞片干燥，爪长而弯曲，公鸡的距长而尖有弯曲。

3. 用于推断鸡的生产性能　高产和低产鸡的外貌特征有较为明显的区别，尤其是鸡冠的颜色和形状、面部红润的程度、腹部的大小和软硬、羽毛的完整性和光泽等。

4. 用于判断鸡的健康状况　不健康的鸡眼睛无神甚至肿胀，成年鸡的冠颜色发白或发紫，羽毛散乱，双翅与体躯贴得不紧，胫部鳞片干枯，体躯瘦，腹部过大或过小。

5. 判断鸡的性别　不同性别的鸡在4周龄以后就逐渐在外貌特征方面显示出差别，周龄越大这种差别越明显。主要差别表现在鸡冠大小、羽毛形状和颜色等方面。

6. 用于了解鸡的性发育情况　达到性成熟的鸡能够表现出明显的第二性征，主要表现在鸡冠颜色和大小、面部颜色、羽毛形状和光泽，母鸡的肛门形状与耻骨间距等方面。

第二节　鸡的品种分类

一、标准品种分类

在20世纪中叶之前，一般采用标准品种分类方法。这种分类方法按照4级条目进行分类，即类、型、品种和品变种。国际上较多采用的是《美洲家禽标准品种志》和英国《大不列颠家禽标准品种志》。

1. 类　类的区分主要是依据鸡的原产地所在区域。按照原产地把鸡分为英国类、美洲类、亚洲类、地中海类等。

2. 型　型的划分依据是鸡的主要经济用途，包括蛋用型、肉用型、兼用型、玩赏型等。

3. 品种　品种是经过系统选育、具有高的生产性能、相对一致的外貌特征、遗传性能稳定、数量达到一定规模的优良群体。

4. 品变种　品变种也称内种，是在一个品种内根据某种外貌特征方面的差异而区分的群体，这种外貌差异包括鸡冠的形状、羽毛的颜色等。它反映出的是在一个品种内遗传结构方面的差异。

几个常见标准品种的分类情况见表3-1。

表3-1 标准品种分类示例

分类项目	单冠白来航鸡	白洛克鸡	科尼什鸡	丝羽乌骨鸡
类	地中海类	美洲类	英国类	亚洲类
型	蛋用型	兼用型	肉用型	药用、观赏型
品种	来航鸡	洛克鸡	科尼什鸡	丝羽乌骨鸡
品变种	单冠白来航鸡、褐来航鸡	白洛克鸡、芦花洛克鸡	白色科尼什鸡、红色科尼什鸡	

我国在1979—1982年进行了全国范围的畜禽品种资源普查，在之后出版的《中国家禽品种志》中收录了中国地理品种鸡27个，把鸡分为蛋用型、肉用型、兼用型、药用型、观赏型和其他共6种。在2006年中华人民共和国农业部公告（第662号）《国家级畜禽遗传资源保护名录》中收录的地方鸡品种有23个，分别是：九斤黄鸡、大骨鸡、鲁西斗鸡、吐鲁番斗鸡、西双版纳斗鸡、漳州斗鸡、白耳黄鸡、仙居鸡、北京油鸡、丝羽乌骨鸡、茶花鸡、狼山鸡、清远麻鸡、藏鸡、矮脚鸡、浦东鸡、溧阳鸡、文昌鸡、惠阳胡须鸡、河田鸡、边鸡、金阳丝毛鸡和静原鸡。2007年由农业部牵头组织进行了全国性的畜禽遗传资源调查工作，2011年由中国农业出版社出版了《中国畜禽遗传资源志：家禽志》，包含了国家级畜禽遗传资源（家禽）保护名录和各省市畜禽遗传资源（家禽）保护名录。

二、现代鸡种分类

现代鸡种的分类主要是依据其生产性能和产品特征，根据生产性能把鸡的品种分为蛋用鸡和肉用鸡，然后再根据蛋壳颜色或羽毛、皮肤颜色进行细分。由于现代鸡种绝大多数都是商业杂交配套系，不宜称为品种，多以配套品系命名。

1. 蛋用鸡配套系 主要用于生产鲜蛋，产蛋性能高，一般的配套系平均每只商品代母鸡72周龄产蛋在280个以上（绿壳蛋鸡除外，其年产蛋量仅有180个左右）。根据蛋壳颜色，蛋用鸡配套系可以分为4种。

（1）褐壳蛋鸡：蛋壳颜色为红褐色。

（2）白壳蛋鸡：蛋壳颜色为白色。

（3）粉壳蛋鸡：蛋壳颜色为灰色或奶油色。

（4）绿壳蛋鸡：蛋壳颜色为青绿色或青蓝色。

2. 肉用鸡配套系 主要用于生产鸡肉。根据羽毛颜色和生长速度可以分为两种。

（1）白羽快大型肉鸡：羽毛颜色为白色，早期生长速度很快，6 周龄末体重能够达到 2.3 千克以上。

（2）优质黄羽（麻羽）肉鸡：羽毛颜色为黄色或麻色，生长速度略慢或较慢。根据其生长速度又可以分为快大型优质肉鸡（公鸡 56 日龄体重达到 2 千克以上、母鸡 65 日龄体重 1.8 千克以上）、中速型优质肉鸡（公鸡 70 日龄体重 1.8 千克以上、母鸡 1.5 千克以上）和特优型肉鸡（公鸡 90 日龄体重 1.5 千克、母鸡 110 日龄体重 1.5 千克）。由于优质肉鸡在国内育种方面存在很多地方需求性特色，这种分类也不能完全概括。

三、我国家禽品种（配套系）审定标准

2007 年国家畜禽遗传资源委员会完成了《畜禽新品种审定和畜禽遗传资源鉴定技术规范（试行）》，其中涉及家禽方面的摘录如下。

本标准适用于鸡、鸭及其他家养禽类的品种和配套系的审定。

（一）血统来源基本相同

1. 地方品种 分布于相对隔离的区域，未与其他品种杂交。

2. 培育品种和配套系

（1）明确初始品种（系）。

（2）必须经过至少 4 个世代的连续选育，核心群应当有至少 3 代的系谱记录。

（二）外貌特征相对一致

对羽色、体型、冠型、冠色、胫长、胫色、皮肤颜色、喙色、蛋壳颜色以及作为本品种特殊标志的特征进行准确的描述。

（三）提供品种（配套系）的主要生产性能

1. 蛋鸡 0~18 周龄成活率、平均耗料量，产蛋期（19~72 周龄）成活率，18（或 20）周龄体重，达到 50%产蛋率的周龄，72 周龄入舍鸡（HH）及饲养日（HD）产蛋数、产蛋总重、平均蛋重、蛋壳强度（或相对密度）、产蛋期料蛋比，72 周龄体重，种鸡 72 周龄合格种蛋数、受精率、孵化率。

2. 肉鸡

（1）速生型肉鸡：6（或 7）周龄体重、成活率、饲料转化率、屠宰率、腹脂率、肉骨比、肉品质。

（2）优质肉鸡：90（或 100）日龄体重、成活率、饲料转化率、屠宰率、腹脂率、肉骨比、肉品质。

（3）肉用种鸡：66 周龄产蛋量（HH、HD）、0~24 周龄成活率、产蛋期成活率、受精率、孵化率。

3. 蛋鸭 0~20 周龄成活率，21~72 周龄成活率，20 周龄和 72 周龄体重，达到 50%产蛋率的周龄，72 周龄产蛋数（HH、HD）、产蛋总重、平均蛋重、产蛋期料蛋比；种鸭 72 周龄合格种蛋数、受精率、孵化率。

4. 肉鸭 6~7 周龄体重、成活率、饲料转化率、屠宰率、肉品质、胸腿肉率、皮脂率；种鸭 64 周龄产蛋数，0~24 周龄成活率，产蛋期成活率、受精率、孵化率。

5. 其他家禽应根据其特点提出产量、质量和健康水平指标。

（四）性状遗传

主要经济性状遗传稳定，变异系数在 10%以下

（五）数量要求

1. 地方品种

（1）鸡、鸭不少于 5 000 只。

（2）其他禽种不少于 3 000 只，稀有珍禽的数量可适当减少。

（3）各种禽类的保种群体不少于 60 只公禽和 300 只母禽。

2. 培育品种

（1）鸡、鸭不少于 20 000 只。

（2）其他禽种不少于 10 000 只。

（六）配套系

（1）由两个以上的品系组成，每个品系至少 40 个家系，蛋鸡、蛋鸭测定母禽不少于 1 600 只，肉鸡、肉鸭测定母禽不少于 1 000 只，其他禽种根据具体情况确定。

（2）应根据近三年内国家家禽性能测定站（中心）的测定结果进行审定。

（3）年中试数量，蛋鸡不少于 100 万只，肉鸡不少于 200 万只，其他禽类根据实际情况确定。

（4）提供父母代的生产性能。

（七）健康水平

应符合有关规定。

第三节　鸡的良种介绍

一、标准品种

标准品种是那些被国际承认并收录入《美洲家禽标准品种志》和《大不列颠家禽标准品种志》的品种。这些标准品种是在 20 世纪 80 年代之前普遍作为商

品生产使用的品种。但是，自从鸡的配套品系应用于商业生产之后，大多数的标准品种只是作为培育高产品系的种质基础，很少再用于商品生产。这里介绍几个具有代表性的标准品种（表3-2）。

表3-2　鸡主要标准品种基本情况一览表

品种	原产地	生产类型	外貌特征	成年体重	产蛋性能	当前应用
白来航鸡	意大利	蛋用型	白羽、单冠、黄胫	公鸡2 000克，母鸡1 500克	220~280个，蛋重54~60克，蛋壳白色	白壳蛋鸡配套系
白科尼什鸡	英国	肉用型	白羽、豆冠、白肤黄胫	公鸡4 500~5 000克，母鸡3 500~4 000克	120个，蛋重56克，蛋壳浅褐色	白羽肉鸡父系
白洛克鸡	美国	兼用型	白羽、单冠、黄肤黄胫	公鸡4 000~4 500克，母鸡3 000~3 500克	160~180个，蛋重60克	白羽肉鸡母系
洛岛红鸡	美国	蛋用型	红羽黑尾，黄肤	公鸡3 100克，母鸡2 100克	170~250个，蛋重60~65克，蛋壳褐色	褐壳蛋鸡父系
芦花洛克鸡	美国	兼用型	芦花羽、单冠、黄肤黄胫	公鸡4 000克、母鸡3 000克	180~250个，蛋壳褐色	部分褐壳蛋鸡母系
澳洲黑鸡	澳大利亚	兼用型	黑羽、黑胫	公鸡3 750克、母鸡2 750克	160个，蛋重60克，蛋壳褐色	
新汉夏鸡	美国	兼用型	羽毛樱桃红色、带有黑点	公鸡3 800克、母鸡2 900克	180~220个，蛋重56克~60克，蛋壳褐色	红羽肉鸡父系

二、地方良种

我国具有悠久的养鸡历史，由于各地不同的风俗习惯、自然生态环境和经济发展状况，形成了丰富的鸡品种资源。根据选择、利用的目的不同，也就形成了丰富的鸡种。我国的地方鸡种自然生态适应性广，抗逆性强，耐粗饲，觅食能力强，蛋、肉品质优良。据《中国畜禽品种资源志：家禽志》（2012）介绍，目前我国地方品种鸡有107种，中国农业科学院家禽研究所现已保存鸡种32个，是国内最大、世界上保存资源最多的家禽活体基因库，保存品种有仙居鸡、萧山鸡、白耳黄鸡、固始鸡、鹿苑鸡、狼山鸡、大骨鸡、北京油鸡、清远麻鸡、泰和鸡、河南斗鸡、茶花鸡、藏鸡、东乡绿壳蛋鸡、惠阳胡须鸡、崇仁麻鸡等。

部分地方良种鸡基本情况一览表见表 3-3。

表 3-3 部分地方良种鸡基本情况一览表

品种	原产地	生产类型	外貌特征	成年体重	产蛋性能	产肉性能
北京油鸡	北京城北郊	肉蛋兼用型	“三羽”（凤头、毛腿和胡子嘴）性状被认为是北京油鸡的主要外貌特征。因具有外观奇特、肉质优良、肉味浓郁的特点，故又称宫廷黄鸡	公鸡为 2 049克，母鸡为1 730克	平均年产蛋 110 个，平均蛋重 56 克。蛋壳褐色、淡紫色	成年鸡平均半净膛屠宰率：公鸡为 83.50%，母鸡为 70.70%
仙居鸡	浙江省仙居县及邻县	小型蛋用型	黄、黑、白 3 种羽色，以黄色为多见。结构紧凑，体态匀称，昂首挺胸，尾羽高翘，背平直，骨骼细致，神经敏感，易受惊吓，善飞翔，具有蛋用鸡的体型和神经质类型	公鸡为 1 440克，母鸡为 1 250 克	年产蛋数 160～180 个，平均蛋重 44 克	180 日龄平均半净膛屠宰率：公鸡为 82.70%，母鸡为 82.96%
萧山鸡	浙江萧山	肉蛋兼用	公鸡羽毛红色或黄色，公母鸡颈、翼、背部等毛色较深，尾羽黑色。母鸡羽毛黄色或麻色，颈、翼、尾部间有少量黑色羽毛，胫黄色，喙稍弯曲，前端黄色，基部褐色，单冠	公鸡为 2 759克，母鸡为 1 940 克	年产蛋 141 个，平均蛋重 58 克	105 日龄平均半净膛屠宰率：公鸡为 84.7%，母鸡为 85.6%

续表

品种	原产地	生产类型	外貌特征	成年体重	产蛋性能	产肉性能
寿光鸡	山东寿光县	肉蛋兼用	全身羽毛黑色，有的部位呈深黑色并有墨绿色，颈、趾灰黑色，皮肤白色。分大型和中型两种	大型公鸡为3 610克，母鸡为3 310克；中型公鸡为2 880克，母鸡为2 340克	大型母鸡平均年产蛋95个，平均蛋重68克；中型母鸡年产蛋135个，蛋重63克；蛋壳褐色	成年中型鸡平均全净膛屠宰率：公鸡为72%，母鸡为62%
惠阳胡须鸡	广东省东江及其西枝江中下游沿岸	小型肉用型	标准特征为颌下发达而张开的胡须髯羽，无肉髯或仅有一些痕迹。公鸡背部羽毛枣红色，分有主尾羽和无主尾羽两种，主尾羽多呈黄色。母鸡全身羽毛黄色，主翼羽和尾羽有些黑色，尾羽不发达。喙、胫黄色，虹彩橙黄色。耳叶红色	公鸡为2 228克，母鸡为1 601克	平均年产蛋108个，平均蛋重46克；蛋壳浅褐色	120日龄平均半净膛屠宰率：公鸡86.6%，母鸡86.7%，肥育母鸡为84.8%
鹿苑鸡	江苏省张家港市鹿苑镇	肉蛋兼用	喙中等长，黄色，有的喙基旱牛角色。单冠小而薄，肉髯、耳叶亦小。公鸡羽毛色彩较浓，梳羽、蓑羽和小镰羽呈金黄色，大镰羽呈黑色，皆富有光泽。母鸡羽毛草黄色、黄麻色，以草黄色居多，主翼羽和尾羽有黑色斑纹，一般颈羽也有黑色斑点。胫、趾黄色	公鸡为1 878克，母鸡为1 581克	平均年产蛋144个，平均蛋重54克。蛋壳褐色	6月龄平均半净膛屠宰率：公鸡为83.4%，母鸡为82.6%

续表

品种	原产地	生产类型	外貌特征	成年体重	产蛋性能	产肉性能
泰和丝羽乌骨鸡	江西省泰和县	药用观赏型	具有“十大”（又称“十全”）特征：缨头，桑葚冠，绿耳，胡须，丝羽，乌皮，乌肉，乌骨，五爪，毛脚，现在也存在一些不全具备这“十全”标准的丝羽乌骨鸡和单冠、胫、趾无小羽等类型。头小，颈短，脚矮	成年公鸡为1 600克，母鸡为1 250克	平均年产蛋110个，平均蛋重40克。蛋壳浅褐色	成年鸡平均半净膛屠宰率：公鸡为88.35%，母鸡为84.18%
大骨鸡	辽宁省庄河县	肉蛋兼用型	公鸡体躯高大、雄伟健壮，头颈、背腹部为火红色，尾羽、镰羽上翘，与地面成45°角，黑色并带有墨绿色光泽；母鸡多呈麻黄色，母鸡尾羽短，稍向上为黑色。头颈粗壮，眼大明亮，喙、胫、爪黄色，单冠。冠、肉髯、耳叶红色	公鸡为2 900克，母鸡为2 300克	平均年产蛋160个，平均蛋重63克。蛋壳深褐色	成年鸡半净膛屠宰率：公鸡为81.30%，母鸡为84.1%
崇仁麻鸡	江西省崇仁县	蛋肉兼用型	母鸡分黄麻和黑麻两种羽色，单冠，头清秀，羽毛紧凑，冠与肉垂呈鲜红色。公鸡羽毛棕红色，尾羽黑绿色，胸腹部羽毛红中带黑，单冠直立而红润，肉髯长而薄	公鸡为1 650克，母鸡为1 200克	500日龄平均产蛋数180个，平均蛋重54克。蛋壳浅褐色	成年鸡平均半净膛屠宰率：公鸡为85.90%，母鸡为84.99%

续表

品种	原产地	生产类型	外貌特征	成年体重	产蛋性能	产肉性能
固始鸡	河南固始县	蛋肉兼用型	体躯呈三角形，皮肤暗白色；胫青色，四趾；鸡嘴呈青色或青黄色，腿、脚都是青色；公鸡羽色呈深红色和黄色，母鸡羽色以麻黄色和黄色为主。尾型分为佛手状尾和直尾两种，佛手状尾羽向后上方卷曲	公鸡为2 470克，母鸡为1 780克	年产蛋141个，平均蛋重51克。蛋壳浅褐色或褐色	180日龄平均半净膛屠宰率：公鸡为81.76%，母鸡为80.16%
白耳黄鸡	江西省上饶地区	蛋用型	白耳、三黄（黄羽、黄喙、黄脚）为主要外貌特征；成年公鸡羽毛棕红色，肉垂长而薄，呈鲜红色；母鸡体型轻小，呈三角形，全身羽毛黄色，肉垂较短，单冠直立	公鸡为1 450克，母鸡为1 190克	年产蛋平均为180个。蛋重平均为54.23克。蛋壳深褐色	成年鸡半净膛屠宰率：公鸡为83.3%，母鸡为85.3%
清远麻鸡	广东省清远县	肉用型	体型特征可概括为“一楔”“二细”“三麻身”。“一楔”是指母鸡体型像楔形，前躯紧凑，后躯圆大；“二细”是指头细、脚细；“三麻身”是指母鸡背羽面主要有麻黄、麻棕、麻褐三种颜色。公鸡颈部长短适中，头颈、背部的羽为金黄色，胸羽、腹羽、尾羽及主翼羽为黑色，肩羽、鞍羽为枣红色	公鸡为2 180克，母鸡为1 750克	年产蛋数为70 ~ 80个，平均蛋重为46.5克，蛋壳浅褐色	6月龄母鸡半净膛率为85%，阉公鸡半净膛率为83.7%

续表

品种	原产地	生产类型	外貌特征	成年体重	产蛋性能	产肉性能
边鸡	内蒙古与山西接壤地带	蛋肉兼用型	冠型以单冠为主，间有少量的草莓冠、豌豆冠，个别的鸡只有冠羽。公鸡冠形直立，母鸡冠形较小，有明显的“*S*”状弯曲，冠色鲜红。公鸡的羽毛主要为红黑色或黄黑色，个别为黄色和灰白色；母鸡为白、灰、黑、浅黄、麻黄、红灰和杂色	公鸡为1 825克，母鸡为1 505克	年产蛋数平均为100个，蛋重66克，蛋壳深褐色占70%，其余均呈褐色或浅褐色	成年鸡半净膛屠宰率：公鸡为79.0%，母鸡为73.8%
文昌鸡	海南省文昌市		羽色有黄色、白色、黑色和芦花等。体型前小后大，呈楔形，体躯紧凑，颈长短适中，胸宽，背腰宽短，结构匀称。皮肤米黄色	公鸡为1 800克，母鸡为1 500克	68周龄产蛋100～132个，平均蛋重49克，蛋壳浅褐色或乳白色	成年鸡全净膛屠宰率：公鸡为75.0%，母鸡为70.3%

三、现代蛋鸡配套系

在原标准品种（或地方品种）的基础上，采用现代育种方法培育出的具有特定商业代号的高产蛋鸡群称为蛋鸡配套系。其特征是产蛋性能显著提高，鸡蛋商品性极强，有特定的商品名称。根据蛋壳颜色的不同，分为白壳蛋鸡、褐壳蛋鸡和粉壳蛋鸡。目前，家禽育种公司经过不断整合，国际上知名的大型育种企业集团高度集中。

国际著名的家禽育种公司见表3-4。

表 3-4　国际著名的家禽育种公司

育种公司	所属国家	子公司	主推配套系	备注
EW 集团	德国	罗曼集团	罗曼蛋鸡、海兰蛋鸡、尼克蛋鸡	罗曼公司先后收购了海兰、尼克公司
		安伟捷集团	爱拔益加肉鸡、罗斯肉鸡、印度安河肉鸡	
汉德克动物育种集团	荷兰		海赛克斯、宝万斯、迪卡、伊沙、雪佛、沃伦、巴布考克等蛋鸡品牌	
泰森集团	美国		艾维茵、科宝、海波罗肉鸡	
克里莫集团	法国		哈伯德肉鸡	美国哈伯德肉鸡育种公司被克里莫集团收购
巴波娜国际育种公司	匈牙利		巴波娜褐（褐羽-褐壳蛋）、巴波娜黄（黄羽-褐壳蛋）、巴波娜黑康（黑羽）、巴波娜粉蛋鸡配套系	

国内鸡的育种主要集中在优质肉鸡方面，高产蛋鸡配套系育种主要是在北京峪口家禽育种公司和中国农业大学开展，白羽快大型肉鸡育种在国内基本没有开展。从国外引进的高产配套系蛋鸡和肉鸡在国内基本都有祖代种鸡场进行杂交繁育和推广。

（一）白壳蛋鸡

白壳蛋鸡主要是以单冠白来航鸡品种为基础育成的，所产蛋壳为纯白色，鸡羽毛白色，白壳蛋鸡的商品代雏鸡大多数可根据快慢羽自别雌雄。目前，白壳蛋鸡在世界范围内的饲养数量很多，分布地区也很广，但是在我国白壳蛋鸡的份额则较小，主要在黄河以北地区饲养。这种鸡体躯较小，清秀，体型紧凑；开产早、无就巢性、产蛋量高，饲料报酬率高；单位面积的饲养密度大；蛋中血斑和肉斑率很低，适应性强，适宜于集约化笼养管理。不足之处是富于神经质，胆小易惊，抗应激性较差；啄癖较多，特别是开产初期啄肛造成的伤亡率较高，因此一定要注意断喙。下面就我国蛋鸡生产厂家饲养比例较高的白壳蛋鸡配套系做一简介。

1. 北京白鸡

（1）品种形成与特点：北京白鸡是华都集团北京市种鸡公司从 1975 年开始，在引进国外白壳蛋鸡的基础上培育成功的系列性优良蛋用鸡新品种，由开始单一选育推广的北京白鸡商品代京白Ⅲ系相继发展为二元杂交的“京白 823”“京白

893”、三元杂交的“京白723”，到后来大面积推广的“京白904”“精选京白904”“京白938”“京白823”等四元杂交高产配套品系，其适应性强，既可在北方饲养也可在南方饲养，既适于工厂化高密度笼养也适于散养。

北京白鸡体型小而清秀，全身羽毛白色紧贴。冠大、鲜红，公鸡的冠较厚、直立，母鸡的冠较薄倒向一侧。喙、胫、趾和皮肤呈黄色；耳叶白色。

（2）生产性能：北京白鸡的主要特点是成熟早、产蛋率高，饲料消耗少。北京白鸡年产蛋260~280个，平均蛋重57克，每生产1千克蛋耗精料2.3千克左右，达到了商品代蛋鸡的国际水平。

2. 海赛克斯白鸡

（1）品种形成与特点：该鸡是荷兰尤利布里德公司育成的四系配套杂交鸡，以产蛋强度高、蛋重大而著称，被认为是当代最高产的白壳蛋鸡之一。我国1978年由上海金桥鸡场最早引进父母代种鸡，该鸡羽毛白色，皮肤及胫、喙为黄色，体型中等，商品代雏鸡根据羽速自别雌雄。

（2）生产性能：其产蛋遗传潜力保证279个。该鸡种135~140日龄见蛋，160日龄产蛋率达50%，210~220日龄产蛋高峰就超过90%以上，总蛋重16~17千克。据英国、瑞典、德国、比利时、奥地利等国家测定的平均资料为：72周龄产蛋量为274.1个，平均蛋重为60.4克，每千克蛋耗料2.6千克；产蛋期存活率为92.5%。

3. 罗曼白蛋鸡

（1）品种形成与特点：罗曼白是德国罗曼公司育成的两系配套杂交鸡，即精选罗曼SLS。该鸡毛色玉白，因其产蛋量高、蛋重大而深受广大养殖户的青睐。

（2）生产性能：据罗曼公司的资料，罗曼白商品代鸡：0~20周龄育成率为96%~98%；20周龄体重为1.3~1.35千克；150~155日龄产蛋率达50%，高峰期产蛋率为92%~94%，72周龄产蛋量为290~300个，平均蛋重为62~63克，总蛋重为18~19千克，每千克蛋耗料2.3~2.4千克；产蛋期末体重为1.75~1.85千克；产蛋期存活率为94%~96%。

4. 海兰W-36蛋鸡

（1）品种形成与特点：海兰W-36蛋鸡系美国海兰国际公司育成的四系配套杂交鸡，公、母鸡均为纯白色羽毛，体型“V”字形，单冠，喙、胫为黄色。商品代初生雏鸡可根据快慢羽自别雌雄。公鸡为慢羽型，母鸡为快羽型。商品代生产性能较高，适应性较好。

（2）生产性能：出壳重32~40克，0~18周龄成活率为97%；育雏、育成期饲料消耗5.4千克，145~155日龄产蛋率达50%，高峰期产蛋率为94%，72周龄入舍母鸡产蛋数为270~290个，平均蛋重62克，产蛋期存活率为92%，料蛋比为（2.1~2.4）:1。

据美国海兰印第安河公司提供的资料，海兰 W-36 商品代鸡：0~18 周龄育成率为 97%，平均体重为 1.28 千克；161 日龄产蛋率达 50%，高峰产蛋率为 91%~94%，32 周龄平均蛋重为 56.7 克，70 周龄平均蛋重为 64.8 克，80 周龄入舍鸡产蛋量为 294~315 个，饲养日年产蛋量为 305~325 个；产蛋期存活率为 90%~94%。

5. 宝万斯白壳蛋鸡

（1）品种形成与特点：宝万斯白壳蛋鸡是荷兰汉德克家禽育种有限公司培育的四元杂交白壳蛋鸡配套系。A 系、B 系、D 系为单冠、白毛快羽系；C 系为单冠、白毛慢羽系。父母代父本单冠、白毛快羽，母本为单冠、白毛慢羽。商品代雏鸡单冠、白羽，羽速自别：快羽为母雏，慢羽为公雏。其具典型的单冠白来航鸡的外貌特征。其高产性已被世界公认，蛋重均匀，蛋壳强度好。

（2）生产性能：父母代种鸡开产日龄为 140~150 天，高峰产蛋率为 90%~92%；68 周龄入舍母鸡产蛋为 260~265 个，产合格种蛋 230~240 个，体重 1.75~1.85 千克。商品鸡 20 周龄体重为 1.35~1.4 千克，1~20 周龄耗料为 6.8~7.3 千克/只，成活率为 96%~98%；开产日龄为 140~147 天，高峰期产蛋率为 93%~96%；80 周龄入舍母鸡产蛋 327~335 个，蛋重 61~62 克，体重为 1.7~1.8 千克；21~80 周龄日耗料为 104~110 克/只，料蛋比为（2.10~2.20）：1。

6. 尼克白鸡

（1）品种形成与特点：尼克白鸡系美国辉瑞公司育成的三系配套杂交鸡，鸡体型紧凑，羽毛纯白色，皮肤及喙黄色，单冠，体重较小。商品代初生雏鸡可根据快慢羽自别雌雄。该鸡的特点是产蛋多、体重小、耗料少、适应性强。18 周龄体重约 1.27 千克。

（2）生产性能：尼克白鸡 140~153 日龄开产，80 周龄产蛋量为 325~347 个，蛋重 60~62 克，料蛋比为（2.1~2.3）：1，产蛋期存活率为 89%~94%。

7. 依莎巴布可克 B-300 白壳蛋鸡

（1）品种形成与特点：依莎巴布可克 B-300 白壳蛋鸡系美国巴布可克公司育成的四系配套杂交鸡，世界上有 70 多个国家和地区饲养，其分布范围仅次于星杂 288。巴布可克公司被法国依莎公司兼并，该鸡现称“依莎巴布可克 B-300”。该鸡羽毛纯白色，胫、皮肤及喙为黄色，体型紧凑清秀，20 周龄体重约 1.3 千克。商品代初生雏鸡可根据快慢羽自别雌雄，公鸡为慢羽型，母鸡为快羽型。

（2）生产性能：商品鸡 0~20 周龄育成率为 97%，产蛋期存活率为 90%~94%，72 周龄入舍鸡产蛋量 275 个，饲养日产蛋量 283 个，平均蛋重约 61 克，总蛋重约 16.79 千克，每千克蛋耗料 2.5~2.6 千克，产蛋期末体重为 1.6~1.7 千克。

（二）褐壳蛋鸡

褐壳蛋鸡是在蛋肉兼用型品种鸡的基础上经过现代育种技术选育出的高产配套品系，所产蛋的蛋壳颜色为褐色，而且蛋重大，刚开产就比白壳蛋重；蛋的破损率较低，适于运输和保存；褐壳蛋鸡性情温顺，好管理；体重较大，产肉量较高；啄癖少，因而死亡、淘汰率较低；商品代杂交鸡可以根据羽色自别雌雄。由于褐壳蛋鸡体重较大，采食量比白羽蛋鸡多（5~6）克/天，每只鸡所占面积比白壳蛋鸡多15%左右，单位面积产蛋少5%~7%。目前，一些育种公司通过选育已经使褐壳蛋鸡的体重接近白壳蛋鸡。下面就我国蛋鸡生产厂家饲养比例较高的配套系做一简介。

1. 海兰褐壳蛋鸡

（1）品种形成与特点：海兰褐壳蛋鸡是美国海兰国际公司育成的四系配套杂交鸡。其父本为洛岛红型鸡的品种，而母本则为洛岛白的品系。由于父本洛岛红和母本洛岛白分别带有伴性金色和银色基因，其配套杂交所产生的商品代可以根据绒毛颜色鉴别雌雄。海兰褐壳蛋鸡的商品代初生雏：母雏全身红色，公雏全身白色，可以自别雌雄。但由于母本是合成系，商品代中红色绒毛母雏中有少数个体在背部带有深褐色条纹，白色绒毛公雏中有部分在背部带有浅褐色条纹。商品代母鸡在成年后，全身羽毛基本（整体上）红色，尾部上端大都带有少许白色。该鸡的头部较为紧凑，单冠，耳叶红色，也有带有部分白色的。皮肤、喙和胫黄色。体型结实，基本呈元宝形。海兰褐壳蛋鸡具有饲料报酬率高、产蛋多和成活率高的优良特性。

（2）生产性能：0~20周龄育成率为97%；20周龄体重1.54千克，156日龄产蛋率达50%，29周龄达产蛋高峰，高峰期产蛋率为91%~96%，18~80周龄饲养日产蛋量为299~318个，32周龄平均蛋重60.4克，每千克蛋耗料2.5千克；20~74周龄蛋鸡存活率为91%~95%。

2. 罗曼褐壳蛋鸡

（1）品种形成与特点：罗曼褐壳蛋鸡是德国罗曼公司育成的四系配套、产褐壳蛋的高产蛋鸡。父本两系均为褐色，母本两系均为白色。商品代雏直接可用羽色自别雌雄：公雏白羽，母雏褐羽。罗曼褐壳蛋鸡具有适应性强、耗料少、产蛋多和成活率高的优良特点。

（2）生产性能：

1）罗曼褐壳蛋鸡商品代：1~18周龄成活率为98%，开产日龄21~23周，高峰期产蛋率为92%~94%，入舍母鸡12个月产蛋300~305个，平均蛋重63.5~65.5克，饲料利用率为2.0%~2.2%，产蛋期成活率为94.6%。

2）罗曼褐壳蛋鸡父母代：开产日龄为21~23周；高峰期产蛋率为90%~92%；每只入舍母鸡的产蛋量：到68周产蛋为255~265个，到72周产蛋为

273~283 个；每只入舍蛋鸡生产合格种蛋量：产蛋到 68 周为 225~235 个，产蛋到 72 周为 240~250 个；每只舍饲母鸡生产雏鸡量：产蛋到 68 周为 90~96 只，产蛋到 72 周为 95~102 只。

（3）饲料消耗：1~20 周龄为 8.0 千克，21~68 周龄（公鸡加母鸡）为 40.0 千克；20 周龄体重为：母鸡 1.5~1.7 千克，公鸡 2.0~2.2 千克；68 周龄体重：母鸡 2.0~2.2 千克，公鸡 3.0~3.3 千克；存活率：育成期为 96%~99%，产蛋期为 93%~96%。

3. 巴布考克 B-380 壳蛋鸡

（1）品种形成与特点：巴布考克 B-380 蛋鸡是由法国哈巴德伊莎公司培育的世界优秀的四系配套种鸡，商品代雏鸡根据羽色自别雌雄。巴右考克 B-380 壳蛋鸡最显著的外观特点是具有黑色尾羽，并且其中 40%~ 50%的商品代鸡体上着生黑色羽毛，由此可作为它的特征以防假冒。该鸡种性情温驯，耐粗饲，省饲料，适应性强，好饲养，尤其适应我国的自然气候和社会生产条件，因而在我国各地推广养殖。蛋壳颜色均匀，产蛋前后期蛋重表现较为一致。

（2）生产性能：该鸡种具有优越的产蛋性能，商品代 76 周龄产蛋数达 337 个，总蛋重 21.16 千克；蛋大小均匀，产蛋前后期蛋重差别较小，特别适于作为种蛋孵化（对父母代而言）；蛋重适中，产蛋全期平均蛋重 62.5 克；蛋壳颜色深浅一致，而且破损率低，有利于商品蛋销售；节省饲料，料蛋比低（2.05∶1）。

4. 迪卡褐壳蛋鸡

（1）品种形成与特点：迪卡褐壳蛋鸡是荷兰汉德克家禽育种公司培育的又一个褐壳蛋鸡良种。它原由美国迪卡公司培育，1998 年并入荷兰汉德克家禽育种公司。该鸡种的显著特点是综合指标优异，如开产早、产蛋期长、蛋重大、产蛋量高、适应性强、饲料利用率高等。体型小，蛋壳棕红色，蛋黄橘黄色。种鸡四系配套，父本两系均为褐羽，母本两系均为白羽。商品代雏鸡可根据羽色自别雌雄：公雏白羽，母雏褐羽。

（2）生产性能：商品代蛋鸡 20 周龄体重为 1.65 千克；0~20 周龄育成率为 97%~98%；24~25 周龄产蛋率达 50%；高峰期产蛋率达 90%~95%，90%以上的产蛋率可维持 12 周，78 周龄产蛋量为 285~310 个，蛋重 63.5~64.5 克，总蛋重为 18~19.9 千克，每千克蛋耗料 2.58 千克；产蛋期存活率为 90%~95%。据欧洲家禽测定站的平均资料：72 周龄产蛋量为 273 个，平均蛋重为 62.9 克，总蛋重为 17.2 千克，每千克蛋耗料为 2.56 千克；产蛋期死亡率为 5.9%。

5. 伊萨褐壳蛋鸡

（1）品种形成与特点：伊萨褐壳蛋鸡是法国伊萨公司培育成的四系配套褐壳蛋鸡，它是目前国际上最优秀的高产褐壳蛋鸡之一。伊萨褐壳蛋鸡父本两系（A、B）为红褐色，母本两系（C、D）为白色，商品代雏鸡可根据羽色自别雌雄：公雏白色，母雏褐色。商品代体型中等，成年母鸡羽毛呈褐色并带有少量白斑，蛋壳为褐色。

（2）生产性能：商品代鸡0~20周龄育成率为97%~98%；20周龄体重为1.6千克；23周龄产蛋率达50%，25周龄母鸡进入产蛋高峰期，高峰期产蛋率为93%，76周龄入舍鸡产蛋量292个，饲养日产蛋量302个，平均蛋重62.5克，总蛋重为18.2千克，每千克蛋耗料为2.4~2.5千克；产蛋期末母鸡体重为2.25千克；存活率为93%。

6. 尼克红蛋鸡

（1）品种形成与特点：尼克红蛋鸡是德国罗曼家禽育种公司所属尼克公司培育的高产蛋鸡品种。种鸡四系配套，商品代根据羽色自别雌雄，成年母鸡外羽红色，内羽白色（红带白底）。尼克红蛋鸡产蛋多、蛋重大、蛋形规则、饲料报酬率高，蛋壳质量好。尼克红蛋鸡抗逆性强，成活率高，疫病净化好，无惊群、啄肛现象。

（2）生产性能：尼克红商品蛋鸡成活率，0~18周龄达98%，产蛋期达94%~95%；饲料消耗，18周龄累计为7千克，产蛋期每天每只耗料为115~118克；产蛋性能，90%以上产蛋持续期为5~6个月，76周龄总产蛋量为314个，平均蛋重为68.8克。

7. 宝万斯高兰蛋鸡

（1）品种形成与特点：宝万斯高兰蛋鸡是荷兰汉德克家禽育种有限公司培育四元杂交褐壳蛋鸡配套系。A系、B系为单冠、褐色羽；C系、D系为单冠、白色羽。父母代父本为红色单冠、褐色羽产褐壳蛋，母本为单冠、白色羽产褐壳蛋。商品代雏鸡以单冠、羽色自别：褐羽为母雏（有部分雏在背部有深褐色绒羽带），白羽为公雏（有部分雏在背部有浅褐色绒羽带）。成年母鸡为单冠、褐羽产褐壳蛋。其主要特点：成活率高，蛋壳颜色深，蛋重稍大。

（2）生产性能：宝万斯高兰商品代蛋鸡6周龄平均体重为0.45千克，18周龄体重为1.45~1.52千克，20周龄体重为1.62~1.72千克；20周龄成活率为96%~98%；入舍鸡耗料7.5~7.9千克。产蛋阶段（21~80周龄）：成活率为93%~94%，平均日耗料114~117克/只，140~147日龄产蛋率达50%，高峰期产蛋率为93%~95%，入舍鸡产蛋数为326~335个，平均蛋重为62.5~63.5克，料蛋比为（2.20~2.30）:1。

8. 农大褐3号蛋鸡

（1）品种形成与特点：农大褐3号蛋鸡是中国农业大学利用从美国引进的MB小型褐壳种鸡育种素材与该校的纯系蛋鸡杂交后育成的优良蛋鸡品种。由于在育种过程中导入了矮小型基因（dw），因此这种鸡腿短、体格小，体重比普通蛋鸡约小25%。农大褐3号占地面积少，饲料转化率高，性情温顺，由于品种关系其体型、蛋重、蛋壳颜色更趋近土鸡，尤其蛋黄颜色要比普通鸡蛋深，味感更接近土鸡。

（2）生产性能：商品代 1～120 日龄成活率大于 96%，产蛋期成活率大于 95%，开产（产蛋率达 50%）日龄为 146～156 天，72 周龄入舍鸡产蛋数为 281 个，平均蛋重为 53～58 克，总蛋重为 15.7～16.4 千克，120 日龄体重为 1.25 千克，成年体重为 1.6 千克，育雏育成期耗料 5.7 千克，产蛋期平均日耗料 90 克。

9. 宝万斯尼拉蛋鸡

（1）品种形成与特点：宝万斯尼拉蛋鸡是由荷兰汉德克家禽育种有限公司育成的四元杂交褐壳蛋鸡配套系。A 系、B 系为单冠、红褐色羽；C 系、D 系为单冠、芦花色羽。父母代父本为单冠、红褐色羽；母本为单冠、芦花色羽，产褐壳蛋。商品代雏鸡以单冠、羽色自别：母雏羽毛为灰褐色，公雏为黑色。成年母鸡为单冠、红褐色羽，产褐壳蛋；公鸡为芦花色羽毛。该品种具有性情温顺、易饲养管理、耐粗饲、料蛋比理想、蛋色均匀、蛋形整齐等特点。

（2）生产性能：宝万斯尼拉蛋鸡育成期（0～17 周）成活率为 98%，18 周龄体重为 1.525 千克，耗料 6.6 千克。产蛋期（18～76 周）存活率为 95%，开产日龄为 143 天，高峰期产蛋率为 94%，平均蛋重为 61.5 克，入舍母鸡产蛋数为 316 个，平均每日耗料 114 克。

10. 伊萨新红褐蛋鸡

（1）品种形成与特点：伊萨新红褐蛋鸡为法国伊萨公司培育的四系配套种鸡，该鸡种的一个突出特点是双自别雌雄。父母代 1 日龄雏鸡羽速自别雌雄，商品代 1 日龄雏鸡羽色自别雌雄。伊萨新红褐适应性广，抗病力强，戍活率高；耐粗饲，易饲养；产蛋率高，产蛋高峰持续期长，产蛋数多，蛋个大，总蛋重高，是适合我国国情的优秀褐壳蛋鸡鸡种。

（2）生产性能：商品鸡 18 周龄平均体重为 1.57 千克，1～18 周龄耗料 6.95 千克/只，成活率为 97%～98%；平均开产日龄为 147 天，25～27 周龄达产蛋高峰，高峰期产蛋率为 94%；76 周龄入舍母鸡平均产蛋 332 个，总蛋重为 20.8 千克，平均蛋重为 62 克，体重 2 050～2 150 克；19～76 周龄日耗料 115～125 克/只，料蛋比为（2.12～2.18）:1，成活率为 94%～96%。

11. 巴波娜-特佳蛋鸡

（1）品种形成与特点：由匈牙利巴波娜国际育种公司育成。红褐色羽毛、深褐色蛋，具有抵抗力强、产蛋量高、成活率高、蛋的破损率低等特点。

（2）生产性能：商品鸡 18 周龄平均体重为 1.58 千克，1～18 周龄耗料 7.15 千克/只，成活率为 95%～98%；平均开产日龄为 149 天，25～27 周龄达产蛋高峰，高峰期产蛋率为 95%；72 周龄入舍母鸡平均产蛋 302 个，总蛋重为 19.8 千克，体重为 2 150～2 250 克；19～72 周龄日耗料 115～125 克/只，料蛋比为

(2.12~2.18) :1，成活率为92%~96%。

12. 京红1号蛋鸡 京红1号蛋鸡是北京峪口禽业公司自主培育出的优良褐壳蛋鸡配套系，具有适应性强、开产早、产蛋量高、耗料低等特点，父母代种鸡68周龄可提供健母雏94只以上，商品代72周龄产蛋总重可达19.4千克以上。

父母代种鸡生产性能：育雏期成活率为96%~97%，18周龄公鸡体重为2 330~2 430克、母鸡1 410~1 510克，68周龄公鸡体重2 800~2 900克、母鸡1 910~2 010克；产蛋期成活率为92%~94%；开产日龄为143~150天，入舍鸡产蛋268~278个，合格种蛋235~244个。

（三）粉壳蛋鸡

粉壳蛋鸡是由洛岛红品种与白来航品种间正交或反交所产生的杂种鸡，其蛋壳颜色介于褐壳蛋与白壳蛋之间，呈灰色，国内群众都称其为粉壳蛋（或驳壳蛋）。成年母鸡羽色大多以白色为背景，有黄、黑、灰等杂色斑点，与褐壳蛋鸡不同，因此就将其分成粉壳蛋鸡一类。

1. 尼克珊瑚粉（尼克T）蛋鸡

(1) 品种形成与特点：尼克珊瑚粉蛋鸡是德国罗曼家禽育种公司所属尼克公司最新培育的粉壳蛋鸡配套系，其优点是性情温顺、容易管理。珊瑚粉商品代都能够羽速自别，商品代母鸡白色羽毛、粉色蛋壳。尼克珊瑚粉在产蛋数、蛋重、蛋壳强度、饲料效率和成活率等方面都有显著的优势并且拥有良好的疾病抵抗力和应激抵抗力。

(2) 生产性能：尼克珊瑚粉蛋鸡产蛋率高，耗料少，0~18周龄成活率达97%~99%，产蛋期成活率达93%~96%；18周龄饲料消耗累计5.9~6.2千克，产蛋期每天每只105~115克；产蛋性能90%以上，产蛋持续期6~7个月，76周龄总产蛋量为329个，平均蛋重为64.0~65.0克。

2. 罗曼粉蛋鸡

(1) 品种形成与特点：罗曼粉蛋鸡是德国罗曼公司育成的四系配套、产粉壳蛋的高产蛋鸡系。具有产蛋率高、蛋重大、蛋壳质量好、高峰期维持时间长、耐热、抗病力强、适应性强等优点，是国际国内优良蛋鸡品种之一。

(2) 生产性能：父母代1~18周龄的成活率为96%~98%，开产日龄为147~154天，高峰期产蛋率为89%~92%，72周龄入舍母鸡产蛋266~276个，合格种蛋238~250个，提供母雏95只。商品代鸡20周龄体重为1.4~1.5千克，1~20周龄消耗饲料7.3~7.8千克，成活率为97%；开产日龄为140~150天，高峰期产蛋率为92~95%，72周龄入舍母鸡产蛋300~310个，蛋重63~64克；21~72周龄平均每只日耗料110~118克。

3. 宝万斯粉蛋鸡

(1) 品种形成与特点：宝万斯粉蛋鸡是荷兰汉德克家禽育种有限公司培育的

四元杂交粉壳蛋鸡配套系，A 系、B 系为红色单冠、褐色羽，C 系、D 系为红色单冠、白色羽。父母代父本为单冠、褐色快羽，母本为单冠、白色慢羽。商品代雏鸡单冠羽速自别，快羽为母雏，慢羽为公雏。

（2）生产性能：父母代 18 周龄体重公鸡 1.7 千克、母鸡 1.4~1.45 千克；20 周龄成活率为 95%~96%，入舍鸡耗料 7.1~7.6 千克/只。商品鸡 20 周龄体重 1.4~1.5 千克，1~20 周龄耗料 6.8~7.5 千克/只，成活率为 96%~98%；开产日龄为 140~147 天，高峰期产蛋率为 93%~96%；80 周龄入舍母鸡产蛋 324~336 个，平均蛋重 62 克，体重 1.85~2.0 千克；21~80 周龄日耗料 107~113 克/只，料蛋比（2.15~2.25）:1，成活率 93%~95%。

4. 京白 939 粉壳蛋鸡

（1）品种形成与特点：京白 939 粉壳蛋鸡最初是由北京市种鸡公司选育的粉壳蛋鸡配套系，目前其原种鸡和祖代鸡都饲养在河北大午农牧集团。京白 939 粉壳蛋鸡为四元杂交粉壳蛋鸡配套系。祖代 A 系、B 系，父母代 AB 系公母鸡为褐色快羽，具有典型的单冠洛岛红鸡的体型外貌特征；C 系、CD 系母鸡为白色慢羽，D 系、CD 系公鸡为白色快羽，具有典型的单冠白来航鸡的体形外貌特征。商品代（ABCD）雏鸡为红色单冠、花羽（乳黄、褐色相杂、两色斑块、斑形呈不规则分布），羽速自别，快羽为母雏，慢羽为公雏。成年母鸡为白、褐色不规则相间的花鸡，有少部分纯白和纯褐色羽。

（2）生产性能：父母代鸡 18 周龄体重公鸡 1.95 千克、母鸡 1.25~1.28 千克；20 周龄成活率为 96%~97%，入舍鸡耗料 7.0~7.8 千克/只，母鸡体重 1 380 克。产蛋阶段（21~68 周龄）成活率为 92%~93%，平均日耗料 120 克，150~155 日龄产蛋率达 50%，高峰期产蛋率为 91%~93%；入舍鸡产蛋数为 258~262 个，入舍鸡产种蛋数为 220~230 个，入舍鸡提供母雏数 89~94 只。

商品代母鸡 20 周龄体重 1 500 克，20 周龄成活率为 96%~98%，入舍鸡耗料 7 400 克/只。产蛋阶段（21~72 周龄）成活率为 93%~95%，平均日耗料 110~115 克/只，150~155 日龄产蛋率达 50%，高峰期产蛋率为 92%~94%；入舍鸡产蛋数为 300~306 个，平均蛋重 60.5~63 克，料蛋比 2.2:1。

5. 农大 3 号粉壳蛋鸡

（1）品种形成与特点：农大 3 号粉壳蛋鸡是由中国农业大学培育的蛋鸡良种，2003 年 9 月通过国家畜禽品种审定委员会家禽专业委员会审定。在育种过程中导入了矮小型基因，因此这种鸡腿短、体格小，体重比普通蛋鸡约小 25%，粉壳蛋鸡比普通型蛋鸡的饲料利用率提高 15%以上。进行林地或果园放养具有易管理、效益高、蛋质好等优点。

（2）生产性能：商品代 1~120 日龄成活率大于 96%，产蛋期成活率大于 95%，开产日龄 145~155 天，72 周龄入舍鸡产蛋数为 282 个，平均蛋重为 53~58

克，总蛋重为15.6~16.7千克，120日龄体重为1.2千克，成年体重为1.55千克，育雏育成期耗料5.5千克，产蛋期平均日耗料89克/只。蛋壳颜色为粉色。

6. 京粉1号粉壳蛋鸡

京粉1号粉壳蛋鸡是北京峪口禽业公司培育的。它是利用褐壳蛋鸡高产系与白壳蛋鸡高产系相配套而育成的。商品代雏鸡羽毛白色并有较小的黑色斑点，可以利用快慢羽自别雌雄。

京粉1号粉壳蛋鸡具有适应性强、抗病力强、耐粗饲、产蛋量高、耗料低等特点，72周龄产蛋总重可达18.9千克以上，死淘率在10%以内，产蛋高峰稳定，90%产蛋率可维持6~10个月。72周龄蛋鸡体重达1.7~1.8千克。

7. 海兰灰鸡

（1）品种形成与特点：海兰灰鸡为美国海兰国际公司育成的粉壳蛋鸡商业配套系鸡种。海兰灰鸡的父本与海兰褐鸡父本为同一父本（洛岛红型鸡的品种）；母本白来航，单冠，耳叶白色，全身羽毛白色，皮肤、喙和胫的颜色均为黄色，体型轻小清秀。海兰灰鸡的商品代初生雏鸡全身绒毛为鹅黄色，有小黑点呈点状分布全身，可以通过羽速鉴别雌雄，成年鸡背部羽毛呈灰浅红色，翅间、腿部和尾部呈白色，皮肤、喙和胫的颜色均为黄色，体型轻小清秀。

（2）生产性能：父母代母鸡成活率1~18周为95%，18~65周为96%，145日龄产蛋率达50%，18~65周入舍鸡产蛋数为252个，合格的入孵种蛋数为219个，生产的母雏数为96只。商品代生长期（至18周）成活率为98%，饲料消耗5.66千克，18周龄体重为1.42千克。产蛋期（至72周）日耗料110克/只，151日龄产蛋率达50%，32周龄蛋重为60.1克，至72周龄饲养日产蛋总重为19.1千克，料蛋比2.16:1。

四、肉鸡配套系

肉鸡配套系是指在原标准品种（或地方品种）的基础上，采用现代育种方法培育出的具有特定商业代号的高产肉鸡群。根据肉鸡生长速度和产品品质分为快大型肉鸡和优质型肉鸡两大类。

（一）快大型肉鸡

快大型肉鸡突出的特点是早期生长速度快、体重大，一般商品肉鸡6周龄平均体重在2千克以上，每千克增重消耗的饲料在2千克左右。快大型肉鸡都是采用四系配套杂交进行制种生产的，父本是来自白色科尼什鸡的高产品系，母本则是由白洛克鸡育成的高产品系，大部分鸡种为白色羽毛，少数鸡种为黄（或红）色羽毛。这类肉鸡在西方和中东地区较受消费者喜爱。肉鸡较容易加工烹调，是主要的快餐食品之一。

1. AA 肉鸡

（1）品种形成与特点：AA 肉鸡也称为爱拔益加肉鸡，该品种是由美国爱拔益加家禽育种公司育成的，四系配套杂交，白羽。特点是体型大，生长发育快，饲料转化率高，适应性强。因其育成历史较长，肉用性能优良，为我国肉鸡生产的主要鸡种。祖代父本分为常规型和多肉型（胸肉率高，也称为 AA^+ 系），均为快羽，生产的父母代雏鸡翻肛鉴别雌雄。祖代母本分为常规型和羽毛鉴别型，常规型父系为快羽，母系为慢羽，生产的父母代雏鸡可用快慢羽鉴别雌雄；羽毛鉴别型父系为慢羽，母系为快羽，生产的父母代雏鸡需翻肛鉴别雌雄，其母本与父本快羽公鸡配套杂交后，商品代雏鸡可以用快慢羽鉴别雌雄。

（2）生产性能：

1）常规系：商品代肉鸡 7 周龄公鸡重 3.18 千克，母鸡 2.69 千克，混养体重 2.94 千克；通过雏鸡羽毛生长速度鉴别性别的商品代肉鸡 7 周龄公鸡重 3.31 千克，母鸡 2.76 千克，混养体重 3.04 千克。

2）AA^+ 多肉系：AA^+ 父母代种鸡能够生产可用羽速鉴别雏鸡雌雄的商品代肉鸡，即商品代母鸡为快羽，商品代公鸡为慢羽。该品系母鸡 24 周龄末育雏育成期成活率平均为 96.5%；68 周龄母鸡死淘率平均为 10%；入舍母鸡总产蛋数量多，高峰期产蛋率平均为 87%～90%；产蛋高峰期（80%以上）维持 12 周以上；受精蛋高峰孵化率在 95%左右。AA^+ 商品代肉鸡 42 日龄体重可达 2.5 千克，49 日龄达 2.9 千克，料肉比为 2.0∶1。商品代肉鸡因其具有腿肉多和双胸的特点，特别适合肉鸡分割，适合快餐、速冻产品，从产品加工特性上体现在 A 级产品率高，胸肌形态优良，胸肉产出率高，适合上线加工，鸡肉生产成本低。

2. 艾维茵肉鸡

（1）品种形成与特点：艾维茵肉鸡是美国艾维茵国际家禽育种有限公司育成的白羽肉鸡。祖代种鸡采用四系配套制种方式，父本 A、B 两系体重大，体躯宽而深，胸腿部肌肉发达，属于白科尼什肉鸡体型；母本 C、D 两系本型中等呈椭圆形，体躯紧凑、丰满，羽毛较紧密，属于白洛克杂交型鸡。艾维茵肉鸡具有适应性强、增重快、饲料转化率高、抗病力强、成活率高等特点。商品代肉用仔鸡羽毛为白色，体型饱满，胸宽，腿短，皮肤黄色而光滑。艾维茵肉鸡有 AV2000 和超级 2000 两种类型。

（2）生产性能：AV2000 和超级 2000 父母代及 AV2000 和超级 2000 的生产性能见表 3-5 和表 3-6。

表 3-5 艾维茵父母代种鸡生产性能

项目	产蛋 5%的周龄	高峰周龄	高峰期产蛋率	入舍母鸡产蛋（41 周）/个	入舍母鸡产种蛋（41 周）/个	入舍母鸡产雏（41 周）/只	平均孵化率（41 周）	产蛋期成活率
AV2000	25~26	31~32	86%	187	176	153	87%	88%~90%
超级 2000	25~26	31~32	85%	185	175	150	86%	88%~90%

表 3-6 艾维茵商品代肉鸡生产性能

周龄		5	6	7	8
体重/千克	AV2000	1. 67	2. 18	2. 66	3. 15
	超级 2000	1. 97	2. 38	2. 92	3. 77
饲料转化率	AV2000	1. 68	1. 84	1. 98	2. 12
	超级 2000	1. 68	1. 81	1. 96	2. 12

3. 科宝 500 肉鸡

（1）品种形成与特点：科宝 500（Cobb 500）肉鸡是美国泰臣食品国际家禽育种公司培育的白羽肉鸡品种，是一个已有多年历史的较为成熟的配套系，在欧洲、中东及远东的一些地区均有饲养。该鸡种体型大，胸深背阔，全身白羽，鸡头大小适中，单冠直立，冠髯鲜红，虹彩橙黄，脚高而粗。商品代生长快，均匀度好，饲料报酬率高，肌肉丰满，肉质鲜美，适应性与抗病力较强。

（2）生产性能：科宝 500 肉鸡的父母代种鸡在 67 周龄时的产蛋量为 168. 7 个。其中，合格种蛋为 155. 7 个，平均孵化率为 75. 7%，每只种母鸡可产商品代雏 117. 88 只。商品代仔鸡在 42 日龄时，活重达 2. 186 千克，饲料报酬为 1. 8∶1。

4. 哈巴德肉鸡

（1）品种形成与特点：哈巴德肉鸡是美国哈巴德公司培育的白羽肉鸡品种，该品种的仔鸡出雏时，可根据羽毛生长的快慢进行雌雄鉴别，初生仔鸡出羽快的是母鸡，出羽慢的是公鸡。哈巴德以其性能、胸肉比、饲养经济效益高等特点备受肉鸡饲养场的青睐。

（2）生产性能：父母代种鸡，入舍母鸡产蛋量为 180 个，种蛋孵化率为 84%，蛋壳褐色。商品代肉用仔鸡 8 周龄时，肉用公鸡体重为 2. 3 千克左右，肉用母鸡体重为 1. 9 千克左右；料肉比：公鸡为 2. 2∶1，母鸡为 2. 3∶1。

5. 罗斯 308 肉鸡

（1）品种形成与特点：罗斯 308 肉鸡是英国罗斯育种公司培育的四系配套优良肉用鸡种。其父母代种用性能优良，种鸡产合格种蛋多，受精率与孵化率高，能产出最大数量的健雏。商品代的生产性能卓越，尤其适应东亚环境特点，商品代雏鸡可以根据羽速自别雌雄。罗斯 308 以其生长快、饲料报酬率高、产肉量大等特点充分满足了生产多用途肉鸡系列产品的需求，商品肉鸡适合全鸡、分割和深加工，产品畅销世界市场。

（2）生产性能：父母代种鸡 64 周龄鸡只产蛋总数为 180 个，所产种蛋数为 171 个，种蛋孵化率为 85%；23 周入舍母鸡每只所产健雏总数为 145 只；高峰期产蛋率为 84.3%；育成期成活率为 95%；产蛋期成活率为 95%。商品代鸡适应性和抗病力都很强，在良好的饲养管理条件下，前期增重比较快，育雏成活率可达 98%以上。6 周龄平均体重为 1.94 千克，饲料消耗 3.58 千克，料肉比为1.83∶1；7 周龄平均体重为 2.37 千克，饲料消耗 4.67 千克，料肉比为 1.97∶1；8 周龄平均体重为 2.82 千克，饲料消耗 5.98 千克，料肉比为 2.12∶1。

（二）优质型肉鸡

优质型肉鸡生产通常使用的是通过杂交育种而育成的优质鸡种，即充分利用我国的地方鸡种作为素材，选育出各具特色的纯系（含合成系），通过配合力测定，筛选出最优杂交组合，以两系、三系或四系杂交模式进行商品优质肉鸡生产。

我国的优质鸡产业始于 30 年前，尤其是在广东省。最初，优质鸡生产是为了满足香港和澳门市场的需要。后来国内市场的需求量越来越大，刺激了优质鸡商业育种和商品生产的快速发展。目前，全国已有 20 余个品牌的优质肉鸡，主要分布于沿海一带地区，如广东、福建、江苏和上海等省市，优质肉鸡的育种和生产作为新兴产业正在我国由南向北迅猛发展。

1. 石岐杂鸡

（1）品种形成与特点：石岐杂鸡是 20 世纪 60 年代中期由香港渔农处和香港几家育种场选用广东 3 个著名的地方良种——惠阳鸡、清远麻鸡和石岐鸡为主要改良对象，先后引用新汉、白洛克、科尼什和哈巴德等外来品种进行复杂杂交而得出的较为理想的杂交后代，其外貌特征和肉脂品质基本上保持着三黄鸡的黄毛、黄皮、黄脚、黄脂、短脚、单冠、圆身、薄皮、细骨、肉厚、味浓等特点。此外，它还具有体型较大、适应性好、抗病力强、成活率高、个体发育均匀等优点。

（2）生产性能。石岐杂鸡经 110~120 天饲养，青年小母鸡平均体重在 1.75 千克以上，公鸡在 2.0 千克以上。全期肉料比为 1∶（3.2~3.40）母鸡年产蛋 120~140 个，生产性能稳定。青年小母鸡半净膛屠宰率为 75%~82%，胸肌占活重的 11%~18%，腿肌占活重的 12%~14%。

2. 康达尔黄鸡

（1）品种形成与特点：康达尔黄鸡是深圳市康达尔养鸡公司选育而成的优质三黄鸡配套系。该公司在广东石岐杂鸡的基础上，从其所建立的 10 余个黄鸡的品系基因库中，应用传统和现代育种技术相结合的方法，利用杂交优势理论，进行品系杂交配套筛选，经过筛选获得满足市场需求的三系配套生产的商品肉鸡配套组合二——康达尔128黄鸡配套系。128配套系是最早通过国家家禽品种审定委员会审定通过的配套系，它既有地方品种三黄鸡肉质嫩滑、口味鲜美的优点，又具有增重较快、胸肌发达、早熟、脚矮、抗病力强的遗传特性，是广东省大宗出口创汇的鸡种之一。

（2）生产性能：康达尔黄鸡父母代开产日龄为150天，年产蛋175个以上，蛋重60克，每只母鸡全年可提供商品代鸡苗130只。商品代上市周龄均为16周，公鸡体重为2.3千克，母鸡为1.68千克，饲料转化率为3.2∶1；快大型公母鸡均为12周龄，公鸡体重为1.98千克，母鸡为1.79千克，饲料转化率为3∶1。

3. 江村黄鸡

（1）品种形成与特点：江村黄鸡是广州市江丰实业有限公司培育的优质鸡种，分为JH-1号和JH-2号快大型鸡、JH-3号中速型鸡。其中，江村黄鸡JH-2号、JH-3号2000年通过了国家畜禽品种审定委员会审定。江村黄鸡各品系的特点是鸡冠鲜红直立、嘴黄而短、全身羽毛金黄、被毛紧贴、体型短而宽、肌肉丰满、肉质细嫩、鸡味鲜美、皮下脂肪特佳，是制作白切鸡等名菜的优良鸡种。该鸡抗逆性好，饲料转化率高。既适合大规模集约化饲养，又适合小群放养。

（2）生产性能：江村黄鸡父母代母鸡22周龄开产，27~29周龄为产蛋高峰期，高峰期产蛋率为75%~80%，至66周龄产种蛋150个，平均受精率为92%，孵化率为85%，肉用母鸡饲养100天体重为1.7~1.9千克，肉料比为1∶(2.9~3.0)；肉用公鸡饲养期为63天，体重为1.5千克，肉料比为1∶2.3，全期成活率在90%以上。

4. 新兴黄鸡Ⅱ号

（1）品种形成与特点：新兴黄鸡Ⅱ号是由广东温氏食品集团有限公司南方家禽育种有限公司育成的。以新兴本地土杂鸡、广东粤黄鸡（石岐杂鸡）、“882”商品代鸡相互杂交合成的鸡为素材，经闭锁选育提高而育成了“新兴黄鸡Ⅱ号”。其父系N201、母系N202为石岐杂鸡与隐性白的杂交纯繁后代，具有三黄特征，体型团圆，红色单冠直立，体质健壮，性情温顺，肌肉丰满，在尾羽、鞍羽、颈羽、主翼羽处有轻度黑羽，为慢羽品系。

1）商品代公鸡：红色单冠、金黄色羽毛，尾羽和主翼羽处有轻度黑羽，胸宽，体型团圆，皮黄，胫黄。

2）商品代母鸡：红色单冠，三黄特征明显，体型团圆，在尾羽、鞍羽、颈羽、主翼羽处有轻度黑羽。

（2）生产性能：新兴优质三黄公鸡，60~70天上市，上市体重为1.5~1.6千克；新兴优质三黄母鸡，80~90天上市，上市体重为1.3~1.4千克。

5. 岭南黄鸡

（1）品种形成与特点：岭南黄鸡是广东省农科院畜牧研究所家禽研究室经多年培育而成的黄鸡品种。它由多个品系、多个配套系构成，具有优质、黄羽、节粮、高效等鲜明特征，既保持了中国地方鸡种大部分独特品质，又具有高效、节粮的特征，深得广大养鸡专业户的喜爱。目前，岭南黄鸡推出的配套系主要有3种，即岭南黄Ⅰ号、岭南黄Ⅱ号、岭南黄Ⅲ号。岭南黄Ⅰ号为中速型，岭南黄Ⅱ号为快大型，岭南黄Ⅲ号为高档优质出口型。商品代用快慢羽自别雌雄。

（2）生产性能：商品代多长快羽，毛色纯黄，体型优美，形态饱满，肉质鲜嫩，上市形象好，市场认同程度高。经国家家禽生产性能测定站检测，岭南黄Ⅱ号42日龄公母鸡平均体重为1.3千克，料肉比为1.83∶1，成活率为98.99%，在全国参加测试的14个黄羽肉鸡品种中是生长速度和饲料转化率最好的黄鸡配套，产品质量达到国内领先水平。

6. 华青黄（麻）鸡

（1）品种形成与特点：华青黄（麻）鸡是上海华青实业集团在引进肉鸡安卡红的基础上，用我国优良品种崇仁麻鸡、仙居鸡和现代高产蛋鸡遗传基因，培育出华青青脚麻羽肉鸡。华青黄（麻）鸡系列优质鸡特征明显、生长速度快、皮下脂肪适中、胸肌丰富、性成熟早、抗病强、饲料报酬率高。

（2）生产性能：商品代42日龄平均体重为1.25千克，饲料转化率为1.90∶1；49日龄平均体重为1.5千克，饲料转化率为2.20∶1；63日龄平均体重为2.1千克，饲料转化率为2.4∶1。

7. 良凤花鸡

（1）品种形成与特点：良凤花鸡是南宁市良凤农牧有限责任公司培育的。该品种体态上与土鸡极为相似，羽毛多为麻黄、麻黑色，少量为黑色。冠、肉垂、脸、耳叶均为红色，皮肤黄色，肌肉纤维细，肉质鲜嫩。公鸡单冠直立，胸宽背平，尾羽翘起。刚开产小母鸡头部清秀，体型紧凑，脚矮小。该鸡具有很强的适应性，耐粗饲，抗病力强，放牧饲养更能显出其优势。

（2）生产性能：良凤花鸡父母代24周龄开产，开产母鸡体重为2.1~2.3千克，每只母鸡年产蛋量170个。商品代肉鸡60日龄体重为1.7~1.8千克，料肉比为（2.2~2.4）∶1。

第四节　现代家禽良种繁育体系

良种是养鸡业的根本，对养鸡产业极其重要，鸡的良种占养鸡产业40%~50%的经济效益。因此，针对我国目前鸡的良种分布和使用情况，对不同来源、不同用途的鸡分别采取不同的选育技术以维持、改良、提高良种鸡的生产性能和种用价值，推动了我国鸡的种质发展，提高了鸡的良种覆盖率。

一、国外引进良种鸡的选育

我国改革开放以来，大量从国外引进了良种鸡，如来航鸡和洛岛红鸡血统的蛋鸡、洛克鸡和科尼什系血统的肉鸡，如AA鸡、罗斯鸡、伊萨鸡、罗曼鸡、艾维茵鸡、安卡红鸡、狄卡鸡等，几乎国外的所有良种鸡都传到了我国。在以外来品种繁育为主的同时，大量与地方品种杂交繁育利用。因此，目前我国有大量的国外没有的独具特色的高度杂交种鸡。它们是我国现在培育具有中国特色的生态型良种鸡最宝贵的资源，值得我们高度重视。对于这些引进良种实施选育的目的不在于育种，而在于优良品质的维持，因此涉及的选育技术主要是在生产环节中的选种和选配。

我国从国外引进的良种肉鸡或蛋鸡都是祖代鸡和父母代鸡，生产的都是“定型产品”，即按照配套系的生产模式进行生产，只需要根据生长发育和健康状况进行表型淘汰即可，不需要开展其他育种工作。

目前，国内一些家禽育种公司利用从国外引进的高产配套系作为育种素材进行进一步的选育，培育专门化品系用于生产自己的高产配套系组合。采用这种育种方式的常常有两种方法：一是利用祖代种鸡某个品系内雌雄鉴别错误的个体进行品系内的自群繁殖，再进行逐代选育形成新的品系；二是使用祖代的父本父系与母系（种源相同、外貌特征相似）杂交产生的父母代鸡群进行自群繁殖，逐代选留而形成新品系。

二、国内地方良种鸡的选育

目前世界上鸡种遗传资源的保存和利用存在两种情形：一方面，发达国家大量饲养的只是少数经济价值高的鸡品种和它们的杂交种；另一方面，发展中国家虽然鸡品种资源丰富，但保存不当以及对外来品种不加区别地引进，造成地方品种品质降低和数量减少。近些年来，由于我国人民消费层次的多元化，于是单纯用地方品种进入商品生产的鸡种又开始增多起来，如北京油鸡、固始鸡、桃源鸡、文昌鸡等直接进入商品市场。我国地方鸡种以其品质优良著称于世，加之其良好的适应性和遗传多样性，使之成为世界家禽育种优秀的物质资源，这也是我们之所以要保存和利用它的重要原因。然而，随着养鸡生产集约化程度的提高，我国地方鸡种本身存在的问题也暴露出来；一是鸡群整齐度差，这包括体重和外貌整齐度，严重制约其规模化发展；二是产蛋性能差，制种成本高。因此，开展系统选育工作势在必行。对优良地方鸡种进行提纯复壮、建立保种核心群，建立良种鸡生产新品系，提高优良地方品种鸡的生产性能，以树立地方名鸡品牌。

（一）加强地方鸡种的保种工作

1. 建立地方良种鸡的保种场和保种群　2007年农业部组织各省、市、自治区对本地畜禽遗传资源情况进行了普查，初步摸清了目前各地良种鸡的群体基本数量、分布情况和生产性能等。各省、市、自治区畜牧工作站都已经将地方良种鸡的保护作为重要的工作项目。各个地方良种鸡的产地要根据地方良种鸡原有的体型外貌、品种特征，按公母比例1∶6收集原种鸡建立保种核心群。经过扩繁，初选形成若干家系组成原种群，配套建立原种场、父母代场、商品养殖基地的快速扩繁体系。

2. 地方良种鸡保种的主要措施

（1）保护好现有血统：现有血统的保护工作非常重要，对于避免近交衰退具有重要意义。各个地方良种鸡保种场应根据鸡的外貌特征、主要生产性能分别建立家系，要求父本家系的数量不能少于60个。

（2）确保保种群规模不缩小：保持群体的有效含量是确保基因库中的基因能够较完整保存下来的关键因素。因此，工作重点是要保证现有保种群规模不再缩小，同时尽可能避免再产生近交，要求保种群内鸡只的数量不少于5 000只。在经济状况较好的前提下，要扩大保种群规模。

（3）采取随机交配的方法，合理确定各家系中公母鸡比例：随机交配可防止因选择交配造成的基因丢失问题。在留种当中，科研单位和生产单位要密切配合，坚持各家系等量留种的原则，加强研究，合理确定公母鸡留种比例。

（4）尽量避免近交、尤其是极度近交：近交是产生基因丢失的原因之一，要求保种场制定和完善配种制度，避免近交发生，尤其是极度近交发生。

（5）加大资金、政策扶持力度，加强保种场建设：一是争取保种经费，缓解保种场经费不足问题，二是促使各级政府出台优惠政策，支持保种工作，三是积极争取建设资金，加强保种场基础设施和育种设施建设，提高生产水平。

（二）利用地方鸡种特点，培育新的优秀品系

1. 做好种质资源特性测定和品系选育工作　在保种场对地方鸡生产性能进行全面测定，主要测定地方鸡种的早期生长速度和体尺变化规律及成年鸡的体重和体尺；测定鸡的屠宰性状、成年鸡的屠宰性状和肌肉中常规化学成分；测定种鸡的产蛋量及种蛋的受精率和孵化率。

在做好生产性能测定的同时，积极开展品系选育工作。根据市场对优质鸡的需求状况，结合当地良种鸡自身的特点，确定选育方向，对于我国地方鸡种来说，主要是保持其优良肉质和风味，注意选择鸡种体型外貌一致，同时加快其早期生长速度的选择，并淘汰低产、就巢性强的母鸡，以提高其繁殖性能。

2. 以地方鸡种为基础培育新的优秀品系　针对地方鸡品种资源的现状，制订详细的保种方案。保种核心群应至少达到30个家系，1 500只母鸡的规模。通

过家系选育或专门化品系的选育方法对现有的鸡群进行选育和提纯，淘汰不良个体，提高种群质量。根据群体遗传学理论，以各家系按性别比例等量留种为宜，有目的地避免全同胞和半同胞交配，最大限度地控制保种群体的最小有效含量，减少非有效鸡数的饲养量，降低近交率，提高保种效果。

确定各性状选育标准，经过几个世代的选育，使得各世代鸡群的生长发育、肉用性能、产蛋性能、料肉比、受精率、孵化率、各阶段的成活率以及肉蛋品质等各项选育指标均超过选育方案的计划指标后，则高产系就育成了，接下来的工作是稳定扩群，制种推广。

（三）树立名鸡品牌，把利用作为保护的目的

实行开发性保种，变地方鸡种的资源优势为商品生产优势，以开发带动保种，以保种促进开发，使之达到规模化生产和专业化生产，并逐渐形成产业化。在拥有足够数量的基础上，加强本品种选育，进一步提高品种性能与产品质量。利用地方鸡育成的高产品系为素材，开展二元或三元杂交，建立地方鸡种配套系，进行配套生产，建立良种鸡的繁育生产体系，进行商品生产，实现地方鸡种的商品生产优势，创立地方名鸡品牌。如桃源鸡、固始鸡、文昌鸡、庄河鸡等在全国乃至世界上都享有盛名。

（四）地方良种鸡具体生产环节中适用的选育技术

1. 表型选择 根据鸡的外貌特征、生理特征和生产性能记录等进行选择。育种实践中，快慢羽可进行表型选择，雏鸡出壳后第一天，根据主翼羽和覆主翼羽的长短选择出快羽、慢羽，并分别组群繁殖，在以后各代中逐步选择淘汰慢羽群中的快羽，或经过测交淘汰慢羽群中杂合仔公雏。地方鸡的目标性状及其发育程度的选择在30日龄左右进行，选择鸡冠发育快、红润的个体留种。此外，绿壳蛋、产蛋性能与生长速度等性状的选择均可采用表型选择。

（1）偏肉用型地方种鸡的选种要求：肉用型地方良种鸡的体型结构、外貌特征要符合品种要求，如结构匀称，体质结实，生长发育健全，觅食力强。眼大有神，耳叶丰满，冠和肉垂鲜红、发达、毛孔细；胸宽而深且向前突出，胸肌发达；体躯长、宽且深，腿部粗壮有力，腿肌发达，胫部粗；爪直，羽毛丰满。另外，公鸡要求姿势雄健而挺立，母鸡要求性情温顺，行动活泼。

肉用地方鸡在产肉性能方面要求早期生长速度快，各期体重符合品种要求；屠宰率高，肉质好；胸部肌肉发达，肌纤维细，拉力小；饲料转化率高。

（2）偏蛋用地方种鸡的选种要求：蛋用种鸡要求体型、外貌符合品种要求，如羽毛、皮肤、耳叶、胫的颜色及冠形符合品种特征，结构匀称，发育正常，健康无病，活泼好动，体型小，觅食性强；头清秀、眼大有神，喙短粗而弯曲，冠和肉垂发达鲜红、柔软而温暖，耳叶丰满；体躯长，腹大柔软有弹性。成年产蛋鸡泄殖腔口大而呈椭圆形、内侧湿润；两耻骨末端薄而有弹性，胫长短适中、距

离较宽。另外，种用公鸡要求胸宽、深并向前突出，背不过长而较宽，姿势雄壮，羽毛丰满，勤于交配。

蛋用种鸡产蛋性能要求产蛋量高，性成熟早，产蛋持久性优良，就巢性弱或无就巢性，体重较小，蛋品质好，蛋重适中。另外，种鸡要求抗病力强，成活率高，繁殖性能优良，受精率高，孵化率高。

2. 基因型选择　基因型选择是以表型选择为基础，根据被选个体的祖先、同胞、后裔和个体本身的遗传性能表现进行选择。

质量性状的基因型选择比较容易，利用孟德尔定律来进行遗传分析。例如丝毛性状的选择，丝毛性状由 1 对隐性基因控制，正常羽肉鸡与丝毛乌骨鸡杂交 F1 代全部为正常羽，F2 代中出现的丝毛个体则为隐性纯合体，选择隐性个体纯繁可获得快长型丝毛鸡。而显性基因选择比较困难，因为显性纯合体和显性杂合体的表型往往相同。因此，除根据表型淘汰隐性个体外，还可应用测交淘汰杂合体。

数量性状的选择比较复杂。任何一个数量性状的表型值都是遗传和环境共同作用的结果。一般我们把遗传效应分为加性效应、显性效应和互作效应。加性遗传效应即为育种值，可真实地遗传给后代。显性效应和互作效应虽然也受基因控制，但不能真实地遗传给后代，育种过程中不能固定，对育种工作意义不大。

3. 个体选择　个体选择是指依据个体表现进行的选择。个体选择是育种实践中广泛采用的一种方法。它适合于质量性状和遗传力中等以上数量性状的选择。个体选择可以有效地改进体重、蛋重、蛋壳、羽毛生长速度和早熟性，是地方良种鸡育种实践中常用的方法之一。

（1）根据地方良种鸡的产蛋性能选高产母鸡时要掌握以下几点：产蛋多，主要统计 35 周龄以前的产蛋数；蛋重适中，30 周龄平均蛋重为 50 克左右；成熟早，蛋用鸡成熟期要求在 5 个多月将近 6 个月；就巢性弱或无，高产母鸡一般不爱就巢，即使就巢，醒窝也快。此外，繁殖力强，活泼好动，觅食力强，耐粗饲，性情温驯等都是高产母鸡所具有的特性。

（2）根据换羽情况选高产母鸡：第二年的母鸡可以根据自然换羽情况进行选择。在夏末或初秋开始换羽而且换羽持续时间长的多为低产母鸡，高产母鸡在秋末冬初才换羽，换羽持续时间短。

（3）选择地方种公鸡的标准：种公鸡对后代的影响比母鸡大，因此更应该注意选择。选择的标准是：体型高大，胸背丰满，尾羽翘起，活泼好动；羽毛丰满，有光泽；冠大且红，手摸有温暖感；性欲旺盛。

4. 家系选择　家系选择是根据家系的表型值进行选择。家系选择是现代家禽育种中广泛采用的一种方法。适应于遗传力低但又很重要的经济性状的选择，例如产蛋量、受精率和生活力等。家系选择并不以个体表型的大小为依据，而是以家系表型均值的大小为依据，以家系为单位进行选择。

（1）第一年：利用 20 个配种间，每间 15 只母鸡和 1 只公鸡，共 300 只母鸡和 20 只公鸡。采用同雌异雄轮配 1 次（也有 2 次的）。这样第一年的后代，从父系看有 20 只（或 40 只）公鸡家系，从母系看有 300 只母鸡家系。

测定当年后代的生长发育，开产到 12 月底的产蛋量、蛋重。采用全同胞和半同胞的平均值初步鉴定第一年种公、母鸡的优劣，将比较优秀的亲本公、母鸡选出，为零世代。

亲本公、母鸡的后代为 1 世代。对于它们的选择，母鸡应在初鉴平均值以上，公鸡属初鉴优秀种公鸡的后代，公鸡 20 只（或 40 只）、母鸡 300 只，均作为种用。

1 世代公、母鸡的选配应避免全同胞、父女、母子交配。

（2）第二年：1 世代母鸡到了秋季已完成一个产蛋年，则按全年成绩进行亲本母鸡的后裔鉴定，选出合格的优秀公、母鸡称为第一年鉴定种公、母鸡。

1 世代的公、母鸡在完成一个产蛋年后，计算选择性状（如产蛋量、蛋重、体重、受精率、孵化率和死亡率）的全群平均值及不同家系全同胞、半同胞平均值。1 世代母鸡以个体成绩与全群平均值、全同胞与半同胞平均值比较，选出优秀的母鸡为复鉴合格母鸡。1 世代公鸡以全同胞、半同胞成绩和本身性能进行选择，选出优秀的公鸡为复鉴合格公鸡。

2 世代公、母鸡至年底按产蛋成绩进行初鉴，也按它们的父系家系和母系家系的全同胞、半同胞成绩进行鉴定。

2 世代优秀公、母鸡参与第三年配种计划，它们的后代就是 3 世代，鉴定方法同上。

（3）第三年、第四年：根据鉴定和复鉴定种公、母鸡编制优秀配种组合，鉴定出优秀的有一定特点的家系，于第五年封闭繁殖，继续选优去劣，即成为新品系。

利用家系选择方法进行地方鸡育种，可建立生产性能良好的地方良种鸡新品系。其主要内容是先形成优良家系，然后封闭，进一步繁殖选育。育种实践中，个体选择和家系选择应结合进行。在优秀家系中，选择其中表现良好的个体作种鸡，可收到很好的效果。

5. 单性状选择　针对某一个性状的选择称单性状选择。单性状选择地方良种鸡育种实践中也经常用到，特别是在一个有稳定遗传结构的群体中选择某一标志性状时采用，例如黄羽、麻羽、青胫、青喙、乌皮、乌骨等性状的选择。

6. 多性状选择　多性状选择是指育种实践中对多个性状同时选择的一种方法，是家禽育种常采用的方法。多性状的选择方法有顺序选择法、独立淘汰法和综合指数选择法。应用最广泛的是综合指数选择法。

综合指数选择是在几个性状同时进行选择时，按照每个性状的遗传力和相关程度以及在经济上的重要性，制定一个能代表育种值的综合指数作为选择依据，选择指数比较高的个体留作种用。制定综合指数时，按照每个性状的经济重要性或选择重要性不同给出不同的加权值。

（五）地方优质肉鸡选育程序示例

地方优质肉鸡是当前我国鸡育种工作的亮点，也是应用最广泛的育种工作。其育种程序如下，可以供参考。

1. 调研市场需求 优质肉鸡的概念是相对于国外快大型肉鸡而言的，主要特色为外貌美观，肌肉含一定量的脂肪，风味口感较好，适应性好，饲养周期较长，适合传统工艺加工。目前，优质肉鸡分布于全国各地，其消费市场主要集中在广东、广西、海南、福建、上海、江苏、浙江以及港澳等南方地区。

优质肉鸡按照体重和生长速度可以分为3种类型，即快速型（快长型、快大型）、中速型（仿优质型）和慢速型（特优质型），呈现多元化的格局，不同的市场对外观和品质有不同的要求。

（1）快速型：要求42~49日龄的公母鸡平均上市体重为1.5~1.7千克，冠大的小公鸡最受欢迎，不同地区对胫的颜色要求有差异（胫色主要有黄色和青色）。以上海、江苏、浙江、安徽和山东等省市为主要市场。

（2）中速型：要求母鸡80~100日龄上市，体重为1.5~2.0千克，冠红、脸红、毛色光亮，具有典型的“三黄”特征。以香港、澳门、广东和广西为主要市场，这些地区偏爱接近性成熟的小母鸡。

（3）慢速型：要求母鸡110~130日龄上市，体重为1.5~1.6千克，冠红、脸红、羽毛光亮、胫细短、羽色随鸡种和消费习惯而有所不同，母鸡消费量很大。以香港、澳门、广东、广西和海南为主要市场。

2. 制定育种目标 育种公司应根据市场需求来制定育种目标。明确产品的市场定位和培育品种（配套系）的外貌要求，包括成年体重、体型、冠型、冠高、羽色、胫色、胫围、胫高、肤色、胸宽等，商品鸡上市日龄、上市体重、屠宰性能、成活率等，父母代繁殖性能。

3. 收集育种素材 按照育种目标进行育种素材收集，包括地方品种、引进品种（配套系）或国内其他育种公司培育的专门化品系。一个育种公司收集多少素材要考虑自己的基本条件和近期的育种目标，一般不应少于5个。

4. 建立基础群 将收集到的每个育种素材进行整理后组建家系，这个由多个家系组成的鸡群称为基础群，每个品系内家系数量不少于40个；合成系需多代次选育，外貌特征和主要生产性能基本稳定后才能建立基础群。

5. 制订选育方案、培育专门化品系 建立基础群后，应结合育种目标，确定各个品系的培育方向（作为父本或母本），进行定向选育。父本重点选育早期生长速度，兼顾外貌特征和繁殖性能；母本重点选育繁殖性能，兼顾外貌特征和早期生长速度。制订选育方案时必须明确每个世代的选种时间、选种要求和选种方法。

各基础群经定向选育后成为专门化品系，各品系间要生产性能差异显著、特点鲜明、功能明确。

在海南潭牛鸡的选育工作中，应用的选育程序如下：

1 日龄选种：选留体格健壮的快羽雏鸡，出雏鸡苗记录亲本号、戴翅号。

10 周龄选种：体型、外貌（羽色）、胫长、第二性征发育是主要的选择性状。选择体型外貌符合品种特征的个体，重点淘汰白羽和黑羽、冠较小、尾羽太长、体型过大和生长发育不良的个体。根据本品系的体重标准确定上下限，把符合育种要求的个体留下，进入下一阶段的性能测定。

16 周龄选种：根据个体的生长发育状况进行测定，重点是均匀度、第二性征发育、胫长。淘汰体重过大、过小、尾羽太长的个体。

上笼时，对鸡群要进行性成熟的选择，以鸡冠的发育情况为依据，按照组建家系群的数量选留，对符合育种目标的个体转入个体产蛋笼。公鸡的选留按家系的系谱查询，选择性成熟最好的个体留种。

38 周龄选种：根据个体记录的数据，统计各个母鸡和家系的产蛋性能，包括产蛋数和蛋重。采用家系选择与个体选择相结合的选择方法。

统计 38 周龄各家系的产蛋数和蛋重，按育种要求选出优秀的家系和优良个体。对蛋重过大和过小的个体实行独立淘汰。有就巢性的个体实行独立淘汰。配种前，选留各家系内同胞母鸡产蛋数多的公鸡，对选留的公鸡逐只进行精液品质的测定，根据公鸡精液品质（包括采精量和精子活力）的优劣，确定留作种用的公鸡。

6. 配合力测定和最佳组合筛选 将各专门化品系按照设计模式进行杂交组合试验，测定配合力，一般进行二元、三元杂交组合，也可进行四元杂交组合。比较各杂交组合后代的体型外貌和生产性能等。通过配合力测定，筛选体型外貌和生产性都能满足市场需要的最佳组合。

7. 进行扩群试验 将筛选出的最佳组合进行扩群试验，验证其生产性能是否稳定、准确。

8. 确定配套系组合 通过扩群试验验证最佳组合生产性能后，便可确定配套系组合。

潭牛鸡经过系统选育后，最终确定采用二系配套模式，父本为 K 系，为快羽快长系；母本为 M 系，为慢羽高产系。配套模式如图 3-2 所示。

祖代：	K 系（♂，♀）		M 系（♂，♀）
	↓		↓
父母代：	K 系（♂）	×	M 系（♀）
		↓	
商品代：		KM（♂，♀）	

图 3-2　潭牛鸡配套模式

9. 相关配套技术标准制定　特定的配套系在种鸡体重发育控制、饲养管理和卫生防疫要求等方面各有自己的标准，在育种工作中必须同时研究发挥配套系组合最佳生产性能的饲养管理要求，并形成配套系自己的标准，为生产应用提供科学参考。

10. 中试与推广应用　已确定的配套系组合必须在本场和其他养殖场（养殖户）进行中试与推广应用，检验配套系市场接受程度，分析养殖效益，为大范围推广提供依据。

三、良种繁育体系

现代家禽良种繁育包括复杂的育种保种及制种生产两大部分。育种保种体系包括品种场、育种场、测定站和原种场。制种生产体系包括曾祖代场（原种场）、祖代场、父母代场和商品代场，各场分别饲养曾祖代种鸡（GGP）、祖代种鸡（GP）、父母代种鸡（PS）和商品代鸡（CS）。一般的种鸡场主要属于制种生产体系部分。

（一）各级种鸡场及其任务

1. 原种场（曾祖代场）　原种场饲养配套杂交用的纯系种鸡，其任务一是保种，二是制种。保种是通过不断的选育以保证种质的稳定和提高；制种则是向祖代场提供单性别配套系种鸡。

2. 祖代场　二系配套的祖代种鸡是纯系鸡，三系或四系配套的祖代种鸡即纯系种鸡（曾祖代）的单性，只能用来按固定杂交模式制种，不能纯繁，故需每年引种。祖代场的主要任务是引种、制种与供种。一般四系配套的祖代引种比例，即 A 系∶B 系∶C 系∶D 系为1∶5∶5∶35；肉鸡的父系应多一些。

3. 父母代场　每年由祖代场引进配套合格的父母代种雏；按固定模式制种，并保证质量向商品代场供应苗鸡或种蛋。

4. 商品代场　每年引进商品雏鸡，生产鸡蛋或肉鸡。

不同配套模式的杂交制种情况见图 3-3。

二系配套模式

原种场→ A♂×A♀ B♂×B♀

祖代场→ A♂×A♀ B♂×B♀

父母代场→ A♂ × B♀

商品生产场→ AB

三系配套模式

原种场→ A♂×A♀ B♂×B♀ C♂ × C♀

祖代场→ A♂ × B♀ C♂ × C♀

父母代场→ AB♀ × C♂

商品生产场→ ABC

四系配套模式

原种场→ A♂×A♀ B♂×B♀ C♂×C♀ D♂×D♀

祖代场→ A♂ × B♀ C♂ × D♀

父母代场→ AB♂ × CD♀

商品生产场→ ABCD

图 3-3 多元杂交配套模式

（二）鸡良种繁育体系的建设

良种对养鸡业的影响大而深远，其繁育体系的构成与管理均较复杂，要建设并巩固家禽的良种繁育体系，需注意下列几点。

（1）所有良种鸡的引进与推广皆须纳入良种繁育体系。

（2）遵照国家有关法规、条例，分级管理好各级种鸡场。定期进行检查验收，合格的颁发“种畜禽生产经营许可证”，凭证经营。

（3）各级种鸡场必须根据其在繁育体系中的地位和任务，严格按照种畜禽生产经营许可证规定的品种、品系、代别和有效期从事生产经营工作。

（4）各级鸡场的规模，应根据下一级场（下一代鸡）的需求量及扩繁比例，适当发展，并搞好宏观调控。大致扩繁倍数为：从 GGP 到 GP 和从 GP 到 PS 为 30~50 倍，从 PS 到 CS 蛋鸡约 50 倍，肉鸡约 100 倍。

（5）各级种鸡场必须强化防疫保健工作，确保供种质量。高代种鸡尤其要从严要求。

四、鸡的引种

引种是指从其他国家或地区，或者从其他种鸡场购入种蛋或雏鸡的过程。引种效果受很多因素影响，如果处理不好可能造成引种失败甚至将某些疫病引入本地。

（一）引种概况

引种即引入优良品种，是现代发展养鸡业的一项重要措施，其目的和主要作用有两方面：一是引入良种，尤其是高产商品用配套系，直接用来扩繁、制种、大面积推广生产，以提高本国或本地区生产水平及经济与社会效益；二是引入良种作为育种素材，培育新品种或改良地方品种。

我国自 20 世纪 70 年代以来先后从国外育种公司引进 30 多个蛋鸡和肉鸡的配套系，在全国各地推广，这一方面对推动我国养鸡生产起到了巨大的作用。由于产品与性能相似相近的品种引入过多过杂，某些配套系的引进并没有发挥应有的作用，更为突出的是由于检疫不严格，引发国外各种鸡病在我国大面积流行，危害大而深远，造成的损失难以估计。因此，从国家长远利益考虑，今后一方面要加强引种的管理工作，另一方面要高度重视培育具有世界一流性能的国产商品鸡种。对于养鸡企业或养鸡场而言，引种时应给予足够重视。

（二）引种应注意的事项

1. 要全面比较评估拟引鸡种的生产性能　鸡种的生产性能是提高养鸡生产效益的首要因素。但在养殖之前，需要认真地咨询、考察、论证，确保引种成功。

（1）鸡种的生产性能是多方面性状的综合反映，包括生长发育、生活力或抗逆性，产蛋或产肉性能、饲料转化率、产品外观质量等。故选择蛋鸡时，不能仅看其产蛋量如何，选择肉鸡时不能仅看其生长速度如何。

（2）各育种公司提供的宣传资料所列性能指标，是在特定条件下测定得到的结果，不能作为引种时的主要依据。

（3）国内外近期各主要性能测定站公布的测定结果，可以作为参考依据之一，但必须注意其测定时的特定饲养管理条件。

（4）通过咨询有关专家或权威机构，调查了解国际上、本地区或邻地区不同鸡种的性能表现，结合本地或本场实际条件，综合考虑，筛选出较好的品种引进。

2. 拟引进鸡种的产品要适应市场消费　鸡的主要产品是商品鲜鸡蛋和商品肉仔鸡。由于欧洲市场上消费者偏爱褐壳鸡蛋，我国为了出口，也鼓励发展褐壳蛋鸡生产，形成了目前蛋鸡生产以褐壳蛋鸡为主的局面。但国内消费者随着对营养的科学认识，对蛋壳颜色已无明显的偏好，近年来白壳蛋鸡生产呈现上升趋势。白壳蛋鸡与褐壳蛋鸡各有特色，前者体型轻小、性成熟较早、耗料少、饲料转化率较高，但胆小易惊、易产生应激；而后者则性情温驯、易于管理，因其体型较大，属中型蛋鸡，耗料较多，而二者的总产蛋重不相上下，在引种的选择上要充分考虑。

根据我国的实际情况，北方地区肉鸡产品应以发展快大型肉鸡为主，并要高度重视产品的深加工。在我国南方地区、香港、澳门、台湾以及东南亚地区，华人消费群体喜爱有色羽肉鸡，特别是黄羽和其他有色羽肉鸡和乌骨鸡。

3. 拟引入鸡种要能很好地适应本地自然环境条件　我国南方引入抗热应激

强的鸡种更好。

4. 种鸡场注意引种数量与质量 各级种鸡场引种时还须注意本地区引进鸡种的数量与质量，避免重复引种和引进性能较差的鸡种。当前和今后要特别注意不要从国外一些中小型育种公司引进没有竞争力的鸡种。高代次种鸡场引种时要加强检疫工作。应将检疫结果作为引种的决定条件，以确保我国养鸡业生产以及鸡产品消费的安全性。

5. 养鸡场引种 商品养鸡场（户）引种时，除考虑上述有关因素以及交通运输、鸡苗价格等因素外，还要了解、考察和评估有关父母代鸡场或孵化场种鸡、种蛋的质量。广大养禽农户，在购买鸡苗前，最好咨询当地有关科研院校的专家。

6. 审批要求 《中华人民共和国畜牧法》中规定，从国外引种需要填写引种申请的相关材料并报经农业部相关职能部门审批，否则属于违法。种鸡引进后需要在本省市动植物进出口检验检疫局的指导下进行隔离饲养，观察引进鸡群的健康情况，隔离期满没有发现可疑疾病时再转入种鸡场。

第四章　鸡的饲料

现代养鸡生产都采用配合饲料，配合饲料是按照不同阶段鸡群的生产目的和对各种营养素的需要量将不同的饲料原料按照一定的比例配制出来的饲料。

第一节　鸡的消化生理与营养知识基础

一、消化系统

鸡的消化系统由消化道和消化腺两部分组成。

（一）消化道

鸡的消化道包括喙、口腔、咽、食道、嗉囊、腺胃、肌胃、十二指肠、空肠、回肠、盲肠、直肠、泄殖腔和肛门。

喙是摄食器官，用于摄取食物并能够把大块的食物啄碎以利于吞咽。

喙摄取的食物在口腔做短暂停留，在舌的帮助下通过咽部将食物送进食道。

鸡的食道较长，有良好的弹性，能够帮助较大颗粒的食物下咽。在食道中部有一个膨大的嗉囊，鸡采食的食物大部分先进入嗉囊，在嗉囊内经过湿润、软化后逐渐被送入食道后段。

鸡有两个胃，位于食道末端的是腺胃，腺胃的容积不大，食物通过腺胃的时候会刺激胃壁腺体分泌盐酸和胃蛋白酶，起到杀菌、消化作用。连在腺胃后面的是肌胃，它有厚而坚韧的肌肉层，内层为角质层（又称鸡内金），通过肌肉层的收缩使在其中的食物被研碎以利于进一步消化。

（二）消化腺

消化腺包括唾液腺、胃腺、胰脏、肠腺和胆囊等。

鸡的唾液腺不发达，唾液的分泌量很少，因此在鸡采食的过程中需要比较频繁地饮水以帮助食物的下咽。

鸡的胃腺主要集中在腺胃，当鸡采食后食物通过腺胃的时候腺体分泌消化液，消化液的主要成分包括胃蛋白酶和盐酸，前者能够促进蛋白质的消化，后者可以杀灭病原体、激活胃蛋白酶原、促进碳酸钙的溶解以利于钙的吸收。

胰脏是重要的消化腺分布器官，胰腺中分泌的消化酶成分包括蛋白酶、肽酶、淀粉酶、糖酶、脂肪酶、核酸酶等。

肠腺分布在小肠，分泌的肠液呈碱性，含有消化淀粉、蛋白质和脂肪的酶。

肝脏分泌的胆汁，呈碱性，虽然不含消化酶，但可帮助脂肪的乳化，使脂肪变成脂肪微粒。

鸡的消化系统如图 4-1 所示。

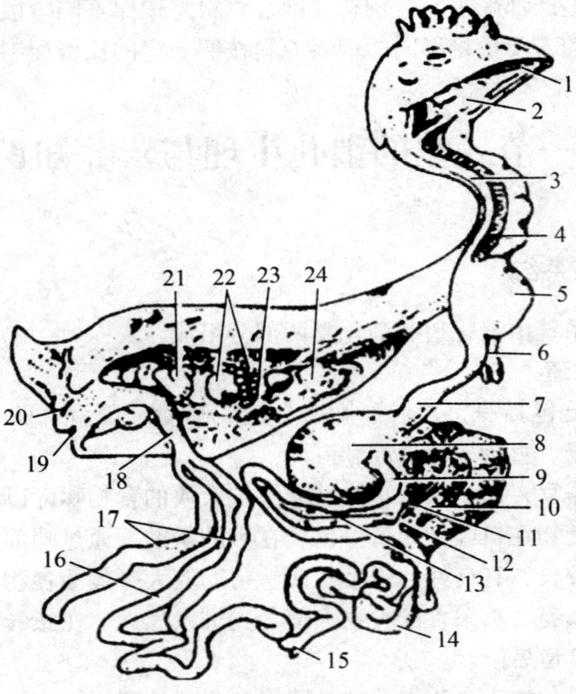

图 4-1　鸡消化器官模式

1. 口腔　2. 咽　3. 食管　4. 气管　5. 嗉囊　6. 鸣管　7. 腺胃　8. 肌胃　9. 十二指肠　10. 胆囊　11. 肝管及胆管　12. 胰管　13. 胰　14. 空肠　15. 卵黄囊憩室　16. 回肠　17. 盲肠　18. 直肠　19. 泄殖腔　20. 肛门　21. 输卵管　22. 卵巢　23. 心　24. 肺

二、鸡消化生理特点

鸡口腔中唾液腺不发达，能分泌含少量淀粉酶的酸性黏液，消化作用不大，只能起润湿饲料以便于吞咽的作用。

嗉囊的功能只是贮存、湿润和软化饲料，并根据胃的需要有节奏地把食物送进胃内。有人认为嗉囊中的微生物能够对饲料进行发酵，其实这种消化作用很有限。

腺胃容积小但壁厚，黏膜层的腺体能分泌含有蛋白酶和盐酸的胃液，对饲料主要起浸润软化作用。由于饲料在腺胃的停留时间短，因而饲料在腺胃内基本不消化便进入肌胃。肌胃内有粗糙的摩擦面，加上肌胃收缩时的压力及肌胃内存留的沙砾能磨碎饲料。另外，来自腺胃的蛋白酶对食物中的蛋白质亦可进行分解。

鸡的消化道短，成年鸡的消化道仅150厘米左右，体长与消化道的长度比为1:(4~6)，粗纤维消化率低。另外，消化道短、容积小、食物通过快，消化吸收不完全。在生产中依据鸡的生物学特性，日粮应以精料为主。

鸡肠道分为小肠和大肠，小肠接收肝脏、胰腺分泌的消化液。由十二指肠、空肠和回肠组成，胰腺和胆囊的输出管口都开口于十二指肠。小肠分泌淀粉酶、蛋白酶；胰腺分泌淀粉酶、蛋白酶、脂肪酶等。大肠由两条发达的盲肠和一条很短的直肠组成。

鸡具有结构独特的泄殖腔，是直肠末端的连续部分，是直肠、输尿管、输卵管（或输精管）共同开口的空腔。鸡的嗅觉和味觉远没有哺乳动物发达，但喙端内有丰富而敏感的物理感受器。因此，饲料的物理特性如颗粒的大小和硬度，对家禽的摄食及消化影响较大。鸡对不同直径粒度大小的选择与喙的口径大小有关。肉仔鸡能区分饲料粒度的细微差别、适度的颗粒大小及硬度，这有助于提高肉仔鸡的生产性能。

三、鸡的饲料营养基础

（一）蛋白质与氨基酸

1. 蛋白质 蛋白质在机体中的作用：一是构成体组织、体细胞的基本成分，鸡的肌肉、神经、结缔组织、皮肤、血液，羽毛、胫爪上的鳞片、距、喙等，都由蛋白质构成；二是鸡体内酶、激素、抗体、色素及蛋等产品的组成成分；三是修补组织的必需物质；四是可以代替糖类和脂肪发热，可以在体内经分解、氧化释放热能，以补充糖类和脂肪的不足。

蛋白质是由氮、碳、氢、氧、硫、磷等元素组成的，但氮素是蛋白质最主要和特有的成分，一般含量为15%~17%。

饲料中的蛋白质在鸡的消化道内经过消化，分解为小肽和单体氨基酸后被吸收。

2. 氨基酸 氨基酸是蛋白质的基本组成单位，若干个氨基酸连接起来成为肽链，一定长度的肽链在化学键的作用下形成一定的空间结构并具有特定的生物学功能，就称为蛋白质。

饲料中的蛋白质经过分解后形成的氨基酸有20多种，根据其营养学特点可以分为必需氨基酸和非必需氨基酸两类。

（1）必需氨基酸：必需氨基酸是鸡体内不能合成或合成的速度及数量不能满足鸡的需要，必须由饲料供给的氨基酸。

目前已知的鸡的必需氨基酸有 13 种，这些氨基酸是精氨酸、赖氨酸、组氨酸、蛋氨酸、胱氨酸、色氨酸、苯丙氨酸、酪氨酸、亮氨酸、异亮氨酸、苏氨酸、甘氨酸和缬氨酸。

如果鸡的日粮中缺少某些必需氨基酸或者必需的氨基酸含量不足时，则影响鸡体内蛋白质的合成，鸡就会出现生长发育减慢甚至停顿，体重减轻，体质衰弱，产蛋率下降等问题。

必需氨基酸中有一些是在常规饲料配方设计与加工过程中更容易显得不足的，这些称为限制性氨基酸。主要有赖氨酸、蛋氨酸等。

（2）非必需氨基酸：非必需氨基酸是机体需要量较少或可在体内由其他含氮物质合成的，不需要依靠饲料来供给的氨基酸。

（二）糖类

糖类主要指的是淀粉、纤维素、半纤维素和木质素，是植物性饲料中含量最高的营养成分，在配合饲料中占 60%~70%。

1. 糖类在畜禽体内的营养功能 糖类在畜禽体内是热能的主要来源，1 千克糖类可提供约 16 720 兆焦的热量；糖类是形成畜禽体组织不可缺少的成分。如五碳糖是细胞核酸的组成部分，葡萄糖是血液中血糖的成分，半乳糖与类脂肪是神经组织的必需物质。

若糖类供应不足，不能满足鸡只维持生活的需要时，它们为了保持正常的生命活动，就开始动用体内的储备物质，首先是糖原和体脂肪。若不足，则动用蛋白质代替糖类，以解决所需要的热能。在此情况下，禽畜则出现消瘦和体重减轻的现象。

2. 非淀粉多糖 谷物中 80%以上的物质是糖类，其中 70%~90%为淀粉，非淀粉多糖（NSP）占 10%~30%。非淀粉多糖是由单糖分子通过糖苷键等多种连接形式连接而成的长度不同的糖类。非淀粉多糖一般分为 3 类，即纤维素、非纤维多糖（半纤维素性聚合体）和果胶聚糖。其中，非纤维多糖又包括木聚糖、β-葡聚糖、甘露聚糖、半乳聚糖等，是饲料中具有抗营养作用的因子。按照水溶性的不同，非淀粉多糖又可分为可溶性非淀粉多糖（SNSP）和不可溶性非淀粉多糖（INSP），前者以氢键松散地与纤维素、木质素、蛋白质结合，能够溶于水，称为可溶性非淀粉多糖。按组成单元分类，非淀粉多糖可分为同多糖和异多糖，例如纤维素、β-葡聚糖、甘露聚糖及阿拉伯聚糖属于同多糖，阿拉伯木聚糖、半乳聚糖及木葡聚糖等半纤维素和果胶类属于异多糖。小麦、黑麦和黑小麦中主要含有大量水溶性阿拉伯木聚糖，高粱、玉米中的戊聚糖大部分是不溶于水的，而大麦和燕麦中含有大量的水溶性β-葡聚糖。

当鸡采食非淀粉多糖含量高的饲料时，水溶性非淀粉多糖在肠道内形成较高黏度的物质，提高了肠内容物的黏度。肠道的高黏度可能通过以下途径来实现其抗营养作用：①降低食糜的通过速度：水溶性非淀粉多糖可使肠内容物呈浓稠的胶冻样，减缓了肠道食糜通过速度从而降低了畜禽的采食量。另外，高黏度会使畜禽的饮水量增加，粪便水分含量随之提高，从而养分排出量也增加，这意味着养分消耗增加。②黏度增加，肠道机械混合内容物的能力严重受阻：高黏度影响食糜的混合，从而会妨碍食糜内的糖类、氨基酸和其他养分向肠黏膜的移动；肠内黏度高时，阻碍了脂肪形成脂肪微粒，导致胆汁酸盐降低而影响脂肪消化。③抑制酶与底物的结合：黏稠的非淀粉多糖可与肠道内的消化酶和底物结合，从而阻止了消化酶同底物发生反应。非淀粉多糖可直接与肠道胰蛋白酶、脂肪酶络合，降低其活性，刺激动物代偿性大量分泌消化液，导致动物胰脏、肝脏的增生与肥大，内源性氮的损失增加。另外，高亲水性非淀粉多糖与肠黏膜表面的多糖-蛋白复合物相互作用导致黏膜表面水层厚度增加，降低养分吸收。

水溶性非淀粉多糖在上部肠道不被消化，延长了小肠内消化物的滞留时间，进入下部肠道成为厌氧微生物发酵繁殖的碳源，减少了消化道内的氧气，故在后肠道产生大量生孢梭菌等厌氧微生物。其中，某些生孢梭菌会产生毒素，从而影响动物的健康，抑制动物生长。另外，非淀粉多糖能使食糜在消化道内停留的时间延长，减缓食糜在消化道中的排空速度，这也直接导致了有害微生物的大量繁殖。非淀粉多糖也会减少菌群的移动，使细菌得以在小肠上段大量定居下来。细菌数量的增多加剧了宿主和细菌之间为获取养分的竞争，并使动物腹泻率增加，从而影响动物健康和抑制动物生长。此外，肠内细菌数量增多会刺激肠道，使肠道黏膜层增厚，损害微绒毛，从而减少养分吸收。

大多数谷物 NSP 的消化需要水解聚合物中的糖苷键。鸡不分泌断裂β-糖苷键所必需的酶，所以鸡完全依赖化学消化和微生物消化来水解 NSP。有报道称，2 周龄肉鸡对阿拉伯木聚糖的消化率为 4%，而成年鸡对阿拉伯木聚糖的消化率是 19%。还有报道称，鸡对 11 种常见饲料中 NSP 的消化率大多数在 20%以下。在高黏度饲粮（以大麦、燕麦、小麦等为基础饲粮）中添加复合酶制剂能显著降低鸡肠道食糜黏度，改善生产性能和提高养分利用率。

3. 粗纤维 粗纤维是植物细胞壁的主要组成成分，包括纤维素、半纤维素、木质素及角质等成分。常规饲料分析方法测定的粗纤维，是将饲料样品经 1. 25%稀酸、稀碱分别煮沸 30 分钟后，所剩余的不溶解糖类。细胞壁经一系列碱提取后剩余的不溶物称为纤维素，溶在碱液中的物质称为半纤维素。家禽消化纤维的能力有限，据估计，饲料通过家禽消化道的时间只有 4 小时，在体积小的盲肠中，微生物作用的机会很小，一般对纤维的消化率在 0. 9%～42. 44%，平均为

16.02%±2.23%，切除盲肠后消化率降至0~1.4%。饲粮中加沙粒可提高粗纤维消化率10%。饲料中含有较多的纤维，可防止啄癖，这可能与增加了饲料消耗量和采食时间或高纤维日粮会提高钠和钾的利用率等有关。

鸡的消化道很短，并且肠道内缺少消化粗纤维的物质，所以很难消化粗纤维，只能消化淀粉。鸡和其他禽畜一样，都不能消化木质素，如统糠、花生壳、麦糠等含木质素过高的原料都不宜喂鸡。

（三）脂肪与脂肪酸

脂肪是鸡体重要的热能来源，一般把常温下是液体的称作油，常温下是固体的称作脂肪。它是生长和修补体组织以及鸡体制造维生素 D_3、雌激素和雄激素的原料。

脂肪的营养作用：一是构成鸡体组织的重要成分，机体的各种器官和组织，如神经、肌肉、骨骼和血液等的组成中均含有脂肪；二是热能来源的重要原料；三是能够为鸡提供必需的脂肪酸；四是脂溶性维生素的溶剂，饲料脂肪是体内输送脂溶性维生素及胡萝卜素的溶剂；五是奶产品的组成成分；六是具有保持体温的功能；七是具有固定和保护内脏器官的作用。

脂肪是由甘油和脂肪酸组成的三酰甘油酯，其中甘油的分子比较简单，而脂肪酸的种类和长短却不相同。脂肪酸分为三大类：饱和脂肪酸、单不饱和脂肪酸、多不饱和脂肪酸。不饱和脂肪酸是人体必需的脂肪酸，人体不能合成亚油酸和亚麻酸，必须从膳食中补充。

（四）维生素

维生素在饲料日粮中的含量极少，但是它是保证动物正常新陈代谢所必不可缺的一种活性物质。如果饲料中缺乏某种维生素时，就会使鸡新陈代谢发生紊乱，引起各种维生素缺乏症。维生素缺乏还会导致鸡体免疫力的下降。

常用的维生素，根据其溶解性质，可分为脂溶性和水溶性两大类。脂溶性维生素主要有维生素A、维生素D、维生素E、维生素K。水溶性维生素有维生素B（维生素 B_1、维生素 B_2、维生素 B_6、维生素 B_{12},）、维生素C、烟酸、泛酸、叶酸、生物素、胆碱等。

（五）矿物质

饲料经燃烧后所残余的灰分即粗灰分。饲料中的粗灰分主要有钙、磷、钠、氯、镁、铁、硫、碘、锰、铜、钴、锌等。鸡饲料中（除石粉、骨粉等）粗灰分含量一般为1%~5%。矿物质是构成鸡体骨骼、组织、器官的重要物质，特别是磷和钙是构成骨骼、蛋壳的主要成分。一般把鸡体内含量在0.1%以上的矿物质称为常量元素，主要有钙、磷、钠、氯、镁、铁、硫等，含量在0.1%以下的称为微量元素，主要有碘、锰、铜、钴、锌等。

鸡日粮中如果缺乏矿物质，或钙、磷比例不适当，就会发生软骨症甚至瘫痪。在鸡饲料中，食盐是不可缺少的矿物质饲料，鸡胃液中的盐酸是由食盐生成的，能调节胃内的酸碱度，促进消化酶的活性，对改善饲料的适口性、提高消化率都有重要作用。

第二节　常用饲料原料

饲料原料是配制配合饲料的基本原材料。原料质量的优劣直接关系到配合饲料质量的高低，原料价格的高低也直接影响到配合饲料的价格。

一、能量饲料

能量饲料指饲料绝干物质中粗纤维含量低于18%、粗蛋白低于20%的饲料。可以分为谷实类和油脂类。

（一）谷实类

1. 玉米　玉米是高能饲料，是我国主要的能量饲料，号称“饲料之王”，玉米的鸡用代谢能达每千克14.06兆焦。

玉米含无氮液浸出物高达72%，其中主要是容易消化的淀粉，而粗纤维仅为2%。粗脂肪含量高，一般为3.5%~4.5%，是小麦或大麦的2倍。玉米含亚油酸较高，它是必需脂肪酸，如果玉米在配合饲料中达50%以上，就可满足动物对亚油酸的需要。

玉米的缺点是蛋白质含量低，氨基酸组成不平衡。玉米含蛋白质8.5%左右，赖氨酸、蛋氨酸和色氨酸含量不足，以玉米为主的配合饲料，必须搭配饼粕和动物性蛋白料，有时还要添加赖氨酸和蛋氨酸。由于玉米含维生素B_2和泛酸少，也应补充。

一般地区的玉米水分指标定为14%。玉米易感染黄曲霉毒素，购进时要注意监测。玉米在鸡配合饲料中的用量为60%左右。

2. 小麦　小麦的代谢能水平约为每千克12.97兆焦，粗脂肪含量少，仅为1.8%。小麦的钙、镁含量高，磷多为植酸磷，利用率低。小麦含蛋白质13.9%，蛋白质中的多数必需氨基酸含量也较高，但苏氨酸及赖氨酸含量偏低。维生素E及B族维生素较多，维生素A、维生素D、维生素K含量很少。

在小麦籽实中含的非淀粉多糖组分是阿拉伯糖基木聚糖，它在消化道内能部分溶解而形成高度黏性溶液，妨碍营养物质的消化吸收，因而引起鸡拉黏粪。试验表明，在以小麦为基础的日粮里添加木聚糖酶，可使日粮消化率明显得到改善；如果同时添加其他酶系，效果更好，尤其在胰液分泌不足的雏鸡饲料中，添加适量的木糖酶及其他酶类非常有效。

小麦在配合饲料中的用量可达 15%~35%，用量超过 15%则必须添加专用酶制剂。

3. 糙米 稻谷脱壳为糙米，糙米的代谢能约为每千克 14 兆焦，与玉米相当。糙米的蛋白质含量和氨基酸组成与玉米等谷物相当，糙米含脂肪约 2%，糙米中矿物质含量少，所含磷约 70%为植酸磷，利用率稍低。B 族维生素含量较高，但β-胡萝卜素极少。

糙米在鸡配合饲料中的用量可占 30%左右。

4. 次粉 次粉由小麦的种皮、果皮、糊粉层、胚以及部分胚乳组成。它的胚乳含量低于标准粉而高于麸皮，种皮、果皮及糊粉层含量低于麸皮而高于标准粉。粗蛋白质含量在 12.5%~17%，代谢能值 13.77 兆焦/千克左右。在制作颗粒饲料的时候多数要添加次粉，这样有助于提高颗粒的黏结性。

其他类型的能量饲料还有大麦、高粱、黍米、土豆粉等，这些原料产量少，价格高，很少使用。

（二）油脂类

油脂的能量浓度很高，且容易被动物利用，如脂肪的含能量高达每千克 35.3 兆焦，以单位重量计算，油脂所含能量为纯淀粉的 3 倍，也是谷物的 3 倍，如果油脂价格低于玉米的 3 倍，即可考虑在饲料中使用。除上述优点外，油脂还有以下优点：①减轻热应激，提高粗纤维的饲用价值。②改善饲料风味，提高适口性。③减少粉尘，改善制粒效果，减少混合机、制粒机的磨损等。

使用油脂时，一定要注意油脂的纯度和稳定性。水分、不溶物以及不皂化物都属杂质。优质动物性油脂的杂质应少于 2%，杂质越多，能量水平越低。水分过多是引起酸败的原因之一，甘油三酯水解，导致游离脂肪酸大量增加。油脂中的水分使抗氧化剂效果降低。不溶物多，油脂不纯，不能作为饲料用。不皂化物动物不能利用。作饲料用的油脂，必须添加抗氧化剂。因为油脂，特别是动物性脂肪很容易氧化、酸败（苦化），油脂氧化后，营养物质会被破坏。

目前，在饲料中使用的油脂包括牛油、家禽油、猪油、鱼油等动物性油脂和大豆油、菜籽油、棕榈油等植物性油脂和其粗制品，也还有使用混合油脂的。

二、蛋白质饲料

干物质中粗蛋白含量在 20%以上、粗纤维含量低于 18%的一类饲料称为蛋白质饲料。在养鸡生产中蛋白质饲料可分为植物性蛋白质饲料、动物性蛋白质饲料、单细胞蛋白质饲料三大类。

（一）植物性蛋白质饲料

1. 大豆 大豆蛋白质含量为 35%~40%，除蛋氨酸外，其余必需氨基酸的组成和比例与动物蛋白相似，而且富含谷类蛋白质缺乏的赖氨酸。

大豆中脂肪含量为15%～20%，其中不饱和脂肪酸占85%，亚油酸高达50%，且消化率高，还含有较多磷脂。大豆中糖类含量为25%～30%，有一半是膳食纤维，其中棉籽糖和水苏糖在肠道细菌作用下发酵产生气体，可引起腹胀。

大豆含有丰富的磷、铁、钙，明显多于谷类。由于大豆中植酸含量较高，可能会影响铁和锌等矿物元素的生物利用。

大豆中维生素 B_1、维生素 B_2 和烟酸等B族维生素含量也比谷类多数倍，并含有一定数量的胡萝卜素和丰富的维生素E。

全脂膨化大豆作为高能高蛋白饲料资源越来越多地应用于畜禽饲料中，在饲料生产中使用全脂膨化大豆来降低成本、提高效益，具有十分重要的意义。

2. 豆粕　豆粕是大豆提取豆油后得到的一种副产品。按照提取的方法不同，可以分为一浸豆粕和二浸豆粕两种。其中以浸提法提取豆油后的副产品为一浸豆粕，而先以压榨取油，再经过浸提取油后所得的副产品称为二浸豆粕。一浸豆粕是国内目前现货市场上流通的主要品种。

实验表明，在不需额外加入动物性蛋白的情况下，仅豆粕中所含有的氨基酸就足以平衡家禽的营养，从而促进营养的吸收。在家禽饲养中，豆料得到了最大限度的利用。

豆粕一般呈不规则碎片状，颜色为浅黄色至浅褐色，具有炒大豆香味。豆粕的主要成分为：蛋白质40%～48%，赖氨酸2.5%～3.0%，色氨酸0.6%～0.7%，蛋氨酸0.5%～0.7%，粗纤维≤5.0%，粗灰分≤6.0%。

在整个加工过程中温度过高不仅使蛋白质变性，而且使糖类与赖氨酸的氨基结合，生成不可利用的聚合物，影响豆饼的营养价值，从而直接关系到豆粕的质量和使用；温度过低会增加豆粕的水分含量，而且不能破坏大豆饼中所含的抗胰蛋白酶因子、尿素酶、血球凝集素、皂素等多种抗营养因子或有毒因子，鸡食入后蛋白质利用率降低，生长减慢，产蛋量下降。

目前，一些大豆加工企业在加工前先对大豆进行脱皮处理，用去皮大豆生产出的去皮豆粕其营养价值更高。

3. 花生饼粕　营养价值仅次于豆饼，适口性优于豆饼，含蛋白质38%左右，有的饼粕含蛋白质高达44%～47%，含精氨酸、组氨酸较多。配料时可以和鱼粉、豆饼一起使用，或添加赖氨酸和蛋氨酸。花生饼易感染黄曲霉毒素，使鸡中毒。因此，贮藏时切忌发霉，一般用量可占日粮的10%左右。

花生饼呈小瓦片状或圆扁块状，色泽新鲜一致，呈黄褐色，无发酵、霉变、虫蛀及异味异臭。我国饲料原料规定花生饼粕的水分含量不得超过12%，并应控制黄曲霉含量。我国饲料卫生标准规定，花生饼粕的黄曲霉毒素B的含量≤0.05毫克/千克，肉仔鸡、生长鸡配合饲料中黄曲霉毒素≤0.01毫克/千克，产蛋鸡配合饲料中的含量≤0.02毫克/千克。

4. 菜籽饼粕 蛋白质含量34%左右，粗纤维含量约11%。含有一定芥子苷（含硫苷）毒素，具辛辣味，适口性较差。菜饼用量过多，鸡会由于甲状腺肿大停止生长，所产的蛋有时带有鱼腥味或其他异味，这是由于蛋黄中含有过量的三甲胺引起的。日粮中的用量不超过5%。

菜籽粕蛋白质的氨基酸组成中缺乏赖氨酸，但含蛋氨酸和胱氨酸较高，与大豆饼粕及棉籽饼粕合用，可以补充大豆饼粕中蛋氨酸不足的弱点，使氨基酸趋于平衡。菜籽饼含钙磷也丰富，且硒的含量是植物性饲料中最高的一种饲料。

菜籽粕的外观为褐色、黄褐色或金黄色小碎片，或呈粗粉状，有时夹杂小颗粒，色泽均匀一致，无虫蛀、霉变、结块及异味、异臭。

在鸡的配合饲料中使用菜籽粕，应根据有毒有害物质含量，限制其用量。如摄入有害物质过多，则可能造成鸡甲状腺肿大，甲状腺及肾脏上皮细胞脱落，肝脏出血等现象，表现为生长抑制，破蛋、软蛋增加，死亡率上升等症状。一般幼雏应避免使用菜籽粕，肉鸡用量在5%以下，青年鸡、产蛋鸡不超过10%，种鸡为5%左右。

5. 棉仁饼粕 棉仁饼粕蛋白质含量丰富，可达32%~42%。氨基酸含量较高，必需氨基酸含量很不平衡，尤其赖氨酸含量低，棉仁粕中赖氨酸含量仅为1.56%，而精氨酸则为4.4%。微量元素含量丰富、全面，含代谢能较低。粗纤维含量较高，约10%，高者达18%。

棉仁饼粕含游离棉酚和棉酚色素，棉酚含量取决于棉籽的品种和加工方法。一般来说，预压浸提法生产的棉仁饼粕棉酚含量较低，赖氨酸的消化率较高。幼鸡对棉酚的耐受力较成年差。棉酚中毒有蓄积性，棉酚可使鸡蛋呈橄榄色，鸡蛋蛋白变成粉红色。

棉仁饼粕用量应控制在5%以内，超过5%以上时，按含游离棉酚0.06%~0.08%计算，每100千克棉仁饼粕加入0.3~0.4千克硫酸亚铁（1份游离棉酚加5份硫酸亚铁），搅拌均匀后，按日粮中搭配比例取用棉仁饼粕。棉酚可与消化道和鸡体的铁形成复合物，导致缺铁，添加0.5%~1%硫酸亚铁粉可结合部分棉酚而去毒，并可提高棉仁饼的营养价值。棉仁饼一般不宜单独使用，喂量过多不仅影响蛋品质，而且还降低种蛋受精率和孵化率，种鸡尽量不用。

6. 芝麻粕 芝麻粕是芝麻榨油后的副产物，其蛋氨酸是所有饼粕中含量最高的，比豆粕、棉粕高2倍，粗蛋白含量高达40%，粗纤维8%，矿物质含量丰富。但因种壳中含草酸和植酸，影响矿物质的利用，一般不能作为蛋白质的唯一来源，可与豆饼、鱼粉配合使用，使氨基酸得以平衡。

7. DDGS 饲料 DDGS 饲料是酒糟蛋白饲料的商品名，即含有可溶固形物的干酒糟。在以玉米为原料发酵制取乙醇过程中，其中的淀粉被转化成乙醇和二氧化碳，其他营养成分如蛋白质、脂肪、纤维等均留在酒糟中。同时由于微生物的作用，酒糟中蛋白质、B族维生素及氨基酸含量均比玉米有所增加，并含有发酵中生成的未知促生长因子。

DDGS饲料的蛋白质含量在26%以上，是必需脂肪酸、亚油酸的优秀来源，与其他饲料配合，成为种鸡和产蛋鸡的饲料。DDGS饲料缺乏赖氨酸。

（二）动物性蛋白质饲料

动物性蛋白质饲料要比植物性蛋白质饲料的用量小得多。动物性蛋白质饲料主要是用以补充某些必需氨基酸的不足。另外，动物性蛋白质饲料可提供丰富的矿物质营养，并提供各种B族维生素。由于价格昂贵的原因，多用于肉仔鸡，使用量为3%~6%。

1. 鱼粉 鱼粉的粗蛋白含量很高，进口鱼粉都在60%以上，高者甚至达72%，国产鱼粉稍低，一般为45%~55%。鱼粉中的蛋白质品质好，生物学价值高，它不含纤维素与木质素等难消化的物质，富含各种必需氨基酸，以赖氨酸、蛋氨酸含量最高，精氨酸含量少，适宜与其他饲料配合。

鱼粉的钙、磷含量丰富，碘、硒、锌也较多，还含有维生素B_{12}和其他一些B族维生素、维生素A、维生素E等。

鱼粉是良好的蛋白质来源，具有改善饲料效率和提高增重的效果。质量好的鱼粉要求呈黄棕色、黄褐色，膨松、纤维状组织明显，无结块、无霉变，有鱼香味，无焦灼味和油脂酸败味。

使用鱼粉时应注意如下问题：一是掺杂掺假问题，由于鱼粉价格较贵，向鱼粉中掺杂各种异物的现象严重，掺杂物种类极其繁多，有尿素、糠麸、饼粕、血粉、羽毛渣、锯末、花生壳、沙砾等；二是食盐含量问题，鱼粉中的食盐含量不能过多，我国鱼粉生产缺乏鲜鱼脱水和保存设施，常用食盐盐渍办法保存，致使食盐含量过高；三是污染变质问题，由于鱼粉是高营养饲料，是微生物繁殖的好场所，故在高温高湿条件下，极易发霉、腐败，使用时应加强卫生监测，严格控制鱼粉中的细菌、霉菌及有害微生物的含量；四是氧化酸败问题，脂肪含量多的鱼粉以及鱼粉贮存不当时，其所含的不饱和脂肪酸极易氧化生成醛、酸、酮等物质，鱼粉变质发臭，适口性和品质显著降低。

2. 肉骨粉 肉骨粉的原料是以肉联厂猪肉、牛肉的下脚料、肉屑、肉皮、肉渣，经过蒸汽灭菌加工，再与加工好的牛骨粉按一定比例放在预混罐中进行整体的高温灭菌，之后再放入二次灭菌罐进行彻底的杀菌。肉骨粉因所取原材料不同，其理化指标也不相同，肉骨粉一般蛋白质含量为50%~55%、磷4%、钙8%、粗脂肪6%~12%、粗纤维2.5%~3.5%、蛋氨酸0.6%~0.8%、赖氨酸1.5%~2.6%。蛋白质中含有较多的赖氨酸。肉骨粉中含钙、磷不仅数量多，而且比例适宜。B族维生素，特别是烟酸和维生素B_{12}的含量也较高。

3. 血粉 将家畜或家禽的血液凝成块后经高温蒸煮，压除汁液，晾晒、烘干后粉碎而成。为干燥粉粒状物，呈暗红色或褐色，要求无腐败变质气味，不含沙石等杂质。血粉仅含少量无机盐，但其蛋白质含量在 80 %左右，是粗蛋白质含量最高的蛋白质饲料之一。将凝血块经高温、压榨、干燥制成的血粉溶解性差，消化率低；直接将血液置于真空蒸馏器中干燥所制成的血粉则溶解性好，消化率较高。

血粉含赖氨酸较多，但缺乏亮氨酸。血粉适口性较差，一般用量应控制在5%以内，过多时还可能引起腹泻。动物血经微生物发酵后，游离氨基酸总量比未经发酵的血粉增加 14. 9 倍，而且还增加了蛋氨酸、色氨酸等必需氨基酸；另外，发酵血粉不再具有血腥味，而是具有浓厚的曲香味，适口性较好。

适量使用一些血粉能够改善褐壳蛋鸡的蛋壳颜色。

4. 羽毛粉 羽毛粉是由各种家禽屠宰后的羽毛以及不适于做羽绒制品的原料制成。粗蛋白质含量达 80%以上，有时可达到 97%。水分含量大多不超过10%。其氨基酸组成特点是甘氨酸、丝氨酸含量很高，分别达到 6. 3%和 9. 3%。异亮氨酸含量也很高，可达 5. 3%，适于与异亮氨酸含量不足的原料（如血粉）配伍。但是羽毛粉的赖氨酸和蛋氨酸含量不足。羽毛粉的另一特点是胱氨酸含量高，尽管水解时遭到破坏，但仍含有 4%左右，是所有饲料含量最高者。未经水解处理的羽毛粉消化率仅为 30%左右，高压水解处理后消化率则显著提高，可达 80%~90%，而且易于保存。

5. 蚕蛹粉 蚕蛹粉含粗蛋白质 55%以上，消化率在 85%以上，赖氨酸含量也高，是优良的蛋白质饲料。此外，蚕蛹粉的钙、磷含量也较高。蚕蛹粉通常含脂肪较多，故能量较高。不过，正因为含脂肪多，故不易贮存，且用量过大时还会影响胴体的脂肪风味。要求使用的蚕蛹粉无发酵、霉变、虫蛀及异味异臭。

（三）单细胞蛋白质饲料

单细胞蛋白质饲料主要是饲料酵母，为淡黄色或褐色。饲料酵母粗蛋白质含量较高，液态发酵分离干制的纯酵母粉粗蛋白质含量达 40%~60%，而固态发酵制得的酵母混合物，由于培养底物的不同而有较大差别，粗蛋白质也为 30%~45%。粗蛋白质中含有部分核酸，核酸可提取出用作化学调味料，因此有些酵母属于脱核酸酵母。

饲料酵母的蛋白质生物学价值介于植物性蛋白质和动物性蛋白质之间。其氨基酸组成特点是赖氨酸、色氨酸、苏氨酸、异亮氨酸等几种重要的必需氨基酸含量较高，精氨酸含量相对较低，适合与饼粕类料配伍。但含硫氨基酸如蛋氨酸、胱氨酸含量低，蛋氨酸为其主要的限制性氨基酸，使用时应注意添加 DL-蛋氨酸。因饲料酵母含有未知生长因子，用于肉仔鸡饲料中，有明显的促生长效果，但需补充蛋氨酸。

三、矿物质饲料

矿物质饲料是补充家禽矿物质需要的饲料，包括人工合成的、天然单一的和多种混合的矿物质饲料，以及配合有载体或赋形剂的痕量、微量、常量元素补充料。

（一）钙源性矿物质饲料

1. 石粉　由石灰石、白垩石、方解石、白云石等粉碎后制成，均为天然碳酸钙。纯度在90%以上，含钙36%~39%，是补充钙的最廉价、最方便的矿物质原料。天然石粉中，只要铅、汞、砷、氟的含量不超过安全系数，都可用作饲料。石粉过量，会降低饲粮有机养分的消化率，还对青年鸡的肾脏有害，使泌尿系统尿酸盐过多沉积而发生炎症，甚易形成结石。蛋鸡料中石粉过多，蛋壳上会附着一层薄薄的细粒，影响蛋的合格率。

2. 贝壳粉　贝壳粉是各种贝类外壳（蚌壳、牡蛎壳、蛤蜊壳、螺蛳壳等）经加工粉碎而成的粉状或粒状产品，多呈灰白色、灰色、灰褐色。三要成分也为碳酸钙，含钙量应不低于33%。品质好的贝壳粉杂质少、含钙高，呈白色粉状或片状，用于蛋鸡或种鸡的饲料中，蛋壳的强度较高，破蛋、软蛋少，尤其片状贝壳粉效果更佳。

贝壳粉内常掺杂沙石和泥土等杂质，使用时应注意检查。另外，若贝肉未除尽，加之贮存不当，堆积日久易出现发霉、腐臭等情况，这会使其饲料价值显著降低。

3. 蛋壳粉　禽蛋加工厂或孵化厂废弃的蛋壳，经干燥灭菌、粉碎后即得到蛋壳粉。无论蛋品加工后的蛋壳或孵化出雏后的蛋壳，都残留有壳膜和一些蛋白，因此除了含有34%左右的钙外，还含有3%的蛋白质及0.09%的磷。蛋壳粉是理想的钙源饲料，利用率高，用于蛋鸡、种鸡饲料中，与贝壳粉同样具有增加蛋壳硬度的效果。应注意蛋壳干燥的温度应超过82 ℃，以消除传染病源。

（二）磷源性矿物质饲料

1. 磷酸钙盐　磷酸钙盐包括磷酸一钙、磷酸二钙和磷酸三钙等。磷酸一钙又称磷酸二氢钙，纯品为白色结晶粉末，多为一水盐〔$Ca(H_2PO_4)_2 \cdot H_2O$〕，含磷22%左右，含钙15%左右；磷酸二钙也叫磷酸氢钙，为白色或灰白色的粉末或粒状产品，又分为无水盐（$CaHPO_4$）和二水盐（$CaHPO_4 \cdot 2H_2O$）两种，后者的钙磷利用率较高，含磷18%以上，含钙21%以上；磷酸三钙又称磷酸钙，纯品为白色无臭粉末，饲料用常由磷酸废液制造，为灰色或褐色，并有臭味，分为一水盐［$Ca_3(PO_4)_2 \cdot H_2O$］和无水盐［$Ca_3(PO_4)_2$］两种，以后者居多，含钙29%以上，含磷15%以上。通常磷酸一钙利用率比磷酸二钙或磷酸三钙好。此外，使用磷酸钙盐应注意脱氟处理，磷酸一钙、磷酸二钙和磷酸三钙含氟量分别不得超过0.20%、0.18%和0.12%。

2. 骨粉 骨粉是以家畜骨骼为原料加工而成的。骨粉一般为黄褐乃至灰白色的粉末，有肉骨蒸煮过的味道。骨粉的含氟量较低，只要杀菌消毒彻底，便可安全使用。但由于加工方法不同而成分变化大，来源不稳定，而且常有异臭。优质骨粉含磷量可以达到12%以上，钙磷比例为2∶1左右，符合动物机体的需要，同时还富含多种微量元素。一般在鸡饲料中添加量为1%~3%，但劣质骨粉易腐败变质，常携带大量病菌，用于饲料易引发疾病传播。

（三）其他矿物质饲料

1. 食盐 鸡饲料中的钠和氯通常是以食盐（氯化钠，NaCl）的形式同时补充。精制食盐含氯化钠99%以上，粗盐含氯化钠为95%。纯净的食盐含氯60.7%，含钠39.3%，此外尚有少量的钙、镁、硫等杂质。食用盐为白色细粒，工业用盐为粗粒结晶。一般食盐在家禽风干饲粮中用量以0.25%~0.50%为宜。

2. 碳酸氢钠 碳酸氢钠俗称“小苏打”，溶于水时呈现弱碱性。在特定条件下用作鸡的饲料添加剂，可有效提高鸡对饲料的消化率、利用率、能量转化率，加速对营养物质的吸收和利用以及有害物质的排泄，对提高鸡体的抗应激能力和促进生长、增加产蛋量、提高蛋壳质量等均有显著效果。

四、饲料添加剂

按照添加剂的功能可以将其分为营养性添加剂和非营养性添加剂两大类，营养性添加剂主要包括维生素添加剂、微量元素添加剂和氨基酸添加剂，其他的都属于非营养性添加剂，如抗氧化剂、防霉剂、脱霉剂、产品外观性状改善剂等。

（一）维生素添加剂

维生素是维持动物正常生理机能和生命活动必不可少的一类低分子有机化合物。维生素主要以辅酶或催化剂的形式参与体内的代谢活动，从而保证机体组织器官的细胞结构和功能正常，以维持动物的健康和各种生产活动。

1. 维生素添加剂使用注意事项

（1）关注添加的种类及用量：应根据鸡的不同生理状况和生产性能，确定添加种类及适当用量，如对雏鸡、成年种鸡、白羽肉鸡要补喂雏鸡、成年种鸡或肉仔鸡专用的维生素添加剂，育成鸡则只需添加禽用维生素添加剂即可。用量必须适当，如过量不仅造成浪费，还能造成危害。如维生素A过量添加可发生中毒，表现食欲缺乏、皮肤发痒、关节肿痛、体重下降和骨质增生。维生素D过量，可引起血钙增高、骨质疏松。当维生素E超过需要量的15~20倍时，则出现拉稀、口腔炎，造成内分泌失调和生殖功能障碍。

（2）妥善贮存：维生素添加剂，随着时间延长，其效价均会逐渐降低，特别是保管不当，如阳光直射、温度过高或湿度过大等都会使效能降低。如维生素A

在 35 ℃环境下贮存 1 年，其效价损失约 40%。故对维生素添加剂的贮存，要求密封、避光、防湿，温度最好在 20 ℃以下，不要大批购入，以免存放时间过长，影响其质量。

（3）注意维生素与微量元素及酸碱之间的相互作用：维生素 A 在酸性环境下易分解，多数维生素与矿物质元素能互相作用而失效。因此，不要把它们放在一起配制成预混料，应单独存放，用时现用现配。

（4）注意有效含量，按要求添加：使用时一定要注意产品的实际有效含量，按说明添加；要逐级切实混合均匀，防止因不均匀而造成采食过多或不足，引起中毒或影响使用效果。

（5）灵活掌握用量：根据饲料情况和鸡只所处的环境条件，灵活掌握用量。当气候寒冷、炎热、运输、转群、免疫接种等时则要适当增补各种维生素。

2. 维生素 A 添加剂　维生素 A 是一类具有相似结构和生物活性的高度不饱和脂肪醇。维生素 A 的添加剂形式主要是维生素 A 乙酸酯和维生素 A 棕榈酸酯。经预处理的维生素 A 酯，在正常贮存条件下，在维生素预混料中每月损失 0.5%~1%；在维生素矿物质预混料中每月损失 2%~5%；在全价配合饲料中，温度为 23.9~37.8 ℃时，每月损失 5%~10%。

维生素 A 添加剂的营养功能：①维持正常的视觉。②保护上皮组织（皮肤和黏膜）的健全与完整。③促进性激素的形成，提高繁殖力。④促进畜体生长，增进健康，调节机体代谢，增加免疫球蛋白的产生，提高抗病力。⑤维护骨骼正常生长和修补。⑥维持神经细胞的正常功能。⑦增强免疫细胞膜的稳定性，增加免疫球蛋白的产生，提高动物机体免疫能力。

3. 维生素 D 添加剂　自然界中维生素 D 以多种形式存在。在动物皮下的 7-脱氢胆固醇，经紫外光照射后转化为维生素 D_3，在酵母或植物细胞中的麦角固醇，经紫外光照射后转化为维生素 D_2。家禽对维生素 D_2 的利用率仅是维生素 D_3 的 2.7%左右，因而对于家禽来说，只能用维生素 D_3。

维生素 D 添加剂的营养功能：维生素 D 缺乏影响体内的钙磷代谢，导致骨骼发育异常，使幼禽患佝偻症，成年家禽产软蛋，蛋壳变薄，甚至停产。日粮中钙和磷的含量不足或比例不当时，维生素 D 的需要量增加。但是无论补充多少维生素 D 也不能补偿钙和磷的严重缺乏。维生素 D 摄入量过多时，会引起中毒症状，表现为早期骨骼的钙化加速，后期则增大钙和磷自骨骼中的溶出量，使血钙、血磷的水平提高，骨骼变得疏松，容易变形，甚至畸形和断裂；致使血管、尿道和肾脏等多种组织钙化。

4. 维生素 E 添加剂　已知的维生素 E 至少有 8 种，其中四种（α、β、γ、δ）较为重要，而以 α-生育酚分布最广，效价最高，最具代表性。饲料工业中应用的维生素 E 商品形式有两种，一种是 DL-α- 生育酚乙酸酯油剂，另一种为维生素E粉剂。如市售添加剂的维生素E含量为50%。

维生素E添加剂的营养功能：①作为一种细胞内抗氧化剂。②刺激垂体前叶，促进分泌性激素，调节性腺的发育和提高生殖功能。③促进促甲状腺激素和促肾上腺皮质激素的产生。④调节糖类和肌酸的代谢，提高糖和蛋白质的利用率。⑤促进辅酶Q和免疫蛋白的生成，提高抗病能力。⑥在细胞代谢中发挥解毒作用。⑦维生素E以辅酶形式在体内递氢系统中作为氢的供体。⑧维护骨骼肌和心肌的正常功能，防止肝坏死和肌肉退化。

5. 维生素K添加剂 维生素K添加剂有两类：一类是从绿色植物中提取的维生素K_1和来自微生物的代谢产物维生素K_2；另一类是人工合成的，包括亚硫酸钠甲萘醌和甲萘醌，统称为维生素K_3，以及乙酰甲萘醌——维生素K_4。最重要的是维生素K_1、维生素K_2和维生素K_3。添加剂中常用维生素K_3，专指甲萘醌或由亚硫酸氢钠和甲萘醌反应而生成的亚硫酸氢钠甲萘醌（MSB）。

营养功能：①维生素K是一种与血液凝固有关系的维生素，具有促进凝血酶原合成的作用，从而加速凝血，维持正常的凝血时间。②具有利尿、增强肝脏的解毒功能，并有降低血压的作用。

6. 维生素B_1添加剂 饲料维生素B_1添加剂有两种：盐酸硫胺素和硝酸硫胺素。折算成硫胺素的系数分别是0.892和0.811。营养功能：作为糖类代谢过程中α-酮酸氧化脱羧酶系的辅酶，参与丙酮酸、α-酮戊二酸的脱羧反应。③维持胆碱酯酶的正常活性，使乙酰胆碱的分解保持适当的速度，从而对胃肠道的蠕动起保护作用，促进动物对营养物质的消化和吸收。④添加维生素B_1添加剂可预防多发性神经炎、共济运动失调、抽搐、麻痹、头向后仰、生长受阻、采食量下降、腹泻、胃及肠壁出血、水肿和繁殖性能下降等维生素B_1缺乏症。

7. 维生素B_2添加剂 维生素B_2是一种含有核糖和异咯嗪的黄色物质，故又称核黄素。在生物体内，维生素B_2以黄素单核苷酸和黄素腺嘌呤二核苷酸的形式存在。主要商品形式为核黄素及其酯类。维生素B_2添加剂常用的是含核黄素96%、55%、50%等的制剂。营养功能：①维生素B_2是动物体内各种黄酶辅基的组成成分，参与糖类、蛋白质、核酸和脂肪的代谢，在生物氧化过程中起传递氢原子的作用；②具有提高蛋白质在体内的沉积，促进畜禽正常生长发育的作用。③具有保护皮肤、毛囊黏膜及皮脂腺的功能。日粮中补充维生素B_2可防治鸡的蜷爪麻痹症、口角眼睑皮炎以及维生素B_2缺乏引起的生长受阻等症状。

8. 泛酸 泛酸因在自然界分布十分广泛，又称遍多酸或维生素B_3。泛酸在体内参与脂肪酸的合成与降解、柠檬酸循环、胆碱乙酰化和抗体合成。

鸡缺乏泛酸时出现皮炎，喙角和肛门有局限性痂块，脚底长茧，裂缝出血和结痂，眼睑肿胀。鸡对泛酸的需要量较大，尤其是雏鸡，故需适量添加。动物采食过量的泛酸会出现中毒现象，中毒剂量是需要剂量的数百倍。泛酸广泛分布于动植物体中，苜蓿干草、花生饼、糖蜜、酵母、米糠和小麦麸含量丰富；谷物的种子及其副产物和其他饲料中含量也较多。

9. 烟酸　烟酸是吡啶的衍生物，它很容易转变成烟酰胺。烟酸和烟酰胺都是白色、无味的针状结晶，溶于水，耐热。烟酸主要通过烟酰胺腺嘌呤二核苷酸（NAD）和烟酰胺腺嘌呤二核苷酸磷酸（NADP）参与糖类、脂类和蛋白质的代谢，尤其在体内供能代谢的反应中起重要作用。NAD 和 NADP 也参与视紫红质的合成。

鸡缺乏烟酸的典型症状：黑舌症，舌暗红发炎，舌尖白色；口腔及食管前端发炎，黏膜呈深红色；脚和皮肤有鳞状皮炎，关节肿大，腿骨弯曲（滑腱症），趾底发炎。烟酸广泛分布于饲料中，但谷物中的烟酸利用率低。动物性产品、酒糟、发酵液以及油饼类含量丰富。谷物类的副产物、绿色的叶子，特别是青草中的含量较多。

10. 维生素 B_6　维生素 B_6 包括吡哆醇、吡哆醛和吡哆胺三种吡啶衍生物。对热、酸和碱稳定；遇光，尤其是在中性和碱性溶液中易被破坏。强氧化剂很容易使吡哆醛变成无生物学活性的 4-吡哆酸。合成的吡哆醇是白色结晶，易溶于水。维生素 B_6 的功能主要与蛋白质代谢的酶系统相联系，也参与糖类和脂肪的代谢，涉及体内 50 多种酶。

鸡缺乏时表现为异常的兴奋、癫狂、无目的运动和倒退并伴有吱吱叫声，听觉紊乱、运动失调。维生素 B_6 广泛分布于饲料中，酵母、肝脏、肌肉、乳清、谷物及其副产物和蔬菜都是维生素 B_6 的丰富来源。杂交鸡对维生素 B_6 的需要较纯种鸡多。

11. 生物素　合成的生物素是白色针状结晶，在常规条件下很稳定，酸败的脂肪和胆碱能使它失去活性，紫外线照射可使之缓慢破坏。在动物体内生物素以辅酶的形式广泛参与糖类、脂肪和蛋白质的代谢。

鸡缺乏生物素的典型症状：滑腱症，脚、胫、趾、嘴和眼周围皮肤炎症、角化、开裂出血、生成硬性结痂，类似于泛酸的缺乏症。但生物素引起的皮炎是从脚开始，而泛酸缺乏的损伤首先表现在嘴角和眼睑上，严重时才损害到脚。雏鸡还会发生胫骨短粗、共济失调和特有的骨骼畸形。种鸡缺乏生物素会造成种蛋受精率和孵化率降低，尤其是孵化中后期的胚胎死亡较多。动物性饲料中，如鱼、奶、肝脏、肾脏、蛋、肉等含量丰富。动物性来源的利用率较植物性高。

12. 叶酸　叶酸也叫蝶酰谷氨酸。它是橙黄色的结晶粉末，无臭无味。叶酸本身不具有活性，需在体内进行与氢还原反应生成 5，6，7，8-四氢叶酸，才具生理活性。

四氢叶酸的主要功能：使丝氨酸和甘氨酸相互转化、苯丙氨酸形成酪氨酸、丝氨酸形成谷氨酸、高半胱氨酸形成蛋氨酸、乙醇胺合成胆碱；与维生素 B_{12} 和维生素 C 共同参与红细胞和血红蛋白的合成；并在 DNA 和 RNA 形成的过程中参与嘌呤环的合成；保护肝脏并具解毒作用。

鸡缺乏叶酸时羽毛生长不良，退色，幼鸡胫骨短粗。产蛋率与孵化率下降，胚胎死亡率显著增加，羽毛脱色，生长迟缓。叶酸广泛分布于动植物产品中。绿色的叶片和肉质器官、谷物、大豆以及其他豆类和多种动物产品中叶酸的含量都很丰富，但奶中的含量不多。

13. 维生素 B_{12}　维生素 B_{12}是一个结构最复杂、唯一含有金属元素（钴）的维生素，故又称钴胺素。它有多种生物活性形式，呈暗红色结晶，易吸湿，可被氧化剂、还原剂、醛类、抗坏血酸、二价铁盐等破坏。维生素 B_{12}在体内主要以二脱氧腺苷钴胺素和甲钴胺素两种辅酶的形式参与多种代谢活动，如嘌呤和嘧啶的合成、甲基的转移、某些氨基酸的合成以及糖类和脂肪的代谢；促进红细胞的形成和维持神经系统的完整；合成血红蛋白，控制恶性贫血。

鸡缺乏维生素 B_{12}会导致羽毛粗乱，发生肌胃黏膜炎症，肌胃糜烂，死亡率高，脂肪在肝脏、心脏、肾脏沉积等，雏鸡胫骨短粗症，甲状腺功能降低。在自然界，维生素 B_{12}只在动物产品和微生物中发现，植物性饲料基本不含该维生素。

14. 胆碱　胆碱是β-羟乙基三甲胺羟化物，常温下为液体、无色，有黏滞性和较强的碱性，易吸潮，也易溶于水。胆碱在体内的主要功能：①防止脂肪肝形成，胆碱作为卵磷脂的成分在脂肪代谢过程中可促进脂肪酸以卵磷脂的形式被运输。②促进小肠乳糜微粒的形成和分泌。③提高肝脏利用脂肪酸的能力。④防止脂肪在肝脏中过多积累。⑤神经传导，胆碱是构成乙酰胆碱的主要成分，对神经冲动的传递起着重要作用。⑥促进代谢，胆碱是甲基供体，三个不稳定的甲基可以与其他物质生产化合物。⑦胆碱、蛋氨酸和甜菜碱有协调作用。

胆碱缺乏可引起脂肪代谢障碍，使脂肪在细胞内沉积，从而导致脂肪肝综合征，使鸡群生长迟缓、骨和关节畸变、生产性能下降、死亡率增高。饲喂高能量和高脂肪饲粮的鸡因采食量降低，使胆碱摄入量不足，因此高能饲粮的鸡对胆碱的需要量大。动物性饲料中含有丰富的胆碱，如鱼粉、蚕蛹、肉类等；植物性饲料，如饼粕、胚芽、青绿饲料等都含有丰富的胆碱。各种动物都能合成胆碱，合成的部位在肝脏。

15. 维生素 C（抗坏血酸）　维生素 C 是一种含有 6 个碳原子的酸性多羟基化合物，因能防治坏血病而又称为抗坏血酸。它是一种无色的结晶粉末，加热很容易被破坏。结晶的抗坏血酸在干燥的空气中比较稳定，但金属离子可加速其破坏。由于维生素 C 具有可逆的氧化性和还原性，所以它广泛参与机体的多种生化反应。已被阐明的最主要的功能是参与胶原蛋白质合成。此外，还有以下几个方面的功能：在细胞内电子转移的反应中起重要的作用，参与某些氨基酸的氧化反应，促进肠道铁离子的吸收和在体内的转运，减轻体内转运金属离子的毒性作用，能刺激白细胞中吞噬细胞和网状内皮系统的功能，促进抗体的形成，是致癌物质——亚硝基胺的天然抑制剂，参与肾上腺皮质类固醇的合成。

维生素 C 缺乏时首先是组织中的抗坏血酸含量降低，其后出现食欲缺乏、生长、生产和繁殖受阻，易患贫血和传染病，黏膜自发性出血。鸡一般能合成抗坏血酸，且常规饲料中也有充足的抗坏血酸，通常不会出现缺乏症。但在应激的条件下，可能出现缺乏症，表现为蛋壳质量下降。动物性饲料中维生素 C 的含量较少，青菜、水果、青草类、绿色植物等是维生素 C 的主要来源。

第三节　饲料配制与加工

作为专业化的饲料生产企业有严格的饲料原料采购、检验，饲料配方设计，饲料加工工艺，成品检验，库房管理等体系。对于一个养鸡场内的饲料加工车间，在进行配合饲料生产的过程中依然要按照这些要求进行管理。

一、饲料原料采购与检验

（一）饲料原料采购

原料质量是保证产品质量的前提，是企业产品质量的源头，饲料产品营养成分及质量差异中的 40%~70%来自原料质量的差异。若原料质量得不到有效的控制，生产出的产品质量就难以稳定。

原料成本是影响产品成本的主要因素。据统计，饲料原料成本占饲料总成本的 70%~80%，在养鸡场内这个成本可能会超过 80%。

对于一个养鸡企业，在饲料原料采购方面应考虑采取以下策略。

1. 建立原料来源信息库　降低原料采购成本的关键就在于科学的采购价格策略。制定科学的采购价格策略，就需要强化采购信息的收集、整理分析，建立对自身的总体成本分析、供应商评估、市场评估等为采购提供信息数据库。对于信息数据库的建立既可通过相关专业网站收集全国各地最新原料行情、国内期货行情和专家分析预测等信息，也可通过客户、政府、行业、专业咨询机构等多途径收集相关信息并从中提取出有用的信息。

饲料厂对于要采购的原料应追本溯源，尽可能落实原料的来源，例如种子、农场、销售点等。饲料厂对不同来源的原料组成成分的显著差异都有认识。除了生物工艺学和转基因作物领域，饲料作物育种者也将育种重点从提高产量转到提高营养组成上来。

2. 建立健全饲料原料采购质量控制体系　它主要包括原料质量的采购程序与标准、原料的接收、检验化验操作规程及原料贮存、使用情况检查制度等质量保证体系。

原料的采购、验收标准的制定必须具有科学性且符合本厂要求，它需要很强的技巧。太严买不到所需的原料，无谓地增加质量成本；太松又会失去品控的意义，控制不了质量。采购、验收标准还要明确哪些项目具有弹性可以让步接收，哪些无任何余地，哪些成分必须检测，哪些可以忽略。采购员作为原料采购的实施者，一定要熟悉掌握原料的质量性能和质量标准，根据采购质量标准进行采购。

原料进厂必须做到严格按程序接收，对进厂原料先按规定方法取样，进行感观及水分指标的验收，主要原料卸料时，还要按要求抽取大样检验，合格的方可正式入库；同时，不同的原料还要做好相应的营养指标检测。

3. 重视采购的协调工作，保证原料采购渠道的通畅 企业降低原料采购成本的关键在于“适时、适质、适价”采购，这就需要建立一种既相对稳定又充满竞争机制、有供应保障能力和质量保证能力的物资供应链。

（1）重视与供应商关系的融洽：饲料企业既要对供应商所处的行业、供应商业务战略、运作、竞争优势、能力等有充分的认识，增强企业自身的议价优势能力，又应以“双赢”的原则与供应商结为战略合作伙伴关系，努力将简单的买卖关系逐步向双方建立战略协作伙伴关系转变，由竞争采购逐步向战略采购转变，将对供应商的管理纳入到整个采购供应体系之中，形成一批质量稳定、价格合理、管理规范和具有同行业较强竞争力的相对稳定的主渠道供应网络。

（2）协调好品控部的工作，把好原料验收关：当原料按订单要求交货后，采购人员要及时协助品控部验收。对到货物品的质量、批次、数量进行确认，对不合格的物品品控部门要及时开具不合格品评审单，并通报对方协商解决方案，力求避免退货情况的发生，尽量达成双方都能接受的处理意见。

（3）强化与产销部门的沟通：采购计划始于产销计划，采购若不能与产销部门有效沟通，往往会使原料的供需处于失衡状态。不能实现采购、产销计划和库存量的和谐统一。为避免不良库存带来的负面影响和采购、产销计划分离，要加强采购、产销环节的信息沟通。

（4）协调好与财务部门的关系，预防财务支付风险：在编制采购预算时，要对原料市场的变化有科学预测，对付款进度合理安排。特别是在签订或执行合同的过程中，应对财务资金的现状多加关注，以避免因财务的紧张而影响到采购的继续或合同的执行，进而影响到供需及产销的顺利实现。

4. 优化原料采购流程 采购流程建议为：需求计划→采购计划→采购认证→订货→采购管理。其中，采购计划流程：需求计划→接收需求计划→需求分析→确定采购量→编制采购计划；采购认证流程：采购计划→初选供应商→质量认证→价格认证→采购渠道确定；采购订货流程：认证的采购计划→签订合同→

合同跟踪→到货验收→报销付款；采购管理流程：订货认证→业务支持→业务审核→优化调整→批准实施。

（二）饲料原料检验

1. 感官检查　通常采用眼、手、鼻和嘴等感官器官来辨别饲料原料的质量。

“眼”是指通过眼睛来观察原料的颜色、形状，是否混有杂质异物等。比如不同产地大豆制备的豆粕颜色存在差异，巴西大豆制备的豆粕颜色偏红，美国的豆粕颜色偏白，阿根廷的豆粕有明显的黑点，而三者的蛋白质和氨基酸组成存在较大差异；又如通过观察玉米的饱满度、不完善颗粒和霉变颗粒数量来进行玉米质量的初步定性辨别。

“手”是通过手握和手指研磨等触觉来辨别原料的质量。比如通过手握紧再松开来感触原料与手粘连情况来辨别米糠水分含量是否异常，通常高水分的米糠会与皮肤黏结，表现出扎堆不易散开；又如通过手指研磨手掌中的麸皮，如掺有稻壳等异物就会产生刺手的感觉。

“鼻”是指通过嗅觉来辨别原料质量的变化，具有强烈味道的原料常因品质发生变化而在气味方面表现出较大的差异。比如正常新鲜的鱼粉具有鱼香味，而劣质鱼粉具有刺鼻的腥味、辣味或焦味；如发生氧化变质的米糠常表现出酸败味。

“嘴”是指通过品尝原料的口感辨别原料的质量。比如通过齿碎法来鉴定玉米的质量，当玉米水分较低时，经齿咬有震牙的感觉并有清脆的声音；当水分过高时，就没有震牙的感觉，极易破碎玉米。又如用嘴尝油脂，变质的油脂带有酸、苦、辛辣等滋味或焦苦味，而优质的油脂则没有异味。

2. 实验室化验　常规理化指标包括水分、蛋白质、粗脂肪、灰分、钙和磷等，而对于一些特殊的原料有时还会检测氨基酸、小肽、脂肪酸和黄曲霉毒素等非常规指标。

饲料原料的水分含量影响着有效营养成分水平和贮存，而在实际生产中水分的检测也简便易行，因此水分是饲料原料的常检测项目之一。由于区域和季节性差异，饲料企业常根据季节的不同而对原料的水分含量做出不同的标准要求，一般夏季对原料标准水分含量要求比冬季要求低0.5%~1%。

饲料原料的营养价值由其营养元素的功效和含量而定，设定合理的实验室理化指标检测项目对评价饲料原料的价格和采购价廉物美的饲料原料具有重要的现实意义。在实际生产中，饲料企业常根据原料种类和用途的不同而设定一些必检的实验室检测项目以作为购买原料的标准。对蛋白质类饲料原料而言，常检测的项目包括蛋白质和非蛋白氮等，必要时还可检测氨基酸的组成和含量以及蛋白质消化率。对谷物类能量饲料原料而言，常检测的项目包括总能和粗纤维等，必要时还可检测可溶性淀粉含量。对油脂类饲料原料而言，常检测的项目包括酸价、碘价和皂化价等，必要时还可检测脂肪酸的组成和含量。对矿物质饲料原料而言，常检测的项目包括灰分和矿物元素含量，必要时还可检测重金属元素含量。

有的原料由于贮存时间过长或贮存环境条件差而易发生失活或氧化酸败变质，因此应注意监测其质量变化情况。油脂是常见的容易发生质量变化的原料之一，油脂变质主要表现为过氧化值升高，酸价升高，氧化分解产生各种有害的醛、酮、酸等，动物采食含变质的油脂后会发生疾病，生产性能降低。为确保油脂的质量，除正确贮存油脂防止氧化酸败外，还应对长期贮存的油脂进行质量监测，检测指标包括酸价和碘价（判断油脂中游离脂肪和不饱和双键数含量以判断油脂的质量变化情况）。鱼粉的新鲜度是影响其应用效果和饲喂安全性的重要指标，若鱼粉长期贮存在仓库中则可能由于微生物污染、脂肪酸变质、鱼粉自燃等因素导致其蛋白质分解腐败、脂肪酸氧化酸败、蛋白质焦化等变质反应。在鱼粉的贮存过程中应通过对蛋白质、脂肪酸等的监测来测定其质量变化情况。正常新鲜的鱼粉有一股浓烈的鱼香味，而变质的鱼粉有腥臭味、氨味、酸败味、哈喇味或焦臭味。

二、饲料配合

饲料配合主要是设计饲料配方，要求按照设计的配方配制出的饲料应该能够满足特定鸡群的营养需要，也不出现饲料浪费，并且其价格也比较合理。目前，有专用的饲料配方软件用于设计饲料配方。

饲料配方设计时要考虑实际使用时原料质量，因为在软件数据库中的各种原料的营养素含量是标准含量，与具体使用的原料营养素含量有可能存在差异，需要根据化验结果进行适当调整。

配方设计时特定鸡群所需的营养参数也要根据季节、鸡群实际状态等因素进行调整。

一些资料中介绍的饲料配方可以参考，但是在使用时需要调整。

三、饲料加工

（一）常规加工方法

1. 粉碎处理 一些大颗粒的饲料原料在用于配制配合饲料之前需要进行粉碎处理。适当的粉碎有助于各种原料混合均匀，有利于鸡只的采食和消化。

饲料粉碎的粒度要合适，一般用5~16目（颗粒直径1.2~4毫米）。粒度太小不利于采食，容易造成粉尘飞扬；粒度太大不便于混合均匀，不便于采食。粒度的大小还要考虑鸡的周龄，雏鸡饲料的粒度要小一些，青年鸡和成年鸡可以略大些。

谷粒和豆类在粉碎后不适于较长时间保存，因为粉碎过程破坏了种皮，失去了保护，内容物容易发霉变质。

2. 发酵处理　一些饲料原料经过发酵处理后其营养价值和消化率都会有明显的提高，如生产果酒的果渣、血粉、羽毛粉等。

发酵处理要求有合适的温度、湿度、菌种、搅拌设备、容器等。

3. 混合处理　混合是加工饲料的重要环节，按照饲料配方所提供的各种原料最终需要进行混合处理，混合的越均匀，则喂饲的效果越好。

（二）配合饲料加工工艺

按照饲料加工厂的加工过程，配合饲料的加工工艺流程如下：

1. 原料的接收

（1）散装原料的接收：以散装汽车、火车运输的，用自卸汽车经地磅称量后将原料卸到卸料坑。

（2）包装原料的接收：分为人工搬运和机械接收两种。

（3）液体原料的接收：瓶装、桶装可直接由人工搬运入库。

2. 原料的贮存　饲料中原料和物料的状态较多，必须使用各种形式的料仓，饲料厂的料仓有筒仓和房式仓两种。主原料如玉米、高粱等谷物类原料，流动性好，不易结块，多采用筒仓贮存；而副料如麸皮、豆粕等粉状原料，散落性差，存放一段时间后易结块，不易出料，多采用房式仓贮存。

3. 原料的清理　饲料原料中的杂质，不仅影响到饲料产品质量，而且直接关系到饲料加工设备及人身安全，严重时可致整台设备遭到破坏，影响饲料生产的顺利进行，故应及时清除。

饲料厂的清理设备以筛选和磁选设备为主，筛选设备主要去除原料中的石块、泥块、麻袋片等大而长的杂物，磁选设备主要去除铁质杂质。

4. 原料的粉碎　饲料粉碎的工艺流程是根据要求的粒度、饲料的品种等条件而定。按原料粉碎次数，可分为一次粉碎工艺和循环粉碎工艺或二次粉碎工艺，按与配料工序的组合形式可分为先配料后粉碎工艺与先粉碎后配料工艺。

（1）一次粉碎工艺：这是最简单、最常用、最原始的一种粉碎工艺。无论是单一原料还是混合原料，均经一次粉碎后即可，按使用粉碎机的台数可分为单机粉碎和并列粉碎，小型饲料加工厂大多采用单机粉碎，中型饲料加工厂有用两台或两台以上粉碎机并列使用，缺点是粒度不均匀、电耗较高。

（2）二次粉碎工艺：它有三种工艺形式，即单一循环粉碎工艺、阶段粉碎工艺和组织粉碎工艺。

（3）先配料后粉碎工艺：按饲料配方设计先配料再混合，然后进入粉碎机进行粉碎。

（4）先粉碎后配料工艺：本工艺先将待粉碎料进行粉碎，分别进入配料仓，然后再进行配料和混合。

5. 配料工艺 目前常用的工艺流程有人工添加配料、容积式配料、一仓一秤配料、多仓数秤配料、多仓一秤配料等。

6. 混合工艺 它可分为分批混合和连续混合两种。

（1）分批混合：分批混合就是将各种混合组分根据配方的比例混合在一起，并将它们送入周期性工作的“批量混合机”分批地进行混合。这种混合方式改换配方比较方便，每批之间的相互混杂较少，是目前普遍应用的一种混合工艺，启闭操作比较频繁，因此大多采用自动程序控制。

（2）连续混合：连续混合工艺是将各种饲料组分同时分别地连续计量，并按比例配合成一股含有各种组分的料流，当这股料流进入连续混合机后，则连续混合而成一股均匀的料流。这种工艺的优点为可以连续进行，容易与粉碎及制粒等连续操作的工序相衔接，生产时不需要频繁地操作，但是在更换配方时，流量的调节比较麻烦，而且在连续输送和连续混合设备中的物料残留较多，所以两批饲料之间的互混问题比较严重。

7. 制粒工艺

（1）调质：调质是制粒过程中最重要的环节。调质的好坏直接决定着颗粒饲料的质量。调质的目的即将配合好的干粉料调质成为具有一定水分、一定湿度、利于制粒的粉状饲料，目前我国饲料厂都是通过加入蒸汽来完成调质过程。

（2）制粒：有环模制粒和平模制粒两种方式。

1）环模制粒：调质均匀的物料先通过保安型电磁铁去杂，然后被均匀地分布在压辊和压模之间，这样物料由供料区压紧区进入挤压区，被压辊钳入模孔连续挤压开分，形成柱状的饲料，随着压模回转，被固定在压模外面的切刀切成颗粒状饲料。

2）平模制粒：混合后的物料进入制粒系统，位于压粒系统上部的旋转分料器均匀地把物料撒布于压模表面，然后由旋转的压辊将物料压入模孔并从底部压出，经模孔出来的棒状饲料由切辊切成需要的长度。

（3）冷却：在制粒过程中由于通入高温、高湿的蒸汽的同时物料被挤压产生大量的热，使得颗粒饲料刚从制粒机出来时，含水量达16%~18%，温度高达75~85℃，在这种条件下，颗粒饲料容易变形破碎，贮藏时也会产生黏结和霉变现象，必须使其水分降至14%以下，温度降低至比气温高8℃以下，这就需要冷却。

（4）破碎：在颗粒机的生产过程中为了节省电力、增加产量、提高质量，往往是将物料先制成一定大小的颗粒，然后再根据畜禽饲用时的粒度用破碎机破碎成合格的产品。

（5）筛分：颗粒饲料经粉碎工艺处理后，会产生一部分粉末凝块等不符合要求的物料，因此破碎后的颗粒饲料需要筛分成颗粒整齐、大小均匀的产品。

四、饲料卫生

近几年我国饲料产品竞争非常激烈，部分饲料生产企业为追求自身利益，往往大量使用劣质原料、未经安全评估的饲料原料、违禁原料与添加剂等。甚至有些企业使用已明令禁止的药物或采用廉价的药物超量添加；广大养殖户常出现用药的盲目性和重复添加。这些问题均造成了饲料与畜禽产品的质量安全问题，对人类健康和市场消费造成了不同程度的损害，最终严重影响了饲料企业自身和我国整个饲料工业的发展，并直接影响我国畜禽产品的出口和声誉。我国于2001年发布了《中华人民共和国国家标准饲料卫生标准》（GB 13078—2001）。这对于保证饲料卫生进而为保证畜禽产品质量安全提供了良好的基础。

（一）饲料防霉技术

饲料的霉变与存放条件、方式、时间均有直接的关系。因而，采取正确的存放方式有助于减少饲料霉变。本技术从饲料库土建、饲料堆放和添加防霉剂三个方面采取综合的防霉措施。包含地面防渗处理技术、饲料的存放技术、采用添加剂防止霉变技术。

1. 地面防渗处理技术　在饲料车间或饲料原料库、成品库内最好对地面进行防潮处理，即在水泥地面铺油毡或土工膜后再用水泥进行硬化处理，达到防潮效果。

2. 饲料的存放技术　将饲料用带塑料内膜的编织袋装好，尽量让编织袋离地，可以平放在木卡板或铁架上。标准的木卡板或铁架一般长120厘米、宽100厘米、高10厘米，每块木板宽10厘米，中间间距45厘米。可以用简易手动搬运车进行搬运，或采用液压搬运车进行搬运，为节省空间，也可以采用带升降功能的液压搬运车或叉车进行重叠码垛（图4-2）。

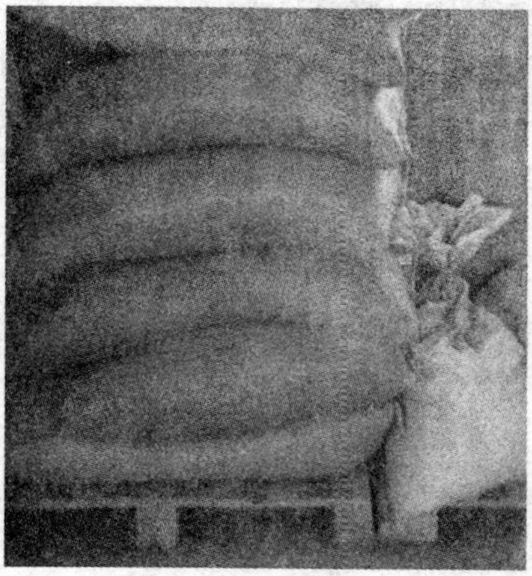

图4-2　料库内的隔潮垫板

饲料码放时，尽量与窗、墙壁保持一定的距离。如果不能做到离地离墙，尽量不能让封口处靠地、靠墙、靠窗，防止墙上渗水或潮气进入饲料袋。此外，仓库要通风、阴凉、干燥、清洁，没有霉积料。

3. 采用防霉剂防止霉变　防止饲料发生霉变的最有效方法之一就是在饲料中添加具有抑制微生物生长繁殖、防止饲料发生霉变和延长贮存时间的饲料添加剂。环境温度在7℃以上、相对湿度在75%以上，就应该开始在饲料中添加防霉剂。而到了高温高湿季节，即温度在24~32℃、相对湿度在75%时，为了防止饲料中霉菌繁殖，更需添加一定量的防霉剂。防霉剂种类很多，但肉鸡饲料中常用丙酸及其盐类作为防霉剂。

（二）饲料脱毒技术

1. 棉粕的简单脱毒技术 棉粕富含蛋白质，广泛用于肉鸡饲料中。但棉粕中富含棉酚等抗营养因子，棉酚分结合棉酚和游离棉酚。结合棉酚，即棉粕中大部分的棉酚与氨基酸和蛋白质结合，难以被动物消化吸收，能够很快排出体外，所以对动物的危害不大。对动物危害最大的是游离棉酚，游离棉酚是一种神经、血管和细胞的毒素，能导致肝脏多灶性胆管增生和外周淋巴细胞增生，在肝脏门静脉周围的肝细胞严重堆积黄褐色色素，造成肝脏损伤；棉酚还会刺激肠道，引起胃肠黏膜出血；棉酚的活性基团羟基和醛基可以与蛋白质和氨基酸结合，降低蛋白质和氨基酸的消化利用率；能降低肉鸡采食量、日增重和饲料转化率，影响棉粕在肉鸡日粮中的大量使用。所以，在配合饲料过程中，必须严格控制饲料中游离棉酚的含量。GB 13078—2001严格规定了肉仔鸡配合饲料中游离棉酚含量应低于100毫克/千克。

棉粕中含游离棉酚（200~1 445.4毫克/千克），如果未经浸提，榨油过程中高温加热不充分，脱壳不全的棉粕，品质较差，游离棉酚含量高，可能超过国家规定值（1 200毫克/千克）。结合棉酚在消化过程中，能释放出游离棉酚；通过脱毒处理，可以提高棉粕在肉鸡饲料中的添加水平。由于Fe^{2+}能与游离棉酚反应生成棉酚-铁络合物，使游离棉酚的活性羟基失活而达到脱毒的目的。

硫酸亚铁处理棉粕脱毒法：根据饲料中游离棉酚含量，按等摩尔浓度添加亚铁离子。例如，棉粕在肉鸡前期饲料中添加5%，后期最多添加15%计算，日粮中游离棉酚最高含量可能为前期75毫克/千克，后期225毫克/千克，一水硫酸亚铁中含铁为30%，则如果饲料中添加5%棉粕，需要添加一水硫酸亚铁0.025%；如果添加15%棉粕，则需要添加0.075%一水硫酸亚铁。即添加棉粕后，按等量亚铁量，将一水硫酸亚铁直接添加到配合饲料中，混合后即可饲喂。

2. 菜籽粕的脱毒技术 我国盛产菜籽粕，菜籽粕也常用于肉鸡饲料中。由于菜籽粕富含硫葡糖苷、芥子碱等抗营养因子，硫葡糖苷本身并无毒，但在芥子酶的水解作用下，产生噁唑烷硫酮、异硫氰酸盐以及腈和硫代氰酸盐等毒性很强的物质，影响饲料的适口性，并导致动物甲状腺肿大，皮下出血，并影响肾上腺皮质、脑垂体和肝脏等器官的功能，降低肉鸡生产性能。因而，对菜籽粕进行脱毒处理，降低其抗营养因子含量才有助于提高菜籽粕在肉鸡日粮中的使用量和使用效果。

EM发酵处理菜籽饼粕脱毒法：每100千克菜籽饼（粕）使用EM原液0.1~0.3升，加等量糖蜜或红糖，用20~30千克水稀释后均匀拌入固体饲料中，注意：水分含量掌握在“一捏成团、一触即散”的状态。一般发酵 2~3 天，待出现酒曲醇香气味，即发酵成功。EM 发酵处理会使菜籽饼（粕）中异硫氰酸盐减少 95%。

第五章　种鸡的繁殖

繁殖是禽类繁衍后代的一种行为和过程，在现代养鸡生产中繁殖技术是在规模化养殖条件下通过人为干预鸡群的生活条件来提高种鸡繁殖后代能力的综合性技术。种鸡繁殖的目的是获得更多的、受精率高的合格种蛋及更多健壮的雏鸡；种鸡繁殖的手段包括后备种鸡选留、配种管理和孵化等。

第一节　公鸡的生殖特点

公鸡的生殖管理技术目的是提高精子的质和量，提高其配种能力。

一、公鸡的生殖系统

公鸡的生殖器官包括睾丸、附睾、输精管和交配器官等（图 5-1）。

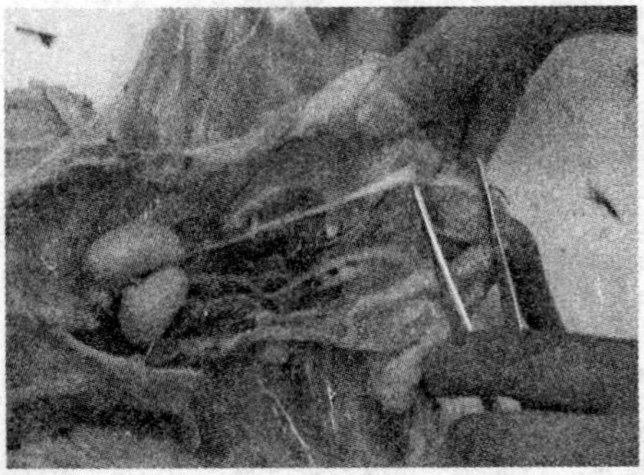

图 5-1　公鸡的生殖器官

1. 睾丸的解剖及功能

（1）睾丸的解剖特点：睾丸位于肾脏前叶的腹面、肺叶的后面，靠近腹部气囊，以短的系膜悬在腹腔顶壁正中两侧，其体表投影在最后两肋间隙靠背侧部。南方一些地区为公雏鸡做去势术的时候都是在睾丸的体表投影位置做切口。

睾丸的最外面是一层很薄的、近乎透明的浆膜，浆膜下面是一层白膜，白膜由致密的结缔组织构成，其内壁一些组织深入睾丸的实质部分形成分布在精细管间的结缔组织，称为睾丸间质。睾丸的实质部分主要由大量长而卷曲的网状的精细管构成，精细管的长度和直径与性成熟有关，性成熟后精细管的长度急剧变长，直径变大。精细管的内壁是生精上皮，它是精子生成的场所。

（2）外观特点：睾丸的大小和颜色与周龄有很大关系。幼龄时睾丸如大麦粒状，紧贴在腹腔背壁；而后其直径增大呈豆粒状，颜色为淡黄色或带有其他色斑，12 周龄时公鸡的睾丸如同花生米大小；性成熟后睾丸体积增大，成年公鸡的睾丸大如鸽蛋，形如蚕豆，白色，单个重量 7~14 克。

（3）生理作用：生理作用主要有两个，一是产生精子，性成熟后的公鸡其精细管内的生精上皮中精原细胞分裂、分化，不断形成精子；二是产生雄激素。睾丸中合成和分泌的激素大体可以分为两类：一是由睾丸间质细胞合成和分泌的类固醇激素（主要是雄激素），二是抑制素等蛋白质激素。

2. 附睾　它又称睾丸旁导管系统。

（1）结构：鸡的附睾相对于家畜而言显得细小，呈纺锤状，紧附于睾丸的背侧，由于被睾丸系膜所遮蔽，在 15 周龄前其外形不明显。附睾由一部分睾丸网、睾丸输出管和附睾管所组成。附睾管很短，由附睾后端走出，延续为输精管。在性活动旺盛时期附睾中充满精子，略显凸起。

（2）生理功能：附睾是精子输出睾丸向输精管输送的通道，也是精子临时贮存和成熟的重要场所。

3. 输精管

（1）外观与结构：输精管的前端与附睾尾相连，后端与泄殖腔相通，位于左右两侧肾脏腹面的正中，与输尿管并行。前段在输尿管的内侧，在肾的尾端越过输尿管的腹侧面，并沿其外侧伸向尾端。幼龄公鸡的输精管细、直、色浅，在 6 周龄前如果不仔细观察就不容易发现；性成熟后由于输精管内充满精子，则显得较粗并凸起呈圆管状，有很多弯曲似索状，颜色发白。输精管的后段在进入泄殖腔环时先变直，进入泄殖腔环后膨大呈囊状（称为贮精囊），终端以乳头状突出于泄殖腔。

（2）生理功能：输精管既是精子的贮存场所也是精子成熟的场所。据试验报道，直接用从睾丸中取出的精子为母鸡输精则几乎不能获得受精蛋，而用取自附睾的精子进行输精种蛋的受精率仅有 13%，而用取自输精管后段的精子输精则种蛋受精率可达 73%。

4. 外生殖器　外生殖器也称交配器官。公鸡的交配器官属于凸起型（图 5-2）。其交配器官不发达，由一对射精乳头、血管体、淋巴褶和阴茎乳头组成。血管体呈扁平的纺锤形，位于泄殖腔内肛道的腹外侧壁内，它由许多毛细血管丛构成，为红色。阴茎乳头位于肛道的腹侧正中，淋巴褶夹在阴茎乳头和射精乳头之间，性兴奋时这些淋巴褶可以勃起。交配时阴茎乳头因血管体中产生的淋巴液流入而增

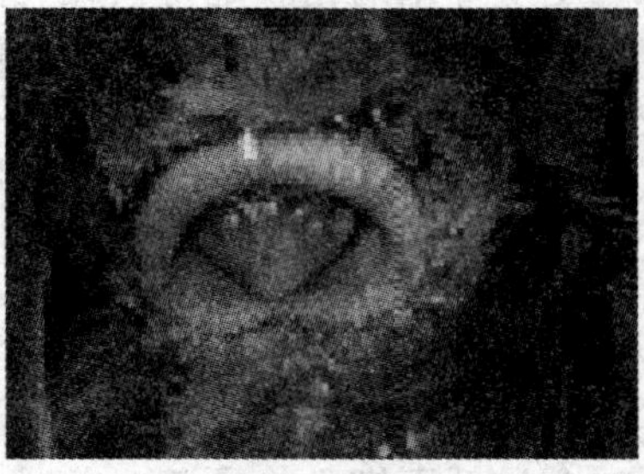

图 5-2　成年公鸡的交配器官

大，并伸入母鸡外翻的泄殖腔内，此时由射精管乳头射出的精液与由淋巴褶和血管体分泌的透明液一起沿其中的沟导入阴道。刚孵出的公雏鸡其阴茎乳头相对较大，可以借此鉴别公母，2 日龄后其阴茎乳头逐渐退化。

二、精子与精液

1. 精子的形态和结构 精子由头、颈、体和尾构成（图 5-3）。

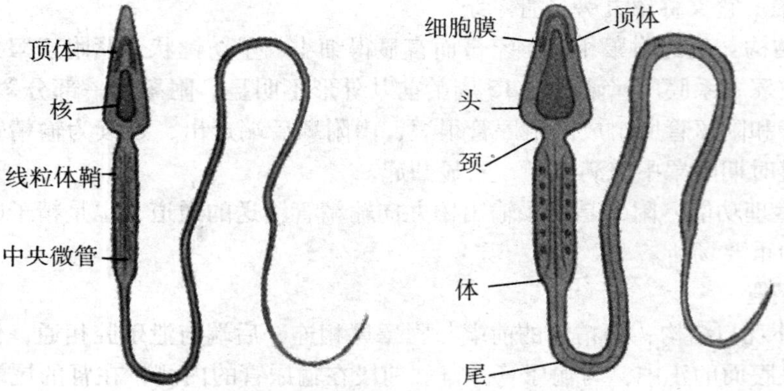

图 5-3 精子的形态和结构示意

鸡的精子与哺乳动物的精子在形态上有差别：鸡精子头部形状为新月状，家畜精子的头部形态为椭圆形；家禽精子尾部的相对长度较大。鸡精子头、颈和尾部的长度分别为 1. 75 微米、1. 25 微米和 8 微米。

从精子的超微结构来看，顶体的结构比较简单，其细胞膜为双层，内膜和外膜形成头鞘或核帽；头部的中间是遗传物质（DNA）的存储部位，颈部（中段）是一个由线粒体鞘围成的圆柱形远端中心粒，尾的全长以尾丝为骨干，其中轴丝及其周围的纤丝数目和排列与各种动物都一样，并与生殖道上皮细胞的纤毛相似。尾丝外围的鞘膜是易被碱类溶解的蛋白质基质。

2. 鸡的精液 鸡的精液由精清和精子组成，精清中的主要成分为水，其中溶解有一些有机质和无机物。与家畜精液相比，鸡精液中精清的含量较少，精子密度较大，以重量百分比计其中水分的含量为 75%～90%，干物质含量为10%～25%。

鸡精清中干物质的成分与家畜精清的干物质成分差别较大，鸡精液中几乎不含果糖、柠檬酸、硫组氨酸三甲基内盐、肌醇、磷酰胆碱和磷酸甘油胆碱；氯化物的含量低而钾的含量高；游离氨基酸的含量也较高，约为哺乳动物的 10 倍，而且主要是谷氨酸，它主要来源于精细管。精液中的游离氨基酸是精子需氧代谢可氧化的基质，而且有利于为核酸的合成做准备条件。公鸡精液中碱性磷酸酶的活性很高，这与精液有高度受精能力所需的最适能量代谢有关。

造成这种差异的主要原因是公鸡缺乏副性腺（精囊腺和前列腺），而且附睾的体积也很小。精清主要由输精管末端的膨大部分泌，睾丸网、睾丸输出管和附睾管也分泌少量的液体进入精液，若是采用人工授精，在采精时泄殖腔内的脉管体和淋巴褶也会分泌少量透明液进入精液。

精液中所含维生素的量与种公鸡本身的营养状况有密切联系，呈现为正相关关系。维生素C的含量约为血液中的10倍，这与其抗氧化保护作用有关。

三、影响精子生成的因素

影响精子生成最直接的因素是机体内生殖内分泌的状态，许多激素都会对精子生成产生直接或间接的影响。这些因素包括遗传因素、个体差异、营养因素、环境因素、健康、管理因素和年龄等。

（一）饲料与营养方面的影响

1. 营养素与精液的产生　许多种营养素直接参与精子的形成，有的与精子形成过程所需要的酶有关。

（1）维生素：任何一种维生素缺乏都有可能造成种蛋受精率下降。维生素A缺乏时生殖上皮萎缩，输精管上皮变性，睾丸重量下降，精子和精原细胞消失；维生素E不足会引起睾丸萎缩，前列腺素合成减少；维生素C缺乏则生殖功能紊乱，精液质量下降，据报道，鸡精液中维生素C的浓度比血清中高10倍，它可以保护精子免受氧化的影响。

（2）蛋白质：在种公鸡饲料蛋白质含量方面的研究存在着相互矛盾的两个方面：有人认为，饲料中蛋白质含量为14%左右即可获得高质量的精液，而16%的蛋白质含量效果不如14%的。然而在生产实际中有人每天给公鸡补充鸡蛋也取得了使精液质量提高的效果。据分析，如果使用蛋白质含量较低的日粮则必须有一定量的鱼粉等优质蛋白质做保证。

（3）微量元素：适量的硒是保持家禽生殖能力的重要条件，它影响排卵诱导素（OIH或LH）的合成，而排卵诱导素可以影响生殖细胞的发育和成熟过程；锌在精子和精液中的含量都比较高，它对于保持精子内部结构的稳定具有重要作用，与雄激素的合成和分泌也有密切关系，锌不足会使血液中雄激素含量减少，这可能与睾丸间质细胞减少和精细管萎缩有关；碘参与甲状腺素的合成，缺碘时血液中甲状腺素含量减少，无法维持生殖功能的正常。

2. 饲料的质量　它主要是影响公鸡对营养素的摄入、吸收和利用。

（1）饲料发霉变质：发霉变质的饲料不仅其适口性差，其中的营养素也会出现氧化分解或变质，甚至产生一些对鸡体有害的物质。配合饲料时使用了发霉的饲料原料、饲料原料的含水量偏高、饲料存放的条件不适当、饲料在料槽内时间过长等都是饲料发霉变质的影响因素。

（2）饲料存放不当：在温度高、湿度大的环境中存放饲料不仅容易使饲料发霉变质，而且其中的营养成分的破坏也比较严重。如脂肪的酸败、维生素的分解等。有的营养素的稳定性受光线和空气中氧气的影响，存放过程中饲料与氧气接触、暴露在光线下等都会加快其分解。

（3）饲料毒素与抗营养因子：棉籽（仁）饼粕中的游离棉酚对公鸡的生殖系统有侵害作用，当饲料中棉酚含量过高或长期偏高的情况下公鸡会出现睾丸炎性浸润、曲细精管萎缩、间质增生等问题进而导致精液质量降低；菜籽饼粕中所含的硫葡萄糖苷类物质可进一步生成氰类和噁唑烷硫酮等，这些可以引起鸡的甲状腺肿大，甲状腺素分泌减少，影响精液产生；此外，饲料中残留的一些重金属和某些化学物质也会影响生精功能。

（4）营养不平衡：饲料中的能量水平过高、过低，蛋白质含量过高、过低，维生素和微量元素缺乏，营养素之间的比例不平衡都会影响其他营养素的吸收。

3. 采食量 一只成年种公鸡在繁殖期内平均每天的采食量为105～130克，它主要与饲料的营养水平和该品种公鸡体重大小有关。如果采食量达不到应有水平，则可能造成营养不良，体况偏瘦，精液质量下降。生产实际当中对于一些精液质量不好的公鸡群进行测定，往往会发现其采食量较低。

（二）健康的影响

健康是机体各种生理机能正常的标志，是鸡体发挥其生产潜力的基础。无论是传染病还是营养代谢病的发生都会影响公鸡的生精功能，因为病鸡发病后其新陈代谢出现失常，组织器官发生病变，机体需要动用一切机能来抵抗这种异常变化，其做出的第一反应就是繁殖力下降。即便是有些个体感染后在临床症状上无明显表现也会影响精子的生成，如感染沙门菌的公鸡，解剖后可以发现其睾丸明显萎缩，输精管管腔增大并充满稠密的均质渗出物；感染内脏型马立克病的公鸡，如果病变发生在睾丸则会在睾丸形成肿瘤，正常的组织被破坏等。

（三）环境状况的影响

环境对鸡体的影响是多方面的，有些是直接的而有些是间接的。

1. 温度的影响 高温会使公鸡的繁殖力下降。据报道，公鸡的精液产量和密度以春季最高，夏季最低。另有报道认为，夏季当气温突然升高的最初几天公鸡的精液质量会明显下降，而经过1周之后则可以逐渐恢复。但是，夏季种蛋受精率低的现象似乎不能排除公鸡精子质量的影响，尤其是精子的活力和畸形率。冬季的低温会影响公鸡的生殖激素合成和分泌，也会影响到精液质量，但是没有高温的影响明显。

2. 光照的影响 许多研究证明，光照时间递增对公鸡的精子生成有促进作用，光照时间递减则相反。有报道认为，每天16小时的照明时间所获得的每次射精精子总数、活精子数均比每天光照 12 小时的多，而且畸形精子数量少，如果每天光照时间只有 8 小时则精液质量明显不如每天光照 12 小时的。从光线颜色看，红光和橙光比绿光和黄光对睾丸的刺激作用更大。

3. 其他环境因素　通风不良所造成的鸡舍内氨气、硫化氢含量过高，如果公鸡长期处于这种环境中，则对其精液质量有消极影响。

（四）种公鸡的个体差异

即便是同一个品种、同一批次、在同样条件下饲养的公鸡，其每次的采精量、精子密度、活力、畸形率等指标也会有差别，如有的公鸡每次采精量能够达到 0.8 毫升，而有的仅有 0.2 毫升。因此，在种公鸡选择时，尤其是在采精训练时需要对这些指标高度关注。同时，也应该在育种过程中重视这一指标。

（五）种公鸡的育成期培育效果

育成期的后备公鸡无论由何原因引起的发育不良都有可能会影响其生殖系统的发育，或影响内分泌系统的功能，进而影响其繁殖能力。

（六）种公鸡的年龄

通常情况下，25~45 周龄是公鸡精液质量最好的时期，45 周龄以后就会有一部分公鸡的精液质量逐渐下降。这就要求生产者要考虑在本群种鸡达到性成熟的同时另外饲养部分同品种的小公鸡，以便于在繁殖后期替代精液质量差的个体。

（七）种公鸡的药物使用

生产中某些用于疾病防治的药物也会对精子的形成或存活产生有害影响，以前有人通过实验给公鸡长时间喂服痢特灵就可能会因为阻止睾丸内草酸形成柠檬酸而妨碍组织对氧的吸收，从而降低公鸡的繁殖机能；利血平对精子生成过程也有消极影响。

（八）种公鸡的饲养笼具

笼养蛋种鸡饲养过程中种公鸡要饲养在专用的公鸡笼内，笼具设计是以满足公鸡的体型特点和生理需要为基础的。因此，其规格是有一定要求的。

1. 笼具是鸡的生活环境　生活环境舒适才能使公鸡保持良好的精神状态，如果把公鸡关入母鸡笼内则会使公鸡感到压抑，尾巴的羽毛磨损严重，时间长了对精液的质量会产生不良影响。

2. 笼具不能影响公鸡的采食和饮水　鸡笼的前网栅距宽度、水槽上缘与前网横丝之间的距离、水槽与料槽之间的距离是否合适都会影响公鸡的采食和饮水。生产上由于笼具变形、水槽安装不恰当等而使公鸡采食饮水受限制，导致公鸡营养缺乏而影响精液质量的情况是经常遇到的。

3. 公鸡应单笼饲养　公鸡具有好争斗的习性，如果一个笼内放置多只公鸡则会由于相互之间的争斗而使部分公鸡处于劣势地位，它们的精液质量就会较差。即便是每个单笼内一只公鸡，如果笼的侧网破损，相邻的两只公鸡之间的争斗也同样会影响精液生产。有的人把就巢的母鸡放入公鸡笼内以刺激其及早醒抱，这会使母鸡被踩伤，也会因为公鸡与其交配而在采精时精液量少。

（九）种公鸡的应激反应

因为应激反应发生的时候机体的肾上腺皮质激素分泌都会明显增加，而肾上腺皮质激素对生殖系统有抑制作用，因此出现应激伴随着公鸡繁殖力下降的情况。

生产中应激的情况随时都会出现，如温度的骤变、缺水缺料、惊吓、光照时间的突然变化、免疫接种等都是引起应激的根源。

第二节　母鸡的生殖系统

一、母鸡生殖系统的解剖

母鸡的生殖器官包括卵巢和输卵管两部分，而且只有左侧能正常发育，右侧在胚胎发育后期开始退化，只有极少数的个体其右侧的卵巢或（和）输卵管能正常发育并具备生理机能（图 5-4 和图 5-5）。

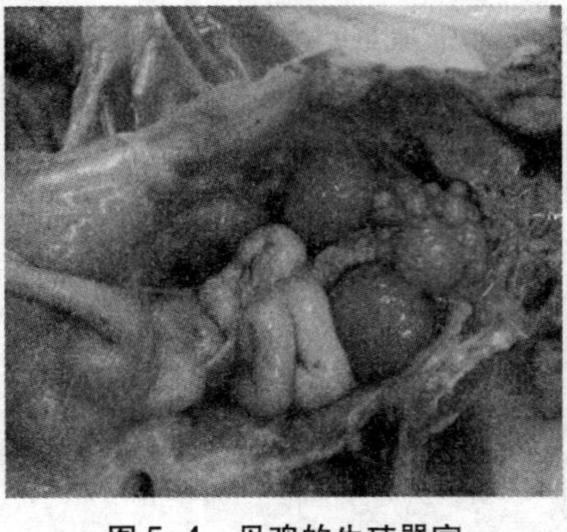

图 5-4　母鸡的生殖器官

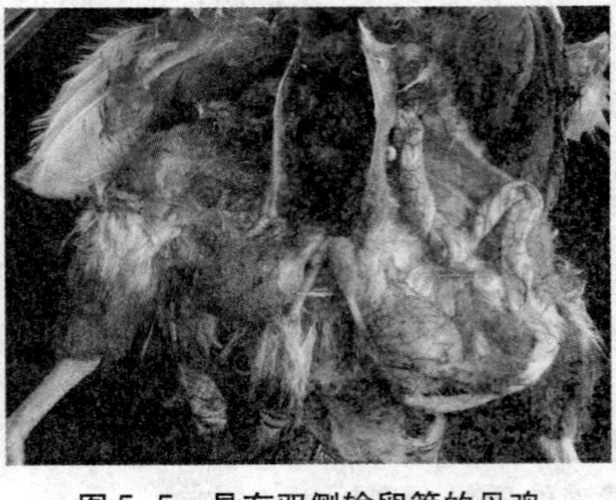

图 5-5　具有双侧输卵管的母鸡

1. 卵巢

（1）解剖特点：在正常情况下，未达性成熟母鸡的卵巢位于腹腔的左侧，左肾前叶的头端腹面，肾上腺的腹侧，左肺叶的后方，以较短的卵巢系膜韧带悬于腰部背壁。另外，卵巢还与腹膜褶及输卵管相连接。性成熟后母鸡的卵巢位于腹腔左侧前上部。

卵巢分为内外两层：内层称为卵巢髓质，主要由结缔组织纤维、间质细胞和平滑肌细胞组成，髓质内分布有丰富的血管和神经。外层为卵巢皮质（包括最表面的生殖上皮和其下面的白膜，白膜为一层结缔组织），皮质内有大量的卵泡、未分化形成的卵泡前体和皮质间质细胞。卵泡由卵细胞和包被于其表面的卵泡细胞（形成卵泡膜）组成，卵泡的表面分布大量的血管和神经末梢。

（2）外观特点：卵巢的大小、颜色和形状随母鸡的月龄大小和性活动状态而有很大变化。幼雏的卵巢为扁平的椭圆形，颜色灰黄，随雏鸡月龄的增大，卵巢逐渐突出，颜色逐渐变为灰白，其表面呈颗粒状。性成熟后卵巢表面有许多大小不等的卵泡堆叠，形似一串葡萄，直径小于 3 毫米的小卵泡及卵巢实质部分仍为灰白色，直径在 3~15 毫米的中型卵泡颜色为浅黄色，直径大于 15 毫米的大卵泡为黄色。

幼龄时期鸡卵巢的重量不足 1 克，以后缓慢增长，16 周龄时仍不足 5 克，性成熟后可达 50~90 克，这主要是来自十多个大、中卵泡的重量，而卵巢的主要组织重量仅增至 6 克。卵巢的重量还取决于性器官的功能状况，抱窝期或停产的鸡卵巢萎缩，重量仅为正常的 10%左右。

被沙门菌感染的卵巢，其卵泡表面血管有充血、出血现象，卵黄为油乳状，卵泡松弛，卵黄蒂变长。

（3）卵巢的生理功能：主要有两方面，一是形成卵泡，卵巢皮质部有成千上万个卵泡，接近性成熟时有一部分卵泡开始快速发育，其后陆续有部分卵泡以较快的速度生长，当卵泡发育到一定程度时达到成熟，卵泡膜破裂发生排卵；二是分泌激素。卵巢分泌的激素有两类，一类是由较大卵泡的卵泡膜内膜细胞合成和分泌的雌激素，颗粒细胞合成和分泌的孕激素；另一类是抑制素和卵泡抑素。

2. 输卵管

（1）解剖及结构：输卵管位于腹腔左侧，前端在卵巢下方，后端与泄殖腔相通。幼雏的输卵管较为平直，贴于左侧肾脏的腹面，颜色较浅；随周龄增大，其直径变粗，长度加长，弯曲增多；当达到性成熟时，则显得极度弯曲，外观为灰白色。停产期会明显萎缩，重量不足产蛋期的 10%。

输卵管由外向内共 3 层：浆膜层、肌肉层和黏膜层，后两层在输卵管不同部位的厚度和形状有较大差别。

（2）功能：根据结构和生理作用差别可将输卵管分为 5 个部分，其各自的功能如下：

1）漏斗部：漏斗部也称伞部，形如漏斗，是输卵管的起始部。其开口处是很薄的、游离的指状突起，平时闭合，当排卵时在激素作用下该部位不停地开闭、蠕动。向后则管径变细，该部后端狭窄，称为颈。该部的背壁以腹膜褶与卵巢相连。

漏斗部的功能主要是摄取卵巢上排出的卵子（卵黄），其中下部内壁的皱褶中还可以贮存精子（又称精子窝），因此，这里也是受精的部位。

漏斗部具有较强的再生功能，若有不大于1.5厘米的破裂处即会很快愈合，不会影响卵子的通过。

2）膨大部：膨大部也称蛋白分泌部，是输卵管最长和最弯曲的部位，管腔较粗，管壁较厚，长度为输卵管总长的50%~65%。内壁黏膜形成宽而深的纵褶，其上有很发达的管状腺体和单细胞腺体。其肌肉层发达，外纵肌束呈螺旋状排列，蠕动时可推动卵黄向后旋转前进。内壁的腺体能够分泌黏稠的蛋白。

3）峡部：峡部又称管腰部，是输卵管中后部较狭窄的一段，它与膨大部之间的界线不太明显，内壁的纵褶不显著。蛋的内外壳膜是在此形成的，它决定了蛋的形状。此处还可能会分泌少量蛋白。

4）子宫部：子宫部也称壳腺部，是峡部之后的一段较短的囊状扩大部，肌肉层很厚，在与峡部的交界处环形面加厚形成括约肌。黏膜被许多横的和斜的沟分割成叶片状的次级褶，腺体狭小，又称壳腺。子宫部腺体的分泌物包括子宫液和碳酸钙，蛋壳上的色素也是在此分泌的。

5）阴道部：阴道部处于输卵管的末端，呈“*S*”状弯曲，开口于泄殖腔的左侧。阴道部的肌肉层较厚，黏膜白色，有低而细的皱褶。

子宫与阴道的结合部有子宫阴道腺，当蛋产出时经过此处，其分泌物涂抹在蛋壳表面会形成胶护膜。另外，该部腺体可以贮藏和释放精子，交配后或输精后精子可暂时贮存于其中，在一定时期内陆续释放，维持受精。

二、鸡蛋的构造与形成过程

1. 鸡蛋的构造　鸡蛋由外到内依次为蛋壳、壳膜、蛋白、蛋黄（图5-6）。

（1）蛋壳：蛋壳由碳酸钙柱状结晶体组成，每个柱状结晶体的下部为乳头体，是与壳膜接触的位置，结构相对疏松，中上部的结构比较致密，是蛋壳的主要成分。在柱状结晶体之间存在缝隙，即气孔，它是蛋内外气体交换和蛋内水分蒸发的通道。气孔的基部和顶部直径较大，中间部位直径较小。

蛋壳的厚度为0.28~0.35毫米，蛋的不同部位壳厚度有差异：通常蛋的锐端（小头）较厚，钝端（气室端或大头）较薄。

在蛋壳的外表面有一层非常薄的膜（胶护膜），遮蔽着气孔，能够防止外界细菌进入蛋内和防止蛋内水分蒸发。它是由子宫部和阴道部结合处的腺体分泌的黏液形成的，随着蛋存放时间的延长会逐渐消失，水洗后也容易脱落。

（2）壳膜：壳膜有两层，贴在蛋壳内壁的一层是外壳膜，在其内部并包围在蛋白表面的是内壳膜，也称为蛋白膜。在气室处内外壳膜是分离的，在其他部位则是紧贴在一起的。外壳膜结构较疏松，内壳膜较致密。

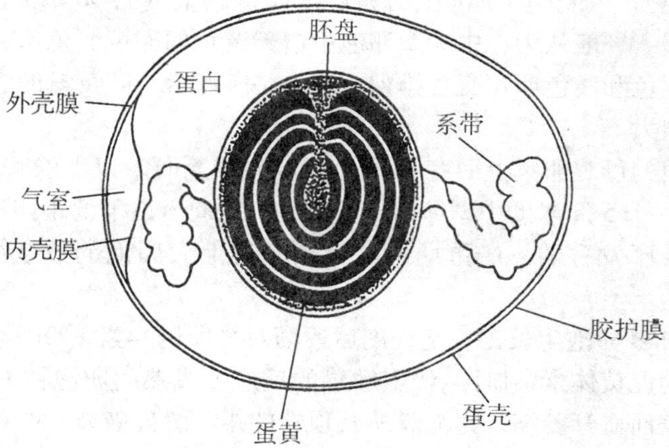

图 5-6 鸡蛋的结构

蛋的钝端内部有一个气室，它是由于蛋产出后蛋白和蛋黄因环境温度下降而体积收缩、空气由蛋壳厚度较小的钝端气孔进入形成的。气孔随着蛋存放时间延长而增大，尤其是存放环境湿度小、温度高的情况下更明显，这主要是蛋内水分蒸发造成的。因此，可以通过观察气室的大小判别鸡蛋存放时间的长短。

在孵化过程中气室中的空气可以为后期胚胎提供氧气。有资料报道，如果把刚产出的种蛋直接放入孵化器则容易形成弱雏，其原因就是气室还没有达到足够大，内部的空气量少。

（3）蛋白：蛋白即常说的蛋清，是蛋中所占比例最大的部分，主要是水分和蛋白质。由外向内分为四层：外稀蛋白层、浓蛋白层、内稀蛋白层和系带层。蛋白中水分含量比较高，约为 80%。

（4）蛋黄：位于蛋的中心位置。蛋黄最中间是蛋黄心，围绕蛋黄心深色蛋黄和浅色蛋黄叠层排列，蛋黄的表面被蛋黄膜所包围。在蛋黄的上面有一个颜色与周围不同的圆斑，是胚盘或胚珠的位置。胚珠是处于次级卵母细胞阶段的卵细胞，其外观直径比较小；胚盘是处于囊胚期或原肠胚早期的胚胎，外观直径比较大。

2. 卵泡发育与排卵 卵泡的发育过程就是卵黄的沉积过程，当卵泡发育足够大、内部沉积的卵黄足够多时，卵泡就成熟并排出从而形成鸡蛋。

（1）卵泡发育过程：在正常的卵巢表面有数千个大小不等的卵泡，在幼雏阶段其发育十分缓慢，直到性成熟前 4 周较大卵泡的体积也只有绿豆大小，性成熟前 3 周开始发育迅速。卵泡发育时主要是卵黄物质（磷脂蛋白）在卵泡内沉积，初期沉积的卵黄颜色比较浅，中后期的卵黄颜色比较深。

卵泡成熟前7~9天内所沉积的卵黄占卵黄总重量的90%以上，此前卵黄的沉积速度很慢。一般认为，中大型卵泡中白天沉积的卵黄颜色深，夜间沉积的卵黄颜色浅，深色和浅色卵黄交替排列。饲料中叶绿素、叶黄素的含量对卵黄颜色深浅的影响很大。

性成熟后的母鸡卵巢上面有3~6个直径在1.5厘米以上的大卵泡，有5~10个直径在0.5~1.5厘米的中型卵泡，直径在0.5厘米以下的小卵泡有很多。卵巢上的卵泡是有序发育的，产蛋期内的母鸡卵巢上大卵泡的数量始终保持在3~6个。

（2）排卵：卵泡生长到一定程度后逐渐对排卵诱导素（OIH，这种激素在哺乳动物也称为促黄体素、LH）产生敏感的反应。成熟的卵泡在OIH的作用下卵泡膜变脆，表面血管萎缩，卵泡膜从其顶端的排卵缝处破裂，卵黄从中排出。

当子宫内有蛋存在的时候，卵巢上成熟的卵泡暂时不排卵；当蛋产出后约经过30分钟开始下次排卵。

3. 蛋的形成过程 成熟的卵（黄）从卵巢排出后被输卵管的伞部接纳，伞部的边缘包紧并压迫卵黄向后运行，大约经过20分钟的时间卵黄通过伞部进入膨大部。

当卵黄进入膨大部后刺激该部位黏膜层的腺体，腺体分泌黏稠的蛋白包围在卵黄的周围。由于膨大部的肌纤维是以螺旋形式排列的，卵黄在此段内以旋转的形式向前运行，最初分泌的黏稠蛋白形成系带和内稀蛋白层，此后分泌的黏稠蛋白包围在内稀蛋白层的外周，大约经过3小时蛋离开膨大部进入峡部。

峡部的腺体分泌物包围在黏稠蛋白周围形成内、外壳膜，一般认为峡部前段的分泌物形成内壳膜、后段分泌物形成外壳膜。在这个部位，壳膜的形状将决定蛋的形状。蛋经过峡部的时间约为1小时。

蛋离开峡部后进入子宫部，在子宫部停留17~20小时。在最初的4小时内子宫部分泌子宫液并透过壳膜渗入蛋白内，使靠近壳膜的黏稠蛋白被稀释而形成外稀蛋白层，并使蛋白的重量增加近1倍。此后腺体分泌的碳酸钙沉积在外壳膜上形成蛋壳，在蛋产出前碳酸钙持续地沉积。蛋壳的颜色是由存在于壳内的色素决定的，血红蛋白中的卟啉经过若干种酶的分解后形成各种色素，经过血液循环到达子宫部而沉积在蛋壳上。产有色蛋壳的品种是其体内缺少某一种酶或某几种酶，而产白色蛋壳的则是体内有相关的各种酶，能最终将色素完全分解。

蛋产出前经过子宫阴道腺时该腺体分泌物涂抹于蛋壳表面，蛋产出后干燥形成胶护膜并堵塞气孔。蛋在产出的过程中经过阴道部的时间仅有几分钟。

4. 蛋壳形成机制 蛋壳质量是蛋品质量的决定因素，无论是商品食用蛋或是种蛋，都要求蛋壳的质量良好。蛋壳的主要成分是碳酸钙，形成所需的碳酸根离子（CO_3^{2-}）来自血液中的碳酸氢根离子（HCO_3^-），HCO_3^-在子宫部被碳酸酐酶作用，形成 CO_3^{2-}；Ca^{2+}来自于饲料或髓质骨。在子宫部腺体内 CO_3^{2-} 和 Ca^{2+}结合形成 $CaCO_3$。

夏季高温情况下鸡的呼吸加快，二氧化碳排出过多，血液中碳酸氢根离子浓度下降，容易导致蛋壳变薄。通过饮水或向饲料中添加碳酸氢钠则可以缓解这种不良影响。

蛋壳形成所需的钙主要是饲料中所含的钙，它经肠道吸收后进入血液循环，然后到达子宫部经该部位腺体沉积于壳膜上，下午及前半夜这段时间蛋壳形成所沉积的钙均是如此。后半夜至第二天喂料前这一时期蛋壳形成所需要的钙主要来自髓质骨，因为此时肠道内几乎已经没有食物存在，血液中经肠道吸收的钙源已经很少，此时在甲状旁腺激素的作用下髓质骨开始分解并将钙释放进入血液用于蛋壳的形成。不过在第二天上午母鸡采食后髓质骨又重新得到恢复。

髓质骨是母鸡所特有的一种组织，存在于长骨（臂骨、腿骨等）的骨腔内。当母鸡接近性成熟的时候，体内雌激素的含量明显升高，在雌激素的刺激下钙离子在长骨腔内沉积。公鸡和未达到性成熟的母鸡无髓质骨。生产上为了减少髓质骨的动用，可以考虑在傍晚喂料时向饲料中添加一些颗粒状的贝壳粒或石灰石粒，它们在肠道的存留时间较长，能够长时间持续为血液提供钙，有利于蛋壳质量的提高和减少钙缺乏症的发生。

饲料中缺少钙会使产蛋期的鸡大量动用髓质骨中的钙，造成血钙降低，导致肌肉无力而无法站立。不过，在地面散养的鸡很少出现这种情况。

三、产蛋机制

（1）产蛋过程：当蛋在输卵管内形成后，在母鸡体内相关激素的作用下，刺激子宫部肌肉发生收缩，将蛋排出体外。有人研究发现，大多数蛋在子宫部的时候是锐端向前，而在产出时则是钝端朝前。

（2）产蛋时间：一般来说，鸡的集中产蛋时间是在当天光照开始后的 3~6 个小时的时段内。据统计，在正常情况下上午 12 时之前所产蛋占当天产蛋总数的 80%左右，下午 2 时之前占 95%以上，下午 2 时以后产蛋很少。如果环境温度出现大的变化或饲养管理出现失误，家禽出现疫情，则产蛋时间会向后推迟，而且分布比较分散。

（2）产蛋的激素调节：垂体后叶分泌的催产素是调控产蛋的主要激素，它能够刺激子宫部肌肉的收缩，推动蛋向前运动。孕激素也是调控产蛋的重要激素，在蛋产出前 12 小时血液中的孕激素达到最高水平，据实验，切除卵巢上的破裂卵泡和接近成熟卵泡蛋将长时间停留在输卵管内，这是由于切断了孕激素的来源而阻止了蛋的产出。前列腺素也是参与产蛋调节的重要激素，它能够刺激子宫部肌肉的收缩。

（3）产蛋规律：家禽在达到性成熟后至淘汰这个生产期内，其产蛋率的变化可以分为三个阶段，下面以蛋鸡为例介绍这三个阶段的特点：

1）产蛋率上升期：它通常是指 20~27 周龄的阶段。在此时期内产蛋率以每周 10%左右的速度递增，同时鸡的采食量、体重、蛋重也随产蛋率的上升而增加。这个时期由于鸡的内分泌机能非常旺盛，但又不稳定，因此会出现比较多的双黄蛋、较低的种蛋受精率，发生较多的难产（脱肛）和啄癖现象。从近年来的生产实践发现，这个时期也是一些传染病的多发期。

此时期内每周产蛋率的递增速度直接影响到产蛋高峰期出现的时间早晚和高峰期产蛋率的高低。在这个时期如果环境条件、饲料质量、饲养管理或卫生防疫方面出现问题都会影响产蛋率的上升过程，并将直接影响整个产蛋期的产蛋量。

2）产蛋高峰期：它通常在 28~50 周龄期间。在这个阶段，鸡的产蛋率一般在 85%以上，其中 28~35 周龄的产蛋率在 90%以上。这是鸡群产蛋的主要时期，这个时期蛋的质量也最好。

90%的长短是衡量鸡群饲养管理水平的重要标志。可以达到 10 周或更长，而在饲养管理水平差的鸡场 90%以上产蛋率维持时间可能只有 3~5 周，甚至更短，有的则根本达不到 90%。

3）产蛋后期：它指 50 周龄以后到淘汰这个时期。在此期间，由于鸡群经过一个时期的高产，体质下降，身体的生理机能逐渐衰退，其产蛋率逐周递减，通常每周递减的速度约 0.6%。保持生产条件的稳定是防止产蛋率下降幅度过大的前提。

5. 畸形与异物蛋的成因　畸形蛋包括蛋形过圆、过长、腰箍等，异物蛋则主要指血斑蛋、肉斑蛋，此外还有蛋壳粗糙、过薄，蛋重过大、过小等。这样的蛋是不能作为种蛋使用的，即便是作为商品食用蛋其价值也较低。如果种禽所产蛋中畸形蛋或异物蛋比率偏高，则会明显影响其繁殖效率和经济效益。畸形蛋或异物蛋的成因分析如下。

（1）畸形蛋：畸形蛋主要指外形异常的蛋，如过圆、过长、腰箍、蛋的一端有异物附着、蛋的外形不圆滑等。引起蛋形异常的根本原因是输卵管的峡部和子宫部发育异常或有炎症，引起这两个部位问题的原因既有遗传方面的也有感染疾病方面的。

（2）异物蛋：异物蛋主要指在蛋的内部有血斑、肉斑，甚至有寄生虫的存在。血斑蛋中在靠近蛋黄的部位有绿豆大小的深褐色斑块，它是排卵卵泡膜破裂时渗出的血滴附着在蛋黄上形成的；肉斑蛋在蛋清中有灰白色的斑块，它是在蛋形成过程中蛋黄通过输卵管膨大部时，该部位腺体组织脱落造成的；含寄生虫的蛋则是寄生在输卵管中的特殊寄生虫（蛋蛭）被蛋清包裹后形成的。

引起蛋内异物的原因同样是既有遗传方面的又有感染疾病方面的，另外，还有饲料和环境方面的。

（3）过大蛋：过大蛋是指蛋重明显超过该品种标准的蛋重。它通常的原因是蛋包蛋、多黄蛋。蛋包蛋是在一个大蛋内包有一个正常的蛋，它是当一个蛋在子宫部形成蛋壳的时候母鸡受到刺激，输卵管发生异常的逆蠕动，把蛋反推向膨大部，然后又逐渐回到子宫部并形成蛋壳，再产出体外。多黄蛋中常见的有双黄蛋，比较少见的还有三黄蛋、四黄蛋，它是由处于刚开产期间的鸡体内生殖激素合成多、激素分泌不稳定、卵巢上多个卵泡同时发育、在相近的时间内先后排卵而形成的；也有可能是一个卵泡成熟排卵后家禽受到刺激，引起卵巢上另一个接近成熟的卵泡提早排卵而形成的。

另外，个别的蛋尽管只有一个蛋黄，但是其重量偏大，也不适宜作种蛋用。蛋重偏大不仅影响种用价值，也影响蛋的生产成本。生产上可以通过控制种禽体重、减少饲料中亚油酸的含量或适当控制采食量进行调整。

（4）过小蛋：蛋的重量小，不符合孵化要求。这种情况一是出现在初开产时期，此时卵黄比较小，形成的蛋也小，随着种鸡日龄和产蛋率的增加会迅速减少。另一种是无黄蛋，它是由于母鸡输卵管膨大部腺体组织脱落后，组织块刺激该部位蛋白分泌腺形成的蛋白块，包上壳膜和蛋壳而成的。它的出现经常伴随的是鸡生产性能的下降。

（5）薄壳蛋、软壳蛋及破裂蛋：软壳蛋外层只有柔软的壳膜，没有硬壳；薄壳蛋则是硬壳很薄，容易碎裂；破裂蛋的蛋壳上有破孔或裂纹。导致薄壳蛋及软壳蛋出现的因素很复杂。

1）饲料与营养。饲料中钙、磷含量不足或两者比例不合适，维生素 D_3 缺乏，饲料突然变更。

2）健康问题。许多疾病会影响蛋壳的形成过程，如传染性支气管炎、喉气管炎、非典型性新城疫、产蛋下降综合征、禽流感、各种因素引起的输卵管炎症。

3）环境与设施问题。高温会使蛋壳变薄，破损增多，笼具设计不合理也会增加破蛋率。

4）管理问题。每天拣蛋时间和次数、鸡是否有啄癖、饮水是否充足、家禽是否受到惊吓等。

6. 难产　在养鸡生产中有时会遇到母鸡难产现象，一个蛋长时间产不出来，导致脱肛问题，有的甚至会憋死。造成母鸡难产的根本原因是蛋重偏大而生殖道口径偏小。其他的原因还包括：鸡群整齐度差，由于过肥的鸡只抗应激能力差，常易发生难产或突然死亡；育成后期或开产前期饲喂的日粮营养不全价，也是引起该病的原因之一；日粮配合不当，尤其是钙、磷比例失调，维生素缺乏而影响钙的吸收；光照控制不当，育成后期过早加光或开产初期光照时间过长、强度过大，使体成熟不一致，产蛋率上升过快或产过大的蛋；各种原因引起的输卵管炎。

四、鸡的就巢

就巢也称为抱窝，是成年雌性家禽在产若干个蛋后，将蛋拢在窝内并伏卧在上面进行孵化的一种行为。大部分商品家禽品种经过选育后已经丧失了抱窝习性，而地方鸡种、大部分鹅种、火鸡、番鸭等仍保留抱窝习性。

1. 引起抱窝的原因 引起鸡抱窝的原因是多方面的，其血液中促乳素含量增高是根本原因，而生产实际中有许多因素会影响鸡体内促乳素的合成和分泌量。

（1）品种差异：一些品种有抱窝习性，有的没有。这主要与鸡品种的选育程度有关，选育程度高的品种无抱窝习性或抱窝习性很弱，选育程度低的品种其抱窝习性强。如蛋用型鸡基本无抱窝习性，优质肉种鸡个别个体有较弱的抱窝表现，丝羽乌骨鸡则有很强的抱窝习性。

（2）饲养方式：对于有抱窝遗传特性的品种采用地面垫草饲养方式时抱窝发生的概率要显著高于采用笼养方式。在采用地面垫草饲养方式时如果能够及时捡蛋，则抱窝发生的概率会明显小于捡蛋不及时的情况。因为，当窝内有蛋积存时更容易诱发鸡的抱窝。

（3）季节因素：鸡的抱窝主要发生在春季，其他季节较少。这主要是因为春季气温逐渐回升，饲料资源日渐丰富，鸡处于繁殖旺盛的季节。

2. 抱窝对鸡繁殖性能的影响 抱窝期间母鸡的采食量显著减少，体温升高，卵巢和输卵管萎缩，产蛋停止。正常情况下鸡这种表现的持续时间为35~45天。有的个体1年内多次抱窝，其产蛋时间大为缩短。

3. 抱窝的防治

（1）加强选育：由于抱窝性状受基因控制，通过选育可以显著减弱鸡的抱窝习性，甚至使其消失。

（2）利用激素进行处理：如填服甲基睾丸素片或注射丙酸睾丸素、填服乙酚、三合素（雄、雌、孕激素复合制剂）等方法都在生产中取得良好效果。使用促乳素或血管活性肠肽（VIP）类似物与牛血清白蛋白偶联，然后与矿物油佐剂乳化后分两次对抱窝鸡进行免疫，接受免疫处理的鸡群日抱窝率减少，产蛋高峰过后的产蛋率明显提高。

（3）利用神经递质类物质进行调控：使用多巴胺及其类似物如2-氨基-二羟基-1，2，3，4-四氢萘或者6，7-二羟基-1，2，3，4-四氢萘（ADTN），二丙基多巴胺（Di-Pr-DA）等都能够减少机体PRL的分泌；服用多巴胺受体激动剂如溴隐停、甲磺酸培高利特、卡麦角林、吡贝地尔、罗平尼洛等或5-羟色胺受体阻断剂（赛更啶）都能够减少促乳素的分泌。

（4）物理方法处理：它是通过改变抱窝鸡的生活环境或给予强烈的刺激进而影响到其内分泌功能，导致促乳素的分泌减少，最终使抱窝中止。这方面所采用的方法有：将抱窝鸡从窝内转入金属或竹木制作的笼内，笼底网孔为 6 厘米×6 厘米，使其在底网上不能牢稳站立；用绳子将翅膀扎起，竖立在背部，使其站立不平稳；将抱窝鸡放在水盘内并用笼罩住以使其不愿卧下，并给予较强的光照刺激等。

（5）其他方法处理：这些方法多是民间偏方，效果不十分稳定，但可以参考：将硫酸铜按 20 毫克/毫升稀释后肌内注射，2 毫升/只，约 9 天后醒抱；每天喂饲 40 克盐酸麻黄碱或 0.5 克磷酸氯喹片，或 0.25 克盐酸奎宁 1.5 片，连续 2 天可以醒抱。

五、鸡的性成熟和性行为

（一）性成熟与第二性征

1. 性成熟 当青年鸡发育到一定时期，体重达到一定重量，具备第二性征，有性行为表现，并能够产生成熟配子的时期称为性成熟期。

2. 体成熟 青年鸡体格发育达到成年鸡体重的 80%以上的时期，此时机体各器官发育已经成熟，具备正常的生理功能。

3. 第二性征 代表特定性别的一些外貌特征。成年公鸡的体型大、外貌雄壮，鸡冠和肉垂大，颈部的蓑羽和腰部的鞍羽长且末端尖（母鸡的短且钝圆），尾部大镰羽长而弯曲，有色羽品种公鸡的羽毛华丽；公鸡的距较长且尖。母鸡则是个体较小，无蓑羽、鞍羽和大镰羽，距仅为一个豆样凸起。

（二）性行为

性行为是动物的一种特殊行为表现，是家禽交配过程中的行为表现。一系列完整的性行为直接关系到配种的成败。

由于特殊刺激引起的性反应，可由这些反应再引起另一种反应和刺激，这种现象称为行为链或行为序列。由此表现出性行为不同的动力形式，以达到繁殖的目的。雄性动物的性行为表现一般是定型的，而且按一定的程序表现出来，大体上是经过有性激动、求偶、接受交配、勃起爬跨、交配射精、交配结束过程。

（三）初产与开产

1. 初产 对于某只鸡而言，初产是指其达到性成熟后产第一个蛋。这一天鸡的日龄也称为初产日龄。对于群体而言，鸡群内有一只鸡初产常常称为“见蛋”，这一天也称为见蛋日龄。

2. 开产 对于个体而言，初产也就是开产。对于群体来说，当鸡群产蛋率上升到 50%的时候称为开产，这一天也称为该鸡群的开产日龄。

第三节　鸡的自然交配配种技术

自然交配是由公鸡与母鸡自主进行交配的一种配种方式。在肉种鸡生产中一般采用网上平养和地面平养相结合的方式，种鸡都是采用自然交配的配种方式。部分蛋种鸡和优质肉种鸡也采用平养方式，也即进行自然交配。因此，自然交配方式主要应用于平养方式的种鸡。

一、自然交配控制方法

（一）自然交配的配偶比例

配偶比例（或称公母配比）是指一只公鸡能够负担配种的能力，即多少只母鸡应配备一只公鸡才能保证正常的种蛋受精率。

自然交配的繁殖要求在种蛋收集的前1~2周将公鸡放入母鸡群内。适宜的配偶比例：白壳蛋鸡为1:(12~15)，褐壳蛋鸡、优质肉种鸡为1:(10~12)，快大型肉种鸡为1:(8~10)。

配偶比例适当，对提高繁殖效率有利。若公鸡过少，则每只公鸡所负担的配种任务过大，就会影响精液品质，降低受精率；若是公鸡过多（群体大时），由于“群体次序”的影响，一些健壮好斗的“进攻性”公鸡往往占有较多的母鸡，而一些胆怯的公鸡只能与少许母鸡交配，甚至不能交配，然而那些强壮好斗的公鸡并不一定有种用价值（如遗传品质、精液质量等）就好，而且当其负担的母鸡过多时，势必造成全群受精率的降低。

要保证受精率能稳定在较高水平，不仅配偶比例要合适，还应注意选留一定数量的后备公鸡，以防在繁殖生产中个别公鸡因患病、伤残、死亡等原因而不能配种时及时更换或补充。在配种初开始时后备公鸡可按所需公鸡数量的10%选留。在生产实践中配偶比例的确定还应该考虑多方面的因素。

（1）饲养方式：地面散养时每只公鸡所负担的母鸡数可以多于网上平养。

（2）种公鸡年龄：第一个繁殖年度中45周龄前的种公鸡的配种能力最强，可适当增大配偶比例，而年龄大的种公鸡则应缩小配偶比例。

（3）配种方式：大群配种每只公鸡负担的配种任务可大于小群配种。

（4）季节：在春、秋季种公鸡性欲旺盛，配偶比例可适当大于严寒、酷暑季节。

（5）种鸡体质：饲养管理条件良好时公鸡体质健壮、精力旺盛，配偶比例可适当加大。

二、种鸡配种适龄与使用年限

1. 配种适龄　鸡性成熟的主要标志是能够产生成熟的配子，然而性功能要在性成熟后几周才能稳定，若过早用于繁殖生产则种蛋合格率和受精率都低。种公鸡也易于过早衰退。母鸡一般在 20 周龄即达性成熟。但在其后几周内畸形蛋较多，公鸡约在 12 周龄开始生成精子，并可采得少量精液，然而精液质量还远达不到品质要求标准。

2. 种用年限　一般鸡的产蛋率以第一个产蛋年度为最高，其后每年降低 15%~20%，种公鸡的精液质量也有类似变化。但是第二个产蛋年度蛋壳质量最好，蛋重均匀，且孵化出的雏鸡具有良好的抗病能力。

在育种工作中，某些特别优秀的个体可以延长使用 1~2 个繁殖年度。

三、自然交配方式

（一）大群配种

在一个数量较大的母鸡群体内按性比例要求放入公鸡进行随机配种，母鸡的数量：肉种鸡为 500~1 000 只，蛋种鸡和优质肉种鸡为 500~1 500 只。

这种方法的优点是所需公鸡数量较少，如每百只鸡只需 5~6 只公鸡即可，种蛋的受精率比较高，每只公鸡都有与每只母鸡交配的机会，即便是个别公鸡性功能较差也不会明显影响全群的配种质量。其缺点是公鸡之间可能会发生啄斗，且不能确定雏鸡的亲本。

这种配种方法只能用于种鸡的扩群繁殖和一般的生产性繁殖场。

（二）小群配种

对鸡舍内空间进行分隔使之成为若干个小圈，每个小圈饲养 20~200 只种鸡。

四、减少窝外蛋的发生

窝外蛋容易被污染和破损。控制措施包括：

（1）开产前提前放置产蛋箱或设置产蛋窝。

（2）产蛋箱的数量要足够，如肉种鸡生产中 4 只母鸡要有一个产蛋窝。

（3）产蛋箱（窝）不要放在光线太强的地方。

（4）产蛋窝内的垫料要干净、松软、定期更换，以吸引母鸡进窝产蛋。

（5）注意观察产窝外蛋的个体并及时将其放入产蛋窝。

五、提高自然交配种鸡种蛋受精率的措施

对于平养的种鸡，要提高其种蛋受精率，需要在生产上采取如下措施：

(1) 采用合适的饲养方式：两高一低混合地面的效果优于全网上平养和全地面垫料平养。

(2) 做好种鸡的选择，及时淘汰病、弱、残个体。

(3) 合理分群：每个鸡舍内要按照鸡只的情况分为若干个群，便于在饲养管理和卫生防疫方面有区别地采取措施。

(4) 及时更换配种能力差的公鸡：育成末期要选留部分后备用公鸡，用于替换配种能力差的公鸡。

(5) 公母比例要合适：一般控制为1:(8~10)。

(6) 保证饲料营养完善：避免由于营养不足造成精液质量差或种蛋品质差。

(7) 保持鸡群合适的体况：种鸡不能偏肥或偏瘦。

(8) 保持适宜的环境条件：尤其是防止夏季高温和冬季严寒带来的不良影响；要保持环境条件的相对稳定，防止环境条件的突然变化。

(9) 保持合适的饲养密度：防止饲养密度过高，密度高影响配种且易出现应激。

(10) 保证鸡群的健康：只有健康的鸡群才可能获得良好的种蛋质量。

(11) 合理设置产蛋箱：以减少窝外蛋的产生。

(12) 减少应激的影响：各种应激都会影响到种蛋质量。

(13) 控制产蛋后期的种鸡体重：防止过肥。

第四节　鸡的人工授精技术

人工授精是通过某些手段采集公鸡的精液，并进行一定的处理（如评定、稀释），再把处理后的精液按一定要求输入母鸡生殖道内以代替鸡自然交配的一种配种方法。主要用于笼养种鸡。

一、采精用品

1. 采精器械　小玻璃漏斗形采精杯或试管。

2. 贮精器械　可使用10~15毫升刻度试管。

3. 保温用品　普通保温杯，以泡沫塑料作盖，上面3个孔，分别为集精杯、稀释液管和温度计插孔，内贮30~35 ℃温水。

4. 输精器械　采用普通细头玻璃胶头滴管、输精枪、微量移液器。

其他器械和用品：剪刀、显微镜、锅、棉球、卫生纸。

二、公鸡采精技术

（一）采精前的准备

1. 种公鸡的选择 除按品种特征、健康状况外，还要选择适合人工授精的个体，即发育良好、有一定营养体况、第二性征明显、性欲旺盛的个体。如公鸡，当提起双翅后尾向上翘或向下压，有性反射。选择时间一般在19周龄前后鸡只达到性成熟后进行。

2. 隔离与训练 选留的种公鸡应隔离饲养，采用专用的公鸡个体笼饲养。公鸡每天训练1～2次，经3～5天后对大部分公鸡可采取精液。训练期间对精液品质差者、采不出精液者及精液和粪便一起排放者要淘汰。种公鸡条件反射建立起来后再采精就不需要按摩，可以直接挤压泄殖腔就能够采集精液。如果有条件，种公鸡要有专用鸡舍，尽量避免与母鸡同舍饲养，以减少母鸡的惊群。

3. 种公鸡的特殊饲养 饲料蛋白质在一定范围内可以决定精液浓度：蛋白含量高则浓度大，蛋白含量低则浓度小；多维素的含量则影响精液量，适当增大用量可以提高精液量。因此，在种公鸡饲养中蛋白质和维生素的含量可适当提高。在肉种鸡方面，有人通过实验认为使用粗蛋白质含量为13%～14%的日粮比16%的日粮效果更好。

通常种鸡场需要配制专用的公鸡饲料。其中，精氨酸的含量为1.1%，钙的含量限制在1%～2%，粗蛋白质为15.5%，饲料中严格控制棉仁粕、菜籽粕的用量，复合维生素和微量元素中的锌、硒用量比正常添加量增加25%。

4. 环境条件 种公鸡每天光照时间保持为14～15小时，温度为10～30℃，要注意避免温度急剧降低。

5. 剪毛 在采精训练开始之前应将公鸡肛门周围的羽毛剪去，要求公鸡的肛门能够显露出来，以免妨碍采精操作或污染精液。剪毛时剪刀贴近皮肤，但要防止伤及皮肤，然后用蒸馏水擦洗，待稍干后采精。

6. 用具的准备和消毒 根据采精需要备足采精杯、贮精杯等，经高温高压消毒后备用。若用乙醇消毒，则必须在消毒后用生理盐水或稀释液冲洗并经干燥后备用。集精瓶内水温保持30～35℃。

7. 人员配备与培训 人工授精人员要有较强的责任心，并经过技术培训。

（二）采精方法

这里主要介绍按摩采精训练方法，这种训练经过7～10天就能够使种公鸡形成条件反射，当采精人员将公鸡从笼内取出后不必继续按摩，可以直接挤压泄殖腔进行采精。但是，没有前期采精训练的鸡只就不能建立条件反射，后期的采精也就不会很顺利。

1. 双人按摩采精训练 在生产上多数情况下是三人为一个小组，两人抓鸡和保定、一人采精。这种方法主要在大中型种鸡场使用，但在小型种鸡场也可以使用。

（1）鸡的保定：保定人员打开笼门后双手伸入笼内抱住公鸡的双肩，头部向前将公鸡取出鸡笼，用食指和其他 3 个手指（中指、无名指、小拇指）握住公鸡两侧大腿的基部，并用大拇指压住部分主翼羽以防翅膀扇动，使其双腿自然分开，尾部朝前、头部朝后，保持水平位置或尾部稍高，保定者小臂自然放平，将公鸡固定于右侧腰部旁边，高度以适合采精者操作为宜。

对于体型小的公鸡，将其取出鸡笼后，用右手抓住鸡的双翅根部，左手抓住鸡的双腿胫部，放在身体的左前方，使公鸡尾部斜向前上方。也可以采用其他保定方法，只要不对公鸡造成不良刺激、有利于保定和采精操作就可以。

（2）采精操作：常见的为背腹结合式按摩法，其操作方法如下：采精者右手持采精杯（或试管）夹于中指与无名指或小拇指中间，站在助手的右侧，与保定人员的面向成 90°角，采精杯的杯口向外，若朝内时需将杯口握在手心，以防污染采精杯。右手的拇指和食指横跨在泄殖腔下面腹部的柔软部两侧，虎口部紧贴鸡腹部。先用左手自背鞍部向尾部方向轻快地按摩 3～5 次，以降低公鸡的惊恐感，并引起性感，接着左手顺势将尾部翻向背部，拇指和食指分别捏在泄殖腔两侧，中间位置稍靠上。与此同时采精者在鸡腹部的柔软部施以迅速而敏感的抖动按摩，然后迅速地轻轻用力向上顶压泄殖腔，此时公鸡性感强烈，采精者右手拇指与食指感觉到公鸡尾部和泄殖腔有下压感觉，左手拇指和食指即可在泄殖腔上部两侧下压使公鸡翻出退化的交媾器并排出精液，在左手施加压力的同时，右手迅速将采精杯的口置于交媾器下方承接精液。

若用背式按摩采精法时，保定方法同上，采精者右手持杯置于泄殖腔下部的腹部柔软处，左手从公鸡翅膀基部向尾根方向按摩。按摩时手掌紧贴公鸡背部，稍施压力，近尾部时手指并拢紧贴尾根部向上滑过，施加压力可稍大，按摩 3～5 次，待公鸡泄殖腔外翻时左手放于尾根下，拇指和食指在泄殖腔上两侧施加压力，右手将采精杯置于交媾器下面承接。

2. 单人按摩采精训练　这种采精方法主要在小型种鸡场或养鸡户使用，其操作方法是：采精者系上围裙，坐于凳子（高度约 35 厘米）上，双腿伸直，左腿压在右腿上，用大腿夹住公鸡双腿，公鸡头部朝向左侧，操作要求同上面方法。

训练好的公鸡，一般按摩 2～3 次便可射精，有些习惯于按摩采精的公鸡，在保定好后，采精者不必按摩，只要用左手把其尾巴压向背部，拇指、食指在其泄殖腔上部两侧稍施加压力即可采出精液。

每采完 10～15 只公鸡精液后，应立即开始输精，待输完后再采。

保定和采精操作掌握的原则：不让公鸡感到不舒适，有利于提高采精效率，有利于精液卫生质量的保持。

（三）采精注意事项

（1）要保持采精场所的安静和清洁卫生。

（2）采精人员要相对固定，不能随便换人，因各人按摩的手法轻重不同；采精日程也要固定，以利于射精反射的建立。

（3）在采精过程中一定要保持公鸡舒适，捕捉、保定时动作不能过于粗暴，不惊吓公鸡或使公鸡受到强烈刺激，否则会采不出精液、精液量少或受污染。

（4）挤压公鸡泄殖腔要及时和用力适当，初学者往往挤压过早，即在交媾器未翻出之前就急于挤压泄殖腔，导致采不出精液；有时在交媾器翻出后未及时挤压泄殖腔，致使交媾器回缩。挤压泄殖腔用力要适当，过轻采不出精液，过重会造成损伤，尤其是在某些情况下鸡泄殖腔周围的皮肤发红。按摩时间过长会引起排粪尿和透明液过多及其他不良反射。按摩的力度适中，力度与人洗脸的力度相似。

（5）整个采精过程中应遵守卫生操作，每次工作前用具要严格消毒，工作结束后也必须及时清洗消毒。工作人员手要消毒，衣服定期消毒。遇到公鸡排粪要及时擦掉，如果粪便污染精液则不要接取；遇到有病的公鸡要标记、隔离，不要采精。

（6）低温季节采出的精液要立即用吸管移至贮精管内置于30~35℃的保温杯内，准备使用，也可以把试管握在手中。

（四）采精频率

采精频率指在一定时间内采精的次数。公鸡每次的射精量和精子密度会随着采精频率的升高而减少。如自然交配时公鸡每天交配多达40次，但在3~4次后，其精液中几乎找不到精子。经试验测定，公鸡经过48小时的性休息之后，精液量和精子密度都可以恢复到最好水平。因此，在繁殖生产中鸡的采精次数为每周3次或隔日采精。若配种任务大时，每采两天（每天一次）休息一天。生产中一般是将公鸡分为两批，每天采其中的一批，轮流采精。

采精的间隔时间不宜过久，如每6天采一次所得精液量和精子密度与每天采一次相似，若间隔时间超过两周，会使退化的精子数增加，第一次采得的精液应弃之不用。

三、精液品质评定

（一）射精量

不同种类、品种、个体的公鸡每次射精量也不相同；采精方法、技术水平、家禽体况、采精频率对采精量也都有影响。射精量可以从有刻度的集精杯上直接看出，也可用刻度吸管测量。种公鸡每次的射精量为0.2~0.8毫升。

造成公鸡射精量低的原因：健康状况、营养素的缺乏或不足（蛋白质、维生素是主要因素）、饲料毒素（棉仁粕中的棉酚、菜籽粕中的致甲状腺肿大的物质）过量、营养状况不良（公鸡偏瘦）、采精频率高、采精人员技术差或人员不稳定、环境条件不适宜、惊吓等。

（二）精液的外观

正常的精液应为乳白色、不透明的乳状液体。精子密度越高，乳白色越浓；精子密度小，则颜色变浅。若颜色异常则说明精液受到了污染：呈黄褐色时被粪便污染；呈粉红色是混入了血液；混有尿酸盐时呈白色的絮棉状；透明液过多时则精液呈水渍状。凡被污染的精液，其品质急剧下降，不能再用于输精。

（三）密度估测法

检查应在40℃左右恒温箱内300~400倍显微镜下进行。将一小滴精液置于干净的载玻片上，再加盖盖玻片，放于显微镜下观察，根据视野中精子的分布情况分为三级。

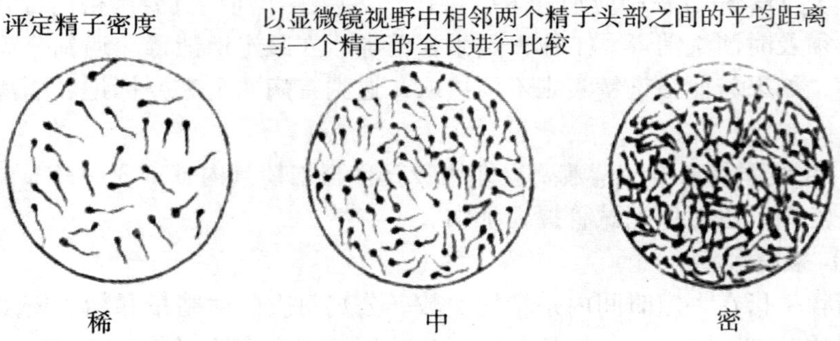

图5-7　公鸡精液的精子密度估测示意

（1）“密”：整个视野完全被精子占满，精子呈层叠样，上下翻滚，精子间几乎无空隙。这种情况下，每毫升精液中精子的数量在35亿个以上。

（2）“中”：视野中精子呈层叠样，上下翻滚。精子之间有比较明显的间隙。这种情况下，每毫升精液中精子的数量为20亿~35亿个。

（3）“稀”：视野中精子之间有较大的空隙，上下翻滚现象不明显。在这种情况下，每毫升精液中精子的数量在20亿个以下。

（四）精子活力检查

取精液、生理盐水各一滴置于载玻片一端混匀，然后用盖玻片盖好进行检查。也可以把经过用生理盐水稀释后（稀释2~4倍）的精液制片后检查。

评分可用10级评分法：视野中90%以上的精子呈直线运动，评为0.9；80%~90%的精子呈直线前进运动则评为0.8；……10%以下的精子呈直线前进运动，评为0.1。良好的鸡精子活力不低于0.7。

若用五分制时，视野中有80%以上的精子呈直线运动则评为“4”；……若20%以下的精子呈直线运动则评为“1”。

进行活力检查时应多看几个视野，把各次观察情况进行平均。有条件者还可以用显微投影进行观察。有时精液混有异物如羽屑等，可以看到许多精子头部附在异物周围做摇摆运动，这些精子无受精能力，不能当作有活力的精子计数。

四、精液稀释

（一）稀释液的基本成分

通常公鸡精液稀释液的主要成分由4类组成。

1. 稀释剂　主要用于扩大精液容量。常用的稀释剂为蒸馏水。

2. 营养剂　主要是为精子的存活提供外源性能源物质。常用的有葡萄糖、果糖、乳糖、鲜奶及奶制品、卵黄、蜂蜜、肌醇、棉籽糖等。

3. 保护剂　主要是对精子起保护作用，使之避免各种不良的理化因素的影响。根据作用不同可以分为以下几种：

（1）用于降低精液中电解质浓度的物质：主要是一些非电解质和弱电解质，如单糖类、磷酸盐类、酒石酸盐等（TES：N−三（羟甲基）甲基−2−氨基乙磺酸，在电解质使用中枸橼酸钠可与氢化钠互换）。

（2）用于缓冲氢离子浓度的物质：主要是一些弱酸盐类如枸橼酸钠、磷酸二氢钾、酒石酸钾（钠）、Tris缓冲液等。

（3）用于防冷休克的物质：奶类、卵黄等。

（4）用于防冷冻结晶的物质：多羟基类物质如甘油、二甲基亚砜（DMSO）等（甘油的抗冷冻作用好，但对鸡精子的保护作用极差，在甘油中加入一定量的DMSO和阿拉伯树胶，则其改良效果明显）。

（5）抗菌物质：用于抑制精液中微生物的繁殖，常用的有青霉素、链霉素、庆大霉素、喹诺酮类、头孢菌素类、磺胺类药物等。

4. 其他成分

（1）CO_2：充入稀释液后，二氧化碳与水结合形成碳酸，碳酸在水中解离成H^+、HCO_3^-，抑制精子的代谢活动。

（2）催产素、前列腺素（E型）：可以促进母鸡输卵管的蠕动，有利于精子运动。

（3）过氧化物酶：分解精子代谢过程中产生的过氧化物。

（4）淀粉酶：有利于精子获能。

（5）食用染料：作精液冷冻颗粒的标记。

（6）螯合剂：谷氨酸盐、白蛋白等。用以防止有害离子的伤害。

（二）鸡精液常用的稀释液

家禽常用的稀释液可分为两类：

第一类稀释液的成分简单，用这类稀释液稀释后马上输精而不进行保存和运输。这些稀释液有：0.9%氯化钠溶液，脱脂牛奶，5.7%葡萄糖溶液，卵黄-葡萄糖溶液（葡萄糖4.25克、卵黄液1.5毫升、蒸馏水98.5毫升），磷酸盐缓冲液（磷酸二氢钾1.456克，磷酸氢二钾0.837克，100毫升蒸馏水）。

第二类稀释液的成分比较复杂，常见的几种稀释液成分如表5-1。这些稀释液用于较长时间保存精液效果很好。

表5-1　常用稀释液成分　　（单位：克）

稀释液 成分	LaKe 液	BPSE 液	BNPIH-2 液	Brown 液	Macpherson
葡萄糖				0.50	0.15
果糖	1.00	0.50	1.8		
棉籽糖				3.8644	
乳糖					11.00
肌醇				0.220	
谷氨酸钠（$2H_2O$）	1.92	0.867	2.8	0.234	1.380 5
枸橼酸钠（H_2O）				0.231	
枸橼酸钾	0.128	0.064			
枸橼酸				0.039	
醋酸钠（$2H_2O$）	0.851	0.43			
$MgCl_2$	0.068	0.034		0.013	0.024 4
TES		0.195		2.235	
$K_2HPO_4 \cdot 3H_2O$		1.27			
KH_2PO_4		0.065			
NaCl					
KCl					
$CaCl_2$				0.01	
$MnCl_2$					
Na_2CO_3					

注：（1）各种成分为100毫升稀释液的用量。

（2）每毫升稀释液中加青霉素1 000单位，链霉素1毫克。

（3）TES为N-三（羟甲基）甲基-2-氨基乙磺酸。

（三）稀释液配制注意事项

1. 保持操作室的卫生　操作前可用紫外线消毒半小时。一切用具都应提前洗净并消毒，有条件时操作过程应该在超净工作台上进行。

2. 稀释液要现配现用　若一时用不完应密封后放入冰箱保存，时间不超过5天。稀释液干粉可以较长时间保存。

3. 卵黄、抗生素类应在临用时加入　加入时稀释液应冷却到40℃以下，以防卵黄凝固或抗生素失效。

（四）精液的稀释方法及要求

1. 精液要求　用于稀释保存的精液应是无污染、透明液含量少、精子活力高、密度大的新鲜精液，一般要求精液采出后10分钟内要稀释。

2. 稀释要在等温条件下操作　稀释液以及与精液接触的器皿的温度要与当时精液的温度接近。

3. 稀释程序　稀释时应将稀释液沿玻璃棒缓缓注入精液内，并轻轻晃动玻璃棒搅匀。若进行高倍稀释则应先进行低倍稀释，之后再逐步加入稀释液，以免精子所处的环境改变幅度大而造成稀释打击。

4. 保护精子　精液的稀释、混合和转移都应小心、缓慢地进行，不能剧烈振动。稀释过程中要避免强烈光线照射和接触有毒的、有刺激性气味的气体，包括消毒剂。操作过程、环境要卫生。

5. 效果检查　稀释后要及时进行活力检查，以及时了解稀释效果。尤其是第一次使用稀释液，在稀释后进行活力检查有助于了解稀释液的实用性。

（五）稀释倍数

适宜的稀释倍数可以延长精子的存活时间，但若稀释倍数超过一定的限度则会降低精子的活力，也往往因为精液容量太大而难以保证每次输精的有效精子数量。

精液的稀释倍数取决于：①原精液的精子密度和活力。②每次输精的精液量与所需精子数。③稀释倍数对精子保持受精能力时间的影响。④稀释液的种类。

通常所用的精液稀释倍数为0.5~3倍，多数情况下按照1∶1进行稀释；有些稀释液如BPSE液可做高倍稀释（经过10倍稀释，受精率仍达90%以上），而0.9%的氯化钠溶液则不能做高倍稀释。

五、母鸡输精技术

（一）输精方法

输卵管口外翻输精法也称阴道输精法、泄殖腔外翻输精法，是目前养鸡中最常见的输精方法。输精时三人一组，其中两人负责抓鸡和翻泄殖腔，一人输精操作。

1. 抓鸡与翻泄殖腔 如果将母鸡取出鸡笼，在外保定和翻泄殖腔则有两种处理方法：第一种方法是操作时抓鸡人员左手抓住母鸡双翅基部从笼内取出，使母鸡头部朝向前下方，泄殖腔朝上，右手大拇指在母鸡后腹部柔软部位向前稍施压力进行推挤，其余4指压在母鸡尾部腹面，泄殖腔即可翻开露出输卵管开口，然后转向输精人员，后者将输精管插入输卵管内即可输精。第二种方法是将鸡拉出笼门，左手握住母鸡的双腿，右手大拇指在母鸡后腹部柔软部位向前稍施压力进行推挤，其余4指压在母鸡尾部腹面，泄殖腔即可翻开露出输卵管开口。翻开后的母鸡泄殖腔如图5-8所示。

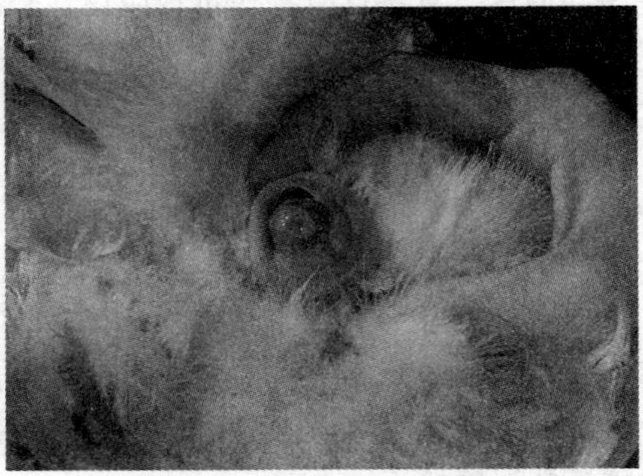

图5-8 翻开后的母鸡泄殖腔

还有一种方法可以不把母鸡拉出笼外，抓鸡者单手伸入笼内以食指放于鸡两腿之间握住鸡的两腿基部将尾部、双腿拉开笼门（其他部分仍在笼内）。使鸡的胸部紧贴笼门下缘，左手拇指和食指放在鸡泄殖腔上、下侧，按压泄殖腔，同时右手在鸡腹部稍施压力即可使输精管口翻出，输精者即可输精。

如果没有翻开鸡的泄殖腔，不要继续用力，说明这只鸡没有产蛋。只要是处于产蛋期间的母鸡，泄殖腔很容易翻开。

2. 输精操作 当抓鸡人员将母鸡的泄殖腔翻开后，输精人员将吸取精液后的输精工具（胶头滴管或专用输精枪、微量移液器等）前端插入输卵管开口内约2.5厘米深度，按压滴管的胶头或把手将精液注入输卵管内，拔出输精工具后再吸取精液准备下一只鸡的输精。

（二）输精时间

输精时间与种蛋受精率之间有密切关系，当母鸡子宫内有硬壳蛋存在时输精则明显地影响种蛋受精率和受精持续时间。有人通过实验发现，鸡在蛋产出之前输精种蛋受精率仅为50%左右，产蛋后10分钟内输精种蛋受精率有所提高，而在产蛋3小时之后输精则种蛋的平均受精率超过90%。因此，应在鸡子宫内无硬壳蛋存在时输精。

鸡的产蛋时间集中在上午，在下午2时以后很少产蛋。因此，一般在当天的14~18时输精，即便是输精时间推迟到晚上20时也不影响种蛋受精率。

（三）输精间隔

两次输精的间隔时间以4~5天为宜。生产上一般把鸡舍内的鸡群分为4部分，每天为其中1部分输精，4部分全输完后休息1天，再开始下一轮输精。

输精间隔超过7天，种蛋受精率会受影响。如果间隔时间过短（少于3天），也不能提高种蛋受精率。

（四）输精深度

以输卵管开口处计算，输精器插入深度一般要求为2~3厘米。深度不够，输精后容易造成精液回流；深度过大，容易造成输卵管黏膜的损伤。

（五）输精剂量

输精剂量同样会影响种蛋受精率。若用未经稀释的原精液输精，每只鸡每次为0.025~0.03毫升；若按有效精子数计算，每次输入量为0.5亿~0.7亿个，总精子数约为1亿个。

（六）输精注意事项

1. 保证精液新鲜　精液采出后应尽快输精，未稀释（或用生理盐水稀释）的精液要求在半小时输完。

2. 精液应无污染　凡是被污染的精液必须丢弃，不能用于输精。

3. 输精剂量要足够　要保证每次输入足够的有效精子数，每只鸡每次输精按照原精液应为0.25毫升，其中含具有受精能力的精子不少于0.7亿个。

4. 减少对母鸡的不良刺激　抓取母鸡和输精动作要轻缓，插入输精管时不能用力太大以免损伤输卵管。输精后放母鸡回笼时也应该注意减少对母鸡可能造成的损伤。

5. 防止精液回流　输精深度合适，在输入精液的同时要放松对母鸡腹部的压力，防止精液回流。在抽出输精管之前，不要松开输精管的皮头，以免输入的精液被吸回管内，然后轻缓地放回母鸡；输精时防止滴管前端有气柱而在输精后成为气泡冒出。

6. 注意输精卫生　每输精一只换一把输精器是最卫生的，但是实际生产中很难做到，操作中要多备几套，每输1只要用棉球或软纸擦净输精滴管后再用。当输完约20只鸡后换1个输精滴管。发现患病母鸡及时隔离，不对其输精以防精液污染和疾病传播。输精时遇到母鸡排粪要用软纸擦净后再输。

7. 防止漏输　第一在一管精液输完后要做好标记，下一管精液输精时不会弄错位置；第二防止抓错鸡；第三输精时发现母鸡子宫部有硬壳蛋时可以将其放在最后输精。

8. 人员相对固定　人员不固定常常造成鸡只受惊吓，也会影响受精率。

9. 不要对母鸡后腹部挤压用力太大　由于产蛋鸡腹腔内充满消化器官和生殖器官，如果用力太大会造成这些器官的损伤。

第六章 种蛋的孵化

孵化是在合适的环境条件下鸡胚胎在种蛋内完成发育，成为一只雏鸡出壳的过程。在禽类进化过程中，都是采用抱窝的方式进行孵化，目前的绝大多数野禽依然采用这种孵化方式繁衍后代。母鸡在被驯养后的一段时期内也是通过抱窝孵化，在人工孵化技术发明后才开始进行人工孵化。人工孵化替代抱窝孵化在很大程度上提高了母鸡的产蛋性能，也使每次孵出的雏鸡数量大幅提升，为现代规模化生产奠定了基础。

第一节 种蛋管理

一、种蛋的收集

为了防种蛋破损和被污染，地面平养每天需收集 4 次，笼养每天需收集 3~4 次；夏、冬季再加收 1~2 次。每天多次收集种蛋的目的是为了减少蛋在鸡舍内的存留时间，因为鸡舍内环境是不适宜种蛋存放的环境，蛋产出后至消毒前持续时间越长，蛋壳表面的细菌数量越多。收集蛋的同时先分别挑出畸形蛋、破蛋，单独放置，蛋不在舍内过夜，集蛋用品每天应清洗消毒。

二、种蛋的选择

（一）种蛋的来源

种蛋的品质取决于种鸡的遗传品质和饲养管理条件的优劣。种蛋应该来源于生产性能高而稳定，繁殖力强和健康无病的种鸡群。种鸡应该喂饲全价饲料，有科学的环境管理和配种制度，种鸡的年龄适当。

引进种蛋时尤其要考虑种鸡的健康状况，凡患有沙门菌病（白痢、伤寒、副伤寒）、慢性呼吸道病、大肠杆菌、淋巴白血病等疾病的种鸡往往会通过感染种蛋而将病传给雏鸡；患病期间和初愈的种鸡所产蛋也不宜作种蛋用。引种时不能从疫区引种。供种场要有种畜禽生产经营许可证和动物卫生防疫合格证。

（二）种蛋选择的方法

1. 根据外观性状选择

（1）蛋壳颜色：蛋壳颜色是重要的品种特征之一，壳色应符合本品种的要求，颜色要均匀一致。单冠白来航鸡及其系间杂交种蛋壳白色，若呈灰色则可能是品种间的杂交种所产的；褐蛋壳系如罗曼褐鸡、海兰褐、京红等蛋壳为棕褐色，但有时色泽深浅不一致，其原因可能是饲料原料中某些营养素缺乏、健康状况不好、周龄大等造成的。有时在饲养优质肉种鸡时会发现一些蛋表面的颜色不一致（也称阴阳蛋），其受精率比较低。

（2）蛋重：应符合品种标准，一般培育品种鸡为50~65克，土种鸡为45~50克。超过标准范围10%的蛋不宜作种用，蛋重过小则雏鸡体重小、体质弱，蛋重大则孵化率低；蛋重大小均匀可以使出壳时间集中，雏鸡均匀一致。

（3）蛋的形状：应为卵圆形，一端稍大钝圆，另一端略小。蛋形指数（纵径与横径之比）以1.17~1.25为好。过长、过圆、腰凸、橄榄形（两头尖）的蛋都应剔除。

（4）清洁度：蛋壳表面应清洁无污物。受粪便、破蛋液等污染的蛋在孵化中胚胎死亡率高，易产生臭蛋污染孵化器和其他胚蛋。沾有少许污物的蛋可经水洗、消毒后尽快入孵。

（5）蛋壳质地：要求蛋壳应致密，表面光滑不粗糙。首先要剔出破蛋、裂纹蛋、皱纹蛋；厚度为0.25~0.31毫米，过厚的蛋影响蛋内水分的正常蒸发，出雏也困难；蛋壳过薄容易破裂，蛋内水分蒸发过速，也不利于胚胎发育。砂皮蛋厚薄不均也不宜用。

2. 听音　检蛋者左、右手各拿3枚蛋，手指转动蛋使之相互轻轻碰撞，完好的蛋其声清脆，破裂的蛋有沙哑的破裂声。这种方法主要是与前一种方法结合，挑拣破裂蛋。

3. 照蛋观察　利用照蛋器械观察蛋的品质。

（1）蛋壳：破裂的蛋在裂纹处透亮，砂皮蛋则可见到点点亮斑。

（2）气室：新鲜的蛋气室小，存放较久者气室变大；气室游动、位置不固定的蛋也不能作种蛋用。

（3）蛋黄：白壳新鲜蛋的蛋黄呈暗黄色，完整圆形位于蛋的正中，若呈灰白色可能是营养不良；蛋黄上浮是系带因受振动或久存而断裂；蛋黄沉散多是运输不当或久存或细菌侵入引起蛋黄膜破裂而造成。

（4）血斑、肉斑：多数出现在蛋黄上（也有在蛋清上的），观察时为白色。黑色或暗红色斑点，这些蛋应剔除。

此外，还有剖视抽验法，即抽出一部分蛋打开后观察内部品质，品质差的在一般的生产场不用。种蛋质量与孵化率间关系见表6-1。

表 6-1　种蛋质量与孵化率

蛋的类别	合格	薄壳	畸形	破损	气室不正	过大（大于65克）	过小（小于45克）	有大血斑
孵化率/%	87.2	47.3	48.9	53.2	32.4	70.8	80	71.5

三、种蛋的消毒

（一）消毒目的

消毒是为了及时杀灭蛋壳表面的微生物。由于母鸡生殖器官末端的特殊结构，使得刚产出的蛋表面即有微生物附着，病原体会在蛋壳表面很快地繁殖，地面散养的种鸡则种蛋污染程度更大，微生物繁殖的速度也更快（表 6-2、表 6-3）。

表 6-2　蛋壳上细菌繁殖速度

蛋产出时间	刚产出	产后 15 分钟	产后 1 小时
细菌数/千个	0.1~0.3	0.5~0.6	4~5

表 6-3　蛋壳清洁度与表面细菌数

蛋壳清洁度	清洁	沾污	肮脏
细菌数/千个	3~3.4	25.7~28.1	290~430

蛋壳表面的微生物容易被消毒剂杀灭，但微生物侵入蛋壳内后则难以杀灭。

（二）消毒次数和时间

种蛋消毒应该进行两次：第一次在种蛋收集后马上消毒，在规范化的种鸡场应该在种鸡舍的工作间设置消毒柜，在每次收集种蛋后立即消毒，消毒后运送到蛋库；第二次在入孵前后进行。

（三）消毒方法

孵化中种蛋的消毒方法常用的主要有以下两类：

1. 熏蒸消毒　用药物的蒸气对种蛋表面进行消毒。可用于每次消毒过程。

（1）福尔马林和高锰酸钾熏蒸消毒：①消毒药物用量：按消毒室空间计，每立方米用福尔马林 30 毫升，高锰酸钾 15 克。②容器：陶瓷或搪瓷容器，耐高温、耐腐蚀，容量大于药物用量的 3 倍。③加药顺序：加药时应先加入不容易倒入的药物，再加容易倒入的药物。④消毒持续时间：密闭熏蒸 15~20 分钟，然后打开门窗，并用排气扇将室内药味抽出，将消毒容器取出放到室外。⑤其他要求：消毒时关严门窗、通气孔，消毒环境相对湿度为75%、温度为25~30 ℃时效果良好。

（2）过氧乙酸消毒：每立方米空间用1%的过氧乙酸50毫升置于搪瓷器皿中加热，密闭熏蒸消毒15~25分钟，当烟雾冒尽后进行通风排气。环境温度应为20~30 ℃，相对湿度为70%~90%。

（3）烟熏块（剂）消毒：方法与福尔马林和高锰酸钾熏蒸消毒相同。

2. 浸泡或喷淋消毒　将种蛋浸在消毒药水中或用消毒药水喷洒在蛋的表面。

（1）药物：毒性低、腐蚀性小、刺激性小。次氯酸钠、84消毒剂、络合碘、碘伏、威力碘、百毒杀（双链季铵盐类）、高锰酸钾、新洁尔灭（具有表面活性作用）等。

（2）药液浓度：按照药物使用说明配制，温度为40 ℃左右。分次进行浸泡消毒时要注意及时添加药物。

（3）消毒时间：浸泡消毒2~5分钟。

（4）方法：消毒池浸泡、消毒盆浸泡，喷淋。

（5）药物浓度：高锰酸钾溶液药物浓度为0.03%~0.05%；新洁尔灭溶液药物浓度0.1%；季铵盐类消毒液药物浓度为200毫升/米^3；二氧化氯溶液浓度为80毫升/米^3。

其他消毒方法在生产中使用很少。

四、种蛋的保存

种蛋必须保存在专用蛋库内。无论是种禽场或是孵化厂都必须设置专门的蛋库。

1. 种蛋贮存室（蛋库）　基本要求是能够保证室内适宜的环境条件和良好的卫生状况。应有良好的隔热性，有条件者要使用空调器；室内要清洁，无杂物；要求密闭性好，能防尘沙，防蚊蝇、麻雀和老鼠进入；空气流通，能防阳光直晒和间隙风。

贮存室一般分为两部分：一部分作为种蛋分拣、统计、装箱与上架等用，另一部分则专供贮存种蛋。

2. 种蛋保存的环境

（1）保存温度：一般认为家禽胚胎发育的临界温度为23.9 ℃，但是当温度达不到37.8 ℃时胚胎的发育是不完全发育，容易导致胚胎衰老、死亡；温度过低胚胎因受冻而失去孵化价值。在生产中保存种蛋时把温度控制在10~18 ℃，保存时间不超过一周时温度控制在14~18 ℃，超过一周时为10~15 ℃。防止蛋库内温度的反复升降。

另外要注意，刚收集的种蛋不能很快把蛋温降到保存标准16.7 ℃以下，应该有一个缓慢的降温过程。一般说来，若将种蛋置于最佳贮存温度中，它就会以最佳速度冷却。

（2）相对湿度：种蛋保存期间蛋内水分的蒸发速度与贮存室的相对湿度成反比，蛋库中适宜的相对湿度为75%~80%，过低则蛋内水分散失太多，过高易引起霉菌滋生、种蛋回潮。

（3）存放室的空气：空气要新鲜，不应含有有毒或有刺激性气味的气体（如硫化氢、一氧化碳、消毒药物气体）。

空气中氧气含量高对种蛋保存并不有利，现在有些使用无毒塑料袋装经过消毒的种蛋并充入氮气，封闭保存，效果很好。如果使用聚乙烯袋装种蛋后抽出空气，其保存4周仍可保持较高孵化率。

3. 保存期间的翻蛋 种蛋保存期间翻蛋的目的是防止蛋黄与壳膜粘连而引起胚胎死亡。一般认为，保存1周时每天翻蛋一次，种蛋保存超过2周时，每天翻蛋能明显提高孵化率（翻蛋可将箱底部一侧垫起40°以上，下次改为另一侧或制作活动撬板架）。

另据报道，种蛋保存期在4周内，蛋存放时锐端向上比钝端向上的孵化效果好。

4. 保存期限 保存期超过5天，随着保存时间的延长，种蛋的孵化率会逐渐降低（表6-4），一般说来，保存期在1周内孵化率下降幅度较小，超过2周下降明显，超过3周则急剧降低。保存期越长，在孵化的早期和中期胚胎死亡越多，弱雏也越多。同时，孵化期也会随保存时间的延长而增加。保存期间环境条件控制是否适宜也是影响保存时间的重要因素。

在孵化生产中，种鸡蛋保存时间以7天内为宜，夏季种蛋保存时间不宜超过5天。

表6-4 种蛋保存期与孵化率及孵化期关系

保存天数	1	4	7	10	13	16	19	22
受精蛋孵化率	88%	87%	79%	68%	56%	44%	30%	26%
孵化期延长/时	0	0.7	1.8	3.2	4.6	6.3	8	9.7

注：孵化期延长是指比正常卵化多用的小时数（春季、秋季、冬季可以适当保存长些，夏季保存时间应短些）。

五、种蛋的运输

运输种蛋的工具要求快速、平稳、安全，目前大多数使用的是具有控温装置的箱式保温车。在种蛋的运输过程中，运输时不可剧烈颠簸，以免强烈振动时引起蛋壳或蛋黄膜破裂，损坏种蛋；同时应注意避免日晒雨淋，以免影响种蛋的品质。因此，在夏季运输时，要有遮阳和防雨设备；冬季运输应注意保温，以防受冻。装卸时轻装轻放，严防剧烈振动。种蛋运到目的地后，应立即开箱检查，取出种蛋，剔除破损蛋，进行消毒，尽快入孵。

第二节　孵化条件

孵化条件是鸡胚胎发育所需的外部环境，各种条件的设置是参照母鸡抱窝期间胚蛋所感受到的各种环境条件而确定的。

一、孵化温度

温度是孵化的首要条件。孵化过程中温度是否得当，直接影响孵化效果，只有在适当的温度下才能保证家禽胚胎正常发育。

1. 胚胎发育的最适温度范围和孵化最适温度　家禽胚胎的发育对温度也有一定的适应能力，温度在 35~40.5 ℃（95~105 ℉）的较大范围内都能孵出雏禽，但孵化率低，雏禽品质差。胚胎发育的适宜温度为 37~39 ℃（99~102 ℉）。在孵化室温为 22~26 ℃的前提下，鸡胚孵化的最适温度为 37.8 ℃（100 ℉），出雏时的温度为 37.3℃（99 ℉）。

2. 高温、低温对胚胎发育的影响　温度过高或过低都对胚胎发育不利，严重时会造成胚胎死亡。

（1）高温影响：一般情况下温度较高则胚胎发育快，孵化期缩短，胚胎死亡率增加，雏鸡质量下降。死亡率的高低随温度增加的幅度及持续时间的长短而异，孵化温度超过 42 ℃，经过 2~3 小时以后则造成胚胎死亡。

（2）低温影响：低温下胚胎的生长发育迟缓，孵化期延长，死亡率增加。如温度低于 24 ℃经 30 小时便全部死亡。较小偏离最适温度的高低限，对孵化 10 天后的胚胎发育抑制作用要小些，因为此时胚蛋自身温度可起适当调节作用。

种蛋最适的孵化温度受多种因素的影响，如家禽种类、品种、蛋的大小、种蛋的贮存时间、蛋壳质量、孵化时的湿度、孵化室温度、孵化季节、胚胎发育的不同时期等，并且这些因素又相互影响，所以上述的最适温度是指平均温度。

（3）变温孵化与恒温孵化制度：在生产上有恒温孵化和变温孵化两种供温制度。恒温孵化在孵化的过程中温度保持不变，出雏时温度略降（生产上多采取分批交错上蛋的方法进行恒温孵化）。变温孵化也称降温孵化，是指在孵化期随胚龄的增加逐渐降低孵化温度。鸡的两种孵化施温方案如表 6-5 所示。

表 6-5　鸡蛋的孵化温度（℉）

禽种类型	室温	入孵机内温度				出雏机内温度
		恒温（分批）		变温（整批）		
		1~17 天 13~17 天	1~5 天		6~12 天	18~20.5 天
鸡	65	101.0	102.0	101.0	100.0	98.5 左右
	75	100.5	101.5	100.5	99.5	
	85	100.0	101.0	100.0	99.0	
	90~95	99.0	100.0	99.0	98.0	

℃ =（℉-32）×5/9。

二、相对湿度

1. 胚胎发育的相对湿度范围和孵化最适湿度　湿度对胚胎发育的影响不及温度重要，但适宜的湿度对胚胎发育是有益的：孵化初期能使胚胎受热良好，孵化后期有利于胚胎散热，出雏时有利于胚胎破壳。出雏时湿度与空气中的 CO_2 作用，使蛋壳的碳酸钙变成碳酸氢钙，壳变脆。所以在出雏前提高湿度是很重要的。

胚胎发育对环境相对湿度的适应范围比温度要宽些，一般为 40%~70%。入孵机内的湿度要求在 50%~60%，出雏机内的湿度则以 65%~75%为宜。孵化室、出雏室的相对湿度为 75%。

2. 高湿、低湿对胚胎发育的影响　湿度过低，蛋内水分蒸发过多，容易引起胚胎和壳膜粘连，引起雏鸡脱水。湿度过高，影响蛋内水分正常蒸发，雏腹大，脐部愈合不良。两者都会影响胚胎发育中的正常代谢，均对孵化率、雏的健壮有不利的影响。

孵化器内湿度的调节可通过放置水盘的多少、控制水温和水位的高低来实现。

三、通风换气

1. 通风与胚胎的气体交换　胚胎在发育过程中除最初几天外，都必须不断地与外界进行气体交换，而且随着胚龄的增加而加强。尤其是孵化 19 天后，胚胎开始用肺呼吸，其耗氧量更多。整个孵化期总耗氧量为 4.0~4.5 升，排出二氧化碳 3~5 升。

2. 孵化器中 O_2 和 CO_2 含量对孵化率的影响　O_2 含量为 21%时，孵化率最高，每减少1%，孵化率下降5%。O_2 含量过高孵化率也降低，在30%~50%范围内每增加1%，孵化率下降1%左右。新鲜空气含 O_2 21%，CO_2 0.03%~0.04%，这对于孵化是合适的。一般要求 O_2 含量不低于20%，CO_2 含量0.4%~0.5%，不能超过1%。CO_2 超过0.5%，孵化率会下降，超过1.5%，孵化率大幅度下降。只要孵化器通风设计合理，运转、操作正常，孵化室空气新鲜，一般 CO_2 不会过高，应注意不要通风过度。

3. 通风与温、湿度的关系　在孵化后期，通风还可以帮助驱散余热。孵化过程中，胚蛋周围空气中 O_2 的含量为21%，换气、温度、湿度三者之间有密切关系。通风良好，温度低，湿度就小；通风不良，空气不流畅，湿度就大；通风过度，则温度和湿度都难以保证。

4. 通风换气与胚胎散热的关系　孵化过程中，胚胎不断与外界进行热能交换。胚胎产热随胚龄的递增呈正比例增加，如表6-6所示。尤其是孵化后期，胚胎代谢更加旺盛，产热更多，如果热量散不出去，温度过高，将严重阻碍胚胎的正常发育，甚至烧死胚胎。所以，孵化器的通风换气，不仅可以提供胚胎发育所需的 O_2、排出 CO_2，而且还有一个重要作用，即可使孵化器内的温度均匀，驱散余热。

5. 通风换气的控制　孵化初期，可关闭进气孔、排气孔，随胚龄的增加逐渐打开，至孵化后期全部打开，使通风换气量加大。

表6-6　孵化中胚蛋热能交换

项目	胚龄/天					壳打孔
	5	8	11	14	19	
产热/（焦/时）	2.55	37.66	96.23	255.22	707.10	723.83
损失热/（焦/时）	62.76	75.31	62.76	62.76	129.70	150.62
胚蛋温度/℃	37.9	37.9	38.0	38.8	40.1	40.1

注：孵化温度为38℃，单位为每枚胚蛋：焦/时。

四、翻蛋

1. 翻蛋的生物学意义　翻蛋的主要目的在于改变胚胎方位，防止胚胎与壳膜粘连；另外，翻蛋可促进胚胎运动，保持胎位正常；还可使胚胎受热均匀。

2. 翻蛋的次数及停止翻蛋的时间　一般每天翻蛋6~8次即可。机器孵化每1~2小时自动翻蛋一次，土法孵化可4~6小时翻一次。温度低时可适当增加翻蛋次数。前两周翻蛋更为重要，尤其是第1周。据试验：鸡胚孵化期间（1~18天）不翻蛋，孵化率仅为29%；第1周翻蛋，孵化率为78%；第1~14天翻蛋，孵化率为95%；第1~18天翻蛋，孵化率为92%。机器孵化一般到第18天即停止翻蛋并进行移盘。

3. 翻蛋的角度 鸡蛋以水平位置前俯后仰45°为宜。翻蛋时应注意动作要轻、慢、稳。

在孵化过程中翻蛋对前期胚胎发育的影响要远远大于后期，生产上要求在种蛋落盘以前都应该翻蛋。在孵化设备的制造上已经体现了这种要求。有人通过试验发现，全程不翻蛋则受精蛋的孵化率仅有22%；第1周每天翻蛋12次，以后不翻蛋则达到78%；第14天之前每天翻蛋12次，以后不翻蛋则达到89%。

五、晾蛋

1. 目的 晾蛋的目的在于通过降低胚蛋周围环境温度，促进蛋内热量散发而防止蛋内温度或机体内温度超标。尤其是在夏季外界环境温度高、孵化后期胚蛋产热多的情况下，容易发生蛋内温度过高，超出胚胎耐受限度，如果不及时促进散热，则可能导致胚胎死亡。

2. 时期 晾蛋一般在孵化中后期进行，通常都是在12天以后进行。主要是前期胚蛋产热少，不会出现蛋内温度过高的问题，而在后期胚胎产热多，容易造成蛋内超温问题。

3. 次数 每天1~2次，每天下午进行或上午和下午各进行一次。

4. 方法 整批入孵时晾蛋时把孵化器门打开，关闭加热电源，电扇持续鼓风；分批入孵时将需要晾蛋的蛋车拉出，孵化器门关闭。晾蛋时间根据孵化室内温度（温度高低）和胚龄大小（胚龄大则晾蛋时间长，胚龄小则晾蛋时间短）灵活掌握，一般时间为10~30分钟。

5. 晾蛋程度 蛋表面温度下降到34 ℃左右；用眼皮感觉达到"温凉"即可（表6-7）。

表6-7 眼皮感觉测温分级表

眼皮感觉	相当于蛋面温度/℃	俗称
烫眼	38.9~40	大人身蛋或火（大热烘）
有点烫眼	38.3~39.5	人身蛋有劲或烫（中热烘）
热度稍高	37.8~38.9	人身蛋有点劲或热
有热度	37.2~38.3	人身蛋或暖
温度平和	36.7~37.8	人身蛋或温
温度较平和	36.1~37.2	小人身蛋或凉
凉眼	34.4以下	疲或冷

6. 应用　夏季孵化室内温度高的情况下应该晾蛋，其他季节孵化室温度适宜或偏低时可以不晾蛋。如果孵化室内温度控制适宜或孵化器温度调节得当也可以不进行晾蛋。

六、其他条件

1. 孵化设备中的卫生状况　卫生状况不良时会增加胚胎死亡、雏鸡感染疾病，常见的雏鸡感染有大肠杆菌病、曲霉菌病和葡萄球菌病等。因此，要及时清除孵化器中的污物，保证良好的通风，进行严格的消毒。

2. 入孵蛋的位置　蛋的钝端朝上比锐端朝上孵化率高，孵化中后期胚胎头部朝向气室方向，若倒置会改变正常胎位，影响发育和代谢。

3. 光照　孵化过程中增加灯光照明不仅可以缩短孵化期，还可以提高出雏率及生产性能。用紫外线灯也有同样效果。

第三节　胚胎发育

一、母体内发育

鸡排卵后（蛋黄表面的胚珠是次级卵母细胞），在输卵管的漏斗部与精子相遇并结合，其后经 3~5 小时运行到峡部并开始第一次细胞分裂，在蛋产出之前的 20 小时左右时间内细胞不断地分裂，当蛋产出体外时已形成了一个多细胞的胚盘，此时胚胎处于囊胚期的末期或原肠胚的早期，前者为具有一个胚下腔的盘状物，中央部分与卵黄分离，外观透亮为“明区”，周围部分尚和卵黄相连，不透明，称为“暗区”。原肠胚早期的特征：胚胎具有内外两个胚层和一个原肠腔。一般情况下，种鸡刚产下的蛋，胚胎多数都发育到了原肠胚早期。

蛋产出体外后，胚胎的发育暂时停止而呈现“休眠”状态，这种“休眠”对家禽胚胎的正常发育来说似乎是必需的。实践证明，若将刚产出的受精蛋直接放入孵化器中则出现较多的弱胚。

二、孵化过程中发育

（一）孵化期

孵化期是指在正常条件下，从种蛋入孵到雏鸡出壳所需的时间，但会因为许多因素的影响而缩短或延长。影响孵化期因素很多，主要有以下几种。

1. 品种类型　蛋用型鸡的孵化期比兼用型和肉用型要稍短，褐壳蛋比白壳蛋的孵化期稍长，但是这种差别很小。

2. 蛋重 重量小的蛋比重量大的蛋孵化期短。

3. 种蛋保存时间 种蛋保存时间越长，孵化期也相应延长，保存时间 22 天的蛋比保存 1 天的蛋孵化期延长 10 小时。

4. 孵化温度 孵化过程中温度偏高时孵化期缩短，温度偏低则孵化期延长，即使前期温度正常，若后期偏高也会提前出雏，后期偏低则出雏延迟。

5. 其他 据报道，某些近交后代的孵化期会延长；人为"咔嗒"声也会使鸡的出壳提前，孵化中增加光照也会使出壳雏提前。

应该注意的是，孵化期过多地延长或缩短均不是正常的生理现象，对孵化率和雏鸡品质都有不良的影响。

（二）孵化过程中胚胎的发育

种蛋入孵后，胚胎很快苏醒、发育并形成中胚层，这三个胚层将分化形成胚胎所有的组织和器官，外胚层形成胚胎的皮肤、羽毛、喙、爪、耳、口腔、神经系统、眼和泄殖腔上皮；中胚层演化为骨骼、肌肉、血液、生殖和排泄器官；内胚层分化为呼吸和分泌器官及消化道内膜等。

鸡胚在孵化期间根据胚胎发育的外部特征变化可为四个时期：1~4 天为内部器官发生阶段，5~14 天为外部器官形成阶段，15~20 天为胚胎生长阶段，20~21 天为出壳阶段。

鸡胚胎不同日龄发育的外部特征见表 6-8。

表 6-8 鸡胚胎不同日龄发育的外部特征

特征	出现该特征的胚龄/天
出现卵黄囊血管	2
羊膜覆盖头部	2
眼球色素开始沉着	3
出现四肢原基	3
肉眼可以看到尿囊、羊膜腔形成	4
出现口腔	7
背部出现绒毛	9
尿囊在蛋的锐端合拢	10
喙形成	10
眼睑达瞳孔	13
胚胎全身覆盖绒毛	14
眼睑闭合	15

续表

特征	出现该特征的胚龄/天
蛋白全部用完	16~18
蛋黄向腹内吸入，开始睁眼	19
喙部进入气室	19
眼全睁开	20
开始啄壳	19.5
蛋黄进入腹腔，大批啄壳	19天18小时
开始出雏	20
大批出雏	20.5
出雏完毕	21

在孵化过程中常常通过照蛋并根据胚蛋所表现出的特征确定胚胎的发育情况。正常情况下，鸡胚发育各日龄的照蛋特征见表6-9。不过这些特征在使用白壳蛋进行孵化时才能够观察到，如果孵化的是褐壳蛋或绿壳蛋则在10胚龄之前很难观察到准确的特征，只能够在5胚龄后判断胚胎是否处于正常发育状态。而且，这里所说的胚龄是指入孵后满24小时为第1天，满48小时为第2天，依此类推。

表6-9　鸡胚发育各日龄的照蛋特征

胚龄/天	该胚龄胚蛋的照蛋特征
1	蛋黄表面有一颜色较浅的圆点，在照蛋特征上记为“鱼眼珠”或“白光珠”
2	在卵黄表面可见到状似樱桃的血管区，一般称为“樱桃珠”
3	在卵黄表面有一小胚胎及与之相连的卵黄囊血管，形似蚊子，故称“蚊子珠”
4	卵黄囊血管网扩大，形似结网的蜘蛛，称为“小蜘蛛”；转动蛋时胚胎不随之转动，又称“叮壳”
5	卵黄囊血管网覆盖蛋正面的2/3，照蛋时胚胎周围发亮，胚胎头部很大，体躯小，黑眼点明显，称“单珠”或“起珠”
6	胚胎周围亮区增大，体躯部增大呈哑铃状，故称“双珠”
7	蛋的正表面布满血管，胚胎时隐时现，模糊不清似有下沉感，因此称为“沉”
8	胚胎在羊水中浮动容易看到，称为“浮”；蛋的背面为淡红色，靠上部两侧阴影为卵黄囊，位置固定不动，称为“边口发硬”
9	（从9日龄起照蛋时看蛋的背面）蛋上部（气室下）阴影部分可以晃动，称“晃得动”；又因在暗色边缘有伸出的血管，故称“发边”或“窜筋”

续表

胚龄/天	该胚龄胚蛋的照蛋特征
10~11	胚胎周围阴影加深，看不清楚，整个胚蛋除气室外布满血管，锐端灰白色透亮部分消失，称为“合拢”
12~16	照蛋可见血管变粗，颜色加深，上部两侧阴影逐渐扩大，第16天时蛋的锐端仅有一小片透亮区，其他部分都为阴影占据
17	气室下缘又可见血管，气室变大，边缘整齐，阴影沉到锐端将原来透亮部分占据，称为“封门”
18	气室下发红部分减少，气室倾斜，称“斜口”
19	气室下缘凸凹不平，可见到颈、喙、翼的黑影在动，俗称“闪毛”
20	雏鸡已在钝端气室部位啄壳
21	出壳

三、胚外膜与孵化中的物质代谢

（一）胚外膜及功能

鸡胚胎的发育包括胚内部分和胚外部分。胚胎本身的发育是胚内部分，胎膜（胚外膜）的形成是胚外部分，鸡胚胎的代谢主要是依靠胎膜实现的。胎膜包括羊膜、浆膜、卵黄囊和尿囊四种。

1. 卵黄囊　卵黄囊是最早形成的胎膜，由胚外内胚层和胚外中胚层形成。

入孵化第2天开始出现，第4天覆盖卵黄表面的1/3，第6天覆盖一半，第9天几乎包围整个卵黄。但是，在末端留有直径1.2厘米左右的空缺与蛋白相连。

卵黄囊有两层，内层有许多皱褶（绒毛，有大量微细的血管分布）伸入卵黄中以扩大接触面，外层有丰富的、较粗的血管通过脐部进入胚体内。

在胚胎发育中卵黄囊的作用主要表现在3个方面：通过卵黄囊血液循环系统从卵黄中吸收营养供胚胎发育所需；在胚胎发育早期通过卵黄囊从卵黄中吸收氧气，还可以通过气孔与外界进行气体交换。另外，胚胎早期的血细胞和血管内壁细胞也来自于卵黄囊。

卵黄囊以卵黄蒂通过脐部与胚体相连，孵化后期（鸡胚在第19天）卵黄囊以及其所包裹的剩余卵黄开始通过脐孔向胚胎体内吸收；当鸡胚第20天时，卵黄囊及剩余卵黄全部经脐部进入雏鸡腹内，在出壳后的几天内可为雏鸡提供营养。

2. 羊膜与浆膜　羊膜由胚外外胚层和胚外中胚层形成。

在入孵33小时出现头褶，随后两侧扩展形成侧褶，在背部合拢形成羊膜。内层为羊膜，外层为浆膜。在入孵后第4天羊膜在胚胎背侧上方合拢，包围整个胚胎并有羊水形成。浆膜紧贴羊膜、尿囊外侧，后来紧贴内壳膜内侧往蛋的小端扩展。羊膜和浆膜没有血管，浆膜非常薄。

羊膜腔内充满羊水，起着平衡压力、缓冲振动、保护胚胎的作用；羊水还给胚胎水样环境，以便胚胎各部的发育不受妨碍。

羊水以孵化第 5 天开始增多，第 7 天达最大量，第 17 天羊水开始减少，第 18~20 天大量减少以至枯干。羊水第 8 天前为无色透明，以后逐渐变成淡紫色，第 12 天以由于蛋白从浆羊膜道输入羊膜腔而使羊水变得浓稠。

羊膜上有平滑肌纤维。当孵化第 3~4 天时羊膜开始自动收缩。使胚胎在羊水中活动，防止与壳膜粘连，并能促使胚胎血液循环。早期羊膜收缩频率很高，第 12 天后逐渐减慢，第 15 天时停止收缩。

浆膜与羊膜同时发生且来源相同，孵化中后期紧贴内壳膜与尿囊浆膜（尿囊绒毛膜）。由于浆膜薄而透明，无血管分布，在打开胚蛋时看不到单独的浆膜。浆膜具有与肺泡类似的呼吸上皮（由中胚层细胞分化而成），具有进行气体交换的功能。

3. 尿囊　尿囊为一囊状，内部有尿囊液。尿囊壁上有较多的血管分布。尿囊在孵化的第 2 天末开始形成，之后迅速增大；初出现的几天内外观似装有水的气球。第 4 天大小与绿豆相似，第 7 天到达壳膜内表面，然后绕过胚体背部，从蛋的大头向两侧迅速伸展。在 10~11 天尿囊在蛋的小头合拢，包围整个胚蛋的内容物。尿囊以尿囊柄与肠连接。在孵化末期，尿囊液逐渐蒸发，尿囊表面血管逐渐干枯，尿囊内贮有黄白色尿酸盐，出壳后残留在壳内。孵化中后期尿囊液的蒸发程度对胚胎的影响与羊水一样。尿囊在胚胎发育中的作用表现在 4 个方面。

（1）提供营养：通过尿囊壁血管可以吸收蛋壳的钙供给胚胎。

（2）气体交换作用：尿囊发育过程中在接触壳膜内表面继续发育的同时，与绒毛膜结合成尿囊绒毛膜。这种高度血管化的结合膜由尿囊动、静脉与胚胎循环相连接，其位置紧贴在多孔的壳膜下面，起到排出二氧化碳、吸收外界氧气的作用。

（3）贮存代谢产物：尿囊是胚胎蛋白质代谢产生废物的贮存场所。胚胎发育过程中的蛋白质代谢产物（尿酸）通过血液循环到达尿囊，渗入尿囊液中并贮存，防止了尿酸盐在胚胎体内沉积而导致的痛风。

（4）保护作用：尿囊包围在蛋内容物的外周，其中的尿囊液对于缓冲外界温度变化和震动具有重要作用。

（二）孵化过程中的物质代谢

1. 蛋内蛋白质的代谢　孵化初期胚胎发育缓慢，卵黄、卵白中蛋白质含量稳定，此时由于胚胎发育的主要能源物质是糖类，所以蛋白、蛋黄中粗蛋白变化相对稳定。孵化中期蛋白中粗蛋白质含量增加，约 14 胚龄达到最大值，可能是粗脂肪代谢旺盛导致。蛋黄中粗蛋白含量时高时低，说明胚胎在利用蛋黄中营养物质时并不是单一的，而是不断变化的。粗蛋白的减少促进了羽毛、喙等形成以及骨骼的硬化，在出雏时蛋黄中粗蛋白含量约为入孵前的 2 倍，究其原因可能是胚胎利用脂肪等营养物质的速度比蛋白质快。

胚胎中的粗蛋白含量与胚龄呈现负相关。胚胎中的粗蛋白含量从 9~12 胚龄显著降低；尿囊液中尿素氮的含量在 12~21 胚龄迅速增加，21 胚龄达到最高水平。这说明蛋白在中期转移最多，后期利用率较低，这是由于胚胎各器官形成后，躯干等部位得到优先快速增长导致的。胚胎发育过程中，由于胚体吸收利用的结果，使得蛋黄、蛋清中的蛋白质含量总体表现为下降趋势。然而又有起伏波动现象，可能与其中水含量变化有关。

2. 脂类代谢 家禽的肝脏是脂肪合成的主要场所，脂肪则是孵化期间及出壳后能量的主要来源。鸡胚中的磷脂以卵磷脂含量最高，占 65%以上，主要存在于蛋黄中。孵化期间鸡胚蛋中随着胚胎的发育，胚胎中卵磷脂总含量不断升高，但其在体液中的浓度降低。

胚胎期鸡的脂肪代谢存在着发育性变化。脂肪代谢的盛期是孵化的第 1 周，此时蛋白脂肪含量变化幅度很小，胚体中脂肪主要来自蛋黄。0~10 胚龄，蛋黄中脂肪含量不断下降，说明从孵化初始蛋黄中的脂肪即被分解和利用，只是其含量下降的幅度小；12 胚龄以后，蛋黄消化吸收的利用率大幅度提高；14 胚龄后，蛋黄重量减小，蛋黄中的粗脂肪含量下降，说明此段时间是脂类代谢的旺盛期。蛋黄中脂类的 80%是在孵化的最后 7 天被消耗的，而孵化期间未被利用的脂肪则在出壳后 5 天内被吸收利用。

蛋黄脂肪含量与胚胎脂肪含量呈负相关，胚胎发育过程中蛋黄、蛋白中脂肪含量总体呈下降趋势，主要是由于胚胎吸收利用的结果。然而又有起伏波动现象，可能与其中水含量变化有关。因为在鸡胚发育过程中蛋黄、蛋白不仅是营养物质，而且还调节水分。在孵化的第 15~21 天胚胎脂肪发生很大变化，证明这是胚胎快速生长阶段，对脂肪等营养物质有很大的需要量。

3. 蛋内水分变化 胚蛋内的水分随着孵化时间的延长、胚胎的发育增大而逐渐减少，其中一部分由于孵化器中温度、风扇的作用被蒸发出去，另一部分则渗透到蛋黄，形成提供胚胎发育的羊水、尿囊液以及胚胎体内的水分，这部分主要是参与胚胎的新陈代谢。

孵化期间，蛋黄和蛋清的含水量变化有波动性，同时存在互补性，即蛋黄含水多时，蛋清含水少。蛋黄内的水分初期增加，后期恢复。蛋黄内的水分，到第 6~7 天达到最高值，其水分主要来自蛋白，蛋白也从稀蛋白变为较为浓稠的胶状物，含水量达到最低。

4. 钙代谢 蛋壳和蛋内容物中的钙都是胚胎发育过程中钙的来源，区别在于提供钙的时间和数量不同。早期胚胎处于卵裂和组织器官的初步形成期，所需钙量较少，此时钙的来源主要由蛋白提供，同时与蛋黄起互补作用。中、后期胚胎处于器官形成和生长发育期，生长速度加快，胚胎中钙含量显著上升，特别是骨骼的快速生长发育，相应加大了钙的需求量。此时蛋内容物中的钙已经不能满足生长需要，蛋壳就成为主要的钙源，其表现为蛋壳内表面留下吸收坑，蛋壳部分结构改变，蛋壳厚度降低，强度减小，壳变脆；壳膜易分离。

在鸡胚整个生长过程中，蛋内容物和蛋壳的钙含量总体趋势减少，蛋清中的钙含量在孵化过程中不断下降；蛋黄中的钙含量在孵化前期不断下降，但到了18胚龄前后蛋壳中的钙通过绒毛尿囊膜迅速转移到蛋黄中使其钙含量突然上升，然后含量又下降。蛋壳中的钙从入孵前到18胚龄之间无明显变化，但在这之后直到出壳，蛋壳中的钙含量急剧下降；与以上现象相反的是胚胎的钙含量随着孵化的进行呈指数上升。

5. 气体代谢　鸡胚胎发育过程中需要不断地消耗氧气并排出二氧化碳。

（1）气体交换机制：鸡胚胎是通过蛋壳上气孔的简单扩散作用吸入氧气，排出二氧化碳。各部位氧气和二氧化碳分压见表6-10。

表6-10　鸡胚内氧与二氧化碳分压（单位：毫米汞柱）

气体分压	气室中	动脉血中	静脉血中
氧气	108	58	22
二氧化碳	35.5	38	47

（2）气体交换模式：在胚胎发育的不同时期气体交换的方式也有差异，最初2天胚胎主要是利用蛋黄中的溶解氧，3~7日龄可以通过卵黄囊和气孔与蛋外进行气体交换；7~18日龄主要是通过尿囊绒毛膜和气孔进行气体交换，19日龄是由尿囊绒毛膜和气孔进行气体交换向肺呼吸过渡的时间，20日龄后完全是肺呼吸方式。

（3）气体交换量：胚胎发育的不同时期气体的交换量差异也很大，见表6-11。

表6-11　孵化期间气体交换量［米^3/（每千个胚蛋·天）］

孵化天数	1	5	10	15	18	20
O_2 吸入	0.40	0.94	3.04	18.19	24.05	36.31
CO_2 排出	0.23	0.46	1.54	9.22	12.34	18.43

从表6-11中可以看出胚胎的气体代谢变化情况及在中后期、特别是啄壳前

后加强通风换气的重要性。

第四节　孵化管理

一、孵化前的准备工作

1. 操作人员培训　现代孵化设备的自动化程度很高，有关技术参数设定后就可以自动控制。但是，孵化过程中各种问题都可能出现，要求孵化人员不仅能够熟练掌握码盘、入孵、照蛋、落盘等具体操作技术，还要了解不同孵化时期胚胎发育特征和孵化条件的调整技术。此外，对于孵化设备、电器设施使用过程中常见的问题也能够合理处理。

主要培训项目：生产安全常识、孵化设备的使用、孵化条件控制、种蛋消毒、码盘、入孵、照蛋、落盘、雏鸡分拣、马立克疫苗接种等孵化日常管理要求。一般的孵化厂还配备有发电机，需要专业人员操作。

2. 孵化计划的制订　根据孵化和出雏机容量、种蛋来源、雏鸡销售合同等具体情况制订孵化计划。如果孵化机、出雏机容量大，种蛋来源有保证；若雏鸡销售合同集中且量大，可集中入孵，或采用巷道式孵化器孵化；如果种蛋供应量小，雏鸡销售合同比较分散，可采用箱体式孵化器进行孵化。在制订孵化计划时，尽量把费时的工作（上蛋、照蛋、落盘、拣雏）错开安排，不要集中在一起进行。

3. 孵化室的准备　孵化前对孵化室要做好准备工作。孵化室内必须保持良好的通风和适宜的温度。一般孵化室的温度为 20～26 ℃，相对湿度为 55%～60%。为保持这样的温度和湿度，孵化室应严密、保温良好，孵化室天棚距地面 4 米以上，以便保持室内有足够的新鲜空气。

孵化室应有专用的通风孔或风机。现代孵化厂一般都有两套通风系统，孵化机排出的空气经过上方的排气管道，直接排出室外，孵化室另有正压通风系统，将室外的新鲜空气引入室内，如此可防止从孵化机排出的污浊空气再循环进入孵化机内，保持孵化机和孵化室的空气清洁、新鲜。

孵化室的地面要坚固平坦，便于冲洗。对孵化室清扫、清理排水沟、冲洗，供电线路检修，照明、通风、加热系统检修。

保证孵化室的干净、整洁、卫生，保持室内合适的温度和湿度，保证孵化室良好的空气质量。

4. 孵化设备的检修　孵化人员应熟悉和掌握孵化机的各种性能。种蛋入孵前，要全面检查孵化机各部分配件是否完整无缺，通风运行时，整机是否平稳；

孵化机内的供温、鼓风部件及各种指示灯是否都正常；各部位螺钉是否松动，有无异常声响；特别是检查控温系统和报警系统是否灵敏。待孵化机运转1~2天，未发现异常情况，方可入孵。此外，还需要对电力供应、用电安全、消毒设备及其他配套设备进行检修，保证其使用的安全可靠。

5. 孵化温度计的校验 所有的温度计在入孵前要进行校验，其方法是：将孵化温度计与标准温度计水银球一起放到38 ℃左右的温水中，观察它们之间的温差。温差太大的孵化温度计不能使用，没有标准温度计时可用体温计代替。

6. 孵化机内温差的测试 因机内各处温差的大小直接影响孵化成绩的好坏，在使用前一定要弄清该机内各个不同部位的温差情况。方法是在机内的蛋架装满空的蛋盘，用校对过的温度计固定在机内的上、中、下，左、中、右，前、中、后部位，然后将蛋架翻向一边，通电使鼓风机正常运转，机内温度控制在37.8 ℃左右，恒温30分钟后，取出温度计，记录各点的温度，再将蛋架翻转至另一边去，如此反复各两次，就能基本弄清孵化机内的温差及其与翻蛋状态间的关系。

7. 孵化室、孵化器的消毒 为了保证雏鸡在孵化过程中不受疾病感染，孵化室的地面、墙壁、天棚均应彻底消毒。孵化室墙壁的建造，要能经得起高压冲洗消毒。每批孵化前机内必须清洗，并用福尔马林熏蒸，也可用药液喷雾消毒。

8. 入孵前种蛋预热 种蛋预热能使静止的胚胎有一个缓慢的“苏醒适应”过程，这样可减少突然高温造成死精蛋偏多，并减缓入孵初期的孵化器内温度下降，防止蛋表面水汽凝结，利于提高孵化率。预热方法是在22~25 ℃的环境中放置12小时。

9. 码盘、入孵 将种蛋大头向上斜放在孵化盘上称为码盘，码盘的同时挑出破蛋。将码盘后的蛋盘平稳地放到蛋架车上的过程称为装车。将装好蛋盘的蛋架车推进孵化器内并固定好称为入孵。

10. 种蛋消毒 小规模的孵化厂在种蛋入孵前会把码盘后的种蛋放在蛋架车上，再用消毒药水进行喷淋消毒。大型孵化厂的消毒有三种形式：一是将装好的蛋架车推入孵化器内进行熏蒸消毒，二是将装好的蛋架车移至消毒池内进行浸泡消毒，三是喷淋消毒。

二、孵化的日常管理

1. 孵化管理要求 作为孵化室值班人员，要定时在孵化室内巡视，需要做的工作可以归纳为5个字即看、听、闻、记、调。

（1）看：主要观察室内是否整洁、孵化器各种显示是否正常、通过照蛋了解种蛋质量和胚胎发育情况是否正常。

（2）听：设备运行过程中有无异常声响。

（3）闻：了解室内有无异常气味，如胶皮烧焦味道、臭味，其他刺激性气味等。

（4）记：做好各种项目记录。

（5）调：发现哪方面不正常要及时调整。

2. 落盘 鸡胚孵化至17~18天时把胚蛋从孵化器的孵化盘移到出雏器的出雏盘的过程叫落盘（或移盘）。落盘前应提高室温，动作要轻、快、稳。落盘后最上层的出雏盘要加盖网罩，以防雏禽出壳后窜出。对于分批孵化的种蛋，落盘时不要混淆不同批次的种蛋。

落盘前，要调好出雏器的温度、湿度及进气孔、排气孔。出雏器的环境要求是高湿、低温、通风好、黑暗、安静。

3. 出雏与记录 胚胎发育正常的情况下，落盘时就有个别啄壳的，20.5天就大量出壳。

拣雏有集中拣雏和分次拣雏两种方式。集中拣雏是在雏鸡出壳达80%左右时进行拣雏，把没有出壳的胚蛋集中到若干个出雏盘内继续孵化；分次拣雏则是从第20天有雏鸡出壳开始，每4~6小时拣雏1次。拣雏时要轻、快，尽量避免碰破胚蛋。为缩短出雏时间，可将绒毛已干、脐部收缩良好的雏迅速拣出，再将空蛋壳拣出，以防蛋壳套在其他胚蛋上引起雏鸡窒息。对于脐部突出、呈鲜红光亮、绒毛未干的雏鸡应暂时留在出雏盘内待下次再拣。到出雏后期，应将已破壳的胚蛋并盘，并放在出雏器上部，以促使弱胚尽快出雏。在拣雏时，对于前后开门的出雏器，不要同时打开前后机门，以免出雏器内的温度、湿度下降过快而影响出雏。

每次孵化应将入孵日期、品种、种蛋数量与来源、照蛋情况记录表内，出雏后，统计出雏数、健雏数、死胎蛋数，并计算种蛋的孵化率、健雏率，及时总结孵化的经验教训。

4. 停电时的措施 孵化厂最好自备发电机，遇到停电立即发电，并与电业部门保持联系，以便及时得到通知，做好停电前的准备工作。

5. 防止孵化过程中的感染 种蛋在孵化过程中被感染后会造成孵化率的降低，一些胚胎在发育过程中死亡，被感染后没有死亡的胚胎在孵化出雏鸡后其健康状况也不佳，饲养过程中容易发生死亡，或成为弱鸡，发育不良。

孵化过程中感染大肠杆菌后，出壳的雏鸡可能会出现脐炎，而且剩余卵黄也可能被感染，这样雏鸡很难饲养。即便是前2周不死亡，其后生长速度也很慢，没有饲养价值。

孵化过程中胚胎感染沙门菌会造成剩余卵黄颜色发绿，有绿豆大小的凝块，雏鸡对剩余卵黄的吸收不良。

孵化过程中如果发生霉菌污染，出壳后的雏鸡在饲养过程中会出现呼吸系统感染的问题，这样的肉鸡在饲养过程中发生腹水症的概率很高。

孵化过程中感染的原因有以下几种：

（1）孵化室消毒不严：孵化室（包括出雏室、雏鸡暂存室等）在开始使用前要进行全面的清扫、冲洗，把各个部位附着的粉尘、杂物、垃圾彻底清理干净，然后要对屋顶和墙壁用消毒药（如百毒杀、次氯酸钠等）喷洒消毒，对地面可以使用百毒杀、次氯酸钠等喷洒，也可以使用氢氧化钠喷洒消毒。接着还要使用福尔马林和高锰酸钾进行熏蒸消毒，对下水道要进行清理并用清水冲洗，再用消毒药进行消毒处理。孵化室的地面要每天冲洗 1 次，用消毒药物喷洒 1 次。如果做不到这些，一些病原体就可能会在孵化室的某个角落存在并不断扩散，污染孵化设备和种蛋，以及发育中的胚胎或刚出壳的雏鸡。

（2）孵化设备消毒不严：孵化设备在孵化开始前至少要进行 3 次消毒，其中至少有 1 次熏蒸消毒。孵化设备，尤其是蛋盘、蛋架车、孵化器和出雏器的内壁上沾染的污物（破蛋液、死亡的雏鸡、绒毛等）必须清理和擦拭干净。孵化设备每周转 1 次要冲洗（或擦拭）和消毒 1 次。然而，在实际生产中可能有不少孵化厂做不到这么全面，这就给孵化过程的感染提供了条件。

（3）种蛋消毒不严格：种蛋从母鸡体内产出后，蛋壳的表面就可能有微生物附着，如果不及时消毒，随着蛋在孵化前存放时间的延长，蛋壳表面的微生物会越来越多，甚至部分微生物会通过气孔进入蛋内。进入蛋内的微生物会在胚胎发育过程中大量繁殖，危害胚胎，造成胚胎在孵化过程中的感染，严重的造成死亡。

（4）雌雄鉴别过程中的感染：如果雌雄鉴别时工作人员的手没有消毒，手上附着的微生物就会与雏鸡的泄殖腔接触，进而感染雏鸡。如果有个别的雏鸡在孵化过程中感染，其粪便中就会带有微生物，鉴别的时候就会相互传播。

（5）使用曾用过的又没有再次消毒的雏鸡盒：目前，孵化厂装运雏鸡都是使用专门的雏鸡盒，每个盒可以安放 100 只雏鸡，而且要求雏鸡盒是一次性的。如果使用了曾经用过的雏鸡盒，这些雏鸡盒可能已经被微生物污染，再次使用就可能使新的雏鸡被感染。

（6）种蛋感染（污染）：由于种鸡感染疾病或产蛋窝、鸡笼盛蛋网、蛋托被污染所造成。

三、孵化效果的检查与分析

（一）照蛋

1. 照蛋的目的　照蛋的目的是利用光源透视检查胚胎的发育情况，从而判断孵化条件是否适宜。同时照蛋还可拣出无精蛋、死胚蛋及发育异常的蛋，根据各种类型蛋的数量，判断种蛋质量的好坏。照蛋灯如图 6-1 所示。

2. 照蛋的时间　生产中关于照蛋的次数和时间在不同的孵化厂控制得不一

图 6-1　照蛋灯

样，孵化期间有照蛋 2 次的，也有 1 次的。

（1）两次照蛋的安排：第一次照蛋时间白壳蛋在 5~6 胚龄、褐壳蛋 10 胚龄。5~6 胚龄照蛋时发育正常的胚胎，血管网鲜红，扩散面大，呈放射状，胚胎隐约可见，可明显看到黑色眼点；发育较弱的胚胎，血管纤细，色淡，扩散面小，胚胎小，黑眼珠不明显。未受精蛋的表现是整个蛋透光度大，有时只能看到蛋黄的影子；死精蛋能看到不规则的血点、血线或血弧、血圈，有时可见到死胚的小黑点贴壳静止不动，蛋色浅白，蛋黄疏散。10 胚龄照蛋时在蛋内除气室外，其他部分都有血管分布，颜色发红；如果是死胚则蛋黄位置上有深褐色可以移动的斑块，蛋内颜色发灰；如果是弱胚则蛋的锐端红色很淡。如图 6-2 所示不同日龄照蛋特征。

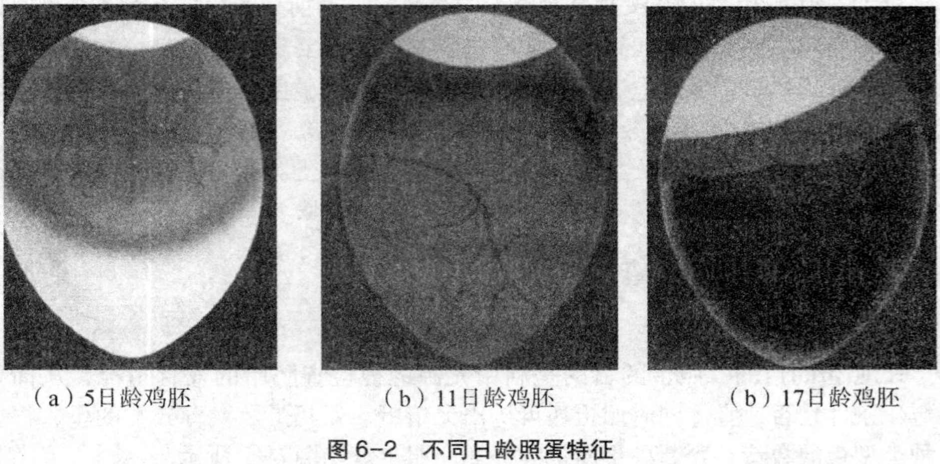

（a）5日龄鸡胚　　（b）11日龄鸡胚　　（b）17日龄鸡胚

图 6-2　不同日龄照蛋特征

第二次照蛋与落盘结合进行，通常安排在第 18 天。发育正常的胚胎，气室边缘弯曲倾斜，有黑影闪动，呈小山丘状，胚胎已占据蛋的下 2/3 空间，能在气室下方红润处看到一条较粗的血管和胎儿转动。发育迟缓的胚胎，气室比发育正常的胚蛋小，边缘平齐，黑影距气室边缘较远，可看到红色血管，胚蛋锐端浅白发亮。死胚蛋的特征是气室小而不倾斜，其边缘模糊，色淡灰或黑暗。

（2）1 次照蛋的安排：在一些自己有种鸡场的大型孵化厂通常在孵化过程中只进行一次照蛋，其前提是种鸡群管理规范、健康和生产性能良好、种蛋质量高。如果是 1 次照蛋一般都安排在 17 胚龄或 18 胚龄落盘时进行。

3. 照蛋要求　在照蛋时，还应剔除破蛋和腐败蛋，通过照蛋器可看到破蛋的裂纹（呈树枝状亮痕）或破孔，有时气室跑到一侧。腐败蛋蛋色褐暗，有异臭味，有的蛋壳破裂，表面有很多黄黑色渗出物，有时不留意碰触腐败蛋可引起爆炸。

（二）蛋的失重变化

种蛋在孵化过程中，由于蛋内水分蒸发，胚蛋逐渐减轻。蛋的失重一般在孵化开始时较慢，以后迅速增加。孵化期间的失重过多或过少对孵化率和雏鸡质量都不利。可以根据失重情况间接了解胚胎发育和孵化的温度、湿度情况。

蛋失重的测定方法是孵化前先称一个孵化盘重量，将种蛋码在该孵化盘内后再称其重量，减去孵化盘重量，得出种蛋总重量。以后定期称重，求出蛋减轻的百分率。如果蛋的减重超出正常的标准过多，则照蛋时气室很大，可能是孵化湿度过低，水分蒸发过快；如蛋的减重低于标准过远，则气室小，可能是湿度过大，蛋的品质不良。

有人测定发现，从入孵到孵化 18 天全期平均失重率为 11.74%，但受精蛋在每一时期的失重速度并不相同，从开始入孵到第 8 天种蛋失重率逐步上升，8～12 天失重速度逐渐变慢，而后又随孵化天数的增加失重率逐渐增加。从胚胎发育的角度来看，失重率的变化与胚胎发育有一定程度的吻合。从观察不同失重范围内种蛋的孵化效果可以明显地看出，纯种来航鸡种蛋在孵化期间的最佳失重范围为 11.51%～13.50%，其受精蛋的孵化率明显高于失重率在 6.29%～11.50% 和 13.51%～19.47% 范围内的两组。

蛋失重的测定方法比较烦琐，一般根据胚蛋气室的大小以及后期的气室形状来了解孵化湿度是否适宜胚胎发育及胚胎发育是否正常。

（三）出雏期间的检查

雏鸡出壳后，主要从绒毛色泽亮度、脐部愈合好坏、精神状态、体重体型大小、健雏比例等方面来检查孵化效果。健雏绒毛洁净有光泽，脐部吸收愈合良好、平齐、干燥且被腹部绒毛覆盖着，腹平坦；雏鸡站立稳健有活力，对光及声响反应灵敏，叫声清脆洪亮；体型匀称，大小适中，既不干瘪又不臃肿，显得

“水灵”好看，胫、趾色泽鲜艳。而弱雏绒毛污乱，脐部潮湿、带有血迹，精神不振，叫声无力，反应迟钝，体型过小或腹部过大。

另外，还可从出雏持续时间长短、出雏高峰明显与否来观察孵化效果。孵化正常时，出雏时间较一致，即出雏集中，出雏高峰明显。在孵化不正常时，出雏时间拖长，无明显的出雏高峰。

（四）死胎的病理剖析

种蛋品质和孵化条件不良时，死胎一般表现出病理变化。如孵化温度过高则出现充血、溢血现象；维生素 B_2 缺乏时出现脑水肿；缺维生素 D_3 时，出现皮肤水肿等。

在孵化结束清理出雏器时应解剖死胎进行检查。检查时首先判定死亡日期，注意皮肤、肝脏、胃、心脏等器官，胸腔以及腹膜等的病理变化，如充血、贫血、出血、水肿、肥大、萎缩、变性、畸形等，以确定胚胎的死亡原因。对于啄壳前后死亡的胚胎还要观察胎位是否正常。

（五）不同阶段影响胚胎发育的因素分析

在孵化实际生产中我们常遇到孵化早、中、晚期出现鸡胚胎的异常死亡，现将其表现和造成的主要原因简述如下。

1. 胚胎前期死亡 孵化前 6 天胚胎的死亡率占入孵蛋的 1%～3%，若超过这个范围，说明孵化存在问题。从孵化的角度讲，造成胚胎的早期死亡率偏高的主要原因是：种蛋熏蒸消毒不当（浓度太高，时间过长）和孵化前期温度过高。夏季孵化，种蛋从温度较低的蛋库中取出，未经逐渐升温处理而直接孵化，会因温差太大导致蛋壳表面出现冷凝水现象，此时若进行熏蒸消毒，往往会造成鸡胚胎早期死亡。

2. 中期死亡 若 7～12 天胚胎死亡数量占入孵蛋的 5%左右，一般可视为正常情况。造成鸡胚胎大量死亡的原因，与孵化温度过高、通风不良、翻蛋不正常有关，其中翻蛋不正常是鸡胚胎中期死亡的主要原因。

3. 后期死亡 孵化的 13～18 天胚胎死亡多数是因为温度过高、小头向上孵化和通风不良所引起的。孵化正常时，胚胎后期死亡率不会超过入孵蛋的 5%。

（六）孵化技术指标

孵化生产中评价孵化效果的常见技术指标有 5 个。

（1）种蛋受精率（%）=（受精蛋数/入孵蛋数）× 100%

（2）种蛋合格率（%）=（合格种蛋数/种蛋总数）× 100%

（3）受精蛋孵化率（%）=（出雏数/受精蛋数）× 100%

（4）入孵蛋孵化率（%）=（出雏数/入孵蛋数）×100%

（5）健雏率（%）=（健雏数/出雏数）× 100%

（七）影响孵化效果的因素

孵化效果受多种因素的影响，在这些因素中任何一个方面出现问题都会造成孵化效果的降低，归纳起来影响孵化效果的因素有如下几方面。

1. 种鸡质量　种鸡质量会直接影响到种蛋的质量，包括种鸡的遗传品质、健康状况、周龄、饲料质量、饲养管理措施、饲养环境等方面。

2. 种蛋管理　种蛋管理包括种蛋的选择、运输、保存、消毒等环节是否符合要求。

3. 孵化设备　孵化设备的自动化程度、机内环境条件的控制效果都直接影响孵化效果。

4. 孵化条件控制　孵化过程中的温度、湿度、通风换气、晾蛋、翻蛋、卫生等条件控制效果也直接影响孵化效果。

5. 人员素质　从事孵化生产人员的素质包括责任心、专业技能等方面，也是影响孵化效果的主要因素。

四、雏鸡雌雄鉴别

对刚出壳的雏鸡进行雌雄鉴别具有重要的经济意义。对于育种场来说，通过鉴别可以为用户提供的配套系雏鸡为单一性别，防止用户自群繁殖造成种源的扩散，保证自身的利益；对于蛋用型鸡来说，商品代公雏没有太大的饲养价值，出壳后通过鉴别及时淘汰可以减少雏鸡的饲养量，减少各种资源的浪费；对于肉仔鸡生产来说，由于公母肉鸡生长速度差异大、对饲料和环境条件的要求不同，公母雏分群饲养可以提高饲料利用率，选择适当的出栏期，减少残次品数量。

目前，雏鸡雌雄鉴别的常用方法有两种：利用伴性性状鉴别和根据肛门的生殖突起进行鉴别。

（一）伴性性状鉴别法

这种方法的鉴别原理是根据性染色体上的伴性基因所控制的相对性状，通过合理的交配方式，在杂交后代刚出壳时即可通过一些明显的表现性状把公母分开。在当前大量饲养的商品杂交鸡中，许多都具备这种特点。使用这种方法需要有严格的配种制度，否则不能通过羽毛情况进行分辨。现在应用的伴性性状有以下几种。

1. 金黄色和银白色伴性基因　要求父本为金黄色伴性基因携带者、母本为银白色伴性基因所控制，如海兰褐鸡、罗曼褐鸡、京红蛋鸡等褐壳蛋鸡的父本为金黄色羽、母本为银白色羽，杂交后代（商品代鸡）公雏绒毛为白色、母雏绒毛为棕色，像这种类型还有伊萨褐蛋鸡、巴波娜-特佳褐蛋鸡、伊萨巴布考克 B-380 蛋鸡等。在褐壳蛋鸡育种中基本上都利用了这对伴性性状，所饲养的种公鸡都是红色羽毛、母鸡都是白色羽毛，雏鸡出壳后就能够根据容貌颜色辨别雌雄。

如图 6-3 所示。

（a）　　　　（b）

图 6-3　利用金黄色和银白色伴性基因进行雏鸡鉴别雌雄示意
（左图母本为隐性白羽，右图母本为哥伦比亚羽色）

2. 快生羽和慢生羽伴性基因　当父本品系为快生羽、母本品系为慢生羽时，杂交后代母雏为快羽型，公雏为慢羽型。慢羽型雏鸡表现为主翼羽与覆主翼羽的长度相等或者略短（图 6-4）；快羽型雏鸡表现为其主翼羽要比覆主翼羽长（图 6-5），而且主翼羽的羽轴比较粗。能够利用这对伴性性状进行雏鸡雌雄鉴别的有罗斯 1 号肉鸡、海兰 W-36 蛋鸡和京粉 1 号粉壳蛋鸡等。如图 6-6 所示。

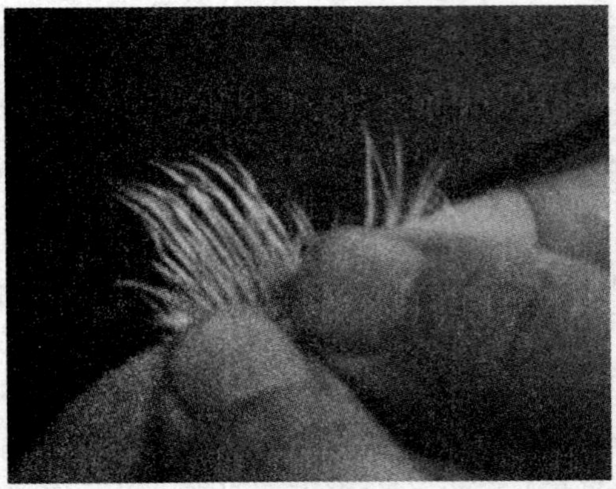

图 6-4　慢羽特征（主翼羽和覆主翼羽等长）

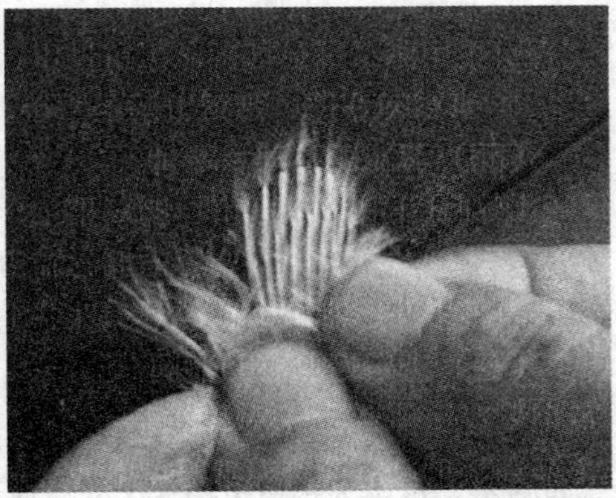

图 6-5　快羽特征（主翼羽比覆主翼羽长）

3. 芦花羽与非芦花羽　利用非芦花羽（一般为有色羽，如红色、黄色、黑色等）的公鸡与芦花羽母鸡交配，杂交后代雄雏均为芦花羽，即为黑色绒毛，头顶上有不规则的白色斑块；母雏全身绒毛棕色或背部有条斑。如“宝万斯-尼拉”蛋鸡（图6-7）。

图6-6　利用快生羽和慢生羽伴性基因进行雏鸡雌雄鉴别示意

图6-7　利用芦花羽与非芦花羽伴性基因进行雏鸡雌雄鉴别示意

此外，利用芦花鸡纯种繁育或品种内品系间杂交，后代绒羽为黑色，头顶上有一白色小斑，公鸡的白斑大而不规则，母鸡的白斑小而圆；体羽黑色公鸡比母鸡淡；初生雏鸡的色泽母鸡比公鸡深，脚趾部的黑色在脚的末端突然与黄色显著区别而公雏趾部色泽淡，黄黑色无明显分界线。

以上三种伴性性状都是出现交叉遗传的，即子代公鸡的性状与母本一致，子代母鸡与父本的性状相同，这种方法的鉴别准确率都在97%以上。

（二）根据雏鸡生殖器官形态鉴别

这种方法主要是根据初生雏有无生殖突起及生殖突起的组织和形态差异进行雌雄鉴别的，习惯上称为翻肛鉴别法。

1. 生殖突起的形态　将雏鸡泄殖腔背壁纵向切开由内向外可以看到3个皱襞：第1个皱襞为直肠末端泄殖腔的交界；第2个皱襞位于泄殖腔的中央，由斜行的小皱襞集合而成，在泄殖腔背壁幅度较广，向腹壁逐渐变细而终止于第3皱襞；第3皱襞形成于泄殖腔的开口处。

（1）公雏生殖突起形态：公雏在泄殖腔腹侧中间第2、3皱襞的接合处有一个比小米粒还小的白色球状突起，在其两侧围以规则的皱襞状隆起，呈“八”字状，故称为“八字状襞”。白色球状突起称为“生殖突起”，两者共同构成“生殖隆起”（图 6-8）。雌雏在雄雏“生殖突起”的部位呈凹陷状，但由于品种类型和个体间的差异，母雏生殖突起退化的情况也不一致，还有部分个体有明显的隆起痕迹，这就要求在鉴别的时候多加注意分辨。公雏的生殖突起见图 6-9。

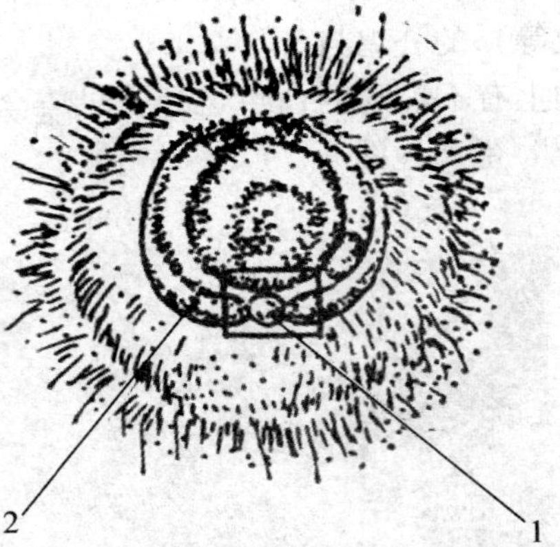

图 6-8　公雏泄殖腔翻开后的形态

1. 生殖突起　2. 八字皱襞

1）正常型。生殖突起的直径在 0.7 毫米左右，充实有弹性，外观有光泽，轮廓明显。大部分为圆形，也有椭圆形或纺锤形的，位置端正，一般都在肛门浅表处。生殖突起两侧的八字状襞很发达，但少有

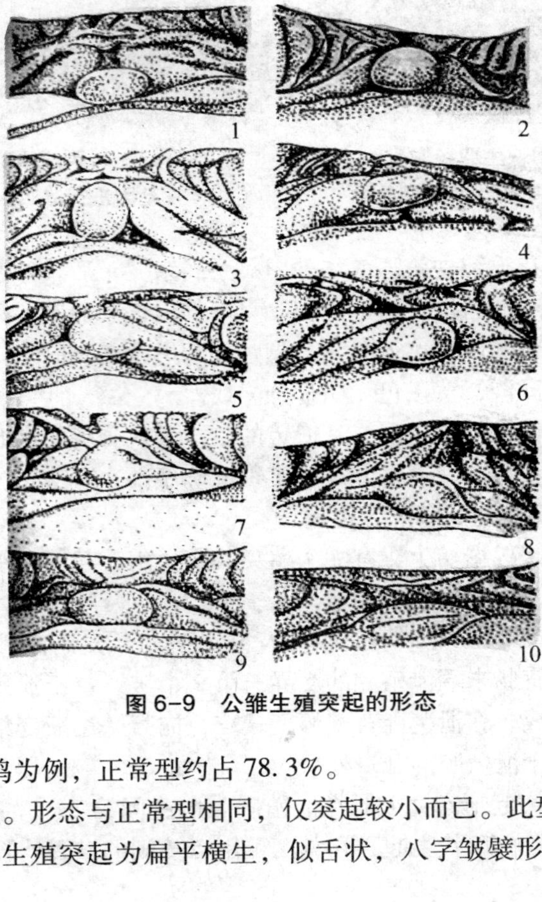

图 6-9　公雏生殖突起的形态

对称。以来航蛋鸡为例，正常型约占 78.3%。

2）小突起型。形态与正常型相同，仅突起较小而已。此型约占 4.4%。

3）扁平型。生殖突起为扁平横生，似舌状，八字皱襞形状不规则，但很发

达，占 5.4%。

4）肥厚型。生殖突起最为发达，往往与八字皱襞连成为一体。此型约占 6.2%。

5）纵型。生殖突起为纺锤形，纵长，八字皱襞既不规则也不发达，此型约占 5.5%。

6）分裂型。生殖突起中间有纵沟将突起分为两半，也有完全分离为两个生殖突起的。此型极少，仅占 0.2%左右。

（2）母雏的生殖突起形态：正常情况下母雏在出壳后生殖突起几乎完全退化，原来位置仅有皱襞残余。八字皱襞之间多为凹陷，正常的类型约占 59.8%（图 6-10）。

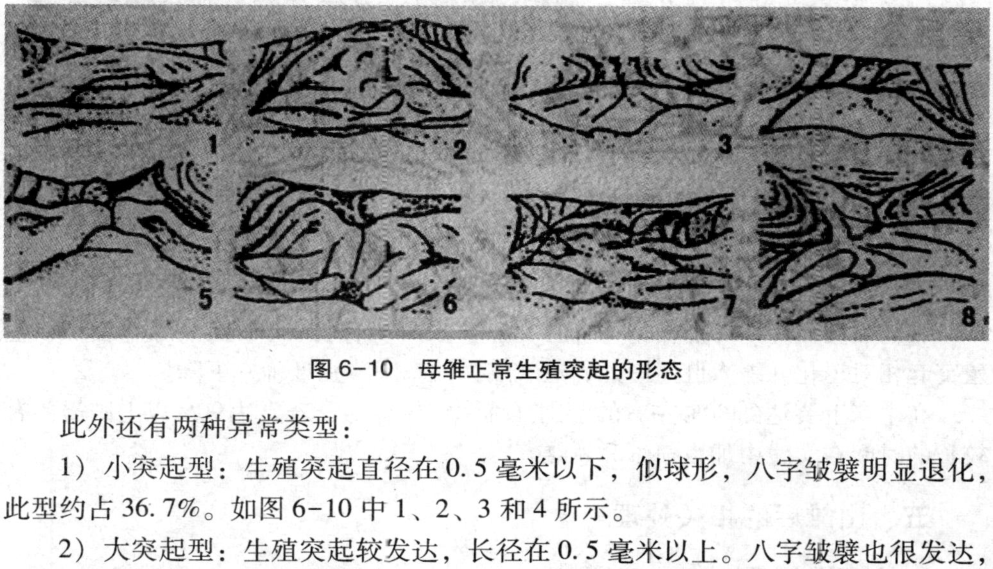

图 6-10　母雏正常生殖突起的形态

此外还有两种异常类型：

1）小突起型：生殖突起直径在 0.5 毫米以下，似球形，八字皱襞明显退化，此型约占 36.7%。如图 6-10 中 1、2、3 和 4 所示。

2）大突起型：生殖突起较发达，长径在 0.5 毫米以上。八字皱襞也很发达，与雄雏的正常型相似。此型占 3.5%左右，如图 6-10 中 5、6、7 和 8 所示。

仅仅根据生殖突起的形态差异还不能完全准确地辨识雏鸡的性别。还应根据生殖突起在组织上的差异加以辅助鉴别：①雌雏生殖突起轮廓不明显、萎缩，周围组织衬托无力；雄雏的生殖突起轮廓明显、充实，基础较稳固。②雌雏肛门松弛，易翻开，生殖突起缺乏弹性，手指压迫和左右伸展时很容易变形；雄雏的肛门较紧，生殖突起富有弹性，压迫伸展时不易变形。由于雏鸡生殖突起的血管不发达，经翻肛刺激不易充血。

2. 鉴别的基本顺序

抓握雏、挤粪、翻肛、鉴别和放雏。

（1）抓握雏：左（或右）手抓住雏鸡后移向右（或左）手保定，保定方法：

雏鸡背向手心，尾部朝上，头朝下轻夹于肛门右侧。熟练者可双手同时抓握。

(2) 挤粪：用抓握雏鸡的手拇指轻压其腹部，与雏鸡的呼吸运动相协调促使雏鸡排粪。

(3) 翻肛：挤粪后将右（或左）手大拇指放在肛门右（左）侧，同时左（或右）手的大拇指及食指放于肛门下面和左（或右）侧，三个手指在肛门周围并成一个三角形，左食指向上推，拇指由肛门下往上顶就可观察生殖突起的情况（图6-11）。

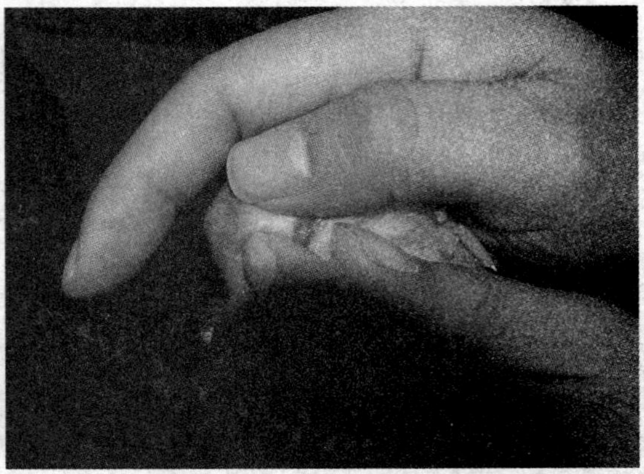

图6-11　翻肛的手势

(4) 鉴别：肛门翻开后，根据生殖突起的有无、形态、组织上的差异及八字皱襞情况进行综合判断。若在观察时有粪便排除，则用左手食指抹去再观察。

(5) 放雏：鉴别者面前有三只箱，中间放混合雏，两侧的一个放母雏、一个放公雏，鉴别人员通常都有固定的习惯在哪侧放什么性别的雏鸡。

雏鸡出壳后应尽可能在24小时内鉴别结束。若时间过长则翻肛不容易，生殖突起相对退化并缩入肛门深处，造成工作效率和鉴别准确率下降。

在生产上要达到80%左右的鉴别准确率比较容易，若要达90%以上则需要有较长的时间在实践中加以摸索和总结。

五、出雏后的相关处理

（一）孵化设备的清理与消毒

孵化器的顶部和四周易积灰尘和绒毛，要由专门值班员每天擦拭一次，最好用湿布擦拭，避免灰尘等飞扬。

每批种蛋由孵化器、出雏器转出后，将蛋盘、蛋车、周转箱全部取出冲洗，孵化器里外打扫干净，断电后用清水冲洗干净，包括孵化器顶部、四壁、地面、加湿器等，然后将干净的蛋车、蛋盘，放入孵化器消毒。可以喷洒0.05%的新洁尔灭或0.05%的百毒杀，也可以用每立方米福尔马林42毫升、高锰酸钾21克的剂量熏蒸消毒。

雏鸡注射用针、针头、镊子等需用高温蒸煮消毒，在每批雏鸡使用前及使用后蒸煮10分钟。

（二）碎蛋壳与死胚蛋的处理

雏鸡出壳后剩余的碎蛋壳和死亡胚蛋要经过分拣，碎蛋壳可以压块后作为垃圾处理，也可以经过消毒后再干燥、粉碎制作蛋壳粉用作饲料原料。死亡胚蛋需要消毒后深埋或经过高温处理。

（三）不合格雏鸡的处理

每批出壳的雏鸡中都会有一部分不符合标准的个体，即病弱残雏。这样的雏鸡不适宜饲养，因为其成活率低，甚至有的还可能已经感染疾病，即便是成活也会影响到其生长发育和以后的产蛋。这些雏鸡应随死胚蛋一同进行处理。

（四）雏鸡的分拣与接种

1. 雏鸡的分拣　雏鸡出壳后需要分拣，目的有两个：一是拣出病弱残个体，二是对蛋用雏鸡进行性别鉴定以拣出公雏。

病弱残雏的分拣要求可以参考蛋鸡生产中雏鸡饲养管理部分。公母分拣主要在蛋鸡孵化厂进行，当前主要是用在商品蛋鸡的雏鸡，在出壳后按照绒毛颜色或主翼羽和覆主翼羽的长度对比拣出公雏。

2. 雏鸡的接种　在蛋用雏鸡分拣后要对合格的健康母雏注射马立克疫苗，目前使用的疫苗主要是细胞结合苗，平时保存在液氮罐内，用前取出解冻和稀释，解冻与稀释方法要按照使用说明进行。有些孵化厂为了保证雏鸡的健康，还会在马立克疫苗稀释液中添加一些抗生素，常见的如阿米卡星、头孢氨苄青霉素等。

在肉鸡孵化厂也常见到雏鸡分拣后接种新城疫疫苗或新城疫-传染性支气管炎二联苗，采用注射接种方式的时候也常常加入一些抗生素。

（五）雏鸡的装箱与待运管理

1. 雏鸡的装箱　孵化厂的雏鸡要运往饲养场都是使用专门的雏鸡盒进行包装的，每个雏鸡盒分 4 格，每格装 25 只雏鸡，每盒可以装 100 只雏鸡。一些孵化厂通常会在每个雏鸡盒内装 102 只雏鸡，其中的 2 只作为路途损耗。

2. 待运雏鸡的管理　装盒后的雏鸡一般在起运前都存放在孵化厂的雏鸡暂存室，通常雏鸡盒叠放 5~6 层。室内温度控制在 25 ℃左右，注意保持空气流通，但是气流速度不能大于 0.3 米/秒。起运之前的雏鸡不能给予饮水和饲料。有的孵化厂为了减轻雏鸡运输过程中的应激，常在起运前用一些具有增强抵抗力、缓解应激反应的添加剂（如体脱康等）对雏鸡进行喷雾。

第七章　蛋鸡生产

蛋鸡的最终生产目的是保证鸡群的健康高产以提供大量优质的商品蛋。在蛋鸡养殖过程中有 3 个饲养阶段，即育雏期、育成期和产蛋期，各个阶段鸡群的生理特点不同、饲养管理目标不同，对饲养管理和卫生防疫的要求也有差异。

第一节　雏鸡培育

雏鸡是指 6 周龄内的小鸡，育雏期一般是 6 周（42 天）。但是，实际生产中有很多情况是在育雏室内饲养的时间更长一些。有的鸡场专门饲养脱温鸡（饲养到不需要进行舍内加热阶段的鸡），其饲养时间延长到 10～13 周龄。

育雏阶段雏鸡培育的目标主要是：提高雏鸡成活率，提高培育合格率，促进雏鸡早期增重和提高免疫接种效果。各项措施的制定和实施都要围绕这几个目标开展。

一、育雏期间的常见问题

1. 雏鸡成活率低　雏鸡出壳后经历从蛋壳内到孵化器再到育雏室一系列的环境条件变化，每个环节的环境变化都需要有一个适应过程，而这种适应过程也是容易出现问题的时期；出壳后最初几天雏鸡对病原体的抵抗能力主要来自母源抗体，而不同种鸡群的后代特定抗体的水平和均匀度有差异，如果抗体水平低或均匀度差则雏鸡感染疾病的可能性就高。因此，雏鸡阶段会表现出抗病力低，容易感染疾病，这就要求在雏鸡培育过程中首要的事情就是做好卫生防疫工作，保证雏鸡的健康，保证高的成活率。只有保证鸡群健康，才能够考虑如何提高雏鸡的生长发育速度和合格率。

雏鸡都是采用高密度饲养，一旦鸡群中有个别的雏鸡被感染疾病则会很快在大群内传播，引起大批雏鸡的发病甚至死亡。加上雏鸡个体小，对疾病的耐受性差，一旦被感染则在短时间内就会表现出明显的问题。

目前，加强雏鸡的疫病防治已经为养鸡场的工作人员所重视，也都采取了较为合理的措施，多数的蛋鸡场育雏期结束时雏鸡成活率能够达到97%以上，一般的成绩也能够达到95%以上。但是，也有一些蛋鸡养殖场户的育雏效果不好，雏鸡的成活率不足95%，甚至达不到90%。

造成育雏期雏鸡成活率低的原因有很多，如种鸡的健康问题、种鸡疫苗的使用情况、孵化条件与环境的控制、雏鸡出壳后的暂存与运输、疫苗的接种时间与效果、育雏环境条件的控制与环境污染、饲料与饮水的质量等。提高雏鸡的成活率也必须从这些方面着手制定相应的措施。

2. 雏鸡早期生长速度偏慢　通常来说，雏鸡早期生长速度适当快一些，在育雏结束的时候体重略大一些，将来在产蛋期间的生产性能表现就会更好一些。但是，有的鸡场饲养的雏鸡在育雏后期会出现体重不达标的情况，结果就给育成期的饲养管理带来困难，给成年鸡的生产性能造成不良影响。

如海兰褐商品代蛋鸡5周龄末的标准体重为380克，平均体重能够达到410克的群体将来的产蛋性能就会高于符合标准体重的群体；如果5周龄末的平均体重仅有350克，那么这个群体将来在同样条件下的产蛋性能就可能达不到标准。

早期生长速度偏慢的原因可能有饲养密度高、雏鸡体质弱、饲料营养水平低、采食或饮水不足等。

3. 雏鸡群体发育整齐度不高　雏鸡体重发育是否均匀是衡量育雏效果的重要指标，均匀度会对鸡群将来的生产性能产生影响。雏鸡群发育整齐、均匀度高则雏鸡的合格率高，成活率也会高，以后的生产性能也好。发育整齐度差容易出现一些弱雏，影响雏鸡培育质量，也会导致将来鸡群开产时间不一致和产蛋率偏低。

造成雏鸡群体发育整齐度不高的原因可能有饲养密度高、采食位置不足、没有定期分群、鸡群健康状况不好等。

4. 雏鸡抗体水平参差不齐　雏鸡阶段免疫接种的次数多，需要接种的疫苗品种类型多，而且雏鸡阶段疫苗的接种效果不仅对雏鸡阶段的健康有直接影响，还可能影响到育成鸡甚至产蛋鸡阶段鸡群的健康。接种疫苗后雏鸡体内要产生相应的抗体，最好的结果是抗体滴度达到标准，而且大群内个体之间的抗体滴度基本相同，即抗体水平很均匀。这样疫苗对群内个体的保护效果就好，也有利于下次接种疫苗时间的确定。

在生产实际中经常会遇到这样的情况，雏鸡接种疫苗后间隔一定时间进行抗体测定，发现抽测的个体抗体滴度高低不均匀，如果抗体水平不均匀，有高有低则会出现滴度高的能够起到保护作用，低的无法得到有效保护而可能会被感染，非典型性新城疫的出现就与群内抗体水平不均匀有直接关系。

导致雏鸡抗体水平参差不齐的原因主要有初生雏的母源抗体水平不整齐、疫苗接种剂量掌握不好、有的雏鸡接种后疫苗没有足量到达有效部位、疫苗质量有问题、接种时鸡群的健康状况不好或处于应激状态等。

二、雏鸡的生理特点

饲养人员了解和掌握雏鸡的生理特点更有利于采用科学的育雏方法，提高育雏效果。雏鸡的生理特点主要表现如下。

1. 体温调节机能发育不健全 刚出壳的雏鸡体温比成鸡低 2 ~ 4 ℃，生长到 10 日龄前后其体温才接近成鸡体温。幼雏的体温调节能力差，到 3 周龄末调节能力才趋于完善。在此之前如果育雏室温度不适宜就会造成雏鸡的健康和生长发育受影响，常常见到的是当环境温度偏低的时候雏鸡体温也下降，环境温度过高时雏鸡的体温也会上升，而体温偏高或偏低对于雏鸡来说都是处于非正常的生理状态，都不利于健康和生长。因此，育雏期要有加温设施，保证雏鸡正常生长发育所需的温度。

雏鸡体温调节能力不健全主要是因为其个体小、自身产热总量少，而单位体重的体表散热面积大，不利于保持体温；绒毛短而且其保温性能差，体热容易散发；神经和内分泌系统发育尚不健全，对环境温度变化的调节能力低。

2. 新陈代谢旺盛 雏鸡代谢旺盛，心跳和呼吸频率很快。据报道，雏鸡心跳每分钟可达 250 ~ 350 次，安静时单位体重耗氧量与排出二氧化碳的量比家畜高一倍以上。尽管雏鸡个体小，但在育雏室内饲养密度高，总的耗氧量和二氧化碳排放量很大。因此，育雏室需要有良好的通风，保证新鲜空气的供应。

3. 生长速度快 蛋用雏鸡生长速度比较快，正常饲养条件下 2 周龄、4 周龄和 6 周龄的体重分别为初生重的 4 倍、8. 3 倍和 15 倍。体重的快速增加就要求必须为雏鸡提供足够的营养素，给雏鸡供给营养完善的配合饲料，创造有利的采食条件，适当增加喂食次数和采食时间，增加营养的摄入量。

4. 对饲料的消化吸收能力弱 雏鸡消化道细而且短，容积小，每次的采食量少，食物通过消化道快；肌胃的研磨能力差；消化腺发育不完善，消化酶的分泌量少、活性低。因此，雏鸡饲喂要少量多餐，增加饲喂次数。雏鸡饲粮的营养浓度应较高，粗纤维含量不能超过 5%；饲料的颗粒要适宜，以便于雏鸡采食；为了促进饲料的消化，必要时在饲料中添加消化酶制剂。

雏鸡的消化道短，饲料在消化道中停留的时间短，这就会导致饲料中的营养吸收不充分。生产中常常会发现雏鸡粪便中存在饲料颗粒。

5. 幼雏羽毛生长快、更换次数多 雏鸡 3 周龄时羽毛为体重的 4%，4 周龄时为 7%，以后大致不变。从出壳到 20 周龄，鸡要更换 2 次羽毛，分别在 5 ~ 6 周龄和 16 周龄完成。羽毛中蛋白质含量高达 80% 以上，羽毛的蜕换需要消耗较多的蛋白质。因此，雏鸡日粮的蛋白质含量要高。

6. 胆小、易惊、抗病力差 雏鸡胆小易受惊吓，异常的响动、鸟兽靠近、陌生人进入鸡舍、光线的突然改变都会造成惊群，出现应激反应。生产中应创造安静的育雏环境，饲养人员不能随意更换。雏鸡免疫系统功能低下，对各种传染病的易感性较强，生产中要严格执行免疫接种程序和预防性投药，增强雏鸡的抗病力，以防患于未然。

7. 印记习性　雏鸡对初次接触的环境和人员具有良好的印记性，能够在较短的时间内熟悉所处环境、周围个体和接触到的饲养人员。如果更换饲养环境或饲养人员，则会造成雏鸡重新的适应过程，而这个过程会对雏鸡的生长和健康产生不利影响。

8. 群居性强　鸡依然保留了其原始祖先在野生状态下的群居习性，雏鸡同样喜欢群居生活，一块进行采食、饮水、活动和休息。因此，雏鸡适合大群饲养，这样也有利于保温。

9. 模仿性强　雏鸡具有良好的模仿性，如刚接入育雏室的雏鸡，只要有个别的个体饮水或采食，在较短的时间内就会有绝大多数的个体模仿，不需要逐只训练。但是，雏鸡对啄斗也具有模仿性，饲养管理条件差的时候一旦个别个体出现啄癖，就可能引起多数个体仿效。

10. 自我保护能力差　雏鸡个体小，缺乏自我保护能力，老鼠、蛇、猫、狗、鹰都会成为雏鸡的敌害，育雏期间如果忽视夜间的巡视，则经常会遇到老鼠伤害雏鸡的现象。雏鸡的躲避意识差，饲养管理过程中会出现踩死踩伤、压死砸伤、夹挂等意外的伤亡情况。

三、育雏前的准备

（一）确定育雏时间

育雏时间不仅关系到育雏工作的开展，而且也决定了本批鸡的性成熟期和产蛋高峰期所处的时间，也直接影响着该批鸡群的养殖效益。育雏时间的确定要考虑三个方面的因素。

1. 统筹考虑本场鸡群周转计划　这主要是针对规模化蛋鸡场的要求。因为规模化蛋鸡场内有数个或十多个的鸡舍，鸡群需要逐渐更新，同时还要保持鸡群生产规模的相对稳定以保证生产经营的稳定性，在经营中需要制订鸡群周转计划，确定每一栋鸡舍鸡群的更新时间。对于将要更新的鸡群应在鸡群淘汰前10周左右开始育雏，这样在鸡群淘汰、房舍清理、消毒、设备维护、空置一段时期后本批雏鸡已达17周龄前后，即可进行转群。当然，一些养鸡场采用“全进全出”管理模式，需要考虑进鸡的时间安排。

2. 根据市场蛋价变化规律确定育雏时间　市场鸡蛋价格是决定养鸡效益的关键因素之一，不同年度、不同季节鸡蛋的市场价格差异很大，如2011年3月鸡蛋的批发价格为每千克8.5元，而在2012年3月鸡蛋的批发价格则为每千克

6.0元，这种年度之间和季度之间蛋价的差别就使得养鸡场（户）的经济效益差异很大。每千克鸡蛋的生产成本约为7元，同样的生产水平在2011年3月每生产1千克鸡蛋可以盈利1.5元，而在2012年3月则要亏损1元。2012年12月鸡蛋的批发价格达到每千克9元，与3月相比每千克多获利3元。

由于不同年度甚至一年中不同季节蛋价变化较大，这就需要合理确定育雏时间，将鸡群产蛋高峰期安排在蛋价高的年度或季节以明显提高本批鸡的生产效益。根据产蛋规律在26~45周龄期间鸡群产蛋量最高及对市场变化的分析，应在蛋价上涨之前25周或26周开始育雏。

3. 考虑成年鸡舍的环境状况 中原地区的普通产蛋鸡舍，尤其是小型蛋鸡场（户）的鸡舍，冬季保温和夏季防暑性能不佳，尤以夏季高温的不良影响更为明显，鸡群常常处于热应激状态，健康和生产性能都不理想，甚至出现热死鸡的现象，开产期和产蛋高峰期不宜安排在一年中最热的月份。但是，对于保温和防暑效果良好的鸡舍在哪个月份育雏都无妨。

由于鸡舍条件不好，冬季鸡舍的通风和保温就形成一对矛盾，而且这对矛盾常常没有得到很好地解决，造成从元旦前后开始容易出现传染病的流行，造成鸡群较多的发病和死亡，产蛋性能低下。如果鸡舍条件不好，同样要把开产期避开这个敏感的时期。

（二）确定育雏数量和选择合适品种

1. 育雏数量的确定 育雏数量要根据成年鸡房舍面积和育雏室面积而定，考虑育雏、育成成活率和合格率，雏鸡要比产蛋鸡笼位多养10%左右。如一个成年产蛋鸡舍的笼位有5 000个，育雏时考虑的进雏数量为5 500只，多出的500只主要是考虑到17周龄前死亡和淘汰造成的数量减少部分。

不要盲目进雏。在一些养鸡场和养鸡户育雏的时候进雏数量偏多，到育成结束准备转入成年鸡舍的时候会出现多出一部分鸡，如果放进产蛋鸡笼则密度过大而影响其他鸡的产蛋。

2. 品种的选择 育雏前要决定养什么类型的品种，选养什么类型的蛋鸡品种要根据市场需要来定，主要考虑蛋壳颜色、蛋重、适应性、生产性能和种鸡场的管理水平。

从鸡蛋的市场消费特点来看，华北地区市场对蛋壳颜色的要求不严，褐壳蛋与白壳蛋的价格差异不大，绿壳鸡蛋价格最高，其次是粉壳鸡蛋。对于长江流域以南的各省市，除白壳蛋的市场销量有限外，其他3种鸡蛋的市场价格规律和北方基本相似。

无论是北方还是南方，粉壳蛋和褐壳蛋中蛋重小的（低于50克，尤其是初产蛋）价格会比蛋重正常的稍高，一般批发价每千克能高出0.5元左右。蛋重小的鸡蛋很多被假冒为土鸡蛋以较高的价格出售。

（三）育雏室的准备

1. 清扫冲洗　每批雏鸡育雏完成，雏鸡被转出后，要及时清除舍内的灰尘、粪渣、羽毛、垫料等杂物。然后关闭育雏室的总电源，用高压水枪或清洗机冲洗育雏室墙壁、屋顶、地面和室内设备。冲洗的先后顺序是：屋顶→墙壁→设备→地面→下水道。冲洗后及时将地面和下水道中的水扫出去。

清扫、冲洗的目的在于将育雏室内的有机杂质清理出去，因为这些有机杂质中有大量微生物存在，如不清理掉就会成为下批雏鸡健康的隐患。尤其是当上一批雏鸡曾经发生过传染病的时候，育雏室内的有机杂质中会有较多的病原体存在。

2. 检修房舍与设备　育雏室清扫干净后，要对排风口、进风口、门窗进行维修，以防止老鼠及其他动物进入鸡舍带入传染病。垫料也应清洗、浸泡、暴晒消毒后备用。之后检查电路、通风系统和供温系统。打开电灯、电热装置和风机等，检查运转是否良好，如果发现异常情况则应认真检查维修，防止雏鸡进舍后发生意外。检查进风口处的挡风板和排风口处的百叶窗帘，清理灰尘和绒毛等杂物，保证通风设施的正常运转。认真检查供电线路的接头，防止接头漏电和电线缠绕交叉发生短路而引起火灾。

3. 消毒　消毒是将育雏室内各处的微生物杀死以防止感染室内的雏鸡。育雏室在雏鸡转出后要及早清理粪便并在冲洗后进行消毒。接雏前 4 ~5 天要求将育雏用具再次清洗干净后用喷洒的方法或浸泡方法进行消毒；墙壁和地面可以用 2% 的氢氧化钠水溶液刷洗消毒，也可以用火焰消毒法杀死原虫和其他寄生虫。这些工作完成后，也就是接雏前 3 天将所有设备用具安放好，对育雏室进行熏蒸消毒，每立方米空间用福尔马林 42 毫升、高锰酸钾 21 克，放入若干个陶瓷盆中，将鸡舍密闭 36 ~48 小时，之后打开门窗和风机进行通风换气以保证雏鸡到来时育雏室内没有明显的刺鼻刺眼气味。接雏前 1 天再次对育雏室内的地面、墙壁、笼具设备等进行喷洒消毒。

4. 育雏室空置　从上一批雏鸡转出并清理消毒后到再次接入下批雏鸡之前，育雏室至少要空闲 3 周的时间。在经过清扫和冲洗干净的育雏室内有机杂质的残存量很少，经过消毒后这些有机杂质上附着的微生物大部分被杀死。微生物在干燥的、少量的有机质上存活的时间比较短，经过 3 周左右的时间基本上可以切断上下批次之间疾病的循环传播。

（四）育雏用品的准备

1. 饲料的准备　雏鸡 0 ~6 周龄累积饲料消耗为每只 900 克左右。养鸡场配制饲料要注意原料无污染、不霉变。生产中大多数使用的是雏鸡用粉状饲料，但是为了促进雏鸡早期的生长，大多数养鸡户使用的饲料是肉鸡花料和雏鸡料各半混合后使用。建议不要全部使用肉鸡料喂饲蛋用雏鸡，以免影响对饲料的消化吸收。

注意要在进雏前 3 ~5 天把饲料备好，每次可以准备 3 周的用量。雏鸡的饲料中如果需要添加药物或其他添加剂，最好是在饲料厂内添加，如果需要在育雏室添加则最好在地面铺上塑料布，尽量避免让饲料与地面的直接接触。

2. 药品及添加剂的准备 需要准备的药品有常用的消毒药（百毒杀、威力碘、次氯酸钠等），抗菌药物（预防白痢、大肠杆菌、抗病毒中草药等药物），抗球虫药。用于补充营养、缓解应激和增强体质的添加剂有速溶多维、电解多维、口服补液盐、维生素 C、葡萄糖、益生素、免疫增强剂等。

消毒药物至少要准备 3 种（化学性质不同的药物），以便于交替使用和用于不同的消毒对象（如饮水消毒、环境消毒、设备和用具消毒）。长期使用单一的消毒药容易造成微生物的耐药性，而且单一的消毒药其消毒谱也窄，消毒效果不佳。

抗菌药物在育雏期间是经常用到的，常见的大肠杆菌病、鸡白痢等细菌性疾病都需要使用药物预防和治疗。因此，主要用于防治大肠杆菌病和鸡白痢的抗菌药物是必须提前备好的。此外，用于防治慢性呼吸道病的药物也要准备。

对于地面垫料平养的育雏方式，球虫病的发生概率较高，即便是在笼养育雏方式中也经常出现球虫病。防治球虫病的药物也是必需的。

添加剂的类型比较多，有的用于缓解应激，有的用于增强鸡体免疫力，有的用于增强免疫效果，需要根据具体情况进行准备。

3. 疫苗的准备 在育雏期间需要接种的疫苗主要有鸡新城疫疫苗、鸡传染性法氏囊炎疫苗、禽流感疫苗、鸡传染性支气管炎疫苗、鸡痘疫苗等。各种疫苗要结合当地情况进行合理选择，并在育雏开始前 1 周内准备齐，按照使用说明进行贮存。

4. 垫料的准备 垫料是指育雏舍内各种地面铺垫物的总称。用于地面平养的蛋用雏鸡，垫料要求干燥、清洁、柔软、吸水性强、灰尘少、无异味，忌霉烂。可选的垫料有稻草、麦秸、碎玉米芯、锯木屑等。目前，在蛋鸡育雏期间常采用笼养方式，这种情况下可以不必准备垫料。

5. 其他用品 包括各种记录表格、干湿温度计、手电筒、连续注射器、滴管、刺种针、台秤、喷雾器、小块塑料布（用于开食）等。

（五）育雏舍的试温和预热

1. 试温 试温是育雏前准备工作的关键之一。至少提前 3 天检查维修加热设备，对于有问题的加热系统必须及时维修，至少在育雏前 2 天维修好。在实际生产中由于加热设备维护不到位，雏鸡到来前育雏室加热设备没有及时发挥作用而导致的室温过低、室内温度差异大而造成育雏效果不良的情况经常遇到。

加热设备检修后要及时启用，对育雏室进行升温，使舍内的最高温度在雏鸡到来前升至 35 ℃。升温过程检查火道是否漏气、加热设备有无问题，熟悉加热设备的温度控制。试温期间关键在于及时发现加热系统的问题，以便于及时解决。

试温时温度计放置的位置：育雏笼应放在中间层，平面育雏应放置在与雏鸡背部相平的位置，带保温箱的育雏笼在保温箱内和运动区上都应放置温度计测试。

2. 预热　试温的过程也是育雏室预热的过程，在预热期间加热设备散发的热量不仅使育雏室内的空气温度升高，还使育雏室的地面、墙壁、设备等温度也升高，而且也只有后者的温度升高后对缓解育雏室温度的波动才会有良好效果。

预热中后期要把育雏室的门窗或风机打开进行通风（可以与熏蒸消毒 24 小时后的通风相结合），排除室内的湿气以保持室内干燥。

四、雏鸡的选择、运输与接收

（一）选择好的雏鸡

选择健康的雏鸡是育雏成功的基础条件之一。由于种鸡的健康、营养和遗传等先天因素的影响及孵化、出雏后管理等后天因素的影响，初生雏中常出现有弱雏、畸形雏和残雏等不合格雏鸡，需要淘汰。因此，选择健康雏鸡是育雏成功的首要工作。雏鸡的选择一般从以下 5 方面进行。

1. 雏鸡的外观表现　健雏表现活泼好动，反应灵敏，叫声响亮。用手轻拍雏鸡盒，雏鸡眼睛圆睁、站立或走动者为健雏；伏地不动或低头缩颈，反应迟钝或没有反应者为弱雏。外貌特征方面没有畸形，如交叉喙、眼部问题、踝关节肿大或站立困难、跛行等。

2. 绒毛　健雏的绒毛颜色符合品种（配套系）的特征，丰满有光泽，干净无污染，长短和密度适中。弱雏的表现有绒毛黏有碎蛋壳或壳膜，绒毛黏着有黏液而呈束状等。绒毛有粘连的个体常常是体质较差的，而且多数脐部有问题，很难饲养成功。

3. 手握感觉　手握健雏时，感觉绒毛松软、鸡体饱满，雏鸡挣扎有力，触摸腹部大小适中，柔软有弹性。弱雏有腹部膨大松软或小而坚硬的表现，握在手中不挣扎或挣扎无力。

4. 脐部愈合情况　健雏卵黄吸收良好，脐部愈合良好，脐部表面干燥洁净，绒毛完全覆盖无毛区。弱雏表现脐孔大、有红肿，有脐钉或卵黄囊外露，绒毛覆盖不全，脐部有血痂、黏液或有干缩的血管。

许多脐部愈合不良的雏鸡从精神状态和绒毛性状看没有什么异常，但是如果观察脐部则会发现脐孔愈合不良。这样的雏鸡容易被大肠杆菌、葡萄球菌或绿脓杆菌感染而发生脐炎，而发生脐炎的雏鸡成活率低，生长速度慢，很多不能成为合格的后备鸡。

5. 体重　同一品种和批次的雏鸡大小要均匀一致。体重一般为蛋重的 65% 左右。体重过大和过小者应剔除。

体重偏大的个体常常是由于蛋重过大、蛋壳偏厚（孵化过程中蛋内水分蒸发受阻）、孵化湿度偏高等原因造成的；体重偏小的原因主要是蛋重偏小、蛋壳偏薄、孵化过程中湿度小等。有的体重大的个体常常是腹部膨大松软、腿弱、站立不稳或不愿站立，体重小的个体常常是腹部小而硬，这些雏鸡的成活率都不高。

同一个批次的雏鸡体重大小不一致，常常说明其种蛋可能来源杂或是种鸡刚开产。大小不均匀常常给育雏管理带来麻烦，也不利于提高育雏后期的群体均匀度。如果种蛋来自不同的种鸡场或种鸡群，孵化出的雏鸡其新城疫的母源抗体水平很可能不一致，给以后的防疫带来很多麻烦。

（二）雏鸡的运输

1. 运输时间把握 从保证雏鸡的健康和正常生长发育考虑，适宜的运输时间应在雏鸡绒毛干燥后（一般在出壳后 12 小时），运抵目的地的时间通常在雏鸡出壳后 24 小时内，不应迟于出壳 36 小时。路途时间控制在 8 小时以内对雏鸡的影响相对较小。

如果起运过早，雏鸡表现软弱、对外界环境的适应性差、对运输产生的应激大，运输中相互挤压造成的损失也大。如果启运过晚，雏鸡饮水和开食时间都会受影响，进而影响到雏鸡的健康和生长发育，而且运输所造成的应激也比较大。运输前的雏鸡不能喂饲，否则运输途中会出现较多的损失。

2. 运输用具 运雏工具包括交通工具、雏鸡箱及防雨、保温等用具。雏鸡的运输工具主要是汽车，也使用火车、飞机。

所有与雏鸡运输有关的设备、用具、用品在使用前都要经过检查、维修和消毒处理。雏鸡运输车在卸完雏鸡后就应该立即进行清扫和冲洗，在下次使用前还要进行冲洗和消毒。目前广泛使用的纸质雏鸡盒都是一次性用品，不能循环使用。

3. 准备好需要携带的证件 运雏车司机要随身携带行车证、驾驶证等相关证件，不要在运雏途中被查出证件不全而造成车辆被扣、雏鸡不能及时运输的被动局面。雏鸡运输的押运人员应携带检疫证（由供种场当地县级畜牧兽医行政主管部门开具并加盖有公章）、身份证和种畜禽生产经营许可证、引种证明、发票、路单以及其他有关的手续。以免在路途中被检查时由于缺少相关手续而被扣押造成损失。

4. 运输过程注意事项 雏鸡的运输应防寒、防热、防闷、防压、防雨淋和防振荡。运输雏鸡的人员在出发前应准备好食品和饮用水，中途不能停留。远距离运输应有两个司机轮换开车。押运雏鸡的技术人员在汽车启动后 2 小时左右检查车厢中心位置的雏鸡活动状态。如果雏鸡的精神状态良好，每隔 1 ~ 2 小时检查 1 次。检查间隔时间的长短应视实际情况而定。

此外，还应根据季节确定起运的时间。一般情况下，冬季和早春运雏应选择在中午前后气温相对较高时起运，要有保温设施如棉被、毛毯等。夏季要带遮阳防雨用具并在早晨气温较低时运输。

所有运雏用具或物品在运雏鸡前，均要进行严格消毒。

如果路途时间长，为了保证运输过程中雏鸡少受应激，可以在起运前向雏鸡盒内喷洒一些专用的抗应激添加剂。

（三）雏鸡的接收

育雏室工作人员在雏鸡运送到育雏室前要做好各项准备工作。

1. 检查育雏室温度　雏鸡到来前要求室内温度达到35 ℃左右，至少不能低于31 ℃，如果达不到要求则必须采取应急措施。因为，雏鸡到来后较长时间受凉会影响其健康。

2. 笼底铺垫处理　笼养育雏的笼底网上要铺一层菱形孔塑料网，1～3 天要在塑料网的上面铺垫报纸或牛皮纸，一方面可以防止幼雏腿脚踩空而被底网的网孔卡住，另一方面可以把饲料直接撒在纸上进行开食。牛皮纸铺一层就可以，报纸则需要 2～4 层，铺纸的时候要把底网与侧网的边角处铺上。

3. 做好每个育雏笼的使用计划　根据接雏的数量和第一批使用的育雏笼数量，确定每个单笼内放置雏鸡的数量。一般在一个育雏室内刚接入雏鸡时只使用育雏笼总数的30%左右，以后随着雏鸡周龄增大在扩群的时候再使用其他笼。

刚开始使用的雏鸡笼要靠近热源，育雏室内温度较高的育雏笼，一般靠近育雏室的前部。可以在育雏室中间用双层塑料布或编织布悬垂遮挡，把暂时不用的育雏室后部笼具分开，在前半部进行集中加热以减少能源消耗。

一般使用的4 层叠层式育雏笼在最初常常只用中间两层，以后扩群时再向上层和底层疏散雏鸡；3 层的阶梯式育雏笼开始主要使用中间和下层，以后再向上层扩散。笼底需要提前铺垫报纸或牛皮纸。

4. 调整前网宽度和放置饮水器　雏鸡接入育雏室前先把育雏笼的前网调整好，把双层前网之间的间距调整到最小，以防雏鸡从笼缝中外逃。5 日龄后随着笼外料槽的使用，逐渐把前网间隙增大，让雏鸡的头部能够自由进出。

笼门调好后再把饮水器装水后放好，一般在一个单笼内放置 1～2 个容量为1.5 升的真空饮水器。放置在笼内的中间部位，以便于较多的雏鸡可以同时饮水。

5. 安置计划　如果饲养种鸡则应把公鸡和母鸡分开放置，对于白壳蛋鸡则需要先将母雏放进笼内，然后把公雏剪冠后放入另外的笼内，以免混淆。再按照每个笼内计划放置的雏鸡数量将雏鸡放入。雏鸡接入后要清点数量，把弱雏单独放置在一个单笼内以加强护理。

雏鸡到来时应将舍内的灯全部打开，用60 瓦的灯泡。

五、育雏的环境条件

（一）育雏的温度控制

1. 温度控制标准　温度直接关系到雏鸡体温调节、运动、采食和饲料的消化吸收等。雏鸡体温调节能力差、鸡舍温度低很容易引起挤堆而造成雏鸡伤亡。1周龄以内育雏笼内温度控制在33~35℃，以后每周下降2℃左右，6周龄降至20~25℃。第1周温度计水银球以悬挂在雏鸡背部的高度为宜，平养距垫料5厘米，笼养距底网5厘米。

育雏温度对1~21日龄的雏鸡至关重要，这是因为这个时期的雏鸡各项生理机能处于发育阶段，调节能力差，对环境的适应性低。温度偏低会严重影响雏鸡的生长发育和健康，甚至导致死亡。防止温度偏低固然很重要，但是也应防止温度偏高，随日龄增大温度应逐渐下降，详见表7-1。

表7-1　雏鸡的供温参考标准　（单位：℃）

日龄	0~3	4~7	8~14	15~21	22~28	29~42
鸡体周围温度	35~33	33~31	31~29	29~27	不低于23	不低于20
育雏室温度	30~28	29~27	27~25	不低于23	不低于20	不低于20

2. 看雏施温　育雏工作中不仅要经常查看温度计的读数，实际生产中要看雏鸡的采食、饮水行为是否正常，即看雏施温技术。温度适宜的时候，雏鸡采食和饮水正常、活泼好动，休息时伸腿伸翅伸头，卧地舒展全身，呼吸均匀，羽毛丰满、干净、有光泽。温度偏低时会发现雏鸡挤堆，发出尖声鸣叫，呆立不动，缩头，采食饮水减少，站立不稳；温度过低会引起瘫软或神经症状。如果雏鸡双翅下垂，张口喘气，饮水量增加，寻找低温处休息，往笼边缘跑，说明温度偏高，应立即进行降温，降温时注意温度下降幅度不宜太大。如果雏鸡往一侧拥挤，说明有贼风袭击，应立即检查进口处的挡风板是否错位，检查门窗是否未关闭或被风刮开，并采取相应措施保持舍内温度均衡。如果雏鸡的羽毛被水淋湿，有条件的鸡场应立即将雏鸡送回出雏器以36℃温度烘干，并在较高温度处休息一会儿，可减少死亡。雏鸡对不同温度的反应见图7-1。

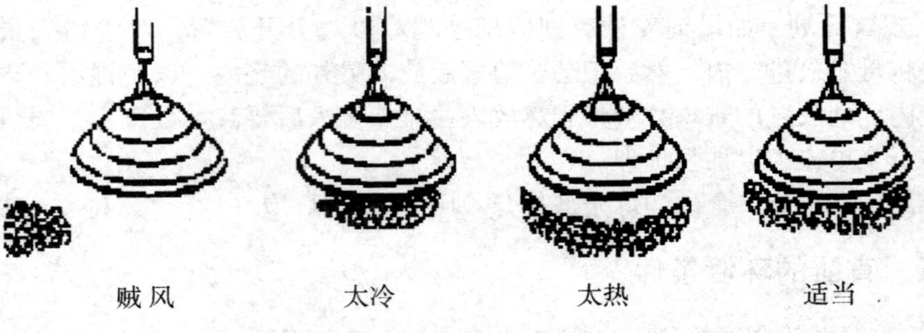

图7-1　雏鸡对不同温度的反应

3. 育雏温度控制的注意事项 育雏室内温度应保持相对稳定，如果出现忽高忽低的情况则容易造成雏鸡感冒，抵抗力下降，导致其他疾病的继发。育雏温度随季节、鸡种、饲养方式不同而有所差异。高温育雏能较好地控制鸡白痢的发生，冬季能防止呼吸道疾病的发生。

育雏的前2周要关注夜间室温的变化，温度的影响在夜间比其他时间更重要。这是因为前2周的雏鸡个体小，自身产热量低，御寒能力差；夜间值班人员容易瞌睡，对于人工控制的加热设备如火炉、地下火道或地上火龙有可能出现控制不当而造成育雏室内温度的不适宜；夜间外界温度低，通风时常常造成局部温度偏低；夜间也是雏鸡休息的时候，休息时对不适宜温度的耐受性下降。

低温季节在雏鸡的环境温度控制方面要比其他季节给予更多关注：一是育雏室的保温难度大，二是通风时室温容易下降。

4. 育雏室加热方式的管理 育雏期间室内加热的方法主要有如下5种。

（1）热风炉与暖气：热风炉一般只在规模较大的养鸡场中使用，可以用于各种饲养方式。热风炉安装在育雏室的前端，一般有一间专用的房子作为操作间，这样可以避免热风炉运行过程中产生的粉尘进入育雏室。热风炉一般使用煤炭作为燃料，其进风口处的吹风机可以与育雏室内的感温探头连接起来，自动控制吹风机的风速（室温低的时候吹风机转速加快，炉火加大；室温高的时候吹风机转速慢，炉火变小），加热过的空气经过专用管道输送到鸡舍内。在鸡舍内热风通过管道上的小孔散发进入舍内，空气温度可以自动调节。

另外一种是利用小锅炉加热，使热水进入育雏室内的循环管道中，每间隔2米安装一个散热片，散热片的后方安装一个小风扇，风扇运转时将热空气吹向鸡笼。

（2）地下火道供温：这种供温方法适于各种育雏方式。通常是在育雏室的一端室外设置火灶（位于灶坑内），在育雏室的另一端设烟囱（烟囱的高度要比屋顶高出30厘米以上），在育雏室内地下有数条火道将火灶和烟囱连接。烧火后热空气经过地下火道从烟囱排出，从而使室内地面及靠近地面上的空气温度升高。育雏室内的地下火道之间的距离约1米，分布均匀；靠近火灶处的地下火道顶部距地表面约40厘米，靠近育雏室末端的地下火道顶部距地表面约10厘米；从火灶到烟囱地下火道逐渐抬升。

（3）火炉：这种供温方法适于各种育雏方式。一般用铸铁或铁皮火炉，在排烟管处用管道将煤烟排出室外，以免室内有害气体积聚。其缺点是室内较脏，空气质量不佳；优点是安装和使用方便。

（4）红外线灯：利用红外线灯发出的红外线使其周围环境温度升高。一个功率为250瓦的灯泡，可供100～250只雏鸡加热保温使用（不同季节差异大，高温季节可以供较多的雏鸡取暖，低温季节只能供较少的雏鸡取暖）。灯泡距地面的高度可用吊绳调节，冬季为35厘米左右，夏季为45厘米左右。缺点是灯泡易损。也可选用红外板或棒作取暖用。

由于红外线灯加热方式主要是对局部进行加热，在室温较高的时候其使用效果才会更好。用红外线灯供热需与火炉或地下火道供热方法结合使用。这种方法多数用于网上平养或地面垫料平养方式。

（5）保温伞：保温伞也称保姆伞，适于垫料地面散养和网上平养育雏方式。它是在伞形罩的下面装有电热板（或丝），并装有控温器用于调节伞下温度（温度调节范围为20～45℃），一个保温伞可为100～200只雏鸡供热。保温伞可以悬吊在房梁上，以便调节其离地面的高度，也可以用其自身的支脚将伞架起来。有的保温伞可以折叠，便于非育雏期存放。使用保温伞一般是一个小圈内放置一个保温伞，要将伞周围用苇席或三合板围起来，让雏鸡在伞周围活动，一般伞下温度高，伞周围温度略低，离伞越远则温度越低。雏鸡可以根据需要自主选择合适的温区。

（二）育雏室的湿度控制

1. 湿度控制标准 雏鸡从高湿度的出雏器转到育雏舍，要求有一个过渡期。第1周要求空气相对湿度为70%，第2周为65%，以后保持在60%即可。育雏期间，第1周有可能出现室内湿度偏低的现象，以后常见的是湿度偏高问题。

2. 湿度的控制措施 育雏前期较高湿度有助于剩余卵黄的吸收，维持正常的羽毛生长和蜕换。必要时需要在育雏室内喷洒消毒液，既能够对环境消毒，又可以适当提高湿度。环境干燥易造成雏鸡脱水，饮水量增加易引起消化不良；干燥的环境中尘埃飞扬，可诱发呼吸道疾病。

育雏后期需要采取防潮措施，如适当增加通风量、及时清理粪便、及时更换潮湿垫料、防止供水系统漏水等。因为，育雏室湿度过高会引起垫草或饲料的发霉，诱发曲霉菌病；容易造成细菌的繁殖而引起疾病，会影响高温情况下雏鸡的呼吸道散热过程。

（三）育雏室通风控制

1. 通风的作用 通风的目的主要是排出舍内污浊的空气，换进新鲜空气，另外，通风可有效降低舍内湿度。

雏鸡代谢机能旺盛，每千克体重每小时的耗氧量与二氧化碳的排放量约为家畜的2倍。此外，雏鸡排出的粪便还有20%～25%尚未被利用的有机物质，其中的蛋白质会分解产生大量的有害气体（氨和硫化氢）。若雏鸡长时间生活在有害气体含量高的环境中，会抑制雏鸡的生长发育，造成衰弱多病，以至死亡。

2. 育雏室通风的方法 育雏前期，应选择晴朗无风的中午进行开窗换气。第2周以后靠机械通风和自然通风相结合来实现空气交换，但应避免冷空气直接吹到雏鸡身上，若气流的流向正对着鸡群则应该设置挡板，使其改变风向，以避免鸡群直接受凉风袭击。

3. 通风的标准　育雏室内有害气体的控制标准为氨气不超过 20 毫克/千克，硫化氢不超过 10 毫克/千克。实际工作中通风控制是否合适应该以工作人员进入育雏室后不感觉刺鼻、刺眼为度。

4. 通风注意事项　室内气流速度的大小取决于雏鸡的日龄和外界温度。育雏前期注意室内气流速度要慢，后期可以适当提高气流速度；外界温度高可增大气流速度，外界温度低则应降低气流速度。

育雏期间通风和保温是常见的一对矛盾，保温效果好的时候常常忽视通风，而通风的时候常见的是育雏室内温度的下降，尤其是在低温季节育雏这对矛盾更加突出。在规模化养鸡场解决这对矛盾的根本方法是采用热风炉或暖气加热系统（图 7－2），吹向雏鸡笼的是热风。

图 7－2　育雏室内暖气加热系统

在育雏室通风管理中要考虑不同季节外界的环境温度所造成的影响。寒冷季节选择中午前后外界温度高的时候通风，在进风口（进风窗）内侧必须设置风斗，将进入育雏室的风导向育雏室的上方，避免冷风直接吹向雏鸡身体，否则会对雏鸡的健康造成严重的不良影响；温暖或凉爽季节的通风时间可以集中安排在上午 10 时后到下午 4 时前进行，如果舍内外温差大，同样需要防止冷风直吹鸡体；高温季节，则可以昼夜通风，白天加大通风量，晚上打开部分风机或窗户，尤其是要注意在中午前后加大通风量，防止室内温度过高。

不同周龄的雏鸡对通风量的要求也不一样。一般周龄小的雏鸡由于新陈代谢过程中产生消耗的氧气少，产生的二氧化碳也少，粪便相对干燥（其中微生物发酵产生的有害气体也少），因此不要求太大的通风量；随着雏鸡周龄的增大，氧气的消耗量、二氧化碳的产生量随之增加，活动量大造成育雏室内的粉尘增多、粪便排泄量增加而且含水量升高被微生物发酵所产生的有害气体也增多，要求换气量必须随着加大。

在低温季节，育雏的第 1 周只需要在中午把南侧的窗户间隔一个打开一个并打开进入育雏室的门，进行少量的通风就能满足鸡舍的换气需要；第 2 周打开窗户和门的时间适当延长，并把北侧的窗户打开 1/3（最好用草帘遮挡）即可；第 3 周以后可以使用风机进行通风，打开风机的数量依据外界温度和室内人的感觉而定。

在高温季节，第 1 周可以在中午前后打开南侧的一半窗户进行通风；第 2 周可以在中午前后把南侧窗户打开并把北侧窗户打开 1/3；第 3 周以后可以打开南侧和北侧所有窗户，只是在傍晚关闭北侧所有和南侧部分窗户，到次日上午 10 时前后再全部打开。

开窗通风必须密切关注天气变化，防止不良气候条件对育雏室内环境造成不良影响。

（四）光照管理

光照对雏鸡的生长发育是十分重要的，它关系到雏鸡的采食、饮水、运动、休息，也关系到工作人员的管理操作和减少老鼠的活动。

1. 光照时间控制 对于有窗鸡舍，育雏室内的光线受自然光照的影响，在控制光照的时候需要考虑自然光照的变化。育雏期前 3 天，采用 24 小时光照制度，白天利用自然光、夜间用灯泡照明。4～7 日龄，每天光照 22 小时，8～21 日龄为 18 小时，22 日龄后每天光照 14 小时。育雏前期较长的日照时间有助于增加雏鸡的采食时间。但是，对于 4 周龄以后的雏鸡来说，由于消化系统发育趋于健全，消化道的容积增大，每次的采食量较多，晚上关灯的时间可以适当延长。

如果采用的是密闭式鸡舍，育雏室内的光照时间完全可以人为控制。光照时间的控制要求为：育雏期前 3 天，采用 24 小时光照制度；4～7 日龄，每天光照 22 小时；8～21 日龄为 18 小时；从第 22 日龄开始就限定为每天 8 或 10 小时。有的鸡场使用密闭式育雏室的时候，从第 2 周就把光照时间缩短到每天 8 小时，这种做法不利于雏鸡的早期发育和增加体重。

2. 光照强度控制 在有窗式育雏室，光照强度的控制要考虑白天自然光照的强度。白天如果光线过强，需要在靠南侧的窗户上悬挂布帘；如果是阴天，靠南侧的自然光线强度能够满足雏鸡需要，但是在育雏室中间或北侧就会显得光线较弱，需要补充光照。要求育雏室内光线的强度以能够清晰地观察雏鸡行为表现、饲料和饮水状况、粪便形状和颜色即可。

夜间照明主要靠灯泡提供光线，第 1 周光照强度要稍高，夜间补充光照的强度约为 50 勒克斯，相当于每平方米 5～8 瓦白炽灯光线，以便于雏鸡熟悉环境，找到采食、饮水位置，也有利于保温。第 2 周之后光照强度要逐渐减弱，光照强度在 30 勒克斯即可。

光照强度低影响雏鸡的采食、饮水和活动，不利于雏鸡的生长发育，也会给老鼠的活动形成方便；光照强度过大会使雏鸡表现烦躁不安，也容易诱发啄癖。

3. 光线分布　育雏室内的光线分布要均匀，尤其是采用叠层式育雏笼的情况下，需要在四周墙壁约 1 米高度的位置安装适量的灯泡，以保证下面 2 层笼内雏鸡能够接受合适的光照。

（五）饲养密度

1. 饲养密度控制标准　饲养密度的单位常用每平方米饲养雏鸡数来表示。饲养密度对于雏鸡的正常生长和发育有很大的影响。在合理的饲养密度下，雏鸡采食正常，生长均匀一致。饲养密度大小与育雏方式有关，因此要根据鸡舍的构造、通风条件、饲养方式等具体情况灵活掌握。育雏期不同育雏方式雏鸡饲养密度可参照表 7－2。

表 7－2　不同育雏方式雏鸡饲养密度（每平方米饲养只数）

地面平养		立体笼养		网上平养	
周龄	密度	周龄	密度	周龄	密度
0~2	30~35	0~1	60	0~2	40~50
2~4	20~25	1~2	40	2~4	30~35
4~6	15~20	3~6	30~25	4~6	20~24
6~2	5~10	6~11	20	6~8	14~20
12~20	5	11~20	14		

2. 饲养密度过大的不利影响

（1）饲养密度过大对雏鸡生长发育和健康的影响：

1）雏鸡体重偏小：由于饲养密度大造成雏鸡的采食位置紧张，饮水位置不足，活动面积小，影响雏鸡的采食和体重增长，常常造成大部分的雏鸡体重偏小。

2）雏鸡发育不均匀：饲养密度大的时候雏鸡在采食、饮水等方面需要竞争，会造成一些弱小的个体采食、饮水不足，或只能采食其他雏鸡吃剩的饲料，这部分雏鸡的体重会明显比其他雏鸡小。

3）容易发生啄癖：饲养密度大会造成雏鸡的烦躁不安，相互间的啄斗现象较多，尤其是当有的个体有外伤的时候更容易诱发大群中出现啄癖。

4）容易感染疾病：饲养密度大常常使雏鸡处于应激状态，而且生活环境质量差，雏鸡的抵抗力低，容易发生疾病。事实上有很多疾病的发生与雏鸡的生活环境质量有很大关系，一旦环境质量差雏鸡发病的概率就高。

5）会加重疾病的危害：一旦雏鸡感染疾病，再加上环境质量差，则会使疾病的表现更严重，对雏鸡的危害也更大。有的鸡场育雏时如果饲养密度大，遇到雏鸡感染新城疫、大肠杆菌和慢性呼吸道病，则会在较短时间内在大群传播，症状表现明显。如果及时疏散鸡群、降低饲养密度，治疗的效果会更好。

6）影响雏鸡羽毛的生长：饲养密度大容易造成雏鸡相互啄毛，影响新生羽毛的生长。

（2）饲养密度过大对雏鸡生活环境的影响：上述有关饲养密度大对雏鸡造成的不良影响大多与雏鸡的生活环境质量差有关。饲养密度大会从以下几方面影响雏鸡生活环境质量：

1）空气中有害气体含量偏高：饲养密度大则单位空间内的氧气消耗和二氧化碳排放量增多，造成空气中氧气不足和二氧化碳含量偏高；由于密度大造成单位空间内粪便的排放量增多，粪便被微生物发酵后产生的氨气和硫化氢也增多。

2）空气中粉尘含量高：饲养密度大时雏鸡拥挤采食，容易造成饲料中的微细颗粒飞扬到空中；雏鸡绒毛蜕换量大也是造成空气中粉尘含量高的重要原因。

3）空气中微生物含量高：凡是饲养密度大的育雏室，其空气中微生物的含量也高。

4）湿度偏高：饲养密度大，雏鸡呼吸过程中呼出的水汽也较多，饮水过程中由于争抢会造成更多的水抛洒。另外，粪便的总排泄量多也会造成水分的增加。

（六）噪声控制

噪声会造成雏鸡的紧张、惊群，严重时可能导致死亡。在生产中由于突然的异常声响导致雏鸡死亡的现象并不罕见。因此，育雏室内鸡群附近必须保持一个相对安静的环境，不能鸣汽车喇叭、不能大声喊叫、避免狗在鸡舍附近狂吠、不能在附近进行有较大噪声的施工等。

（七）防止雏鸡受惊扰

由于雏鸡胆小，容易惊群，受到一些外界干扰后会出现应激反应，进而影响其生长发育和健康，生产中要设法减少雏鸡群所受的干扰。要注意防止猫、狗等体型较大的动物进入育雏室，减少各种飞鸟进入育雏室，减少陌生人的靠近，防止门窗因刮风而出现的晃动和噪声等。

六、雏鸡的饲养

（一）雏鸡的初饮与饮水管理

1. 开水管理 初生雏鸡接入育雏室后，第一次饮水称为开水，也称为初饮。由于育雏室的温度高，雏鸡机体的含水量也高，在高温的育雏条件下，如果不能及时补充水分，则雏鸡很容易造成脱水，因此初饮应在雏鸡接入育雏室后尽早进行。

初饮应安排在雏鸡安顿后开食之前进行，通常在雏鸡放置到育雏笼后立即进行。在每个单笼内放置1~2个真空饮水器，饲养员用手指轻轻敲击饮水器的水盘，吸引雏鸡饮水，一般雏鸡听到声响、看到水盘就会靠近，并用喙部啄水盘，这时就能够喝到水了。一旦一个单笼内有几只雏鸡饮水，其他雏鸡就会很快学会饮水。对于无饮水行为的雏鸡应将其喙部浸入饮水器内以诱导其饮水。

初饮用水最好用温开水，水温在20~25 ℃。初饮的水中可以添加0.02%的高锰酸钾，也可以添加6%的葡萄糖，也可以不添加任何东西。

2. 饮水管理　饮水是保证雏鸡正常生理状态的前提，也是促进雏鸡生长发育的重要条件。合理的饮水管理有助于促进剩余卵黄的吸收、胎粪的排出，有利于增进食欲和促进饲料的消化吸收，是雏鸡生长发育和保持健康的基础。

（1）饮水质量：饮水的卫生质量直接关系雏鸡的健康。饮水要干净，要符合饮用水卫生标准，第1周的雏鸡最好饮用温开水，以后可换用深井水或自来水。最初几天的饮水中，通常加入适量的高锰酸钾或百毒杀、次氯酸钠等消毒剂，以消毒饮水和清洗胃肠、促进雏鸡胎粪的排出。但是，如果需要在饮水中添加其他成分如抗生素、复合维生素等的时候不要同时添加消毒剂。

为了保证饮水质量，要求定期检测水质，检查水中细菌总数和大肠杆菌数量、硬度、酸碱度、氯含量等指标。不符合标准要求的必须考虑使用新的水源。为了保证饮水的质量，还要在育雏室内的水管上安装过滤器，以滤除水中的各种杂质。

各种饮水器要定时清洗和消毒，因为在育雏室内温度高、湿度大，水中的微生物繁殖比较快，水质容易受污染。

（2）饮水器：第1周使用真空饮水器，直接放在笼的底网上供雏鸡使用；第2周在继续使用真空饮水器的同时把乳头式饮水器高度调整好，使饮水乳头比雏鸡的背部略高一点，让雏鸡开始训练使用乳头饮水器；第3周以后可以撤掉真空饮水器，只用乳头式饮水器，但是需要定期调整乳头式饮水器的高度，基本上让出水乳头的末端比雏鸡背部高2厘米左右。有的乳头式饮水器在出水乳头下面安装有一个小水盘，当雏鸡饮水时有水漏出则可以接到水盘中供雏鸡继续饮用，还可以防止水漏入粪便中。

（3）保证充足的饮水供应：为了保证每只雏鸡随时都能够喝到水，饮水器的数量要足够（表7-3），在有光照的时间内尽可能保证饮水器具中有足量的水，要注意观察雏鸡的饮水行为，看是否每只雏鸡都能够及时喝到水。一般情况下，雏鸡的饮水量是其采食量的1.5~2倍。需要密切注意的是：雏鸡饮水量的突然改变，往往是鸡群出现问题的征兆。雏鸡在各周龄日饮水量见表7-4。

表7-3　雏鸡的采食、饮水位置要求

雏鸡周龄	采食位置		饮水位置		
	料槽（厘米/只）	料桶（只/个）	水槽（厘米/只）	饮水器（只/个）	乳头饮水器（只/个）
0~2	3.5~5	45	1.2~1.5	60	15
3~4	5~6	40	1.5~1.7	50	11
5~6	6.5~7.5	30	1.8~2.2	40	7

注：料桶的食盘直径为40厘米，饮水器水盘直径为35厘米。

表7-4　雏鸡的饮水量参考标准［单位：毫升/（只·天）］

周龄	1	2	3	4	5	6
饮水量	12~25	25~40	40~50	45~60	55~70	65~80

如果饮水不足或缺水会影响雏鸡的采食，进而影响其生长发育和健康。如果较长时间雏鸡处于干渴状态，一旦供水后会造成雏鸡的暴饮，一次饮水过多会影响其消化功能，甚至出现水中毒；而且在恢复供水之后，雏鸡争相饮水会把前面的雏鸡压到饮水器水盘中，造成前面的雏鸡绒毛湿水甚至溺水。

从雏鸡的发育和胫爪状态能够推断雏鸡的饮水情况。雏鸡发育良好、胫爪光润则说明饮水正常；雏鸡发育慢、胫爪干瘪粗糙则可能是饮水不足。

（4）饮水温度：育雏期间将饮水温度控制在20~25℃。合适的水温对于雏鸡是非常重要的，水温低会对消化道产生不良刺激而影响其消化功能，水温高则雏鸡不愿饮水。

（5）早期饮水中的添加物：为了刺激饮欲、促进生长和预防疾病，第1周可在水中加入葡萄糖或蔗糖（浓度为7%~8%）。对于长途运输后的雏鸡，在饮水中要加入口服补液盐，以利于调节体液平衡。在饮水中加入速溶多维、电解多维、维生素C可以减轻应激反应，提高成活率。有些鸡场为了雏鸡的健康在第1周、第3周还通过饮水添加一些抗生素，用于防治细菌性疾病。

（二）雏鸡的饲料与饲喂

1. 雏鸡的饲料　雏鸡有专用饲料，其商品名称就是雏鸡料，不能用其他饲料替代雏鸡料。根据雏鸡的消化吸收特点，雏鸡饲料应符合以下5点要求。

（1）营养浓度高：要求雏鸡饲料中的能量水平、蛋白质含量与质量、维生素和微量元素添加量都相对较高，而粗纤维的含量应较低。因为雏鸡的消化道短、容积小，每天采食的饲料量有限，提高饲料的营养浓度则有助于增加其每天的营养摄入量，能够为雏鸡的快速生长提供足够的营养。

（2）颗粒大小要适中：雏鸡的喙软，不能把大粒饲料啄碎，肌胃对饲料的研磨能力差，饲料颗粒大不利于雏鸡采食和消化，常常出现一些饲料颗粒还没有被消化就被排出体外。但是，饲料颗粒过小如粉状则不利于采食，也容易造成粉尘飞扬，每次看到剩在料盘或料槽底部的都是粉末状的东西。

（3）饲料容易消化：不同类型的饲料原料，其消化效率差别较大，如菜籽粕、棉仁粕中蛋白质的含量和消化率都比豆粕低，羽毛粉和血粉中蛋白质的质量及消化率也显著低于鱼粉和肉粉。如果配合饲料中这类原料使用较多，则雏鸡对饲料中营养素的利用率大大降低，势必影响其生长发育。

（4）饲料要新鲜：雏鸡的饲料要新鲜，加工后的产品存放时间不宜超过 1 个月，饲料新鲜是保证其中各种营养素含量正常的基本条件，随着存放时间的延长，饲料中的营养素会分解，效率降低，有些还会变质。

雏鸡饲养中不能使用发霉变质的饲料和饲料原料。发霉变质的饲料或原料中有大量的细菌、真菌以及毒素，这些细菌、真菌会造成雏鸡的感染，毒素会影响肝脏的功能和免疫功能。

（5）合理使用添加剂：目前在雏鸡饲料中经常使用的添加剂包括酶制剂和微生态制剂两种。使用酶制剂有助于提高饲料的消化率，因为雏鸡体内消化酶的分泌量和效能都较低；使用微生态制剂有助于维持肠道菌群的平衡，有利于保持肠道健康。

2. 雏鸡的开食

（1）开食时间：雏鸡第一次喂饲称为开食。开食时间一般掌握在出壳后18～36 小时，最好在初饮后 1～1.5 小时内进行。开食不是越早越好，过早开食时，雏鸡胃肠软弱，其对饲料的消化吸收很有限，而且大多数雏鸡还没有觅食行为。但是，开食过晚会造成雏鸡体内原始营养消耗过多，影响正常生长发育。一般考虑当鸡群内有 60%～70%雏鸡随意走动，有啄食行为时开食效果较好。

（2）开食方法：开食使用粉状全价配合饲料，或用 30% 的肉鸡花料与 70% 的雏鸡料混合后喂饲。直接把饲料撒在料盘或塑料布上，用手轻轻敲击发出声响，引诱雏鸡啄食。也可以用水将饲料拌湿后撒在开食料盘或塑料布上。雏鸡采食有模仿性，一旦有几只学会采食，很短时间全群都会采食。开食用专用开食盘或将料撒在纸张、蛋托上，3 天以后改用料盘或料槽。

有些地方农户在养蛋鸡的过程中，在雏鸡开食时使用半熟的小米经凉水冲泡后（或再拌上熟蛋黄）喂饲，这种方法在规模化鸡场使用很麻烦，几乎不用。如果不在小米中搅拌复合维生素、微量元素等也容易出现营养不全的问题。如果使用半熟的小米，不要超过 3 天。

3. 雏鸡的喂饲

（1）喂饲用具：平养主要使用料桶，笼养初期使用料桶或料盘，10 日龄后使用料槽。开始几天可以把饲料放在料盘内让雏鸡采食。4 天后的雏鸡要逐步引导使用料桶或料槽，10 天后完全更换为料桶或料槽。每天至少要清洗 1 次喂料用具，必要时要进行消毒处理。尽量减少雏鸡踩进盘内并在盘内排粪，以减少饲料的污染。

（2）喂饲次数与喂料量：由于饲料在消化道内停留时间短，雏鸡容易饥饿（尤其是 10 日龄内的雏鸡），在喂饲时要注意少给勤添。每次喂料量以雏鸡在 30 分钟左右基本吃完为度，每次喂饲的间隔时间随雏鸡日龄而调整。前 3 天，每天喂饲 7 次，4～7 天每天喂饲 6 次，8～12 天每天喂饲 5 次，13 天以后每天喂饲 4 次。

（3）喂饲方法：每次喂饲要提前确定每个育雏笼的喂饲量，之后备好饲料。把料盘先放进笼内，之后向料盘内添加饲料；如果使用小料桶，则先在笼外将饲料添加好，再把料桶放入笼内。注意减少饲料添加过程的抛撒。

（4）采食情况检查：每次喂饲后检查雏鸡的采食积极性，健康的雏鸡总是积极采食。如果出现采食不积极，就必须认真分析原因（有可能是健康状况不良、饮水不足、喂饲量太大、喂料间隔时间过短、饲料适口性差等）；检查雏鸡的嗉囊，每次喂饲结束后可以随机抓几只雏鸡触摸其嗉囊，检查嗉囊中食物的充盈度，如果绝大部分个体嗉囊中有桂圆体积大小的食物，则说明喂饲控制得合适；如果部分雏鸡嗉囊中空虚，则说明喂饲量不足；观察是否有雏鸡不会采食，如果有这样的个体必须及时隔离并加强诱导采食，必要时用胶头滴管将混有葡萄糖、复合维生素的水溶液滴在雏鸡口中。

4. 注意饲料卫生 饲料的卫生对雏鸡的健康影响很大，这方面的常见问题有：使用被细菌或寄生虫卵囊污染的饲料或饲料原料，会造成雏鸡发生细菌性疾病如大肠杆菌病、沙门菌病、球虫病等，还有可能出现细菌毒素中毒问题（尤其是肉粉、鱼粉等动物性饲料原料常出现这种问题）；使用发霉变质的饲料原料如花生饼、麸皮、玉米等造成霉菌毒素中毒；饲料或原料被杀虫剂或灭鼠药污染而直接毒害雏鸡等。

抛撒的饲料收集后不要再用于喂饲雏鸡，可以作为猪、牛、羊的饲料使用。

注意喂饲用具的卫生也很重要，喂饲过程中雏鸡粪便对饲料的污染也不可忽视。要求喂饲后 30 分钟观察雏鸡的采食情况，如果饲料基本吃完就要把料盘收起来，刷洗后晾干待下次喂饲使用。

（三）生长鸡的体重与饲料消耗

检查雏鸡体重发育情况是了解育雏效果的重要措施。在蛋鸡育雏期间，每周末要随机测定一些雏鸡的体重并与体重发育标准进行对照，以检查饲养效果。目前，各大育种公司推出的蛋鸡高产配套系都有自己的鸡群体重发育标准，可供参考。

在我国制定的《鸡饲养标准》（NY/T 33—2004）中对于20周龄前生长期的蛋用鸡体重发育和饲料消耗提出了如下标准，见表7－5。

表7－5　生长蛋鸡体重与耗料量

周龄	周末体重/(克/只)	耗料量/[(克/只·周)]	累计耗料量/(克/只)
1	70	84	84
2	130	119	203
3	200	154	357
4	275	189	546
5	360	224	770
6	445	259	1 029
7	530	294	1 323
8	615	329	1 652
9	700	357	2 009
10	785	385	2 394
11	875	413	2 807
12	965	441	3 248
13	1 055	469	3 717
14	1 145	497	4 214
15	1 235	525	4 739
16	1 325	546	5 285
17	1 415	567	5 852
18	1 505	588	6 440
19	1 595	609	7 049
20	1 670	630	7 679

在饲养实践中需要经常抽测生长蛋鸡的体重，了解其发育情况并合理调整每周的饲料供给量。

由于不同育种公司培育的蛋鸡配套系在体重和性能方面存在一定的差异，其各周龄的体重和饲料消耗量也不一样。表7－6是目前饲养最多的海兰褐蛋鸡的体重与耗料量参考标准。

表7－7是白壳蛋鸡育雏期的体重与耗料量参考标准。

表 7－6　海兰褐壳蛋鸡的体重与耗料量参考标准

周龄	周末体重/(克/只)	耗料量/[克/(只·天)]
1	70	13
2	115	20
3	190	25
4	290	29
5	380	33
6	480	37
7	590	41
8	690	46

表 7－7　白壳蛋鸡育雏期的体重与耗料量参考标准

周龄	周末体重/(克/只)	耗料量/[克/(只·天)]
1	70	12
2	105	18
3	180	24
4	275	30
5	365	34
6	470	38

雏鸡的饲料消耗量与饲料的营养水平也有关，饲料营养水平低则采食量大，营养水平高则采食量小。环境温度的高低同样对雏鸡的饲料消耗量有影响，温度偏高时饲料消耗减少，温度偏低时饲料消耗增加。在管理上，饲养密度偏高则耗料减少。

因此，表 7－5、表 7－6 和表 7－7 中的耗料量数据只能作为生产中的参考，实际耗料量要根据具体情况调整。

（四）促进雏鸡的早期增重

生产实践表明，5 周龄时雏鸡的体重对以后的生产性能有很大影响，体重相对较大的雏鸡在性成熟后的产蛋性能、成活率和饲料效率等生产性能指标方面都优于体重偏小的雏鸡。

促进雏鸡早期增重可以通过提高饲料营养水平、增加喂饲次数、促进采食、保持适宜的饲养密度、适当的运动、舒适的环境条件、严格的卫生防疫管理等措施来实现。

七、雏鸡的管理

（一）断喙

蛋鸡的饲养期长，在笼养条件下很易发生啄癖（啄羽、啄肛、啄趾、啄蛋等），尤其在育成期和产蛋期，啄斗会造成鸡只的严重伤亡，在一些鸡场内没有断喙的青年鸡在严重的时候每天被啄死、啄残的有 10 多只甚至更多。另外，鸡在采食时常常用喙将饲料勾出料槽，造成饲料浪费。据有关资料报道，在产蛋期 50 周的饲养过程中，合理断喙的母鸡平均每只可以减少饲料浪费约 550 克。

引起鸡发生啄癖的因素很多，包括温度偏高、饲养密度过大、通风不良、光照强度过大、饲料中某些营养素的不足或缺乏（如蛋白质、维生素、食盐、粗纤维等）、疾病（有泄殖腔炎症、皮炎症状的疾病）等。啄癖发生后很难纠正，即便是使用相关药物或添加剂也不一定有效，而断喙是解决上述问题的有效途径，也是目前普遍应用的技术措施。

当前，无论是规模化蛋鸡场还是小规模的养鸡户在育雏期间都对雏鸡进行了断喙处理，只有少数放养蛋鸡可能不进行断喙。

1. 断喙工具　雏鸡断喙使用的工具包括断喙器、台案、椅子、雏鸡盒、多用电插座等。

断喙器虽然有多种形式，目前普遍使用的是台式自动断喙器，放在台案上接通电源即可使用。其他几种很少使用。

台案是放置雏鸡盒和断喙器的工具，一般使用小桌子代替，高度 1 米左右；椅子是断喙操作人员坐的，高度要与台案相配套。

断喙前可以把笼内的雏鸡取出放在雏鸡盒内，断喙后的雏鸡再放回笼内。如果有空笼也可以不用雏鸡盒，把与空笼相邻的笼内的雏鸡断喙后放入空笼内，该笼内雏鸡断喙结束后可以作为下一个笼内雏鸡的周转笼使用。

多用电插座主要是便于断喙器在使用过程中接通电源并方便移动，可以使用较长的电源线（有的长度为 5 米）。

2. 断喙时间　雏鸡出现啄斗的时间一般在 10 日龄后，出现严重啄伤或啄死的情况则常常发生在 20 日龄以后，生产中雏鸡的断喙时间一般在 7 ~ 15 日龄期间进行。断喙时间早（5 日龄以内），雏鸡太小，对鸡的损伤大，影响雏鸡早期的发育，而且不易操作，由于喙太软，切得短容易再生，切得长则喙部过短而影响采食。断喙时间太晚（如迟于 25 日龄），则雏鸡的喙比较坚硬、切喙速度慢，发生喙部断面出血的现象较多，对雏鸡造成的应激大。

3. 断喙方法　断喙要用专门的断喙器来完成，刀片温度为 800 ℃左右（颜色暗红色）。安放好断喙器，接通电源，打开断喙器上的电源，调整刀片下切的频率和刀片的温度，做好断喙的准备。刀片前的铁片上一般有 3 个孔供选用（插喙孔），孔径有大中小三种，根据雏鸡的日龄大小选择使用插喙孔。

喙部切断长度要求，上喙切去1/2（喙端至鼻孔），下喙切去1/3，断喙后雏鸡下喙略长于上喙。在实际操作时上喙的切断部位在前端颜色发白处与中段颜色暗红色交界处。这个部位是上喙部的生长点，从此处切断并烧烙能够使生长点的组织坏死，有效防止喙部再长尖。

4. 断喙前的准备 断喙前要制订断喙工作计划，根据饲养雏鸡数量的多少确定断喙所需要的时间，一般一个熟练操作人员每小时可以为250只雏鸡进行断喙处理。安排工作人员，制定工作程序，有助于提高工作效率。

检修断喙设备，准备好必要的配件（尤其是刀片，通常断喙1万只左右就需要更换），保证断喙工作能够顺利进行。

雏鸡应处于健康状态，断喙前3天通过饲料或饮水添加电解多维以缓解雏鸡的应激。

5. 断喙操作要点 单手握雏，拇指压住鸡头顶，食指放在咽下并稍微用力，使雏鸡缩舌防止断掉舌尖。将头向下，后躯上抬，上喙断掉较下喙多。在切掉喙尖后，在刀片上灼烫1～2秒，有利于止血。

日龄小的雏鸡其喙的前端一般不是切掉的，常常是在刀片上烙掉的。

断喙1 000只左右要将断喙器上的电源开关关闭，3分钟后拔掉插座，彻底切断电源，用绝缘螺丝刀的前端将断喙器刀片上粘的杂物刮掉，清理干净后再接通电源继续操作。断喙完成后先关闭机器上的电源开关，几分钟后再关闭总电源。之后清理断喙器，待刀片温度下降至室温的时候将机器收起保存。

6. 断喙注意事项

（1）断喙器刀片应有足够的热度，切除部位掌握准确，确保一次完成。

（2）断喙前后2天应在雏鸡饲料中添加维生素K（2毫克/千克）或复合维生素，有利于止血和减轻应激反应。

（3）断喙后立即供饮清水，3日内饲槽中饲料应有足够深度，避免采食时喙部触及料槽底部而使喙部断面感到疼痛。

（4）鸡群在非正常情况下（如疫苗接种，患病）不进行断喙。

（5）断喙时应注意观察鸡群，发现个别喙部出血的雏鸡要及时烧烫止血。

（二）剪冠

饲养蛋种鸡的时候，需要对父本雏鸡进行剪冠处理。

1. 剪冠的目的 剪冠的目的在于方便成年公鸡的采食，剪掉鸡冠的雏鸡在成年后冠部仅有部分残留，在采食和饮水的过程中头部更容易伸出笼外。此外，冬季能够防止鸡冠被冻伤；对于父本和母本羽毛颜色一致的品种，通过剪冠还能够很容易地发现雌雄鉴别错误的个体。

2. 剪冠的工具和用品 剪冠常用的工具是手术剪，其他用品主要是酒精棉球。剪刀用于剪冠，棉球用于消毒。

3. 剪冠时间　剪冠通常在 1 日龄进行，在雏鸡接入育雏室后可立即进行，日龄大则容易出血。

4. 剪冠操作　操作时用左手握雏鸡，拇指和食指固定雏鸡头部，右手持手术剪，在贴近头皮处将鸡冠剪掉（残余的部分越少越好），用消毒药水消毒即可。只要不伤及皮肤，一般不会有较多出血。

（三）弱雏复壮

在集约化、高密度饲养条件下，尽管雏鸡的饲养管理条件完全一样，也难免会造成个体间生长发育的不平衡而出现部分弱雏。适时进行强弱分群，可以保证雏鸡均匀发育，提高鸡群成活率。

1. 及时发现和隔离弱雏　饲养人员每天要在育雏室观察鸡群多次，发现弱雏要及时挑拣出来放置到专门的弱雏笼（圈）内。如果不能及时隔离，则弱雏在大群内容易被踩踏、挤压而伤亡，这在蛋鸡育雏实践中也很常见。因为雏鸡很活泼，当喂料或饲养员靠近的时候雏鸡会在笼内来回跑动，雏鸡受到惊吓也会突然跑动，在雏鸡群跑动的过程中弱雏常常被踩踏或挤压。弱雏在大群内的采食和饮水也受影响。

2. 注意保温　在弱雏笼（圈）内增加加热设备，使其温度要比正常温度标准高出 1～2 ℃，这样有助于减少雏鸡的体温散失和体内营养消耗，促进康复。

3. 强化营养　对于挑拣出的弱雏不仅要供给足够的饲料，还应该在饮水中添加适量的葡萄糖、复合维生素、口服补液盐等，增加营养的摄入，促进其恢复。

4. 对症治疗　对于弱雏有必要通过合适途径给予抗生素进行预防和治疗疾病，以促进其康复。对于有外伤的个体还应对伤口进行消毒。

（四）分群与密度调整

1. 雏鸡的分群　在笼养条件下，每个单笼内的雏鸡为一群，在饲养过程中要根据雏鸡的具体情况进行小群的调整。最初的分群一般是按照性别、体重大小、体质强弱进行的，每个小群内的个体在这些方面应尽可能一致。调群一般在每周末结合饲养密度的调整进行，每次每个小群内的调整数量不宜太大，只是少数调整。

结合密度调整进行调群，一般是把小群内个体偏大的取出后集中到若干个单笼内，再把体重偏小的取出后集中到另外的若干个单笼内。这样在调群的同时也将原来每个单笼内的雏鸡数量减少了，饲养密度也降低了。每次调群后，尽量保持每个单笼内雏鸡的数量相同以便于确定每个单笼的喂料量。

2. 饲养密度调整　随着雏鸡周龄的增大，其体重也在增加，单位面积内雏鸡的饲养量要相应减少，否则就会出现密度过大的问题。每周与调群结合进行密度调整，保证笼内雏鸡的活动空间，一般要求按照相关密度标准落实，但是由于具体情况存在差异，可以按照鸡群的表现进行调整，当雏鸡卧下休息的时候笼底有20%～30%的空闲面积是比较恰当的。

（五）雏鸡的卫生防疫

1. 认真落实卫生防疫制度 育雏前要制定卫生防疫制度，这些制度包括隔离措施、消毒要求、药物使用准则、疫苗接种要求、病死雏鸡处理规定等。严格执行卫生防疫制度，落实科学的免疫程序是预防疾病的重要基础。

2. 做好隔离，定期消毒 育雏室与周围要严格隔离，与其他鸡舍之间至少有30米的距离并通过绿化进行隔离；杜绝无关人员的靠近，尽可能减少育雏人员的外出；设法避免其他动物（如飞鸟、老鼠、猫、狗等）进入育雏室。凡是进入育雏区的人员和车辆、物品必须经过严格消毒后才可以放行。

育雏室在进雏前要进行熏蒸消毒，进雏后每周带鸡消毒3次，育雏室的门窗、通风口及附近每周喷洒消毒药2次；饮水和喂料设备每天消毒1次。消毒可以杀灭环境中大部分的病原体，是保证鸡群健康的重要前提。

3. 及时观察雏鸡表现 每天早上通过观察粪便了解雏鸡健康状况，主要看粪便的稀稠、形状、颜色等。发现鸡群中有个别的雏鸡有问题就必须及早采取措施，防微杜渐。如果大量的雏鸡已经表现异常，则说明问题已经比较严重，治疗效果就不会太理想。观察雏鸡的采食情况，如采食的积极性、嗉囊的充盈情况；观察雏鸡的行为表现，如果健康方面出现问题，雏鸡常常表现为精神不振、低头缩颈、闭目呆立。

4. 合理使用药物预防疾病 对于一些肠道细菌性和寄生虫感染（如鸡白痢、大肠杆菌病、禽霍乱、球虫病等）要定期使用药物进行预防。10日龄前主要是预防鸡白痢和大肠杆菌病。20日龄前后要预防球虫病的发生，尤其是地面垫料散养的鸡群。28日龄后还要做好大肠杆菌病和副伤寒、禽霍乱的预防工作。要合理选用药物，使用剂量准确，用药时间要按照疗程要求进行。

5. 及时做好疫苗的接种工作 当前，在蛋鸡育雏期间接种疫苗是为了预防病毒性传染病。目前，在中小型养鸡场都是使用相关的免疫程序进行接种：出壳当天通过皮下接种鸡马立克病疫苗（冷冻保存的细胞结合苗）；4～5日龄通过滴鼻或滴口的方式接种传染性法氏囊炎弱毒疫苗；9～10日龄通过滴鼻或滴口的方式接种新城疫－传染性支气管炎疫苗；17～18日龄通过饮水方式接种传染性法氏囊炎弱毒疫苗；25～26日龄通过滴鼻或滴口的方式接种新城疫－传染性支气管炎疫苗并半倍量肌内注射新城疫油乳剂灭活疫苗；32日龄肌内注射禽流感油乳剂灭活疫苗；40日龄接种传染性喉气管炎和禽痘疫苗。

使用免疫程序最好与当地的兽医结合并考虑当时当地家禽疫病的发生特点，进行适当的调整。

在大型养鸡场还需要通过抗体检测，根据检测结果确定下次疫苗的接种时间。

6. 提高免疫接种效果 育雏期间接种的疫苗次数多、种类多，有时会出现接种效果不理想的情况，为了保证疫苗的接种效果，需要注意以下事项。

（1）合理确定免疫接种的时机，最好能够通过抗体检测结果确定接种时间。

（2）选择合适的接种方法，能够应用个体免疫接种方法的尽量不用群体接种方法。

（3）疫苗的合理选择与疫苗使用前的检查。疫苗的毒株或血清型要与当地当前流行的毒株或血清型相吻合；活疫苗使用前要进行效价测定，保证疫苗的质量。

（4）按要求进行稀释、现用现配，稀释液和稀释倍数要按照疫苗的使用说明进行操作，疫苗应在使用前临时稀释，稀释后的疫苗尽量在1小时内用完。

（5）防止漏免，免疫接种前要把地面的雏鸡都抓起来放入笼内，同时要减少免疫过程中雏鸡从笼内逃出而导致漏免。

（6）剂量准确并保证疫苗真正进入接种部位。

（7）减少外界因素对疫苗的不良影响，在疫苗的运输、贮存、稀释和接种过程中无论是哪个环节都要注意。

（8）免疫接种前后2天增加复合维生素用量，这样有助于提高免疫接种效果。

（9）保证用品及操作过程的卫生，所有接触疫苗的用品在使用前都需经过消毒处理；在操作过程中也要注意防止用品被污染。

（10）操作人员要经过技术培训，使他们熟悉疫苗接种的所有技术要点。

7. 合理处理病死雏鸡与粪便 病死的雏鸡是育雏环境中主要的污染源，发现病死雏鸡后要及时从笼内拣出进行诊断，诊断后要把死鸡尸体消毒后深埋（距地表面不少于30厘米），也可以焚烧。粪便要经常清理，如果采用人工清粪方式一般在育雏中后期每1~2天清扫1次，采用自动清粪则每天清理2~3次。清理出的粪便要在与育雏室和人员来往频繁的道路有较大距离的地方堆积发酵处理。

（六）减少雏鸡的意外伤亡

1. 防止野生动物伤害 雏鸡缺乏对敌害的防卫能力，老鼠、鼬、鹰、猫、狗都会对它们造成伤害。因此，育雏室的密闭效果要好，任何缝隙和孔洞都要提前堵塞严实，门窗要罩有金属网。雏鸡在运动场过程中要有人照料雏鸡群。

育雏人员经常在育雏室内巡视是防止野生动物伤害雏鸡的最重要措施。在育雏的第1周夜间必须有值班人员定时在育雏室内走动，而且在灯光布置的时候必须注意不能有照明死角。

2. 减少挤压造成的死伤 雏鸡休息的时候喜欢相互靠近，育雏室温度过低、雏鸡受到惊吓都会引起雏鸡挤堆，造成下面的雏鸡死伤。育雏人员要注意经常性地观察雏鸡的表现，一旦有挤堆现象要立即查明原因并采取措施。

3. 防止踩压造成的伤亡 如果采用平养方式育雏，当饲养员进入雏鸡舍的时候，抬腿落脚要小心以免踩住雏鸡、放料盆或料桶时避免压住雏鸡；工具放置要稳当、操作要小心，以免碰倒工具砸死雏鸡。

4. 防止中毒 育雏期间造成雏鸡中毒的原因主要有煤气中毒和药物中毒两种。前者主要出现在使用煤火炉加热的育雏室内，如果不注意煤烟的排放就可能造成煤气中毒；后者发生的情况有药物使用剂量过大、药物与饲料混合不均匀，雏鸡采食含有杀虫剂或毒鼠药的饲料等。

5. 其他 笼养时防止雏鸡的腿脚被底网孔夹住、头颈被网片连接缝挂住等。

（七）蛋用雏鸡饲养管理日程

雏鸡在不同阶段的生理特点不同，对环境条件、饲料和喂饲、卫生防疫、饲养密度等条件的要求也不一样，每个周龄阶段都要掌握该阶段饲养管理的重点，才能保证雏鸡健康的体质和良好的发育。

1. 雏鸡到来之前 1 ~ 7 天的工作

（1）接雏前 7 天的工作：清出育雏舍内一切与育雏无关的物品；修理门窗，安装防鼠、防雀网板；冲洗笼具、墙壁、地面；喷洒消毒剂。

（2）接雏前 5 天的工作：室内全面喷洒消毒剂；铺平垫料或整理育雏笼；放置饮水器、料桶和其他用品；关闭门窗用甲醛、高锰酸钾熏蒸消毒（每立方米空间 42 毫升甲醛，21 克高锰酸钾），密闭 48 小时后打开风扇或窗户通风。

（3）接雏前 3 天的工作：工作人员必须经过消毒后方可进入育雏室，打开育雏室门窗、风机排除甲醛刺激性气味；检查加热设备并对育雏舍升温，观察升温情况，达不到温度要求，要采取补救措施。

（4）接雏前 1 天的工作：育雏舍升温，地面平养时高温区地面温度达到 35 ℃，育雏舍全部空间内的温度达 25 ℃以上；笼养方式育雏室内温度达到 30 ℃，笼内温度达到 35 ℃；给每 1 000 只雏鸡准备 20 升温开水、10 千克开食料；配备好育雏值班与工作的各种用品、用具。若育雏室内还有刺眼的甲醛气味，可喷洒适量的碳酸氢铵或氨水进行中和。在育雏室门口喷洒消毒药。

2. 雏鸡第 1 周的饲养管理

（1）1 日龄：将雏鸡尽快放入育雏室内，育雏温度需要保持在 34 ~ 35 ℃，白天和夜间、前半夜和后半夜温度要均匀。要尽快让鸡喝温开水，应在水里添加葡萄糖（3%）和复合维生素，一般让鸡连续饮水 3 小时左右。开水后就开始加开食料，要做到少给勤添，以刺激雏鸡尽快开食。饮水中加入抗生素（连用 5 天），预防雏鸡白痢、脐炎和大肠杆菌等病。光照控制在 24 小时，要用 60 ~ 100 瓦的灯泡，空气相对湿度应控制在 65%。夜间值班需要关注雏鸡的表现。

（2）2～3 日龄：观察鸡群，找出残弱雏，并记录死淘数。当鸡群死亡超过 1%，详细分析每只死雏的病因，并采取紧急措施。开始使用全价配合饲料，蛋白质含量应达到 18.5%，每间隔 3 小时喂饲 1 次，每次喂料量应在喂饲后 20 分钟左右吃完，并检查雏鸡的嗉囊以了解采食情况。饮水管理同 1 日龄：光照 24 小时（强度同 1 日龄），空气相对湿度为 65%。夜间值班需要关注雏鸡表现。同时需要关注是否有白痢出现。

（3）4～7 日龄：雏鸡舍的温度控制在 33 ℃左右，每天光照 22 小时，空气相对湿度为 65%，中午前后注意通风但要防止冷风直接吹向鸡体。按时定量喂饲，注意观察鸡群精神状态、吃喝情况，发现异常要立即分析原因，立即改进。饮水要求同前几天。3～4 日龄用滴鼻或点眼的方式接种新城疫－传染性支气管炎（H_{120}）疫苗。夜间值班需要关注雏鸡表现。

3. 第 2 周雏鸡的饲养管理

（1）8～10 日龄：育雏舍高温区温度降低到 32 ℃，光照控制为 21 小时，中午前后注意通风但要防止雏鸡受凉。调试乳头式饮水器，让雏鸡使用真空和乳头式两种饮水器，保证饮水的充足供应。每间隔 3～4 小时喂饲 1 次。进行鸡群疏散，降低饲养密度。夜间值班需要关注雏鸡表现。注意雏鸡有无呼吸道疾病症状和大肠杆菌病的症状。

（2）11～14 日龄：育雏舍高温区温度降低到 31 ℃，光照控制为 21 小时，适当延长通风时间。让雏鸡使用真空和乳头式两种饮水器，保证饮水的充足供应，饮水中添加抗生素、复合维生素。每间隔 3～4 小时喂饲 1 次。11 日龄通过饮水方式接种传染性法氏囊炎疫苗。每间隔 2 天带鸡消毒 1 次。14 日龄前后进行断喙。

4. 第 3 周雏鸡的饲养管理

（1）环境条件控制：雏鸡活动区域内的温度控制在 30 ℃左右，但是需要关注雏鸡的行为表现；注意育雏室的通风，在室外温度较高的情况下要根据情况打开门窗或风机通风，保证室内良好的空气质量，光照时间控制为每天 18 小时，光线不宜过强，注意防止湿度过高。

（2）喂饲与饮水：间隔 4 小时喂饲 1 次，使用乳头式饮水器供水，注意调节饮水乳头的高度。

（3）卫生防疫：15～17 日龄使用抗生素预防大肠杆菌病，20～21 日龄通过饮水方式接种传染性法氏囊炎疫苗。注意观察雏鸡粪便以判断是否有球虫病的发生。每间隔 2 天带鸡消毒 1 次。

（4）其他：16 日龄前后进行密度调整，疏散鸡群以降低饲养密度；21 日龄抽样称重，了解雏鸡的体重发育情况。观察断喙后雏鸡的表现。

5. 第 4 周雏鸡的饲养管理

（1）环境条件控制：雏鸡活动区域内的温度控制在 27 ℃左右，避免温度剧烈波动；注意育雏室的通风，要根据情况在白天和晚上都要打开适量的门窗或风机通风，保证室内良好的空气质量，光照时间控制为每天 17 小时，注意防止湿度过高。

（2）喂饲与饮水：每间隔 4 小时喂饲 1 次，注意调节饮水乳头的高度。

（3）卫生防疫：27 日龄通过饮水免疫的方式接种新城疫－传染性支气管炎（H_{52}）疫苗，使用抗球虫药物预防球虫病。注意观察雏鸡的呼吸行为和声音以判断是否有呼吸系统疾病的发生。每间隔 2 天带鸡消毒 1 次。

（4）其他：23 日龄前后进行密度调整，疏散鸡群以降低饲养密度。

6. 第 5 周雏鸡的饲养管理

（1）环境条件控制：雏鸡活动区域内的温度控制在 25 ℃左右，避免温度剧烈波动；注意育雏室的通风，要根据情况在白天和晚上都要打开适量的门窗或风机通风，保证室内良好的空气质量，光照时间控制为每天 16 小时，注意防止湿度过高。

（2）喂饲与饮水：根据雏鸡的采食情况调整喂料量，每间隔 4 小时喂饲 1 次，注意调节饮水乳头的高度。

（3）卫生防疫：35 日龄接种传染性喉气管炎和禽痘二联疫苗。每间隔 2 天带鸡消毒 1 次。

（4）其他：30 日龄前后进行密度调整，疏散鸡群以降低饲养密度。35 日龄抽样称重以了解雏鸡发育情况。

7. 第 6 周雏鸡的饲养管理

（1）环境条件控制：雏鸡活动区域内的温度控制在 20 ℃以上，避免温度剧烈波动；注意育雏室的通风，要根据情况在白天和晚上都要打开适量的门窗或风机通风，保证室内良好的空气质量，光照时间控制为每天 15 小时，注意防止湿度过高。

（2）喂饲与饮水：根据雏鸡的采食情况调整喂料量，每天喂饲 4 次，注意调节饮水乳头的高度。

（3）卫生防疫：41 日龄接种新城疫禽流感二联灭活疫苗。每间隔 2 天带鸡消毒 1 次。

（4）其他：36 日龄前后进行密度调整，疏散鸡群以降低饲养密度。考虑是否转群以及转群前需要准备的事项。

第二节　育成鸡的饲养管理

育成鸡也称青年鸡，是指 7～18 周龄的鸡。因此，7～18 周龄阶段也称为育成期，通常把7～12周龄阶段称为育成前期、13～18周龄阶段称为育成后期。

一、育成鸡的培育目标

1. 较高的群体发育整齐度　群体发育整齐度是指体重在该周龄标准体重±10%范围内的个体占总数的百分比，如群体内有85%的个体体重在该范围内，则可以说该鸡群的整齐度为85%。对于育成鸡群来说，发育的整齐度高就意味着鸡群中绝大部分的个体能够在达到性成熟日龄的时候生殖系统发育成熟，在较短的时间段内集中开产。有大量的研究和生产实践证明，发育整齐度高的鸡群在性成熟后产蛋率上升快、产蛋高峰维持时间长、每只鸡的总产蛋量高、饲料效率高、鸡只死淘率低。

发育整齐度差的群体往往表现为：初产阶段产蛋率上升速度慢、产蛋高峰维持时间短、产蛋中后期鸡只死淘率高等。这主要是因为整齐度低的时候有的成熟早、有的成熟晚，开产时间不一致，部分个体体质弱。

要求在16周龄的时候青年鸡群的整齐度要达到80%以上。

2. 体重发育适中　合适的体重是衡量青年鸡良好发育状况的重要指标。对于每个蛋用型鸡品种或配套系来说，都有自己的体重发育标准，这个标准是育种公司经过大量实验研究得出的结果，当鸡群的体重与标准体重相符合的时候才能获得最佳的生产成绩。

体重过大往往是鸡过肥的表现，过于肥胖的鸡由于腹腔中脂肪沉积过多而影响以后的产蛋；体重过小说明鸡的发育不良，将来也不可能高产。

在实际生产中对育成鸡体重的控制可以让育成前期鸡的体重适当高于推荐标准，育成后期则控制在标准体重范围的中上限之间。体重小会明显影响鸡群的产蛋性能。有人通过统计发现，蛋鸡育成结束时的体重每小于标准体重50克，全期产蛋量少6个左右。

3. 性成熟期控制合理　青年鸡发育到一定时期，体重达到规定标准，生殖系统发育基本完成的时期就是性成熟期。目前，在蛋鸡生产实践中合适的性成熟期在18～20周龄。

如果青年鸡的性成熟期提早则鸡的各系统发育不成熟，无法维持开产后长期高产的需要而出现产蛋高峰持续期短、死淘率高、初产蛋重小等问题。如果性成熟期推迟则说明鸡的前期发育受到障碍，某些器官的发育可能会出现功能障碍，同样影响以后的产蛋；即便是通过饲养管理措施而推迟性成熟期也会使鸡群的产蛋利用期缩短，增加青年鸡的培育成本。

4. 健壮的体质　青年鸡阶段要通过各种措施保证其有健壮的体质，因为进入产蛋期以后许多药物和疫苗不能使用，而且高的产蛋率会消耗很多体能。如果青年鸡的体质不好，就无法承受高产蛋率的体能消耗，势必造成较高的死淘率。

二、育成鸡的生理特点

1. 消化系统发育健全，生长速度快 进入6周龄后，鸡的消化系统功能发育已经趋于完善，采食量大，对饲料的消化能力提高。这一时期鸡的生长发育迅速，体重增加较快。尤其是在14周龄以前，是体重和骨架发育最快的时期。

2. 生理机能发育健全，适应性增强 进入育成期后，鸡的各项生理机能发育趋于完善，自身调节能力大大提高，能够很好地适应环境条件的变化，因此在这个时期对环境条件的要求不像雏鸡阶段那样严格。

3. 羽毛蜕换，成年羽长成 雏鸡在5周龄前后完成第1次换羽，从7周龄开始进入第2次换羽，大约在17周龄完成换羽过程，长齐成年羽。

4. 生殖系统发育 育成前期鸡的生殖系统处于缓慢发育阶段，而体重的增长速度相对较快；育成后期尽管体重仍在持续增长，但生殖器官（卵巢、输卵管）进入快速发育时期，生殖器官的发育对饲养管理条件的变化反应逐渐敏感，尤其是光照时间和饲料营养水平。因此，育成后期光照控制很关键，同时要限制饲养，防止体重超标和性成熟提前。

三、育成鸡的饲养

（一）育成鸡的饲料

1. 两阶段饲料的配制 在蛋鸡的育成期根据前期和后期鸡不同的生理特点和培育目标，所使用的饲料也有差异。一般前期饲料中粗饲料的使用量相对较少，饲料中的蛋白质、钙等营养素的浓度较高，分别达到16%和1.2%；后期饲料中粗饲料的使用较多，蛋白质和钙含量较低，分别为14.5%和0.9%。如果后期饲料中蛋白质含量高则容易造成生殖器官发育较快，性成熟期提前；如果钙含量过高则易诱发肾脏尿酸盐的沉积，并易出现稀便。

目前，大多数饲料生产企业为了方便蛋鸡养殖户的使用，在育成期采用一段式饲料配制方法，其营养水平介于上述两阶段之间。

2. 饲料的形态 育成期鸡群大都喂饲干粉状饲料，但是要注意饲料的形态要相对稳定。

3. 青绿饲料的使用 平养的育成鸡每天可以使用适量的青绿饲料，一般在非喂料时间撒在运动场地面或网床上让鸡啄食。青绿饲料的用量可占配合饲料用量的30%。

使用青绿饲料最好是多种搭配。合理使用能够促进羽毛生长，减少啄癖。

（二）喂饲管理

1. 喂饲次数 育成前期为了促进鸡的生长，每天喂饲2~3次；育成后期每天喂饲1~2次。一般是随周龄增大，喂饲次数减少。需要注意的是，喂饲次数要根据鸡的发育情况和喂饲量及喂饲方式而定。体重和体格发育落后时可增加喂饲量和饲喂次数，体重增长偏快则减少喂饲量和饲喂次数。

使用笼养方式，由于料槽容量小，每天可喂饲 2～3 次，采用平养方式使用料桶喂饲则每天可以喂饲 1 次。

由于青年鸡在后期（14 周龄以后）需要适当限制喂饲，鸡只每天都吃不饱，饲料添加之后容易出现抢食现象，因此为了保证鸡只都能够进食，最好是每天喂饲 1～2 次，每次的喂料量可以相对较多，让所有的鸡都能够充分采食。

2. 饲料的过渡　无论是育雏结束时从雏鸡饲料向育成鸡前期饲料过渡或 13 周龄前后由育成前期饲料向育成后期饲料过渡，都要有一个过渡过程，一般要求过渡期为 5～7 天。如由雏鸡料向育成前期饲料过渡，第 1 天雏鸡料占 85%，育成前期料占 15%，第 2 天雏鸡料占 70%，育成前期料占 30%；第 3 天雏鸡料占 55%，育成前期料占 45%；第 4 天雏鸡料占 40%，育成前期料占 50%；第 5 天雏鸡料占 20%，育成前期料占 80%；第 6 天完全使用育成前期料。

饲料的突然变化会造成鸡群的应激，常出现采食量下降并持续多日，导致生长发育减慢的问题。

3. 喂饲量控制标准　控制喂饲量的目的是控制鸡的体重增长，让体重能够符合标准，在实际生产中通常要根据育种公司提供的鸡体重发育和饲料喂饲量标准安排喂饲量。下面介绍罗曼褐商品代和伊萨新红褐商品代蛋鸡育雏－育成期体重与喂饲量标准（表 7－8 和表 7－9），供参考。

表 7－8　罗曼褐商品代蛋鸡育雏－育成期体重与喂饲量标准

周龄	体重/克	喂饲量/［克/（天·只）］	累计喂饲量/（克/只）
1	72～78（75）	10	70
2	122～132（127）	17	189
3	182～198（190）	23	350
4	260～282（271）	29	553
5	341～370（356）	35	798
6	434～471（453）	39	1 071
7	536～580（558）	43	1 372
8	632～685（658）	47	1 701
9	728～789（759）	51	2 058
10	819～888（853）	55	2 443
11	898～973（936）	59	2 856

续表

周龄	体重/克	喂饲量/［克/（天·只）］	累计喂饲量/（克/只）
12	969～1050（1010）	62	3 290
13	1 030～1 116（1 073）	65	3 745
14	1 086～1 176（1 131）	68	4 221
15	1 136～1 231（1 184）	71	4 718
16	1 182～1 280（1 231）	74	5 236
17	1 230～1 332（1 281）	77	5 775
18	1 280～1 387（1 334）	80	6 335
19	1 339～1 450（1 395）	84	6 923
20	1 402～1 518（1 460）	88	7 539

注：体重一列括号内为平均体重。

表7－9　伊萨新红褐商品代蛋鸡育雏－育成期体重与喂饲量标准

周龄	体重/克	喂饲量/［克/（天·只）］	累计喂饲量/（克/只）
1	65	11	77
2	120	19	210
3	200	25	385
4	290	31	602
5	380	37	861
6	475	43	1 162
7	570	49	1 505
8	665	53	1 876
9	760	57	2 275
10	850	61	2 702
11	940	65	3 157
12	1 050	69	3 640
13	1 200	73	4 151
14	1 250	76	4 683
15	1 380	79	5 236
16	1 590	82	5 810
17	1 680	85	6 405
18	1 750	88	7 021

4. 抽测体重以调整喂饲量　育成鸡体重发育情况是决定鸡群每天喂料量的基础,要求每周或间隔1周要抽样称重一次(抽样比例为5% ~10%),计算平均体重,与标准体重对比,确定下周的饲喂量。如果实际体重与标准体重相差幅度在3%以内可以按照推荐喂饲量标准喂饲,如果低于或高于标准体重3%则下周喂饲量在标准喂饲量的基础上适当增减,增减的幅度可以以体重差距的幅度为参考。

在实际生产中,一般在13周龄前让鸡只的实际体重比标准高5%左右,在育成后期比标准高1% ~2%。尽量不要让实际体重低于标准体重。

表7-10　海兰蛋鸡体重发育标准　　(单位:克)

周龄	褐壳蛋鸡体重	白壳蛋鸡体重
1	70	65
2	115	110
3	190	180
4	290	270
5	380	360
6	480	450
7	590	550
8	690	660
9	790	760
10	890	850
11	990	940
12	1 080	1 020
13	1 160	1 100
14	1 250	1 170
15	1 340	1 240
16	1 410	1 310
17	1 480	1 370
18	1 550	1 420
19	1 610	1 510
20	1 660	1 560

5. 体格发育测定　体格发育测定主要通过测定胫长指标进行判断。胫长能够反映出骨骼的发育情况。表7-11是海兰蛋鸡育成期胫长的发育标准。

表 7－11　海兰蛋鸡育成期胫长发育标准　（单位:厘米）

周龄	褐壳蛋鸡体重	白壳蛋鸡体重
7	77	85
8	83	89
9	88	93
10	92	96
11	96	99
12	99	101
13	101	102
14	103	103
15	104	104
16	105	104
17	105	104
18	105	104
19	105	104
20	105	104

（三）饮水管理

饮水供应要充足，保证饮水设备内有足够的水。需要注意的是，应该经常检查饮水设备内的水分布情况，防止缺水和漏水。

饮水质量要好，必须符合饮用水卫生标准。使用水槽和钟形饮水器时每天要刷洗，定期进行消毒处理。

四、育成鸡的管理

（一）育成期环境条件的控制

1. 光照控制　光照是影响青年鸡发育的最重要的环境条件，它不仅影响到鸡群的采食、饮水、运动和休息，也直接影响到鸡生殖系统的发育。光照控制方法受鸡舍类型的影响，在密闭式鸡舍和有窗鸡舍中光照的管理措施存在差异。

（1）光照时间控制：光照时间对青年鸡生殖系统发育的影响主要在育成后期，12 周龄前光照时间的长短对生殖器官发育的影响不大。因此，在青年鸡光照管理方面重点在于控制育成后期的光照时间。

1）密闭鸡舍光照控制：由于密闭式鸡舍内的光线不受外界自然光照的影响，可以人为确定鸡群在不同时期的光照时间。常用的方法是在 8～18 周龄时将每天的光照时间控制为 8 小时，或在育成前期（7～12 周龄）把每天光照时间控制为

10小时，育成后期（3~18周龄）控制为8小时。

2）有窗鸡舍光照控制：要根据育成后期所处的季节进行调整。如果13~18周龄处于4~8月，这个阶段自然光照时间逐渐延长或处于长光照时期（尤其在6~8月自然光照时间超过12小时）。在这种情况下，可以把12周龄前的光照时间控制为每天14小时，从13周龄开始逐渐将光照时间缩减至18周龄时的每天12小时，必要的时候在早晚对窗户进行遮光处理。

如果13~18周龄处于9~12月，则自然光照时间呈现逐渐缩短的变化趋势，育成后期可以采用自然光照而不用补充人工照明；如果13~18周龄处于1~4月，虽然自然光照时间呈现逐渐延长的变化趋势，但是每天自然光照时间一般不超过12小时，只要把12周龄前的光照时间（自然光照加人工照明）控制为13小时，以后每周把早晨开灯时间推迟10分钟或晚上关灯时间提前10分钟即可。

（2）光照强度控制：育成期光照强度高会对生殖系统产生比较强的刺激作用，也容易引起啄癖。一般要求在育成期内使用人工光照的光照强度不超过30勒克斯。如果使用自然光照，由于光线较强，常常需要在鸡舍南侧的窗户上安装窗帘以降低舍内光照强度。

（3）育成后期加光时间的掌握：育成后期需要逐周递增光照时间以刺激鸡群生殖系统的发育，为产蛋做准备。加光时间需要考虑鸡群的周龄和发育情况。发育正常的鸡群可以在18周龄开始加光，如果鸡体重偏低则应推迟1~2周加光。加光时间不能早于17周龄，即便是在鸡发育偏快的情况下。

加光的措施，第1周在原来基础上增加1小时，第2周增加40分钟，以后逐周递增20~30分钟，在26周龄每天光照时间达到16小时，以后保持稳定。

2. 温度控制　尽管育成鸡对环境温度的适应性比较强，但是不合适的温度同样会对鸡群的健康和发育造成不良影响。

（1）适宜温度：15~28℃的温度对于育成鸡是非常适宜的，这个温度范围有利于鸡的健康和生长发育，也有利于提高饲料效率。但是，不同季节的外界温度变化很大，需要注意的是，在低温季节尽量使舍温不低于10℃，尤其是9周龄之前的育成鸡；高温季节鸡舍内的温度尽量不超过30℃，否则鸡群会表现出明显的热应激。

鸡舍内的温度控制要注意保持相对的恒定，不能忽高忽低，尤其是冬季和早春要注意莫让鸡舍内温度突然下降，否则有可能导致鸡群出现呼吸系统疾病。要关注天气变化，如果有突然降温的天气情况则需要对鸡舍提前采取防寒保暖措施。

（2）育成初期的脱温：如果鸡群6周龄育雏结束时处于冬季的低温季节，需要认真做好脱温工作。至少在10周龄前，舍内温度不能低于15℃。

脱温指的是鸡舍内停止人工加热。如果外界气温低于10℃，则需要在鸡舍内继续使用加热设备，只是比育雏期使用的加热设备数量适当减少些；如果外界气温不低于 10 ℃，那么白天鸡舍内的温度能够保持在 15 ℃以上，只要在夜间适当加热就可以；如果晚上最低气温不低于 15 ℃，鸡舍内的温度就能够满足鸡群需要，可以不使用加热设备。

3. 通风控制 通风的目的是促进舍内外空气的交换，保持舍内良好的空气质量。无论采用何种通风方式，每天都有必要定时开启通风系统进行通风换气。要求在人员进入鸡舍后没有明显的刺鼻、刺眼等不舒适感。仲春之后、夏季和秋季外界温度较高，白天可以打开门窗和风扇进行充分的通风换气，夜间也需要保留几个通风窗。

育成鸡环境管理方面通风管理的最大问题在低温季节。在天气晴好的日子里，中午前后要多打开一些门窗通风，早晨和傍晚可以少开几个门窗；如果是在十分寒冷或风雪天气则主要在中午前后适当通风。冬季由于气温低，通风时需要注意在进风口设置挡板，避免冷风直接吹到鸡身上。

4. 湿度控制 在蛋鸡育成期很少会出现舍内湿度偏低的问题，常见问题是湿度偏高。因此，需要通过合理通风、减少供水系统漏水等措施降低湿度。

（二）提高育成鸡的发育均匀度

由于育成鸡的均匀度直接影响以后的产蛋性能，因此提高均匀度就是育成鸡管理的关键环节。

1. 合理分群和调群 在育成鸡的饲养管理过程中，要根据体重进行合理分群，把体重过大和过小的分别集中放置在若干笼内或圈内，使不同区域内的鸡笼或小圈内鸡的体重相似。以后各周都需要通过检查体重并对个别鸡只进行调群。

2. 根据体重调整喂饲量 体重适中的鸡群按照标准喂饲量提供饲料。体重过大的鸡群则应该适当降低喂饲量标准，体重过小的则适当提高喂饲量标准。这样使大体重的鸡群生长速度减慢、小体重的鸡群体重生长加快，最终都与中等体重的鸡群相接近。

3. 保证均匀采食 只有保证所有鸡均匀采食，每天摄入的营养相近才能达到均匀度高的育成目标。由于在育成阶段一般都是采用限制饲喂的方法，绝大多数鸡每天都吃不饱，这就要求有足够的采食位置，而且投料时速度要快。这样才能使全群同时吃到饲料，平养时更应如此。

（三）补充断喙

在 7 ~ 10 周龄对第一次断喙效果不佳的个体进行补充断喙。用断喙器进行操作，注意断喙长度要合适，避免引起出血。补充断喙的时间不能晚于 12 周龄，否则会影响鸡的初产日龄和早期产蛋性能。注意事项与雏鸡阶段相同。

（四）转群

三段制饲养方式，在饲养过程中要进行两次转群：第一次转群在 6 ~ 7 周龄时进行，由育雏舍转入育成舍；第二次转群在16～17周龄时进行，由育成鸡舍转入产蛋鸡舍。采用两段制饲养方式则只需要在12周龄前后将青年鸡从育雏室转入产蛋鸡舍。经过转群后，鸡群进入一个洁净、无污染的新环境，对于预防传染病的发生具有重要意义。

1. 转群前的准备 转群前应对新鸡舍进行彻底的清扫消毒，准备转群后所需笼具等饲养设备并调试。做好人员的安排，使转群在短时间内顺利完成。另外，还要准备转群所需的抓鸡、装鸡、运鸡工具，并经严格消毒处理。

2. 转群时间安排 为了减少对鸡群的惊扰，转群要求在光线较暗的时候进行。傍晚天空具有微光，这时转群较安全，而且便于操作。夜里转群，舍内应有小功率灯泡照明，抓鸡时能看清舍内情况。

3. 转群注意事项

（1）减少鸡只伤残。抓鸡时应抓鸡的双腿，不要只抓单腿、鸡脖或单侧翅膀。每次抓鸡不宜过多，每只手1～2只。从笼中抓出或放入笼中时，动作要轻，最好两人配合，防止挂伤鸡皮肤。装笼运输时，不能过分拥挤。

（2）笼养育成鸡转入产蛋鸡舍时，应注意来自同层的鸡最好转入相同的笼层，避免造成大的应激。

（3）转群时将发育良好、中等和迟缓的鸡分栏或分笼饲养。对发育迟缓的鸡应放置在环境条件较好的位置（如上层笼），加强饲养管理，促进其发育。

（4）结合转群可将部分发育不良、畸形个体淘汰，降低饲养成本。

（5）转群前在饲料或饮水中加入镇静剂（如地西泮、氯丙嗪），可使鸡群安静。另外，结合转群进行疫苗接种，以免增加应激次数。

（五）鸡的选留

在育成后期，要根据鸡的体格和体质发育情况进行选留。及时淘汰那些畸形、过肥、过于瘦小、体质太弱的个体，这样的鸡以后产蛋性能较差，一般淘汰率为3%左右。

（六）生产记录

做好生产记录是建立生产档案、总结生产经验教训、改进饲养管理效果的基础。每天要记录鸡群的数量变动情况（死亡数、淘汰数、出售数、转出数等）、饲料情况（饲料类型、变更情况、每天总耗料量、平均耗料量），卫生防疫情况（药物和疫苗名称、使用时间、剂量、生产单位、使用方法、抗体监测结果）和其他情况（体重抽测结果、调群、环境条件变化、人员调整等）。

（七）卫生防疫

1. 隔离与消毒 减少无关人员进入鸡舍，工作人员进入鸡舍必须经过更衣消毒。定期对鸡舍内外消毒，饮水消毒。每天清扫鸡舍内环境。

2. 疫苗接种和驱虫 育成期防疫的传染病主要有新城疫、鸡痘、传染性支气管炎等。具体时间和方法见第十二章鸡病防治部分。地面平养的鸡群要定期驱虫，驱虫药有左旋咪唑、丙硫苯咪唑等。

3. 病死鸡和粪水的合理处理 生产过程中出现的病死鸡要定点放置，由兽医在指定的地点进行诊断。病死鸡必须经过消毒后深埋，不能出售和食用。

鸡粪要定点堆放，最好进行堆积发酵处理。污水集中排放，不能到处流淌。

（八）控制育成鸡的性成熟期

合理控制育成鸡生殖系统的发育速度，适时达到性成熟是育成鸡培育的重要目标，对于鸡群开产后的性能表现非常关键。性成熟期的控制主要从光照管理与营养摄入控制两方面着手。

1. 光照控制措施 光照影响生殖器官的发育主要在13周龄以后，此前的影响很小，可以不予考虑。13周龄后的光照控制主要是对光照时间和光照变化规律的控制。如前所述，育成后期要把每天的光照时间限制在10小时以内，最好控制为8小时左右；或者对于有窗鸡舍从13周龄开始到17周龄每天光照时间由15小时逐渐缩短到10小时左右。

如果在育成后期每天光照时间长期处于12小时则很容易造成鸡群生殖器官发育提前，出现早熟现象。

一般来说，只要鸡群体重和体格发育合适，在育成末期有3周左右的加光刺激，鸡群的生殖器官就会快速发育并达到性成熟。因此，不必要担心育成后期光照时间过短（只要每天不少于7小时光照），生殖系统发育迟缓会影响以后生殖器官的发育。

2. 营养摄入控制 母鸡卵巢和输卵管的发育需要较多的营养物质，尤其是蛋白质。卵泡中蛋白质的含量占干物质总量的40%左右，一个接近性成熟的母鸡卵巢上卵泡的重量约60克，蛋白质的重量约为15克；接近性成熟的母鸡输卵管的重量约为150克，其中蛋白质的重量约为30克。卵巢和输卵管中蛋白质的总重量为45克左右，基本都是在3周内沉积的。

如果育成后期的鸡每天摄入的蛋白质量多，就可能会刺激生殖器官的发育；如果摄入的量仅能够满足维持需要和缓慢增重的需要，就不会对生殖器官的发育产生较大的促进。基于此种情况，在育成后期要控制鸡群每天蛋白质的摄入量：一是喂饲蛋白质含量较低（14.5%左右）的饲料，二是使用蛋白质含量适中（15.5%）的饲料，但要控制喂料量。

在生产实践中有时需要根据鸡体的具体情况来调节饲料。如16周龄时，有部分鸡的鸡冠已经变大（高度超过0.5厘米）变红、体重也偏大，则说明有性成熟期提早的趋势，需要减少喂料量或降低饲料中蛋白质含量；如果16周龄时鸡冠还很小（高度约0.3厘米）、颜色为灰黄色、体重偏小，则说明营养不够，需要适当增加喂料量或提高饲料营养水平。

五、预产期的饲养管理

预产期是指18~22周龄的时期，包含了育成末期和产蛋初期。在生产上这个时期是鸡生殖器官快速发育的阶段，也是病死率比较高的时期，这个阶段的饲养管理方法对后期产蛋性能影响比较大。

（一）预产期鸡的生理特点

1. 生殖器官快速发育 进入14周龄后卵巢和输卵管的体积、重量开始较快增长，17周龄后其增长速度更快，19周龄时大部分鸡的生殖系统发育接近成熟。发育正常的母鸡14周龄时卵巢重量约为4克，18周龄时达到20克以上，22周龄能够达到50多克；14周龄时输卵管重量约为5克，18周龄时达到35克以上，22周龄能够达到140多克。这个时期随着卵巢和输卵管的生长，逐渐把腹腔左侧的空间挤占。

2. 骨钙沉积加快 在18~20周龄时骨的重量增加15~20克，其中有4~5克为髓骨钙。髓骨钙是接近性成熟的母鸡所特有的，存在于长骨的骨腔内，在蛋壳形成的过程中，可将钙离子释放入血用于形成蛋壳，白天在非蛋壳形成期采食饲料后又可合成。髓骨钙沉积不足，则产蛋高峰期常诱发笼养鸡产蛋疲劳综合征等问题。

3. 体重快速增加 在18~22周龄，褐壳蛋鸡平均每只鸡体重增加350克左右，白壳蛋鸡体重增加270克左右，这一时期体重的增加对以后产蛋高峰持续期的维持是十分关键的。体重增加少会表现为高峰持续期短，高峰后死淘率上升，前期蛋重小。体重增加过多则可能造成腹腔脂肪沉积偏多，难产出现的概率高，也不利于高产。

4. 采食量增加 在这个时期由于鸡生殖器官快速发育和体重的增加，尤其是当鸡群开始产蛋之后，随着产蛋率的上升鸡群的采食量也不断增加。如17周龄末鸡群的平均日采食量为80克，之后每只鸡每天的采食量逐周递增3~5克。因此，在这个时期不能再限制喂料量，让鸡群开始自由采食。但是，技术人员要及时检查采食量的增长情况，以了解鸡群的变化。

5. 自身生理应激的变化

（1）内分泌功能的变化：18周龄前后鸡体内的促卵泡素（FSH）、促黄体素（LH）开始大量分泌，刺激卵泡生长，使卵巢的重量和体积迅速增大。同时大、中卵泡中又分泌大量的雌激素、孕激素，刺激输卵管的生长，耻骨间距的扩大、肛门的松弛等，为产蛋做准备。短期内部分激素的分泌大幅度增加，对机体也是一种应激。

（2）内脏器官的变化：这个时期的青年母鸡除生殖器官快速发育外，心脏、肝脏的重量也明显增加，肝脏的合成功能显著增强；消化器官的体积和重量增加的比较缓慢。

（3）法氏囊的变化：法氏囊是鸡重要的免疫器官，在育雏、育成阶段对发挥抗病能力起很大作用。但是，在接近性成熟时由于雌激素的影响而逐渐萎缩，开产后消失，其免疫作用也随之消失。

（二）预产期环境条件控制

1. 温度　鸡群最适应的温度是13～28 ℃，应尽量把温度保持在这个范围内；尽量减少室温的剧烈波动。

2. 湿度　保持在60%左右即可，注意防止室内潮湿。

3. 通风　保持良好的空气质量，以人进入鸡舍后无不良感觉为准。

4. 光照　参考育成期光照管理要求，逐周递增光照时间。光照的增加幅度不宜太大，否则会诱发鸡群初产时脱肛。

（三）饲养管理要求

1. 转群上笼

（1）入笼日龄：在蛋鸡见蛋前15天左右上笼，让新母鸡在开产前有一段时间熟悉和适应环境，形成和睦的群序，并有充足的时间进行免疫接种和其他工作。如果采用三段式饲养方式，一般在17周龄转群；如果采用两段式饲养方式，则在13周龄前后转群。对于三段式饲养方式如果上笼时间过晚（当鸡群产蛋率超过5%以后），会推迟开产时间，影响产蛋率上升；已开产的母鸡由于受到转群等强烈应激也可能停产，甚至有的鸡会造成卵黄性腹膜炎，增加死淘率。

（2）选择淘汰：入笼时要按品种要求剔除体型过小、瘦弱鸡和无饲养价值的残鸡，选留精神活泼、体质健壮、体重适宜的优质鸡。

（3）分类入笼：分类入笼时把较小的和较大的鸡留下来，分别装在不同的笼内，采取特殊措施加强管理，促使其体重和体格趋于均匀整齐。如小鸡装在温度较高、阳光充足的南侧中层笼内，适当增加营养，促进其生长发育；过大鸡只则应适当限饲。

（4）缓解应激：可以在水和饲料中加入抗应激药物，如维生素C、复合维生素、应激安等。

2. 采用预产期饲料　为了适应鸡只体重、生殖器官的生长和髓骨钙的沉积需要，在18周龄就应使用预产期饲料。预产期饲料中粗蛋白质的含量为15.5%～16.5%，钙含量为2.2%左右，复合维生素的添加量应与产蛋鸡饲料相同或略高。饲料能量水平为11.6兆焦/千克左右。当产蛋率达20%时完全换用产蛋期饲料。

3. 喂饲要求　开产前，恢复鸡群的自由采食，保证营养均衡，促进产蛋率上升。预产阶段鸡的采食量明显增大，而且要逐渐适应产蛋期的喂饲要求，每天喂饲次数可确定为2～3次。每天喂饲3次时，第一次喂料应在早上光照开始后2

小时进行，最后一次在晚上光照停止前3小时进行，中间加一次。喂料量以早、晚两次为主。此阶段饲料的喂饲量应适当控制，防止营养过多而导致脱肛鸡的出现。饮水要求充足、洁净。

开产时，鸡体代谢旺盛，需水量大，要保证充足的饮水。饮水不足，会影响产蛋率上升，并会出现较多的脱肛。

4. 加强疫病防疫工作

（1）免疫接种：根据免疫计划在16～19周龄时，需要接种新城疫－传染性支气管炎二联疫苗，新城疫－传染性支气管炎－减蛋综合征三联疫苗，传染性喉气管炎－禽痘二联疫苗，禽流感疫苗。本阶段免疫接种效果对产蛋期间鸡群的健康影响很大。

（2）合理使用抗菌药物：定期通过饮水或饲料添加适量的抗生素以提高抗病能力，如环丙沙星、庆大霉素等，17周龄和19周龄各用药3天，以预防大肠杆菌病、沙门菌病、肠炎等。

（3）坚持严格的消毒：按照要求定期进行带鸡消毒和舍外环境消毒，生产工具也应定期消毒。保持良好的环境卫生，舍内走道、鸡舍门口要每天清扫，窗户、灯泡应根据情况及时擦拭。粪便、垃圾按要求清运、堆放。

第三节　产蛋鸡的饲养管理

育成结束后鸡群达到性成熟，即进入产蛋期。一般鸡群在19～20周龄进入产蛋期，此时鸡群的产蛋率为5%～10%。产蛋期分为产蛋初期（26周龄之前）、产蛋高峰期（27～50周龄）和产蛋后期（51周龄之后）3阶段。在实际生产中常常把产蛋初期和高峰期合并称为产蛋前期。

一、产蛋鸡饲养中常见问题

1. 产蛋初期产蛋率上升速度慢　按照正常规律，鸡群达到性成熟后产蛋率快速上升，当产蛋率达到10%以后起码要求每周产蛋率的递增幅度要超过10%，鸡群在25～26周龄的产蛋率要达到或超过90%。如果递增幅度小，则产蛋高峰期到来的就晚、高峰期的产蛋率也较低、高峰期持续的时间较短，影响鸡群的产蛋量。但是，在实际生产中有些鸡群在性成熟后产蛋率上升速度慢，28周龄刚达到90%或不足90%，这样的鸡群其生产性能常常不理想。

2. 产蛋初期脱肛鸡较多　鸡只性成熟后开始产蛋，由于刚开始泄殖腔和肛门还没有充分扩张、弹性不好，产第1个蛋或前几个蛋的时候泄殖腔外翻并有破裂，在蛋壳的表面会沾染血迹。一般情况下，一只鸡在产5个蛋以后这种情况就不再发生了。但是，如果初产蛋重大或性成熟期提早，脱肛现象往往持续时间比较长，甚至出现憋死鸡的现象。脱肛现象的发生也常常诱发产蛋鸡的啄癖。

3. 产蛋鸡发生啄癖 刚开产的鸡由于体内生殖激素分泌尚不稳定，皮肤瘙痒比较常见，容易引起鸡的啄癖；产蛋初期光照时间逐周递增，也会诱发啄癖；加上刚开始产蛋的时候常常出现泄殖腔外翻，鸡对红色很敏感，见到外翻的泄殖腔就啄，容易造成泄殖腔周围皮肤和肌肉的损伤甚至会把肠道拉出来，导致鸡只伤残或死亡，经解剖后发现被啄死的鸡只大都是卵巢上大型卵泡较多的个体。

4. 蛋壳颜色不理想 对于褐壳蛋鸡和粉壳蛋鸡来说，蛋壳颜色对蛋的商品价值有很大影响。褐壳蛋要求蛋壳颜色为均匀的褐色，常见的问题是蛋壳颜色不均匀，有些蛋壳颜色浅，呈浅褐色或深灰色、灰色，甚至灰白色等，有的在蛋壳表面还有黑褐色斑点。这些现象的出现常常被认为与鸡群健康状况不好有关。

5. 高峰期持续时间短且产蛋率低 在良好的生产管理条件下，商品蛋鸡产蛋率在90%以上所持续的时间（产蛋高峰期）要达到15周以上（超过100天）。但是，有些鸡群产蛋高峰期的持续时间常常不足10周，甚至有的鸡群产蛋率就没有超过90%。这样的鸡群总体生产性能属于低下水平。

6. 产蛋后期母鸡过肥 产蛋后期鸡群的产蛋性能常常与母鸡的体况有关，性能良好的鸡群在产蛋后期其后腹部较大而且柔软。一些产蛋性能低的鸡群常常表现为后腹部大而且较硬，这主要是腹部脂肪沉积过多造成的。

7. 蛋壳质量差 有些鸡群所产鸡蛋中畸形蛋较多，如蛋壳表面有皱纹、破孔和裂纹；蛋的形状不正常，如过圆、过长、一端过尖等。这样的鸡蛋售价都较低。

二、产蛋鸡的饲养目标和生产标准

（一）产蛋鸡的饲养目标

产蛋期是蛋鸡生产中获得回报的关键时期，这个阶段鸡群的健康和生产性能表现直接关系到蛋鸡的养殖效益。

1. 提高蛋鸡的产蛋率 产蛋率的高低是影响鸡群生产性能的关键指标。在21～72周龄鸡群的平均产蛋率不应低于75%，或每只鸡在这期间的产蛋数不少于285个，产蛋总重量不少于17.5千克。

目前，我国大多数中小规模的蛋鸡场鸡群的产蛋率还偏低，21～72周龄时鸡群的平均产蛋率常常不足70%，或每只鸡在这期间的产蛋数少于250个，产蛋总重量不足15.5千克。因此，在国内大多数蛋鸡场，提高蛋鸡的产蛋量还有很大的潜力，作为生产者要设法提高鸡群的产蛋性能。

2. 提高饲料效率　饲料效率直接关系到鸡蛋的生产成本。据推测，鸡蛋生产成本中饲料成本占65%左右。目前，先进生产水平的鸡群在21～72周龄时每生产1千克鸡蛋消耗饲料约2.2千克。但是，在国内大多数蛋鸡场每生产1千克鸡蛋所消耗的饲料约2.4千克。如果鸡群健康发生问题则饲料效率更低。在鸡场内平均每只成年鸡每天浪费的饲料量约为3克，对于一个存栏5万只的蛋鸡场来说每天浪费的饲料就有150千克，减少浪费是很有必要的。

3. 提高鸡群存活率　目前，先进生产水平的蛋鸡场在21～72周龄时鸡群的月死淘率不超过0.6%或全程的死淘率不超过7%。高的成活率说明鸡群是健康的，也只有健康的鸡群才能成为高产的鸡群。

国内大多数中小规模的蛋鸡场鸡群在21～72周龄时月死淘率往往超过1%，全程的死淘率达到15%左右。这在提高蛋鸡生产水平方面是需要特别重视的。

4. 降低蛋的破损率　蛋的破损主要表现为蛋壳表面有破孔或裂纹，甚至有的蛋清外流而失去收拣、运送和存放价值。破蛋的商品价值很低，有的甚至没有商品价值。

一般生产中蛋的破损率不超过1.5%。但是，在有的鸡场内可能会超过2%，甚至更高。

5. 提高鸡蛋的质量安全水平　食品安全是当今备受关注的话题，鸡蛋的质量安全也许在不久的将来要成为一个鸡场生存的关键性技术指标。鸡蛋的质量安全主要涉及蛋内药物和非法添加剂的残留、病原微生物的污染等方面。

药物的污染主要是在日常的卫生防疫管理工作中为了防治鸡病而使用的药物在鸡蛋中的残留，有些药物的代谢较慢会加快血液循环进入蛋内；非法添加剂的污染主要是为了加深蛋黄的颜色或提高机体的抗病力而使用的一些可能对人体有害的添加剂，这些添加剂中的成分有可能通过血液循环进入蛋内。药物和非法添加剂在蛋内残留会被消费者摄入体内，影响人体健康。

目前，鸡蛋的微生物污染主要集中在大肠杆菌、沙门菌和高致病性禽流感病毒的污染，这些病原微生物既可能存在于蛋壳表面，也可能存在于鸡蛋内容物中，它们对人体健康都是有害的。

（二）生产标准

1. 产蛋率　反映的是在某天或某个阶段，一个鸡群的产蛋性能表现。它有两种表示方式。

（1）入舍母鸡产蛋率＝某时期内产蛋总数/入舍鸡数×该时期天数

（2）饲养鸡只日产蛋率＝某时期内产蛋总数/（该时期饲养只数·天数）

2. 平均蛋重　40周龄时，连续测定3天蛋重的平均值。

3. 总蛋重　某天或某个阶段鸡群产蛋的总重量或平均每只鸡产蛋的总重量。

4. 饲料效率

(1) 料蛋比：每生产1千克鸡蛋所消耗的饲料量（千克）。

(2) 蛋料比：每消耗1千克饲料所生产的鸡蛋重量（千克）。

在实际生产中使用料蛋比比较多。

5. 部分蛋鸡配套系商品代产蛋性能推荐标准 这里介绍的是目前国内饲养较多的商品蛋鸡配套系的生产性能指标，这些标准是育种公司在特定条件下经过测定取得的结果，由于受各种条件的影响，在实际生产中鸡群的生产水平与本标准可能存在一定差距，包括超出和偏低。如果低于标准较多，则说明生产中存在比较明显的问题，需要及时检查和纠正。罗曼褐和伊萨巴布考克B－380商品代蛋鸡产蛋性能见表7－12、表7－13。

表7－12 罗曼褐商品代蛋鸡产蛋性能

周龄	存栏鸡产蛋率/%	入舍鸡累计产蛋数/个	平均蛋重/克	入舍鸡累计产蛋重/千克
19	10.0	0.7	44.3	0.03
20	26.0	2.5	46.8	0.12
21	44.0	5.6	49.3	0.27
22	59.1	9.7	51.7	0.48
23	72.1	14.8	53.9	0.75
24	85.2	20.7	55.7	1.08
25	90.3	27.0	57.0	1.44
26	91.8	33.4	58.0	1.82
27	92.4	39.9	58.8	2.19
28	92.9	46.3	59.5	2.58
29	93.5	52.9	60.1	2.97
30	93.5	59.4	60.5	3.36
31	93.5	65.8	60.8	3.76
32	93.4	72.3	61.1	4.15
33	93.3	78.8	61.4	4.55
34	93.2	85.3	61.7	4.95
35	93.1	91.7	62.0	5.35
36	93.0	98.2	62.3	5.75
37	92.8	104.6	62.3	6.15
38	92.6	111.0	62.6	6.55
39	92.4	117.3	62.8	6.95

续表

周龄	存栏鸡产蛋率/%	入舍鸡累计产蛋数/个	平均蛋重/克	入舍鸡累计产蛋重/千克
40	92.2	123.7	63.0	7.35
41	92.0	130.0	63.2	7.55
42	91.6	136.3	63.4	8.15
43	91.3	142.6	63.6	8.55
44	90.9	148.8	63.8	8.95
45	90.5	155.0	64.0	9.35
46	90.1	161.2	64.2	9.74
47	89.6	167.3	64.4	10.14
48	89.0	173.4	64.6	10.53
49	88.5	179.4	64.8	10.92
50	88.0	185.4	64.9	11.31
51	87.6	191.4	65.0	11.70
52	87.0	197.3	65.1	12.08
53	86.4	203.2	65.2	12.46
54	85.8	209.0	65.3	12.84
55	85.2	214.7	65.4	13.22
56	84.6	220.4	65.5	13.59
57	84.0	226.1	65.6	13.97
58	83.4	231.7	65.7	14.33
59	82.8	237.3	65.8	14.70
60	82.2	242.8	65.9	15.06
61	81.5	248.3	66.0	15.42
62	80.8	253.7	66.1	15.78
63	80.1	259.0	66.2	16.14
64	79.4	264.3	66.3	16.49
65	78.7	269.5	66.4	16.83
66	77.9	274.7	66.5	17.18
67	77.2	279.8	66.6	17.52
68	76.5	284.9	66.7	17.86
69	75.7	289.9	66.8	18.19
70	74.8	294.9	66.9	18.52

表7－13　伊萨巴布考克B－380商品代蛋鸡产蛋性能标准

周龄	存活率/%	存栏鸡产蛋率/%	入舍鸡平均产蛋数/个		蛋重/克	累计蛋总重/千克
			每周	累计		
19	100	10.0	0.70	0.7	46.0	0.032
20	99.9	40.0	2.80	3.5	48.0	0.166
21	99.8	75.0	5.24	8.7	50.0	0.428
22	99.7	88.0	6.14	14.9	52.0	0.748
23	99.6	91.0	6.34	21.2	54.0	1.090
24	99.5	92.0	6.41	27.6	55.5	1.446
25	99.4	93.0	6.47	34.1	57.0	1.815
26	99.3	93.0	6.46	40.6	58.0	2.190
27	99.2	93.0	6.46	47.0	59.0	2.571
28	99.1	93.0	6.45	53.5	59.5	2.955
29	99.0	93.0	6.44	59.9	59.9	3.341
30	98.9	93.0	6.44	66.4	60.0	3.730
31	98.8	92.9	6.42	72.8	60.6	4.130
32	98.7	92.8	6.41	79.2	61.0	4.510
33	98.5	92.7	6.39	85.6	61.3	4.902
34	98.4	92.6	6.38	92.0	61.5	5.295
35	98.3	92.4	6.36	98.3	61.7	5.687
36	98.2	92.2	6.34	104.7	61.9	6.080
37	98.1	92.0	6.32	111.0	62.1	6.437
38	98.0	91.8	6.30	117.3	62.3	6.865
39	97.8	91.5	6.26	123.5	62.5	7.257
40	97.7	91.0	6.22	129.8	62.7	7.647
41	97.6	80.5	6.18	135.9	62.9	8.037
42	97.4	90.0	6.14	142.1	63.1	8.424
43	97.3	89.5	6.10	148.2	63.2	8.810
44	97.2	89.0	6.06	154.2	63.3	9.183
45	97.0	88.5	6.01	160.2	63.4	9.575
46	96.9	88.0	5.97	166.2	63.5	9.954
47	96.8	87.5	5.93	172.1	63.6	10.332
48	96.7	87.0	5.89	178.0	63.7	10.707
49	96.5	86.5	5.84	183.9	63.8	11.080

续表

周龄	存活率/%	存栏鸡产蛋率/%	入舍鸡平均产蛋数/个		蛋重/克	累计蛋总重/千克
			每周	累计		
50	96.4	86.0	5.80	189.7	63.9	11.451
51	96.3	85.5	5.76	195.4	64.0	11.821
52	96.1	85.0	5.72	201.2	64.1	12.188
53	96.0	84.5	5.68	206.8	64.2	12.553
54	95.9	84.0	5.68	212.4	64.2	12.916
55	95.7	83.5	5.59	218.1	64.4	13.276
56	95.6	83.0	5.55	223.6	64.5	13.635
57	95.5	82.5	5.52	229.1	64.6	13.992
58	95.3	82.0	5.47	234.6	64.7	14.346
59	95.2	81.5	5.43	240.0	64.8	14.699
60	95.0	81.0	5.39	245.4	64.9	15.049
61	94.9	80.5	5.35	250.8	64.9	15.397
62	94.8	80.0	5.31	256.1	65.0	15.742
63	94.7	79.5	5.27	261.4	65.0	16.085
64	94.5	79.0	5.23	266.6	65.1	16.426
65	94.4	78.5	5.19	271.8	65.1	16.764
66	94.3	78.0	5.15	276.9	65.2	17.101
67	94.2	77.5	5.11	282.0	65.2	17.434
68	94.0	77.0	5.07	287.1	65.3	17.766
69	93.9	76.5	5.03	292.1	65.3	18.095
70	93.8	76.0	4.99	297.1	65.4	18.422

三、产蛋鸡的饲养技术

（一）蛋鸡饲料的营养

在不同阶段依据鸡群的产蛋规律配制饲料，以满足其对各种营养素的需要才能使鸡群保持健康和高产。在生产中要根据蛋鸡的产蛋规律、生产季节和各个时期鸡的生理特点，适当调整鸡的饲料营养水平，以保证最佳的产蛋性能。

产蛋鸡饲养一般采用两阶段配合饲料，通常是以50周龄为分界线，之前为产蛋前期，之后为产蛋后期。前期饲料的营养浓度比较高、后期略低，如前期饲料的蛋白质含量要求达到17%～17.5%，而后期饲料中为16%～16.5%。

饲料营养水平参考前面相关内容。但是必须保证每天蛋鸡的营养素摄入量，见表7－14。

表7－14　伊萨巴布考克B－380商品蛋鸡每天主要营养素摄入量标准

营养素	单位（每天每只）	开产至45周龄前	45周龄以后
粗蛋白质	克	21.0	20.0
粗赖氨酸	毫克	930	900
粗蛋氨酸	毫克	450	400
粗蛋氨酸和胱氨酸	毫克	790	700
粗色氨酸	毫克	200	190
粗异亮氨酸	毫克	730	695
粗苏氨酸	毫克	620	590
亚油酸	克	1.6（最少）	1.8（最大）
有效磷	克	0.42	0.38
钙	克	3.8～4.2	4.2～4.6
钠（最少）	毫克	180	180
氯（最少/最多）	毫克	170/200	170/200

（二）保证良好而稳定的饲料质量

产蛋期鸡的饲料营养水平要符合相应育种公司提供的饲养标准，保证鸡每天摄入足够的营养。不能使用发霉变质的饲料原料，含有抗营养因子或毒素的饲料原料要控制其使用量（如棉仁粕、菜籽粕、花生粕等）。

饲料要相对稳定（包括其中主要的饲料原料、饲料形状、颜色等），如果随意变换饲料则可能会影响产蛋性能。饲料的变换要有一个过渡期，通常不少于5天，以便鸡只逐渐适应。

饲料质量要有保证，购买的浓缩饲料的保存期一般不要超过2个月。发霉结块的饲料坚决不要使用。

（三）喂饲要求

1. 喂饲原则　产蛋前期（性成熟后至产蛋高峰结束）要促进采食，使鸡只每天能够摄入足够的营养，保证高产需要。产蛋后期适当控制喂饲，根据产蛋率变化情况将采食量控制为自由采食的95%～90%，以免造成母鸡过肥和饲料浪费。

2. 喂饲次数　产蛋期一般每天喂饲3次，这样既能够刺激鸡的食欲，又能够使每次添加的饲料量不超过料槽深度的1/3，有助于减少饲料浪费。第1次喂饲在早晨开灯后1小时内，最后一次在晚上关灯前3.5～4小时，中午喂饲1次。

产蛋后期也有每天喂饲两次的。

3. 匀料 每次添加饲料时要尽量添加均匀，当鸡群采食20分钟后用小木片将料槽内的饲料拨匀。对于饲料堆积的地方要注意观察，常见的原因可能为：加料时没控制好加料量，该笼内鸡数量少，该笼内鸡的健康状况有问题，笼具变形，该笼的乳头式饮水器堵塞。

4. 净槽管理 每天让鸡群把料槽内的饲料吃干净1次。这样能够保证鸡群摄入体内的饲料营养是全价的、完善的；也能够减少饲料在料槽中放置时间过长而造成的营养损失和发霉变质。

鸡有挑食的习惯，在产蛋鸡饲养中一般都是使用干粉状饲料，不同的饲料原料颗粒大小不一致，如碎玉米和豆粕的颗粒要大于石粉、维生素和矿物质添加剂等。鸡总是先挑食颗粒较大的食物，而留在料槽底部的饲料都是那些细粉状原料。如果不让鸡把当天的饲料吃净，那么细粉状原料所包含的各种营养成分就不能进入鸡体内，这部分营养就会缺乏。

鸡舍内的温度较高、湿度较大、空气中微生物的数量多，如果饲料在料槽内存放时间长，就会被氧化甚至发霉。

（四）饮水要求

1. 饮水供应方式 目前，在笼养蛋鸡生产中基本上都是采用乳头式饮水器。乳头式饮水器的使用效果比较好，能够节约用水、减少水的污染、降低粪便中的水含量和鸡舍内的湿度。

乳头式饮水器的水管一般安装在鸡笼的顶网上，位于顶网的前半部分。饮水器乳头为每个单笼1个，多数位于单笼的中间，使单笼内的3只蛋鸡都能够方便饮水。也有的鸡笼在相邻两个单笼的隔网上留有1个饮水乳头安装孔，安装在这里的饮水乳头能够让两个单笼的鸡只共同使用。

2. 饮水量 一般情况下鸡的饮水量是采食量的2~3倍，由于鸡的唾液腺不发达，采食时唾液分泌少，因此每啄食几口饲料就需要饮1次水。因此，饮水供应不足会影响采食量。要求在有光照的时间内，供水系统内必须有足够的水。如果需要停止供水，则不能超过2小时。产蛋鸡每天耗水量如表7－15。

表7－15 产蛋鸡每天耗水量

室温/℃	15~21	21~27	27~33
耗水量/［毫升/（只·天）］	225~245	245~345	345~600

饮水量发生变化时需要及时给予关注和分析。影响饮水量的因素有多种：一是环境温度，温度高则饮水量增加，温度低则饮水减少；二是饲料中食盐含量，正常情况下饮水量稳定，如果食盐含量高则会使饮水量增加；三是饮水质量，如

果饮水受污染会使饮水量减少；四是鸡群的健康状况，健康状况不良时常常表现饮水量大增或剧减；五是其他因素，如由于供水系统损坏影响饮水、饮水方式不同的影响等。

在生产过程中出现饮水不足的可能原因包括以下4个方面。

(1) 乳头式饮水器的安装位置不合理：常见的情况如位置偏高，鸡只啄不到出水乳头；位置偏低则鸡只需要低头，出水乳头向前倾斜不便于鸡只饮水。

(2) 水压不足：饮水系统水管内水压偏低，在鸡只啄出水乳头的时候出水很少。

(3) 冬季水管内结冰：密闭式鸡舍采用纵向通风方式而又没用加热设备的情况下，启动风机后进风口附近温度急剧下降导致水管内结冰，水无法流动。

(4) 供水系统故障：如停电时间长，水箱内的水得不到补充；供水系统维修时间过长造成停水时间长等。

3. 饮水质量 饮水质量要符合饮用水的卫生标准，至少3个月要测定1次水质。供水系统中要安装过滤器，同时必须定期清洗消毒，防止藻类滋生。饮水也需要定期进行消毒处理。由于饮水中矿物含量高、微生物超标而影响鸡的产蛋量、蛋壳质量和健康的情况在生产中经常发生。

4. 供水管理 无论采用哪种供水方式，都要保证方便鸡群的饮水，各处水的供应均衡，能够减少水的抛洒和泄漏，供水设备的安装位置不影响笼门的打开和关闭。夏季要防止水箱水管被暴晒，冬季要防止水管结冰等。

使用乳头式饮水器必须注意防止出水阀漏水，在一些鸡舍内会发现个别单笼内的鸡羽毛被淋湿，这些鸡的健康常出现问题，其生产性能也会受影响。而且，漏水还造成粪便稀，给后续处理带来困难。防止这种现象需要注意的事项包括以下几方面。

(1) 合理设计出水乳头的位置：要求乳头式饮水器安装在鸡笼顶网的前1/4处，如果安装位置靠中间或后部则不仅不利于鸡只饮水，而且会在鸡只活动的过程中经常碰到出水阀而造成漏水问题。出水阀的位置与鸡笼网片保持3厘米以上的距离，如果距离太近容易造成出水阀与网片接触而不停地漏水。

(2) 笼顶的水管要固定牢靠：水管固定牢靠才能保证出水阀的位置稳定，否则出水阀出现偏斜后容易漏水。

(3) 使用优质设备：有的产品质量不可靠，使用3个月后就会出现部分出水阀漏水现象，而有的产品使用2年也没问题。

(4) 及时更换漏水的出水阀：工作中一旦发现有出水阀漏水现象就需要及时更换。

(5) 保证水质良好：水中杂质含量高、细菌和藻类多、通过饮水添加相关添加剂后没有及时冲洗，都有可能造成出水阀的密封性受影响而出现漏水现象。

四、产蛋鸡的管理

（一）产蛋鸡的环境条件控制

适宜的环境条件是产蛋鸡群保持健康和高产的重要基础。因为鸡群在产蛋期间会动员机体的主要机能用于满足产蛋需要，对其他各种应激的适应能力明显下降，不适宜的环境条件对鸡群所造成的影响表现得会很显著。

1. 鸡舍温度控制 产蛋鸡生产的最适宜的温度为 13～25 ℃，在这个温度范围内鸡的产蛋量、饲料效率和健康状况都能够保持良好状态，蛋的质量也最好。超出这个温度范围，鸡群的生产性能甚至健康状况都会受到不良影响。

当鸡舍温度低于 13 ℃时会出现饲料效率下降，这主要是温度低的时候机体用于维持体温恒定所消耗的能量就要增加；室温低于 8 ℃不仅会造成饲料效率下降，还会影响到产蛋率。有人通过实验发现在其他条件相同的情况下，室温在 3～10 ℃，温度每下降 1 ℃产蛋率就会降低 1%～2%；如果室温低于 3 ℃，则每降温 1 ℃产蛋率的下降幅度更大。在生产实践中，有些密闭式鸡舍如果没有安装加热设备，冬季进行通风的时候，在进风口附近会形成寒冷区，该区域的温度甚至低于舍外温度，会出现水管结冰现象，鸡群的生产性能会受到严重影响。低温对于笼养鸡来说也常常是健康问题发生的重要诱因，许多与呼吸道有关的疾病常常发生在低温季节。

温度高同样不利于蛋鸡的生产和健康，当室内温度高于 25 ℃就会出现蛋重降低或产蛋率下降的情况，超过 30 ℃则出现热应激，产蛋性能受到严重影响，甚至出现中暑。一般情况下，当鸡舍温度超过 28 ℃，鸡只就会表现出喘气现象，采食量下降，饮水增多；超过 32 ℃则采食显著减少，产蛋量下降明显；超过 35 ℃就可能出现个别鸡只中暑问题。

在生产上注意预防夏季的高温和冬季的严寒对鸡群造成的不良影响。注意天气预报，一旦将出现恶劣气候，要提前做好防范工作。同时，为鸡舍安装温度控制设备也是保持鸡舍内温度适宜的重要条件，如夏季使用纵向通风－湿帘降温系统，冬季使用热风炉加热通风系统等都是可行的措施。

保持鸡舍温度的相对稳定也是非常必要的。温度波动幅度大常常会影响鸡群的健康和产蛋。

2. 鸡舍光照控制 参照育成鸡群的光照时间增加方案，在产蛋初期随产蛋率的增加光照时间也要增加，26 周龄鸡群产蛋率达到高峰，光照时间也应该达到每天 16 小时并在之后保持稳定。在鸡群淘汰前 5 周可以将每天的光照时间延长至 17 小时。

每天开关灯的时间要相对固定，光照时间也不能忽短忽长。遇到停电要用其他照明设备为鸡群提供照明。

要保证鸡舍内的光照强度，应达到30勒克斯左右，工作人员在鸡舍内应该能够清楚地观察到饲料、饮水情况和鸡群的精神状态。光线过强对鸡群的产蛋并不利，靠南侧的窗户有必要时需进行适当的遮光，以免光线过强而诱发鸡的啄癖。鸡舍内的灯泡要在白天关闭电源后用软抹布擦拭，以保证其亮度；损坏的灯泡要及时更换。

鸡舍内的光线分布要均匀，采用有窗鸡舍时要注意合理调整中间与两侧、南面与北面存在的光照强度差异。

3. 通风换气 产蛋鸡舍通风的目的在于换气，及时排出鸡舍内的污浊气体并引入新鲜的空气。鸡舍内要保持良好的空气质量，氨气、硫化氢的含量不能超标（氨气浓度不能超过15毫克/米^3，硫化氢不能超过10毫克/米^3），良好的空气质量主要通过人的感官感受来衡量，要求鸡舍内没有明显的刺鼻、刺眼等不舒适感。如果当工作人员进入鸡舍后有刺鼻、刺眼的感觉则说明鸡舍内的氨气和硫化氢等有害气体的含量已经超标。

据有关资料报道，当鸡舍中的氨气达20毫克/米^3、持续40天就会引起鸡肺充血、水肿，鸡群食欲下降，生产力降低，对新城疫的易感性和发病率大大提高；当鸡舍内氨气浓度超过50毫克/米^{3}时，可刺激咽顶壁鼻后裂孔和眼底部喉口裂隙扩大，鸡发生喉头水肿、坏死性支气管炎、肺出血、呼吸频率降低，出现零星死亡。在80毫克/米^{3}的氨环境中饲养两个月，鸡群的产蛋率将减少9%；在100毫克/米^{3}环境中饲养10周，产蛋率可由81%下降到68%，即使将其脱离氨环境进行正常饲养，也需12周才能恢复。即便是氨气浓度在20毫克/米^{3}左右，如果持续时间长同样会对鸡群的健康和产蛋性能造成不良影响。

硫化氢的危害主要是对鸡黏膜产生刺激，引起眼炎、眼分泌物增多，角膜混浊、畏光，同时还会发生气管炎、咽部灼伤、咳嗽、甚至水肿。鸡如果经常吸入低浓度的硫化氢，可导致植物神经功能紊乱，发生多发性神经炎。如果遭受较低浓度硫化氢的长期影响，会使其体质变弱、抵抗力下降，同时容易发生肠炎、心脏衰弱等，影响正常生长和产蛋；如硫化氢浓度较高，会使蛋鸡的中枢神经麻痹，导致窒息死亡。

保持空气质量需要及时更新鸡舍空气，无论任何季节都需要适当通风。冬季低温情况下通风需要注意避免舍温的大幅度下降，防止冷空气直接吹到鸡身上，一般在白天温度较高时多开几个窗户或风扇，夜间少开几个窗户和风扇。

4. 室内湿度控制 在环境温度适宜的前提下产蛋鸡舍内相对湿度控制在55%～70%都是可以的，正常的要求是在62%左右。一般来说在产蛋鸡饲养管理过程中鸡舍内湿度偏低的情况很少见，主要是防止相对湿度偏高。

湿度高会加剧高温或低温对鸡体的不良影响，会造成饲料的发霉变质和营养素的损失，会造成蛋壳表面的污染程度加剧，会影响笼具的使用寿命等。

5. 温度与通风联合调控　在鸡舍环境条件控制中，需要考虑多种条件的协调控制。

温度与通风的协调控制是鸡舍环境调控的重要环节。一般要求在夏季高温环境条件下要使用纵向通风－湿帘降温系统，该系统启用后既保证进入鸡舍的空气温度有明显的降低又使鸡舍内的气流速度明显加快；冬季使用热风炉加热通风系统同样能够在保持室内空气流动的前提下与鸡体接触的新鲜空气不会对鸡造成冷应激。

在蛋鸡生产实践中保持鸡舍内环境条件适宜是关键性的环节，如有的鸡场夏季和冬季饲养员乐意在鸡舍内活动，因为鸡舍内的温度适宜、空气质量良好，人体的感受比在舍外还要好。只有能够把人吸引到鸡舍内，才能让生活在鸡舍中的鸡群感到舒适。

（二）观察鸡群状况

饲养人员的重要工作内容就是巡视鸡舍、观察鸡群的行为表现和精神状态，因为这些项目能够反映鸡群的生产性能和健康状况。一般在喂料时观察鸡只的采食情况、精神状态（冠的颜色、大小，眼的神态等）、是否伏卧在笼底等。白天观察鸡只的呼吸状态、有无甩头情况，夜间关灯后细听鸡群有无异常的呼吸声音。检查有无啄肛、啄羽现象。凡有异常表现的，均应及时隔离并采取相应的处理措施。

1. 观察鸡冠和面部情况　健康高产鸡的鸡冠应该是较大、较厚、红润、直立或上部倾向一侧。如果颜色发黄或萎缩变小、变薄则说明鸡群的营养状况不良而且产蛋性能低，如果颜色发紫则说明鸡患有传染病，如果颜色浅而且鸡冠表面有皮屑则可能有住白细胞原虫病。健康高产个体的面部红润，如果面部发黄、发白则是低产鸡或停产鸡。

鸡冠和面部的红润与鸡体内的雌激素含量有关，雌激素含量高则鸡冠和面部的红润颜色更好。雌激素含量高说明鸡体的卵巢上大卵泡多，是高产鸡。

2. 观察鸡的精神状态　健康高产的鸡眼大有神、反应灵敏，有人靠近时鸡会将注意力集中在来人的行为上。病鸡常常表现为眼睛半睁半闭、低头缩颈，对人员的靠近没有反应或反应非常迟钝。

3. 观察鸡的行为表现　患有呼吸道疾病的鸡由于呼吸道内有分泌物而常常表现出伸脖仰头或甩头行为；患有卵黄性腹膜炎的母鸡常常呈鸭的站立姿态；患有产蛋下降综合征或其他严重疾病的鸡常常俯卧在笼的底网上不能站立。

4. 观察鸡的采食行为　每次添加饲料后凡是健康高产的鸡都是积极采食（抢食），而且采食的频率高，能够在喂料后的较短时间内吃饱。低产鸡或健康状况不好的鸡在喂料后采食慢。

5. 听鸡的呼吸声音 一般在晚上关灯后环境比较安静的情况下听鸡的呼吸音，正常情况下没有明显的呼吸音。如果呼吸道有感染则有啰音或咳嗽声。

（三）观察鸡群的粪便

正常的鸡粪为灰褐色，上面覆有一些灰白色的尿酸盐，偶有一些茶褐色粪为盲肠粪。若粪便发绿或发黄而且较稀，则说明有感染传染性疾病的可能；如果粪便呈酱色则有可能是鸡患有小肠球虫病。夏天鸡喝水多，粪便较稀是正常现象，其他季节若粪便过稀则与消化不良、中毒或患某些疾病有关。

（四）观察机械设备情况

1. 观察饮水器、料槽情况 检查饮水器乳头有无漏水或断水问题，有无鸡喝不到水的问题。检查料槽有无破损，槽内饲料分布是否均匀，槽底有无饲料结块。观察水槽、料槽的放置位置，是否会因笼的横丝影响鸡的饮水、采食。使用自动喂料系统在每次喂料的时候检查喂料车的运行情况和出料口的出料情况。

2. 检查舍内设备的完好情况 窗户是否有破损，是否能固定（打开或关闭后）；灯泡有无损坏，是否干净；风机运转时有无异常声音，其百叶窗启闭是否灵活；笼网有无破损，是否有鸡只外逃或挂伤，蛋是否能顺利地从笼内滚到盛蛋网中及是否会从缝隙中掉下。清粪的时候检查自动刮粪板运行是否顺畅，缆绳有无损坏问题。

（五）拣蛋与检查产蛋情况

1. 拣蛋次数与时间 产蛋期间每天拣蛋次数不应少于 3 次，以减少蛋在鸡舍内的存留时间，因为鸡舍内温度高、湿度大、空气中粉尘和微生物数量多，蛋在鸡舍内容易受污染，在鸡舍内存留时间长不利于其品质的保持。

如果每天拣蛋 3 次，则时间应分别安排在上午 11 时、下午 2 时和下午 6 时。

2. 拣蛋要求 拣蛋时使用塑料蛋筐或纸浆蛋托，每个蛋筐可以盛放 23 千克左右的鸡蛋，每个蛋托可以放置 30 个鸡蛋。

拣蛋时将破蛋、薄（软）壳蛋、双黄蛋单独放置，因为破蛋和薄壳蛋不便于运输和存放，不适宜作为商品蛋出售；双黄蛋在市场上能够以较高的价格销售，可以作为专门的特色鸡蛋出售。蛋壳表面沾有较多粪便的鸡蛋要单独清洗后再及时出售或食用，因为清洗后的鸡蛋保存期短。

拣蛋后应及时清点蛋数并送往蛋库，不能在鸡舍内过夜。

3. 观察拣蛋情况 拣蛋的同时应注意观察产蛋量、产蛋时间分布、蛋壳颜色、蛋壳质地、蛋的形状和重量与前 1 ~ 2 天相比有无明显变化。因为除产蛋初期产蛋率上升快、蛋重增加较快，在产蛋高峰期如果产蛋率明显下降、蛋壳颜色变浅等问题出现则属于非正常现象，常常是由于鸡群健康问题或饲料质量问题、生产管理问题造成的。

（六）监控体重变化

产蛋鸡从开产到40周龄期间随着产蛋率的增长，体重也在逐渐增加。一般要求40周龄前每2周抽测1次体重，40周龄后每4周抽测1次。商品蛋鸡产蛋期间鸡体重变化见表7－16。

表7－16　商品蛋鸡产蛋期间鸡体重变化

周龄	罗曼褐蛋鸡体重/克	新红褐蛋鸡体重/克
20	1 402～1 518	1 830
22	1 519～1 646	1 900
24	1 600～1 734	1 950
26	1 651～1 788	1 970
28	1 691～1 832	1 990
30	1 722～1 865	2 010
32	1 732～1 876	2 020～2 050
34	1 737～1 882	2 030～2 100
36	1 742～1 887	2 030～2 100
38	1 747～1 893	2 030～2 100
40	1 752～1 898	2 040～2 100
44	1 762～1 909	2 040～2 100
48	1 772～1 920	2 050～2 100
52	1 777～1 926	2 050～2 100
56	1 783～1 931	2 060～2 100
60	1 788～1 937	2 080～2 200
64	1 793～1 942	2 100～2 200
68	1 798～1 948	2 150～2 250
72	1 803～1 953	2 200～2 300

蛋鸡的体重对其产蛋性能的影响很大，适中的体重和体况是保持高产蛋率的基础。如果营养不足则常常会造成产蛋高峰期鸡的体重下降，这样很容易导致产蛋高峰期缩短、蛋鸡出现早衰、死淘率增高；如果产蛋高峰期过后鸡体重过大、体况过肥（尤其是触摸蛋鸡后腹部的时候，感觉后腹部大而硬）则很容易造成产蛋率下降速度过快。

（七）做好生产记录

这是生产管理工作的基本内容，可参考表7－17。

表 7－17 产蛋鸡鸡群生产情况一览表

鸡种________ 第___舍 饲养员________ 20 年 月

日期	日龄	存栏鸡数		鸡群变动		产蛋			饲料		备注
		公鸡	母鸡	死亡	淘汰	产蛋数	产蛋率	总蛋重	总耗料	平均耗料	

（八）蛋鸡生产的卫生管理

产蛋期间应加强卫生防疫工作，保证鸡群的健康，为鸡群的高产奠定基础。

1. 采用全进全出制 鸡场建设时需要考虑各种类型鸡舍的配套，每批育雏数量要适当。不应把不同批次的鸡群混养于同一舍内，保证一个鸡舍中的鸡群为同一批次以便于饲养管理措施的制定和实施，并有效防止疫病的相互感染。

2. 搞好带鸡消毒工作 鸡群转入产蛋鸡舍后，由于对卫生防疫工作的要求具有特殊性，应经常进行带鸡消毒以尽可能降低鸡舍内的微生物浓度。冬季每周两次，春季和秋季每周 3～4 次，夏季每天 1 次。通常采用喷雾消毒方式，应使雾滴遍及舍内任何可触及的地方，保证单位空间内消毒药物的喷施量。带鸡消毒的药物应符合如下要求：杀菌灭毒效果好、无刺激性、无腐蚀性、对家禽毒性低。一般应将几种化学性质不同的药物交替使用，以防止微生物产生耐药性。使用电离消毒方式要保证每天消毒系统的开启时间。

3. 喂饲用具的消毒 水槽应每天清洗消毒，料槽应每周消毒 1 次；乳头式饮水器每周要放水冲洗 1 次。料车、料盆、加料斗不能作他用，保持干燥、清洁，并每周消毒 1 次。

4. 病死鸡的处理 从舍内挑出的病鸡、死鸡应放在指定处，最好是在鸡舍外用一个木箱，内盛生石灰，把死鸡放入后盖上盖子，当其他工作处理结束时请兽医诊断。病死鸡不允许乱放、乱埋，以减少场区内的污染源。一般可选择在粪便处理区内挖深坑掩埋病死鸡，每次填放死鸡的同时洒适量的消毒药物。目前，有的鸡场使用化尸井、化尸罐，效果比较理想。要坚决杜绝出售病死鸡的现象。

5. 消灭蚊蝇 夏秋季节蚊子、苍蝇较多，它们不仅干扰鸡群的生活，还会传播疾病。因此，舍内外应定期喷药杀灭。

6. 定期清理粪便 粪便在舍内堆积，会使舍内空气湿度、有害气体浓度和微生物含量升高，夏季还容易滋生蝇蛆。采用机械清粪方式每天应清粪2次，人工清粪时每2～4天清1次，清粪后要将舍内走道打扫干净。高床或半高床式鸡舍，在设计时要保证粪层表面气流的速度，以便及时将其中的水分和有害气体排出舍外。

7. 定期检测饮水质量 蛋鸡的饮水质量是影响其健康和生产的重要因素，饮水中细菌总数、大肠杆菌数量、硝态氮的含量及水的硬度等都会影响鸡群健康。要求每季度要检测1次，如果检测结果不符合要求则应采取相应的改进措施。

五、蛋鸡的季节性管理

目前，我国大多数蛋鸡舍都为有窗式鸡舍，舍内环境条件受自然气候条件变化的影响较大，因而应考虑各季节的气候特点，尤其是夏季和冬季，要采取措施消除不良气候条件的影响。

（一）春季产蛋鸡群的管理

1. 合理调整日粮的营养水平 春季是禽类的繁殖季节，蛋鸡在春季也是高产的季节，所以此阶段应适当提高日粮的营养水平，否则难以满足鸡的营养需要。如果此时产的蛋作种蛋用，应注意饲料营养全面，适当添加维生素A、维生素C、维生素B等。为了避免产软壳蛋或母鸡患软骨病；在产蛋量最多的时候，应将牡蛎粉增加到7%～8%，也可另设料槽补饲牡蛎粉或蛋壳粉。

2. 做好鸡舍的环境控制 入春以后，每间隔2～3天应对鸡舍内外彻底地清扫一次，以减少疾病的威胁。初春时节，昼夜温差大，在管理上要注意鸡舍保温，尽量使产蛋鸡舍气温维持在10℃以上，同时也要兼顾通风换气。防止倒春寒造成的鸡舍内温度突然下降对于保持鸡群的健康和高产非常关键。

3. 注意光照时间 春季自然光照时间逐渐延长，要保证开灯和关灯时间与自然光照的适应。产蛋鸡应每天早5时（5：30或6：00）开灯，晚9时（9：30或10：00）关灯，使光照时间稳定在16小时。

4. 做好防疫工作 春季是微生物大量繁殖的季节，蚊蝇等昆虫也开始滋生繁殖，春季的气候特点也利于疾病的传播，搞好环境卫生和加强防疫应列入日常管理工作的重点。有条件的鸡场要做好新城疫、传染性支气管炎等疫病的抗体监测，发现异常立即免疫，也可以进行预防性投药。

5. 淘汰低产和停产个体 春季是鸡群的繁殖季节，如果在春季的产蛋鸡群中还有一些鸡冠小而发白、发黄，面部不红润的个体，经触摸耻骨间距如果小于3厘米，说明这样的个体不产蛋，要及时淘汰。

（二）夏季产蛋鸡群的管理

温度高是夏季的主要气候特点，高温对鸡群的健康和生产性能有显著的不良影响，做好夏季的防暑降温及调整相应的生产措施是保证鸡群良好生产性能的基础。

1. 夏季的饲养管理措施

（1）鸡舍的遮阳：在鸡舍周围栽植高大阔叶乔木，使鸡舍的屋顶和墙壁处在树荫中，可以有效减少太阳对鸡舍屋顶的热辐射。有人测定发现，夏季在气温33 ℃的情况下，没有绿化遮阳的鸡舍屋顶表面中午温度能够达到41 ℃；而同样的鸡舍在有绿化遮阳条件的情况下中午屋顶表面温度则为38 ℃。

新建鸡场在绿化条件还不理想的情况下可以在屋顶设置黑网进行遮阳，同样能够使屋顶温度在夏季中午降低3 ~5 ℃。

在进风口（窗）设遮阳棚等防止太阳直接暴晒进风口或湿帘。

（2）减轻屋顶的热负荷：除遮阳外，还可采取其他措施如将屋顶涂白以增强其热反射能力，可以使用白颜色的油漆或石灰水。有人做过测定，在夏季使用白色屋顶的表面温度比深灰色屋顶的表面温度低4 ℃以上。

在屋顶加铺草秸可以降低屋顶内面温度，在夏季到来前用玉米秸秆、麦秸或稻草等捆扎后铺在屋顶可以吸收太阳所释放的热量，而在草秸下面的屋顶则升温幅度较小。日落后草秸所吸收的热量会释放到周围空气中。

在屋顶喷水可以降低屋面温度，一些鸡场在鸡舍屋顶安装带有喷水微孔的水管，在高温天气的中午前后打开水阀，凉水从水管的微孔喷出淋到屋顶表面，吸收屋顶热量，水再蒸发时也会带走屋顶表面的热量。

（3）加大舍内气流速度：加大鸡身体周围的气流速度是缓解热应激的有效措施，鸡在此时的感受就如同人们在夏季吹风扇一样。要使鸡只感到舒适，舍内气流速度不应低于0.5 米/秒，气流速度慢对缓解热应激的效果不明显。

目前，绝大多数的蛋鸡舍都安装有低压大流量轴流风机用于纵向通风，这种通风方式的效果比较好。但是，通风效果受鸡舍的屋顶结构和材料、窗户类型和密封性、鸡舍高度等因素的影响。如果屋顶、窗户、屋檐等处的密闭性差，鸡舍高度大，则通风效果会不理想。

（4）降低进舍空气温度：这是缓解夏季热应激的关键措施，可以在进风口装设湿帘类设备，或将地下室空气引入舍内，能够将进入鸡舍的空气温度降低3 ~6 ℃。许多采用湿帘降温 – 纵向通风系统的鸡舍在夏季中午能够把鸡舍内的温度控制在30 ℃以下，对于保持鸡群良好的生产性能非常有益。

（5）舍内喷水：如果鸡舍没有安装湿帘降温设备，在夏季高温的中午前后当舍内气流速度较快的情况下向舍内喷水，水在吸收舍内空气中的热量后，被吹出舍外而将舍内热量带走。也可在中午高温时，向鸡的头部喷凉水以防中暑，但是注意不要把水喷在羽毛上。喷水降温的前提是鸡舍通风良好，如果通风不良喷水后水分蒸发会出现高温高湿的情况，反而加重热应激。

（6）调整饲料营养：提高饲料营养浓度，以便在采食量下降的情况下，保证其主要营养成分的摄入量无明显减少。用适量脂肪代替部分糖类以提供能量，将贝壳粒或石灰石粒在傍晚时加喂，或使用颗粒料都是合适的。

（7）使用抗热应激添加剂：如饮水或饲料中添加0.03%的维生素C或0.5%碳酸氢钠、1%的氯化铵、中草药添加剂、补液盐等，都可在一定程度上缓解热应激反应。

（8）改善饲养管理：保证充足的、清凉洁净的饮水供应，利用早晨、傍晚气温较低时，加强饲喂以刺激采食，用湿拌料促进采食。使用湿拌料要防止饲料变质变味。增加喂饲次数也可以刺激采食。

一些鸡场在夏季高温期间于凌晨1时开灯1小时为鸡群供水、供料，可以有效缓解热应激的影响，尤其是减少鸡只的死亡。其原理是处于产蛋前期的鸡羽毛整齐，但不利于散热，白天鸡只可以站立活动、采食、饮水，有助于散热，夜间关灯后鸡只卧下休息时相互挤在一起不利于散热，更容易使热量在体内积聚而导致鸡只中暑死亡。

（9）消灭蚊蝇：夏季蚊蝇很多，尤其是吸血昆虫是住白细胞原虫病的主要传播者，需要及时杀灭。

2. 夏季产蛋性能下降的营养因素分析 夏季是家禽生产中问题比较多的季节，如生长速度和产蛋率下降、蛋壳变薄、疾病增多等，尽管这些问题与高温造成的机体生理机能失常有关，但大多与营养缺乏也有密不可分的关系。高温情况下鸡容易出现营养缺乏的原因主要有以下几方面。

（1）采食减少是导致营养摄入不足的关键：高温引起鸡群的重要反应之一就是采食量的减少。据有关实验结果显示，1只产蛋鸡在22℃时1天的采食量为115.36克，当温度上升至30℃时采食量减少为97克。如果温度进一步升高达到34℃，则采食量只有69.65克，仅为正常采食量的60.38%。尽管高温情况下鸡用于维持体温的能量需要有所减少，但是这个减少的量是无法与采食减少带来的能量摄入减少相比的。

营养摄入不足，鸡体用于生产（产蛋、增重）的营养素不能够满足需要，无疑会导致生产性能下降。营养摄入减少，对于某些维持正常生理活动所必需的一些营养成分也可能会显得缺乏，鸡体生理的健康状态就无法保证。

（2）高温应激造成某些营养成分需要量的增高：在应激状态下鸡体对某些营养成分的需要量会明显增加，尤其是维生素。尽管目前尚缺少添加维生素对于缓解应激反应的剂量效应资料，但是Whitehead和Portsmouth（1989）提出了应激条件下某些维生素的需要量，见表7－18。

表 7－18　鸡应激情况下某些维生素的额外添加量

维生素种类	肉鸡	蛋鸡	种鸡
维生素 A/（国际单位/千克）	5 000	3 000	3 000
维生素 E/（毫克/千克）	30	30	30
维生素 C/（毫克/千克）	500	500	1 000
硫胺素/（毫克/千克）	3	3	3
泛酸/（毫克/千克）	10	10	10

正常情况下鸡体内能够合成足量的维生素 C，但是在热应激情况下其体内的合成量明显减少，而对维生素 C 需要量则显著增加。许多试验都已经表明在高温情况下添加适量的维生素 C 对于提高产蛋量、蛋壳质量，降低死淘率等均有良好效果。王兰芳等（2001）报道，高温情况下给蛋鸡日粮中添加维生素 A，对于维持鸡体的正常生理状态和提高产蛋量都有利，说明高温时鸡对维生素 A 的需要量比平时要高。

高温也会使鸡对某些微量元素的需要量增加，据孙汉等（1995）报道，在夏季鸡日粮中添加“锌蛋白－40”可以明显提高鸡的产蛋量。

（3）高温导致鸡消化功能的减弱：这种影响来自两方面，一是高温影响食物的物理消化，高温情况下鸡的消化道蠕动缓慢、无力，对饲料的研磨和破碎能力减弱。一些饲料颗粒在肠道内仍然是较大颗粒，消化酶无法进行深度降解。二是高温影响食物的化学消化，高温情况下鸡的饮水量增高，冲淡消化液，使消化酶的消化作用减弱。如果 1 只产蛋鸡在 15～20 ℃时每天的饮水量为 330 毫升，那么在 33 ℃时每天的饮水量则能够达到 630 毫升，增加近 1 倍。饮水的大量增加使得鸡消化道（尤其在胃和肠道前段）内容物的浓度显著下降，消化液的浓度相应降低，影响到对饲料的分解作用。据林海等（2001）使用 AA 肉鸡所做的试验，结果发现高温处理与对照组相比，显著降低胰蛋白酶（$P<0.05$）、胰糜蛋白酶（$P<0.01$）和 α－淀粉酶的活性（$P<0.01$）。

饮水增多使食物在肠道内的存留时间缩短也会影响消化酶对食物的作用时间，进而影响食物的消化效果。

（4）高温对营养吸收的影响：表现在两方面，一是高温期间由于饮水量的增加，食糜在消化道内的停留时间缩短，许多营养素在来不及充分吸收的情况下就随粪便排出体外。正常情况下，成年母鸡在采食后饲料经过消化道排出约需 4.5 小时，而在高温季节鸡只大量饮水的情况下只有 3 小时左右。二是肠道内食糜浓度下降，有的营养素的吸收形式是易化扩散，正常情况下家禽采食后肠道内容物中这种营养素的浓度高于肠道毛细血管内血液中这种营养素的浓度，该营养素依浓度梯度由高浓度的地方向低浓度的地方扩散。高温时鸡的饮水量增加，肠道内容物被稀释，营养素的浓度降低并与毛细血管内血液中这种营养素的浓度差变小。同时高温情况下鸡的粪便变稀，排粪次数和量也比常温时明显增加。

（5）高温环境中饲料营养成分的损失：在饲料存放过程中其中的某些营养素会氧化、分解而失去其营养价值，其氧化、分解的速度与环境温度和相对湿度的高低成正比。夏季的高温环境会加快分解过程，据有关资料报道，配合饲料在 20 ℃环境中存放 21 天，其中的维生素 E 约损失 20%，如果 30 ℃环境中存放同样时间则其中的维生素 E 损失量约为 60%。

置放在料槽中的饲料在高温高湿条件下很容易结块，结块的出现将会使其中营养素大幅度损失。

（6）肠道疾病对营养消化吸收的影响：夏季的高温环境容易导致肠道炎症的发生，尤其是大肠杆菌病在夏季的发生明显增多，肠炎出现后会妨碍营养素的吸收；高温季节也是寄生虫病发生的重要时期，体内寄生虫会使机体的营养消耗增加。

（三）秋季产蛋鸡群的管理

1. 做好通风管理　秋季昼夜温差大，在保持鸡舍空气清新的前提下，注意天气预报，及时开闭门窗以调节通风和保温。原则上前后门窗要错开，防止穿堂风，后面窗户可以半闭或全闭，前面门窗不要关死。在关闭前后门窗后，一定要开启地窗与天窗，以形成对流。要做好鸡舍维修工作，把门窗玻璃、破损墙面等维修好，做好过冬准备。

遇到气温骤降的天气要注意采取保暖措施，如通风窗少开几个或晚开一段时间，北侧窗户少开几扇，防止冷风直接吹到鸡身上。气候适宜的天气还要保持良好的通风，保证鸡舍内的空气质量。

2. 做好寡产鸡的淘汰　进入秋季，低产、寡产鸡开始换羽，要对鸡群进行一次挑选淘汰，间隔 1 个月再次淘汰 1 次。

3. 做好光照管理　秋季光照时间逐渐缩短，在自然条件下，初产鸡开产容易延迟。因此，在体重达标后要及时加光。对于产蛋鸡要保持光照的恒定。

4. 做好疫病预防工作　根据南北方不同情况要在 9 月 10 日 ~ 10 月 10 日对 100 天以上蛋鸡凡免疫新城疫 - 禽流感（H9）二联苗超过 60 天的，要再次免疫新城疫 - 禽流感（H9）二联油苗 0.7 毫升/只，最好同时用新城疫Ⅳ系 3 ~ 14 倍点眼，免疫后间隔 10 ~ 15 天统一免疫禽流感（H5）油苗。将要开产的鸡群要注意有呼吸道症状疾病的预防。秋季防疫做得好，冬季呼吸系统疾病发生的就少。

秋季是鸡痘、白冠病高发时期，要做好防治工作。

（四）冬季产蛋鸡群的管理

1. 保持适宜的舍温　冬季应采取防寒措施，北侧的门窗可以加装挡风板以防止冷空气直接吹向鸡群。采取必要的保温或加热措施，使舍温不低于10 ℃，并防止水管内结冰。

2. 合理通风 冬季为了保温，多数将门窗关闭或遮挡，影响了正常的通风而造成舍内氨气和二氧化碳含量明显超标，进而诱发呼吸道感染。因此，冬季应在保持舍温的前提下，进行合理的通风，但是要注意冷风不能直接吹向鸡体。

3. 调整饲料营养 适当提高饲料的能量水平。

4. 注意灭虱 冬季易滋生鸡虱，需要经常观察。一旦发现有鸡虱要及时采取灭虱措施。

5. 防治传染病 冬季是一年四季中疾病发生最多的时期，这个时期主要以呼吸道疾病为主，如新城疫、禽流感、慢性呼吸道病、禽痘、大肠杆菌病、传染性鼻炎等。这些疾病的发生与环境条件有很大关系，如冬季气温低，为了保持鸡舍内的温度，很多设备条件不太好的鸡场会关闭门窗、降低通风量，由此带来的问题就是鸡舍内的空气质量恶化（有害气体、粉尘、湿度、微生物浓度增高），对鸡的呼吸道黏膜和眼结膜产生刺激，黏膜对病原体的抵抗力降低，因此容易引起有关疾病的发生；生产中如果经常通风不良，当饲养员进入鸡舍后感到不舒服时就会打开门窗进行通风换气，这时冷风大量涌入，舍内温度急剧下降，鸡只受到冷刺激同样会引起呼吸道黏膜水肿而降低对病原体的抵抗力而诱发疾病的发生。因此，冬季传染病发生的主要根源是舍内温度低、空气质量差。

目前，使用热风炉是解决通风与保温矛盾的主要途径，向鸡舍内送热风，在通风换气的同时鸡舍内的温度能够保持在一个合适的范围内。

除保持鸡舍内的适宜环境外，定期进行抗体检测、使用防病药物、加强卫生管理也是必不可少的条件。

六、蛋鸡的强制换羽

蛋鸡在经历了一个产蛋阶段后，在夏末或秋季就开始换羽。群内不同的个体换羽开始时间和持续时期也不一样，自然换羽的持续时间可达14～16周，此期间部分个体停产，因而群体产蛋率不高，给饲养管理带来较多麻烦。强制换羽可使鸡群在7周龄左右的时间内完成羽毛蜕换过程。换羽后鸡群产蛋整齐（平均产蛋率比上一产蛋年度降低10%～20%），蛋品质量较好，鸡群成活率较高，可继续利用6～9个月。最常用的强制换羽方法是饥饿法。

（一）强制换羽的意义

一般来说，鸡群在第1个产蛋年度的产蛋性能最好，第2个产蛋年度的产蛋量有所下降，约为第1个年度的80%。因此，在蛋鸡生产实践中多数情况下鸡群在70周龄前后就要淘汰。是否进行强制换羽处理主要考虑以下几方面的情况：

一是鸡蛋的市场价格较高而缺少后备的新母鸡，重新开始育雏可能赶不上鸡蛋的高价期，如强制换羽只需要2个月鸡群就可以产蛋，而从育雏开始则需要5个月。二是该群鸡的培育质量好，产蛋性能一直较好，可以继续使用。三是引进的种鸡成本高，强制换羽后可以多利用一段时期以降低引种成本，像祖代种鸡每只雏鸡的价格就有70元左右。

（二）强制换羽方案

1. 强制换羽前的准备

（1）确定强制换羽的时间：商品蛋鸡一般在400～450日龄进行强制换羽。换羽早则鸡群还处于产蛋率较高的时期，换羽晚则有的个体已经换羽或有的鸡过肥影响换羽后鸡群的性能。

（2）制订强制换羽方案：根据鸡群状况、季节及第一产蛋期鸡群的产蛋性能，制订强制换羽具体方案，以便强制换羽工作顺利进行。非特殊情况（如死亡率高或遇到大的疫情等）不要随便变更计划。

（3）鸡群的选择和淘汰：用于强制换羽的鸡群，应是健康的鸡群，产蛋率已降至60%～70%。将群内已开始换羽的个体挑出集中放在舍内某一区位。将病、弱、残及脱肛个体挑出淘汰。

（4）免疫接种：在强制换羽措施实施前1周，对鸡群接种新城疫和禽流感灭活疫苗。

（5）称重：在舍内抽测约50只鸡的体重（被测个体佩戴脚号或每只鸡单独放在一个单笼内并在笼前挂牌标记），并记录每只鸡的体重。

（6）准备饲料：强制换羽前要准备贝壳粒或石灰石粒和恢复期所需的饲料、复合维生素。

2. 强制换羽的实施

（1）前3天：停水、停料、采用自然光照。有试验发现，此期可每只鸡每天喂15克贝壳粒可减少薄壳蛋、软壳蛋的出现，并能够减少换羽过程中的死亡率。若是夏季每天可供水1小时。停料第2天产蛋率有所下降，第3天显著下降，在第6天基本停止产蛋。

（2）第4～7天：停料，每天供水两次、每次半小时，采用自然光照。

（3）第8～12天：此期间对已标记的鸡只每天称重，若当前体重与断料前体重相比减轻25%左右时，即可进入恢复期。

（4）恢复期：当鸡群体重比初始期减轻25%左右时，开始进入恢复期。

恢复期的饲料，在初始两周可用青年鸡饲料，另补充复合维生素及微量元素，此后两周使用预产期饲料也可直接换用产蛋期饲料。在恢复期第1天的喂料量，按每只鸡每天20克，此后每天每只鸡递增15克，直至达到自由采食。喂饲期间应保证饮水的充足供应。

光照时间从恢复喂料时开始逐渐增加，约经6周的时间，恢复为每天16小时，以后保持稳定。一般鸡群在恢复喂料后第4周开始产蛋，第6周产蛋率可达50%左右。

七、蛋鸡生产常见问题的分析与解决方案

（一）产蛋前期产蛋率上升慢

这个阶段产蛋率上升慢是一个非常大的问题，它会影响到鸡群整个产蛋期的性能表现。出现这一问题的原因可能有以下几方面：

1. 喂料量增加不够 有的鸡场在这个阶段沿袭育成后期的喂饲方案，不注意及时增加喂料量，使鸡群的营养素摄入不足，不能满足产蛋所需，造成产蛋率上升缓慢。其实，在这个阶段每天的喂料量都要在前一天的基础上递增1.5克左右。要注意观察鸡的采食情况，根据当天最后一次喂料后1小时料槽内饲料的剩余情况做出调整喂料量的决定。

如果傍晚喂料1小时后料槽中剩余饲料较多则说明加料量偏大，次日喂料量不再递增；如果此时料槽内仅剩余有很少量的饲料，饲养员走过鸡只前面时鸡只没有伸头索食的行为表现则说明喂料量合适；如果观察时料槽内是空的，饲养员从鸡笼前走过时鸡只有伸头索食行为表现则说明喂料量不足。

2. 换料不及时 主要是没有及时将饲料更换为产蛋鸡饲料，而使用的是营养水平相对较低的预产阶段饲料，造成营养摄入不足。也有的鸡场不使用预产阶段饲料，而又没有及时换用产蛋鸡饲料造成开产前鸡体内营养蓄积不够而影响产蛋率的上升。

3. 加光不合理 加光时间晚或光照递增幅度小会造成产蛋初期产蛋率上升缓慢。

4. 肌内注射接种疫苗 肌内注射疫苗对鸡是一种比较大的应激。如果产蛋率超过10%之后再通过肌内注射方式接种疫苗就会至少影响1周内产蛋率的正常上升。疫苗接种越晚则影响越大。

5. 转群时间过晚 转群也会造成应激，如果转群时间晚，尤其是鸡群产蛋率超过5%以后再转群，势必会影响产蛋率的上升。

6. 饲料质量差 有的鸡场使用商品性饲料，在选购饲料的时候过分注重饲料的价格，其实当饲料价格低于某一个临界线的时候，其质量就得不到保证。低价购买的饲料常常由于使用了较多的廉价原料而使其质量不好，使用这样的饲料会因为营养不足而影响产蛋率的上升。

7. 严重应激问题的发生 在产蛋初期鸡群对应激的适应性较差，任何应激反应都会影响鸡群产蛋率的上升。因此，在这个时期保持各项饲养管理、卫生防疫和鸡舍环境条件的稳定，减少应激的发生是非常关键的。

8. 青年鸡群均匀度差 青年鸡群整齐度是衡量青年鸡培育效果的关键指标，如果整齐度低，则开产后鸡群的产蛋率也低，尤其是在育成后期，如果鸡群均匀度差则开产时间不一致，势必造成产蛋初期的产蛋率上升较慢。

9. 青年鸡发育不良 如果育成期鸡群发生疾病或由于其他原因造成发育受阻，尤其是在育成后期发生这种问题，常常使产蛋初期的鸡群还处于恢复阶段，产蛋率往往上升幅度较小。

10. 青年鸡有健康问题 如果育成后期的鸡群健康出现问题，常常会有一些个体发育受阻甚至产蛋时间延迟，在产蛋初期有一些鸡只生殖器官尚未发育成熟，导致产蛋初期产蛋率上升慢。常见的问题如育雏或育成期鸡只感染肾型传染性支气管炎，鸡群的产蛋率很难上升到90%。

（二）减少饲料浪费

蛋鸡生产总成本中有60%～70%来自于饲料，节约饲料能明显提高经济效益。据有关资料报道，产蛋期间平均每只鸡每天浪费的饲料约为2.5克，对于一个存栏1万只的小型蛋鸡场则每天浪费的饲料有25千克，价值约63元，可见减少饲料浪费是有潜力可挖的。减少饲料浪费的主要措施有以下几个方面。

1. 保证饲料的全价营养 饲料日粮营养不全面是最大的浪费。因为某种营养素的缺乏会影响其他营养素的吸收利用。

2. 不使用发霉变质的饲料 如果使用了发霉变质的饲料，不仅起不到节约饲料的效果，反而会由于影响鸡群的健康，造成产蛋减少而增加生产成本。

3. 饲料的添加 饲养员给鸡群添加饲料的时候要使用合适的工具，添加过程中要尽量减少饲料的抛撒；每次添加量应不超过料槽深度的1/3；由于添料过满造成抛撒的料，其数量实际上是很惊人的。发现料槽有破损、连接缝脱开或两端的堵头脱落，要及时修理。

4. 饲料粉碎不能过细 饲料粉碎过细易造成采食困难并在鸡只采食时出现“料尘”飞扬现象。

5. 高质量的喂料机械 自动喂料设备能够减少人工加料时饲料的抛撒和不均匀，可节约饲料。

6. 及时淘汰停产、伤残鸡 在产蛋期间，根据鸡只的外貌和生理特征及体态，经常性地淘汰停产、伤残鸡。停产鸡从外貌上表现为鸡冠苍白或发黄并萎缩，精神萎靡，从生理特征上表现为耻骨间距变窄（小于2指宽）、肛门干燥紧缩，一些鸡后腹膨大，站立时如企鹅状。

7. 合理利用废料 废料包括从料槽内清理出的积存饲料、从鸡舍或料库地面清理的饲料等。这些饲料可以用于喂饲猪或鱼。

（三）减轻应激影响

应激会造成产蛋鸡生产性能、蛋品质量及健康状况的下降，在生产中应设法避免应激的发生。

1. 引起应激的因素 生产中会引起鸡群发生应激反应的因素很多，如缺水、缺料、突然换料；温度过高、过低或突然变化；光照时间的突然变化（停电时光照不足或夜间没关灯）；突然发出的异常声响（鸣喇叭、大声喊叫、工具翻倒、刮风时门窗碰撞等）、陌生人或其他动物进入鸡舍；饲养管理程序的变更、疫苗或药物的注射等。这些因素中有些是能够避免的，有些是无法避免但能够通过采取措施减轻其影响的。

2. 减少应激的措施 针对上述引起应激的原因，生产管理上应注意采取以下几项措施。

（1）保持生产管理程序的相对稳定：每天的加水、加料、拣蛋、消毒等生产环节应定时、依序进行，不能缺水、缺料。饲养人员不宜经常更换。

（2）防止环境条件的突然改变：每天开灯、关灯时间要固定。冬季搞好防寒保暖工作，夏季做好防暑降温工作，防止高温、低温带来的不良影响；春季和秋季在气温多变的情况下，要提前采取调节措施；夏、秋雷雨季节要防止暴风雨的侵袭。

（3）防止惊群：惊群是生产中容易出现的危害，也是较严重的应激。防止措施：生产区内严禁汽车鸣喇叭，严禁大声喊叫，舍内更不能乱喊叫，门窗打开或关闭后应固定好，饲养操作过程动作应轻稳。陌生人和其他鸟、兽不能进入鸡舍。

（4）更换饲料应逐渐过渡：生产过程中不可避免地要更换饲料，但每次更换饲料，必须有 5 天左右的过渡期，使鸡只能顺利地适应。

（5）尽量避免注射给药：产蛋期间应尽可能避免采用肌内注射方式进行免疫接种和用抗菌药物治疗，以免引起卵巢肉样变性或卵黄性腹膜炎。

（6）提早采取缓解措施：在某些应激不可避免出现的情况下，应提前在饲料或饮水中加入适量复合维生素和维生素 C。

（四）降低破蛋率

破蛋的商品价值低，生产中破蛋率一般为 2% ~5%，也有更高的。破蛋率高会影响蛋鸡生产效益。

1. 提高饲料质量 饲料中钙和磷的含量及两者之间的比例、钙磷的吸收利用率、维生素 D_3 的含量等都对蛋壳的形成有一定的影响，任何一方面的不合适都会增加破蛋率；锰含量不足则会降低蛋壳强度。氟、镁含量过高也会使蛋壳变脆。因此，饲料中各种营养成分的含量和比例要适当，有害元素含量不能超标。

2. 笼具的设计安装要合理 笼底的坡度以 8° ~9°为宜，过小则蛋不易滚出，过大则蛋滚动太快易碰破。两组笼连接处应用铁丝将盛蛋网连在一起，以免缝隙过大使蛋掉出。笼架要有较高的强度，防止使用中出现变形。

3. 要勤拣蛋　每天拣蛋次数较多时，可以减少因相互碰撞而引起的破裂，也可减少因鸡只啄食而造成的破损。

4. 保持鸡群的健康　呼吸系统感染、肠炎、输卵管炎、非典型性新城疫等，都会引起蛋壳变薄或蛋壳质地不匀，甚至出现软壳蛋和无壳蛋。因此，做好卫生防疫工作、保持鸡群健康对维持较高的产蛋量和良好的蛋壳质量，都是十分重要的。

5. 缓解高温的影响　当气温超过 25 ℃时，蛋壳就有变薄的趋势，超过 32 ℃则破蛋率明显增高。

6. 防止惊群　产蛋鸡受惊后可能会造成输卵管发生异常的蠕动，使正在形成过程中的蛋提前产出，造成薄壳蛋、软壳蛋或无壳蛋的数量增多。惊群还可能会因鸡只的骚动而使笼网变形，造成蛋被挤破或踩破。

7. 防止啄蛋　啄蛋是鸡异食癖的一种表现。除常拣蛋外，对有啄蛋癖的鸡，应放在上层笼内，若其本身为低产鸡，则可提前淘汰。

8. 减少蛋损　在收拣、搬运过程中要细心，防止蛋的破损。

（五）褐壳蛋鸡蛋壳颜色变浅的原因分析

蛋壳颜色变浅是影响褐壳蛋质量的重要因素，也是常见问题，应采取如下措施。

1. 保证鸡群的健康　在相同品种情况下，蛋壳颜色变浅与鸡群发生输卵管病变有关，当病原体侵蚀鸡体后，可直接发生或继发引起不同程度生殖道病理变化，输卵管出现水肿、充血或出血，黏膜上皮脱落，使蛋壳腺体合成和分泌钙及色素机能部分丧失或完全丧失，造成蛋壳颜色变浅、变白等较为典型的临床症状。

危害最严重的疾病有鸡新城疫、大肠杆菌病、巴氏杆菌病、减蛋综合征、肾型传染性支气管炎、鸡白痢、禽流感等。因严重侵害生殖系统，除造成产蛋率锐减、蛋壳变薄、无壳蛋增多外，并有蛋壳退色变浅、变白等较为典型的临床症状。同时因鸡群患病，引起消化功能紊乱而造成营养缺乏。另外还有资料报道，认为与呼吸系统有关的疾病也可影响褐壳蛋颜色和蛋壳强度。

2. 慎养老龄鸡　因鸡龄老化、产蛋下降、蛋壳变化这类情况，使用营养性药物可见改善，但维持时间不长，应根据市场行情及时淘汰。有的资料介绍，产蛋初期壳色较深，产蛋后期变浅，这是否与生殖功能衰退有关还需进一步证实。

3. 慎用药物　给产蛋鸡服用尼卡巴嗪抗球虫，会抑制碳酸酐酶的活性及正常蛋壳色素的形成，导致正常产褐壳蛋品种鸡产白壳蛋。鸡产蛋期预防治疗常发病或混合感染时投服药物，如磺胺类、呋喃类、喹噁啉类抗球虫药或驱虫药，使用时间或用量不当，也对蛋的形成有不良影响。

4. 科学的饲养管理

（1）减少应激的影响：转群、防疫、外界惊扰都会对鸡产生应激作用，各种应激因素都能影响鸡对钙的吸收和利用，由于应激影响可使鸡只产蛋过程中产蛋时间延长，蛋在蛋壳腺中长时间存留，会增加钙的沉积，而使蛋壳颜色变得苍白。轻微应激或短时间惊扰的鸡所产的蛋外表覆盖额外的钙，并产生不令人喜欢的蛋壳颜色。因此，在饲养过程中应尽量减少应激因素刺激，使鸡群保持适宜密度和舍温，可使蛋壳颜色和质量有所提高，还能确保鸡只高产稳产，增加饲养效益。造成产蛋下降，伴随色泽变浅，这类变化时间不会长，调整环境、饮水中增补电解多维，白蛋壳现象会很快消失。

（2）减轻热应激：夏季持续高温，鸡体散热困难，为加速排泄、散热而大量饮水，加上采食量下降，造成营养流失和不足，影响蛋壳质量而产白壳蛋。秋冬之际，气温突降，鸡体一时不能适应，影响钙磷代谢，导致蛋壳颜色变浅。

5. 合理调配营养　一般来说，蛋壳颜色的深浅与蛋鸡的饲粮营养无直接关系，目前也没有添加某些营养物作为改善蛋壳色泽专用的添加剂。但如果长期缺乏维生素 A，可能引起输卵管正常黏膜上皮被分层的鳞状角质化上皮所取代，使蛋壳色素的分泌失常，造成蛋壳颜色变浅。在饲料中增加维生素 A、维生素 D、维生素 E、维生素 C 有明显改善蛋壳色泽的作用。也有人通过试验发现，在饲料中添加 2% 左右的血粉或芝麻饼能够改善蛋壳颜色，长期较多使用棉仁粕和菜籽粕可能会导致蛋壳颜色变浅。

八、蛋种鸡的饲养管理

蛋种鸡在环境条件控制、饲养方式、饲养管理和卫生防疫等方面与商品蛋鸡基本相同，这里仅仅介绍作为种鸡饲养管理方面的一些特殊要求。

（一）蛋种鸡育雏－育成期的饲养管理

1. 剪冠　祖代和父母代雏鸡在出壳后或接入育雏室后要进行剪冠处理，只对父本的父系（祖代种鸡的 A 系）和母本父系（祖代种鸡的 C 系）或父母代种鸡的 AB 系实施剪冠处理。对于种鸡的母系雏鸡不进行剪冠。这是因为父系的个体数量少，容易实施，而且父系只提供公鸡，公鸡成年后鸡冠大，会影响头部出入鸡笼。雏鸡阶段剪冠后的成年公鸡如图 7－3 所示。

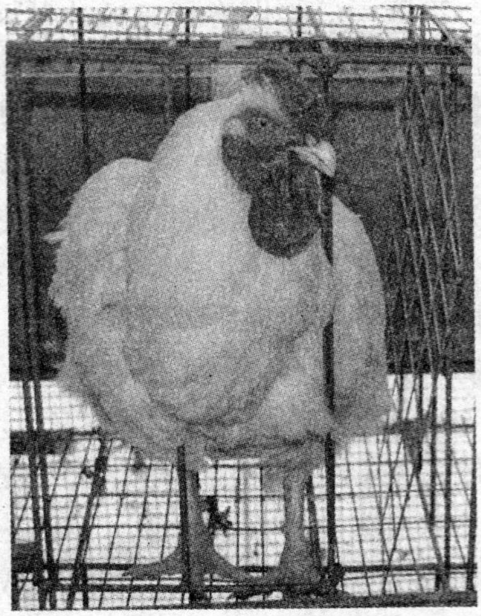
图 7－3　雏鸡阶段剪冠后的成年公鸡

剪冠的目的主要用于区别雌雄鉴别出现错误的雏鸡，如 A 系和 C 系或 AB 系中的母鸡，便于及早淘汰，以免影响制种效果，这对于羽毛颜色都是白色的白壳蛋鸡非常重要；其次可以方便种公鸡的采食和饮水；再次有助于防止鸡冠受伤。

剪冠的方法：用手术剪将雏鸡的冠在贴近头皮的位置剪掉，越干净越好，注意不要剪破头皮。剪冠后用医用乙醇进行擦拭消毒即可。

2 日龄内的雏鸡剪冠后的出血量很少，对雏鸡的应激也小。鸡日龄越大则出血会越多，应激也越严重。

2. 按性别分笼饲养　在育雏室内，父系和母系雏鸡要分笼饲养。因为父系的公雏和母系的母雏生长速度不同，同时在体重控制和喂料量控制上也有差别。

育成期和成年期同样按性别分笼饲养。尤其是在成年期种公鸡的饲料与母鸡的饲料营养要求差异较大。当种公鸡达到 16 周龄、接近性成熟的时候就要转入专用的种公鸡笼内，每只公鸡占用一个单笼。

许多种鸡场常把种公鸡和种母鸡分别饲养在不同的鸡舍。

3. 母鸡的选留　种母鸡的选留主要在育雏结束和育成末期进行。育雏结束时主要淘汰那些病弱残的个体；育成末期鸡群需要转笼，在转笼前可以把病弱残的个体、过肥过瘦的个体淘汰。

4. 公鸡的选留　育雏结束时的选留也主要是淘汰病弱残个体。育成末期（16～17 周龄）的选留除淘汰病弱残个体外，关键是看后备公鸡的体型发育和第二性征表现。要求后备公鸡体型发育良好、健壮、第二性征明显。

5. 留种比例　对于笼养蛋种鸡，在进雏时常常是按 1∶10 的公母比例配给的。育雏结束选留时，公母比例可以按 1∶18 选留。育成末期选留后公母比例基本达到 1∶23 即可，这个比例所留下的公鸡可能比实际需要的数量稍多些，主要防止采精训练时个别个体精液质量差，还需要淘汰一部分而避免公鸡不足的问题。

6. 免疫接种　育雏期的免疫接种与商品蛋鸡相同，在育成后期除接种的疫苗类型、时间和次数与商品蛋鸡相同外，常常还需要在 17～18 周龄时接种传染性法氏囊炎疫苗，目的在于保证后代雏鸡有较高的母源抗体水平，为雏鸡阶段的防疫提供良好基础。

7. 白痢净化　在雏鸡阶段发现患有白痢的雏鸡就直接焚烧，不需要继续治疗，因为这样的雏鸡将来即便是产蛋，其所产种蛋中有相当一部分带有白痢沙门菌，用这样的种蛋孵化出的雏鸡多数是先天感染，其产蛋性能不佳而且蛋的卫生质量不合格。鸡群接近性成熟时要再次进行白痢检测，使用平板凝集试验的方法逐只检测，淘汰阳性个体。

（二）蛋种鸡繁殖期的饲养管理

1. 做好种公鸡的采精训练　目前，蛋用种母鸡的开产周龄一般为 23 周龄（产蛋率达到 50%），这个周龄是可以进行输精的时间，因此种公鸡的采精训练应提早 1～2 周进行，即在 21 或 22 周龄开始训练。一般的公鸡经过 7～10 天的训练就可以形成条件反射，便于采精操作。如果训练的时间太晚可能会影响正常的人工授精操作。

2. 控制初产蛋重 一般情况下，初产蛋重与鸡群的开产日龄和开产体重有较大的关系，初产蛋重不稳定，大多数偏小，一般的鸡只在产 5～10 个蛋之后蛋重就能够符合标准而且比较稳定。为了提高早期种蛋的合格率，要求初产蛋重要达到 50 克左右，1 周之后能够达到 53 克以上。

为了保证初产蛋重达到合适的范围，要求蛋种鸡的性成熟期不能早于 19 周龄，而且 19 周龄的平均体重要符合体重发育标准或达到成年体重的 80% 左右。

3. 使用专用饲料 种鸡饲料中的主要营养成分与商品蛋鸡大同小异，能量水平、粗蛋白质含量、必需氨基酸含量和钙磷含量都一样。但是，种鸡饲料中大多数维生素和部分微量元素（如锌、硒、碘等）的含量比商品蛋鸡高 25%～40%。这在配制饲料的时候尤其要注意，如果这些营养素含量不足可能不会影响到产蛋率和蛋壳质量，但可能会影响到种蛋的受精率和孵化率以及健雏率。

4. 白痢净化 鸡群开产后要对全群进行一次普检，淘汰阳性个体，以后每隔 2 个月普检一次，将鸡群的白痢阳性率控制在 0.2% 以下。

5. 种蛋收集 与商品蛋鸡生产相比，种鸡的种蛋收集次数要多几次，一般要求从上午 10 时开始，每隔 2 小时收拣一次，直到下午 6 时。种蛋收集时要及时将不合格的蛋（畸形蛋、蛋壳质量差的蛋、双黄蛋、蛋壳颜色不正、蛋壳污染较严重等）单独放置，不要与种蛋放在一起。

种蛋每次收集后及时用福尔马林进行熏蒸消毒，消毒后送往种蛋库保存。

九、蛋鸡的放养管理

（一）放养蛋鸡场场址的选择

1. 合适的场地类型

（1）树林：中原地区许多地方栽植有大片的速生杨树林，在黄河故道的沙地还有以往的林场，许多地方还有园林苗木基地，南方还有茶园。这些林地都是生态养鸡的良好场地。林地要有合适的排水系统，雨天在场地内大部分区域不积水，便于鸡群的活动。林地外围要有围护设施，如围墙、围网等。

（2）果园：包括农区常见的苹果园、梨园、桃园等，也包括山地常见的核桃园、栗树园、柿树园、山杏园、石榴树园等。

（3）山坡山沟：在有一定数量开阔地的山坡山沟，只要有树木、杂草生长就可以作为生态养鸡的场地利用。

（4）闲置场院：如破产的小企业、禁止运行的黏土砖窑、搬迁后的学校等。最好是与村庄保持一定的距离，对厂房和排水系统进行维修后即可利用。

2. 场地的总体要求

（1）与村庄、集市、医院等人员车辆来往频繁的场所保持500米以上的距离，防止外来病原体进入蛋鸡放养区威胁鸡群健康。

（2）交通相当便利，但是要与主要交通干线保持500米以上距离。如果交通过于闭塞则不便于生产资料的运入和产品的运出。

（3）与企业养殖场保持1 000米以上的距离，防止养殖场之间疾病的相互传播。

（4）如果有自然隔离条件最好。

（5）远离可能有自然灾害发生的地方，如易发生洪水、山洪、滑坡、塌方等的地方。

（6）避免放养场地被污染，放养场地不要建在垃圾填埋场、排污河渠、化工厂和屠宰场下游等地方。鸡群在被污染的地方放养，其健康无法得以保证，其产品质量也可能会被污染。

（二）放养蛋鸡品种的选择

品种选择要根据市场需要来定，主要考虑蛋壳颜色、蛋重、适应性和种鸡场的管理水平。通常作为蛋用柴鸡所产蛋的蛋壳颜色主要是深浅不一的灰色，也可以是绿色（青色），但是很少是白色的或深褐色的。一些地方优良品种可以作为蛋用柴鸡饲养，如河南的固始鸡、卢氏鸡、正阳三黄鸡，浙江的仙居鸡、萧山鸡，江西的白耳鸡等。某些培育品种也可以作为蛋用柴鸡饲养，如农大3号粉壳蛋鸡、罗曼粉、海兰灰、江苏三凰绿壳蛋鸡、江西东乡黑羽绿壳蛋鸡等。

（三）育雏时间的确定

育雏时间主要是考虑鸡群的主要生产期与室外活动适宜时期的一致性。中原地区鸡群在室外放养的理想时间为每年的4～10月，期间放养场地内野生的饲料资源（野草、草籽、昆虫等）比较丰富，环境温度适合鸡群在野外活动。11月至翌年3月外界温度低，野生饲料资源匮乏，不适宜鸡群在室外放养。但是，如果能够提早贮备青干草、堆积秸秆进行发酵育虫、种植牧草、贮存蔬菜瓜果等，也能够在一定程度上满足生态养殖的要求。

蛋用鸡的性成熟期为20周龄前后，一般要求开始到野外放牧饲养的日龄为10～18周龄。因此，把育雏时间安排在12月到翌年2月比较合适。这个时期育雏，当到4月初的时候鸡群的日龄为70～120日龄，比较适宜到野外放牧。而且，4月后外界温度较高、野生饲料丰富，鸡群在产蛋期间可以充分运动、大量采食野生饲料、生活环境条件适宜，所生产的鸡蛋质量较好。

育雏时间早于11月，鸡群在3月或更早时间就达到开产日龄，而在这个时间由于外界气温低、野生饲料资源稀少，放牧饲养的效果不理想。如果育雏时间推迟到3月或以后，那么在4月初外界条件适宜放牧的时候，鸡群的日龄仅有60

天左右，当鸡群开产的时候已经到了6月底以后了，能够利用外界有利条件进行生态放养的有利时期比较短。

（四）放养蛋鸡青年阶段的饲养管理

青年鸡是指育雏结束后（6周龄）到开始产蛋（大约为20周龄）前这个阶段。青年鸡阶段通常是在室外放养。

1. 放养的适应过程 从育雏室内的饲养到室外放养，由于环境条件、饲料、饲养方式发生了很大变化，鸡群需要有一个适应过程。

（1）适应期：饲养方式改变后，鸡群至少要有1周的适应期。育雏室内的饲养方式会影响适应期的长短，如果是笼养育雏，适应期要有10天左右，因为在笼养条件下鸡的活动范围和运动量小，没有与地面接触；如果是平养则适应期可缩减到7天左右。育雏结束时鸡的日龄大小也直接影响适应期，总体看日龄大的适应期短，日龄小的适应期长。

（2）适应方式：

1）笼养育雏的适应方式：首先是将育雏结束的鸡群转到平养鸡舍内，在平养鸡舍外面用尼龙网围起一定面积，面积大小主要看放养场地的类型和大小。一般要求围起来的面积要达到每平方米不超过3只鸡的密度。

2）平养育雏的适应方式：如果有其他鸡舍，可以在打扫和消毒后，把鸡群转入，再把育雏室清理和消毒后备用。如果没有其他鸡舍可以使用，在育雏室外用尼龙网围起一定面积的场地，大小与上述要求一样，白天把鸡群放到室外场地活动并对育雏室进行清理和消毒，晚上鸡群继续回原来育雏室生活。

（3）室外放养活动范围控制：室外活动范围应该是逐步扩大。最初几天让鸡在鸡舍附近活动，熟悉周边环境，随着对外界条件的逐步适应，逐渐扩大活动范围。这样在活动范围扩大后，鸡群能够熟悉鸡舍，傍晚时就会自动回到鸡舍，减少丢失鸡的现象。

2. 环境条件控制

（1）关注天气情况：天气变化对青年蛋用鸡的影响很大，必须给予密切关注。青年鸡由于大多数是在春季从育雏室中移出，开始到室外放养，在刚开始放养的一段时期内青年鸡需要对放养环境有一个适应过程，而且春季（尤其是早春）外界温度波动较大，常常在温度逐渐升高的过程中出现寒潮，使得本来比较温暖的天气一下子变得非常寒冷。这样的天气变化非常容易造成青年鸡的感冒，而感冒发生后很容易继发其他传染病（也包括禽流感）。因此，关注天气变化，如果有寒潮来袭必须提早采取措施，如推迟白天鸡群到室外活动的时间、提早回舍时间，必要的时候让鸡群在舍内活动，提前关闭（尤其是夜间）门窗，防止冷风吹进鸡舍等。

关注天气情况还包括当有雨雪、大风的时候减少鸡群在室外活动时间或停止室外活动。

（2）光照管理：青年鸡在12周龄以前注意早晚要补充照明，早晨6时开灯、晚上8时关灯，白天采用自然光照，每天光照时间为14小时；13周龄后采用自然光照，可以不补充照明。但夏季傍晚时候可在鸡舍前面悬挂灯泡来诱虫，让鸡采食。

（3）保持鸡舍内的干燥：青年鸡采食多、饮水多、粪便排泄量大，饮水过程中容易把饮水器内的水弄洒到水盘外，采食青绿饲料多的时候粪便含水量高，如果管理不到位容易造成鸡舍内潮湿，影响鸡群的健康。

保持鸡舍内干燥的措施有：合理放置饮水器并减少其漏水，尽量使用乳头式饮水器，当鸡群到室外运动场活动的时候加强鸡舍的通风换气，垫高鸡舍内地面使其比舍外高出30厘米以上，保持鸡群合适的饲养密度等。

（4）保持合适的饲养密度：饲养密度不仅会影响到鸡舍内的各项环境质量，也会对鸡群的精神状态产生影响。密度偏高时，会造成鸡舍内空气湿度大、空气污浊（粉尘、有害气体和微生物含量高）、鸡群烦躁（容易出现惊群、啄癖）、生长速度缓慢、健康状况不良等问题。

一般情况下，蛋用青年鸡在平养条件下的饲养密度控制要求为：6～10周龄时12只/米^2，13～15周龄时9只/米^2，16～20周龄时7只/米^2。

（5）控制噪声：噪声会造成鸡群的惊群，惊群会造成鸡群的采食量、产蛋量或生长速度下降，造成卵黄性腹膜炎。噪声主要由汽车鸣喇叭、工作人员的大声吆喝、大风刮动没有固定好的门窗等造成。

3. 饲料与喂饲

（1）饲料：青年蛋用鸡喂饲所使用的饲料类型包括配合饲料、原粮、青绿饲料、昆虫及其他动物性饲料等。野生的饲料资源是放养青年蛋鸡的重要食物，但是由于其营养不全面，容易造成某些营养素的缺乏或不足而影响正常的生长发育和健康，因此必须使用一定量的配合饲料来满足鸡群对这些营养素的需求。

在放养场地面积大、野生饲料资源丰富的条件下鸡群可以大量利用野生饲料资源，如青草、草籽、昆虫等，每天傍晚可以少量补充配合饲料，用量控制在20～35克/（只·天）的范围内；如果野生饲料资源不足则需要加大配合饲料的用量，用量控制在30～50克/（只·天）的范围内，并使用部分原粮。

为了保证柴鸡在放养阶段有足够的青绿饲料，建议每年秋季在放养场地上播种一些人工牧草，如冬牧70、小青菜、紫花苜蓿、苦荬菜、三叶草、大麦等牧草和麦类作物，待春天（3月中旬之后）外界气温较高、适合鸡群在室外放养的时候，这些青绿饲料已经长得比较茂盛，能够使鸡群获得比较充足的青绿饲料。青年鸡的饲喂如图7－4所示。

图7-4　青年鸡的喂饲

（2）喂饲要求：不同类型的饲料喂饲要求也有差异。

1）青绿饲料的喂饲：在场地圈养的情况下，放养场地面积相对较小，场地内的青绿饲料很快就会被鸡群吃净而且再生也很困难。青绿饲料主要靠从其他地方收割后撒在放养场地内让鸡群采食。当青绿饲料充足时，白天可以让鸡群充分采食青绿饲料并搭配少量的原粮；当青绿饲料数量不足时，每天可在上午和下午在场地内撒一些青绿饲料，适当多用些原粮。在大场地放养时，青绿饲料是鸡群自主觅食的，不要人工干预。

2）原粮的喂饲：放养鸡群要喂饲部分原粮，减少人工合成添加剂的使用。原粮的使用最好是多种搭配，因为单一的原粮没有一种是营养全面的。

3）配合饲料的喂饲：配合饲料一般在傍晚鸡群进入鸡舍后喂饲，这样有助于让鸡群形成傍晚自动归宿的习惯；同时，配合饲料在夜间也能够在鸡的消化道停留较长时间，有利于其消化和吸收，夜间鸡群不出现饥饿现象。

（3）混合饲料搭配建议：将多种原粮搭配做成混合饲料可以发挥其营养互补作用。对于青年蛋用鸡，可以把14周龄前作为前期，15周龄后作为后期，分两个阶段调配日粮。

1）前期各种原粮的搭配：玉米60%、豆粕18%、秕麦10%、花生饼（或菜籽粕）5%、麸皮5.5%、骨粉1.5%。玉米需要粉碎成颗粒状，各种原粮混合均匀后放在料盆或料桶中饲喂。

2）后期各种原粮的搭配：玉米65%、豆粕14%、秕麦12%、花生饼（或菜籽粕）3%、麸皮4.5%、骨粉1.5%。玉米需要粉碎成颗粒状。

一些从事生态养殖的养鸡户不注意原粮的搭配使用，而是长期使用单一的原粮，很容易造成鸡生长发育不良、羽毛不齐、发生啄癖，以及个别鸡呈现病态等问题。

（4）饲料的过渡性变换：当青年鸡从育雏室转入到放养方式的时候，需要注意饲料的过渡，最初1周还需要以配合饲料为主，适量搭配一些青绿饲料，以后逐渐减少配合饲料的用量，以青绿饲料为主。如果变换过快，鸡的胃肠道可能无法很快适应，容易出现消化不良现象，甚至出现拉稀、嗉囊堵塞等问题。

4. 放养信号训练　放养信号训练的目的在于方便鸡群的管理，减少鸡只的丢失。信号训练要从青年鸡群由育雏室转入青年鸡舍开始，经过2~3周的训练，鸡群就能够产生条件反射。为了让鸡群形成稳定的条件反射，这种信号必须在相对固定的时间和补饲的时候进行，不能在其他时间使用。

（1）小场地放养的信号训练：在面积较小的果园、林地、山沟或空场院放养鸡群，鸡的活动范围较小，易于管理；放养信号比较简单。

通常从鸡舍放出鸡群很容易，打开鸡舍的地窗或门，鸡群自己就会主动到舍外场地。鸡群可以在场地内任何地方觅食、活动、休息，而人工补饲（包括青草、青菜、原粮、配合饲料等各种饲料）要集中在鸡舍前方附近的场地。补饲的时候可以通过敲打木板、发出呼唤等方式让鸡群听到喂饲信号，使所有的鸡都从场地各处集中到鸡舍前面。

（2）大场地放养的信号训练：对于面积比较大的树林、滩地、山沟等鸡群放养场地，由于鸡群的活动范围大，使用的信号必须让较远处的鸡群能够听到。

通常早上鸡群到放养场地活动可以自主走动，训练信号主要是用于喂饲和收拢鸡群。这种信号一般在傍晚时使用，让鸡群回鸡舍附近进行补饲，补饲之后回鸡舍内休息。这种方式所需要的信号通常是用哨子，其发出的声音尖、传得比较远。

5. 场地外围护

（1）目的：设置场地外围护的目的在于防止鸡只逃出场地外，造成丢失。对于在树林、果园、空场院等较小场地放养鸡群，尤其是离道路、村庄、学校等比较近，人员和车辆来往频繁的地方，更需要有外围护栏以防止鸡只外逃。

（2）材料：通常在不少地方的果园都建有围墙用于防止水果被偷窃，这种围墙也能够起到防止鸡只外逃和被偷窃的作用。没有围墙的地方可以用尼龙网沿场地的周围将鸡群活动的场所围起来。

（3）高度：外围护设施的高度应该达到1.8~2米，如果低于这个高度，鸡只有可能飞跳到外面。

对于在山沟养鸡，则可以直接利用沟崖作为屏障，在个别平缓处设置围网即可。饲养人员每天在崖上走动几次，借以观察鸡群和驱赶其他野生动物。

6. 饮水管理

（1）饮水用具：放养青年鸡时，如果在放养场地内有天然的溪水（如在一些山沟），可以间隔一段距离用石头砌成小拦水坝，使水流变得缓慢，方便鸡群自主饮用。如果没有这种条件，多数情况下使用真空饮水器。饮水器的容量为5~10升，每50只鸡1个饮水器。饮水器要放置在比较显眼的位置，一般都是在放养场地内来往的小路旁边，便于饲养员检查和换水，也便于鸡群饮水。饮水器之间的距离为30米左右，鸡群活动的地方都要有饮水器。放养场地内比较偏远的地方可以少放置几个，在活动集中的地方多放置几个。

（2）注意提供足够的饮水：保证充足的饮水是保证鸡群正常觅食、采食，保持良好体质的重要前提。饲养员每天要在上午、下午各检查1次饮水器，观察饮水器内的水量，水不足的要及时添加。尤其是在山地养鸡时，由于青绿饲料数量有限，鸡群跑动的范围大，容易感到渴，缺水时对鸡的不良影响更严重（图7－5）。

图7－5　饮水要足够

（3）饮水要干净：放养区域内如果是山泉溪水能够不断流动，可以让鸡群饮用。如果有池塘则需要检测池水的卫生质量，主要是细菌总数和氮的含量，如果不超标则可以使用，如果超标则需要投放消毒剂并用围栏围起来，不让鸡群饮用；如果使用真空饮水器，则要定期更换其中的饮水，水球内的水存放时间不宜超过2天。定时检查饮水器的水盘，如果其中有泥土、粪便及其他杂质则需要及时清理。

7. 防止野生动物危害　放养鸡群如果是在较大的场地进行，则要注意采取措施防止野生动物危害，尤其是在山沟、大片林地和滩区放养的情况下。在育雏刚结束进入育成阶段时，由于鸡的个体较小、体质弱、跑动能力差，容易受到野生动物的危害。

提前了解放养区域及附近常见的野生动物类型和数量是采取针对性措施的关键；饲养1~2条温驯的狗，每天围绕放养场地走动几次，能够有效防止野生动物的靠近；在高的树上悬挂一些彩布条能够减少飞禽的靠近。

8. 卫生防疫管理　青年鸡放养阶段的卫生防疫管理。

（1）放养场地的消毒：如果是场院圈养，鸡群放养前，对场院内地面用消毒药物进行喷洒；如果采用林地或果园、山地放养，则主要是对鸡舍前面的场地（鸡群活动较多的场地）定期进行消毒，以有效减少环境中的病原微生物。

（2）保持鸡舍内良好的空气质量：白天当鸡群到舍外放养场地活动时，要把鸡舍的窗户、门或风机打开进行充分的通风换气，使鸡舍内的有害气体、空气中的粉尘和微生物数量、空气中的水汽尽可能多地被排出，这样能够保证鸡群夜间在鸡舍休息期间，舍内空气质量良好。许多生产实践证明，空气质量是影响鸡群健康的关键因素，生活在空气质量好的环境中，即便是温度、湿度不太适宜，鸡也能保持良好的健康状况，像农户少量散养的鸡就是很好的例证。

（3）及时接种疫苗：按照免疫程序和当地鸡病流行情况，及时对鸡群进行免疫接种。如果是进行个体免疫接种（注射、滴鼻、点眼、滴口等）应该安排在晚上鸡群回鸡舍后进行，喷雾接种也在夜间进行。如果是采用饮水免疫则在早晨放鸡前把疫苗水配好，让鸡群饮用后再放鸡。

（4）驱虫：放养鸡群容易感染肠道寄生虫，生产中要经常在鸡群活动较多的地方观察鸡的粪便，发现有寄生虫的存在就及早使用驱虫药。

（5）预防性使用抗菌药物：许多细菌性疾病的发生具有季节性和年龄特点，要注意预防性地使用药物。如果条件许可尽量使用一些中草药，以减少药物残留和细菌耐药性的产生。

（6）做好粪便和病死鸡的管理：粪便和病死鸡是重要的疾病传播源。粪便必须及时清理后堆积发酵，病死鸡需要消毒后深埋（鸡尸体距地表深度不小于50厘米）。

（五）产蛋鸡的饲料与补饲

1. 饲料 饲料能够为鸡的生存和生产提供相应的营养素，如果提供的营养素全面而且充足，鸡的生产性能和健康状况表现就良好。放养的蛋用鸡除采食野生的青草、草籽、虫子之外，需要补饲一些饲料以满足各种营养的互补需要。为了保证鸡群所产蛋符合无公害或绿色食品的要求，这些补饲用的饲料在配制时要注意不要使用除营养性添加剂之外的其他任何化学合成添加剂。使用搭配的补饲用的饲料有助于鸡群每天摄取的营养更完善，能够为产蛋鸡提供全面而足够的营养物质。

在许多农村放养鸡群常常使用单一的原粮喂饲鸡群，造成鸡产蛋率低、健康状况不好，这是因为单独使用某一种原粮容易造成营养的不平衡。因此，建议不要用某一种原粮作为补饲用的饲料。

为了改善鸡蛋的风味，可以使用一些中草药调料作为添加剂，这些风味剂会影响蛋的口感和味道。

2. 喂饲量的控制 喂饲量应该依据放养场地内野生饲料资源的情况（包括人工收集的青草等）、鸡的品种类型和鸡群的产蛋率而定。

在野生饲料资源丰富的情况下，每只鸡每天的补饲量控制在50～90克（专门化蛋用配套系蛋鸡体重较大、产蛋率高、蛋重大，补饲量应该多一些；体型小的柴鸡，产蛋量也低，补饲量可以少些）；在缺乏野生饲料资源的情况下，每只鸡每天的补饲量控制在80～100克。鸡群产蛋率超过50%的时候，每天补饲不低于75克；产蛋率低于50%则补饲量不超过75克。

3. 补饲的时间 一般情况下，补饲安排在下午5时前后，即太阳快要落山、外界光线变暗、鸡群需要回鸡舍的时候进行。这样做一是能够诱导鸡群按时返回鸡舍过夜；二是补充白天的觅食不足，防止营养缺乏和夜间鸡群饥饿，同时也有利于避免早晨补饲后鸡群在野外觅食不积极的问题。

4. 补饲方法 不同饲养方式的补饲方法有差异，围圈放养的蛋鸡采用早晚两次补饲，早晨喂饲当天补饲量的40%，傍晚喂饲当天补饲量的60%。放养鸡群早晨补饲量占当天喂饲量的20%，傍晚占80%，如果早晨补饲量太多会影响鸡群野外觅食的积极性。在补饲前把当天需要补饲的饲料量确定下来，称量好放在料盆中。料盆的数量按照30只鸡一个料盆来确定，放在鸡舍前面的场地上。如果料盆数量少会造成鸡群采食不均匀。傍晚补饲应在加料后使用吹哨子或敲打盆子的方法，给鸡群发出补饲信号，让鸡群向鸡舍收拢。放养鸡群的补饲如图7-6所示。

图7-6 放养鸡群的补饲

5. 扩大觅食范围的训练 一些蛋用专门化配套系鸡种习惯于在固定的地方采食，在放养条件下必须训练其在更开阔的空间内觅食。可以在每天上午把鸡群放到放养场地后，饲养员用篮子或袋子等容器装一些玉米粒分散撒在鸡群活动的外围，刺激鸡群到更远的地方觅食。柴鸡的觅食能力比较强，不需要这种措施。

（六）放养产蛋鸡的饮水管理

1. 饮水用具 一般的饮水用具是真空饮水器，成年蛋用柴鸡使用7~10升容量的大型号饮水器。饮水器的数量按照每60~80只鸡一个进行布置。在鸡群活动较多的地方适当多放置几个饮水器，在鸡群活动较少的地方可以少放置几个饮水器。饮水器最好使用红色的，这样有利于饲养人员的观察，也有利于鸡发现饮水器的位置。饮水器底部要垫高10厘米左右，这样可以减少水被污染。饮水器要放置平稳，防止翻倒后水抛洒；要放置在小道附近，便于观察和换水，也有助于减少其他野生动物饮用饮水器内的水。

2. 饮水管理的其他要求 在山沟放养鸡群的时候，如果让鸡饮用溪水，必须使溪水的流动速度缓慢；在雨季要注意上游发生大水的可能，以免鸡只被冲走；雨后溪水混浊，要用井水供鸡饮用。饮水器要放在树荫下，不要让太阳直晒，尤其是在夏季。冬季要注意防止饮水结冰。

（七）蛋的收拣

1. 设置产蛋箱　在鸡舍内、鸡群活动场地内需要设置和安放产蛋箱，让鸡群在产蛋箱内产蛋，减少蛋的丢失和保持蛋壳表面的干净。

产蛋箱的制作方法很多，一般用木条和木板制作，每个产蛋箱分两层，每层设置 5 个产蛋窝。每个产蛋窝的参考规格：宽 30 厘米、深 50 厘米、高 40 厘米。窝内铺一些干燥柔软的树叶、麦秸或锯末等垫料。

鸡舍内产蛋箱的放置位置应该贴墙放置，减少阳光的直接照射。放养场地内产蛋窝应该放置在光线不太强的地方，因为鸡喜欢在光线弱、安静的环境内产蛋。另外，放养场地内的产蛋箱还要采取防雨雪和大风的措施。

在林地或果园内放养柴蛋鸡时也可以在场地内用砖和混凝土砌设产蛋窝，产蛋窝的朝向最好为东西向，用石棉瓦做成窝顶，檐部伸出约 30 厘米用于遮光和挡雨。

2. 蛋的收集　放养鸡群产蛋主要集中在上午，上午 9 ~ 12 时的产蛋量大约占当天产蛋总数的 85%，中午 12 时以后所产蛋数量很少。收集鸡蛋可以在 10 时、12 时、14 时和 17 时分 4 次进行，减少鸡蛋在产蛋窝内的停留时间。

拣蛋时注意观察产蛋窝内的垫料是否干净干燥，是否需要更换。注意观察蛋壳质量是否合适，有无软壳、薄壳蛋。观察蛋的表面是否脏，如果蛋壳脏则需要分析是什么原因引起的。

拣蛋时要注意观察产蛋窝内是否有抱窝的母鸡，如果有则要把它放到专门设置的笼内，进行醒抱处理。

3. 减少蛋的丢失　放养的蛋用柴鸡在比较大的范围内活动，丢蛋的现象很难避免。但是，如果能够采取合理的措施，则能够有效减少丢蛋现象的发生。

吸引鸡到产蛋窝内产蛋、减少窝外蛋是防止丢蛋的重要措施之一。这方面的技术和管理措施有：要有足够数量的产蛋窝，至少保证 10 只鸡有 1 个产蛋窝，以减少因为争窝而造成一些鸡不在窝内产蛋的情况；产蛋窝设置的位置要合理，在鸡群活动的范围内都要设置产蛋窝，活动集中的地方多设置几个，活动较少的地方少设置几个，产蛋窝的位置要设置在安静、光线较弱的地方；产蛋窝内要有柔软的垫草，垫草要及时更换以保持其干燥、干净和松软。

在产蛋窝处设立标识，产蛋窝旁要树一个竹竿，上面绑一条彩布，如果产蛋窝旁有树木的话也可以把彩布条绑在树上，饲养员能够认准产蛋窝的位置，不至于漏收鸡蛋；产蛋窝附近的一些角落也需要注意观察，看是否有鸡在那里产蛋。

4. 保持蛋壳的干净　蛋壳是否干净直接关系到鸡蛋的存放时间，也影响鸡蛋的外观。蛋壳表面脏污的鸡蛋容易被细菌污染，在存放过程中细菌进入到鸡蛋内部后会在蛋内繁殖，造成蛋的腐败变质，而且如果蛋壳脏污用水清洗后的蛋也不耐存放，存放一定时间后会出现蛋黄粘壳现象。保持蛋壳干净的主要措施：一是减少窝外蛋，二是保持窝内垫草的干净和干燥，三是防止鸡的拉稀并保持鸡体的干净，四是减少雨后鸡只脚带泥泞进入产蛋窝。

（八）低温季节放养蛋鸡的管理要点

当年的11月至次年的3月底，大约有5个月的时间是中原地区气温较低的季节。这个时期的主要特点是外界气温低、风比较大、时有雨雪、野生饲料资源匮乏，而且呼吸系统疾病发生较多。这个季节在柴蛋鸡放养过程中的生产管理要点主要有以下几方面。

1. 注意补饲 由于进入11月后绝大多数青草已经枯萎，青绿饲料极少，草籽已经被鸡群吃净或落到地下；各种虫子进入地下开始冬眠，地表很少有虫子活动，鸡群在放养场地内基本没有可采食的食物。因此，补饲是保证鸡群获得营养的主要途径。这个时期的补饲饲料主要使用由各种原粮、饼粕、石粉、骨粉和营养性添加剂组成，每只鸡的补饲量基本是以自由采食为依据。每天喂饲3次，早晨7时、中午12时、下午5时喂饲。如果条件许可，每天可以给鸡群喂饲一些青菜或牧草，以提高蛋的品质。

2. 注意保温 外界气温低于12 ℃就会影响鸡群的产蛋，温度越低影响越大，如果环境温度低于5 ℃会使鸡群产蛋量比正常下降30%左右，如果温度持续低于0 ℃则产蛋率的下降幅度可达50%。冬季放养蛋鸡产蛋率偏低的重要原因之一就是环境温度过低。因此，保持鸡舍内适宜的温度是维持冬季蛋鸡产蛋率的重要措施。可以采用的保温措施如室内安放火炉（注意排除烟气）、用草苫遮挡北侧窗户、通风的时候别让冷风直吹鸡体等。冬季也是放养鸡蛋需求量大、价格很高的时候，通过保温和补饲维持鸡群的产蛋性能是值得的。

减少鸡只在室外过夜，因为冬季夜晚的室外温度很低，对鸡只来说有可能受到寒冷的影响而停产或生病。

3. 合理放鸡 在无风、场地无积雪、天气晴朗温暖的日子，在上午10时以后可以让鸡群到室外放养场地活动，中午的饲料在放养场地喂饲，下午4时左右把鸡群唤回舍内。冬季让鸡群增加运动、晒太阳、刨土是增强其体质的很好方法。

4. 合理通风 冬季鸡舍的通风与保温常常是一对矛盾。但是，在生态养鸡过程中容易得到解决。当鸡群到室外活动的时候，可以把鸡舍的门窗打开或把风机打开，增加通风量，更换舍内空气，在鸡群回舍之前再关闭风机或窗户。如果鸡群在鸡舍内，通风时不要让冷风直接吹到鸡身上。

5. 预防呼吸系统疾病 低温季节是呼吸系统疾病的高发期，其原因是因为保暖而常常将门窗和风扇关闭，造成鸡舍内空气中氨气、硫化氢、粉尘含量升高，刺激鸡的呼吸道黏膜，使黏膜对病毒的屏障作用降低而引起感染；如果通风方法不当，使冷空气直接吹到鸡身上则会造成鸡体受凉而导致感冒，降低抗病力而造成继发感染。预防呼吸系统疾病的措施：对于易感的病毒性疾病（如禽流感、鸡新城疫、传染性喉气管炎、传染性支气管炎）需要在入冬前接种疫苗；对于易感的细菌性疾病（如传染性鼻炎、慢性呼吸道病、大肠杆菌病等）需要使用药物进行预防性控制，如果能够使用中草药控制的尽量使用这类无药物残留的药物。

6. 及时清理鸡舍附近的积雪　每当下雪后要及时清扫鸡舍附近场地的积雪，减少积雪融化后场地的泥泞和潮湿，避免鸡群饮用雪水，为鸡群到舍外场地活动提供条件。

7. 及时整理垫草　合适的垫草有利于冬季鸡舍的保温。冬季到来前要把鸡舍内的垫草清理干净，并加强通风以排出鸡舍内的湿气，然后再铺设约 10 厘米厚的新的干燥的垫草。以后，定期在旧垫草上加铺新垫草，保持表面垫草的干净干燥。潮湿的垫草要及时清理，尤其是饮水器周围的垫草。

8. 保证饮水供应　冬季由于外界气温低，放在室外的饮水器和水盆常常出现结冰现象，有时结冰后几天都不会融化，影响鸡群的正常饮水，进而影响鸡群的健康和生产。因此，冬季要注意每天傍晚将水盆或饮水器中的水倒掉，次日早晨向其中添加温水以满足鸡只的饮用。

（九）高温季节放养柴鸡的管理要点

每年的 6～8 月是中原地区的炎热季节，这个时期外界温度高、降雨多，甚至会出现冰雹和暴雨等恶劣天气。这个时期野生的饲料资源比较丰富，可以充分利用。这个季节在蛋鸡放养过程中的生产管理要点主要有以下几方面。

1. 注意中午防暑　夏季中午时间裸露的场地的表面温度能够达到 40 ℃左右，沙石地面温度会烫伤鸡的脚底。当气温超过 31 ℃成年蛋鸡就会表现出应激反应，如张口喘气、活动减少、采食量下降、饮水增多、产蛋率降低等，严重时出现中暑表现，甚至死亡。不过，放养的鸡群在高温时会自己寻找阴凉，如果放养场地有高大的阔叶乔木（杨树、泡桐、法桐、槐树等）或搭设有凉棚都能够为鸡群提供阴凉。

2. 夜间管理　夏季白天高温，夜间如果能够让鸡群感到凉爽则能够较好地缓解白天热应激造成的不良影响。在天气晴好的日子可以把鸡舍前面活动场地的灯泡打开，这样一方面可以让鸡群在场地上活动（减少在闷热的鸡舍内停留时间）乘凉，另一方面可以用灯光吸引飞虫，这些虫子落地后能够被鸡群采食而补充蛋白质饲料，提高鸡群的产蛋量和蛋品质量。夜间供鸡群进出鸡舍的地窗或门不要关闭，让鸡自主选择在舍内或舍外场地上过夜。但是，夜间要注意防止野生动物对鸡群的危害。夜间鸡舍的风扇要开几个以保持鸡舍内空气的流动。

3. 保证饮水的清凉和干净　清凉的饮水对于缓解热应激是非常重要的，它能够吸收体内较多的热量。保证饮水的清凉，一是把饮水器放置在阴凉处，避免阳光照射；二是及时更换饮水，因为水在饮水器内存放时间长难免会造成水温升高。夏季温度高，水容易变质，如果鸡饮用了变质的水容易被细菌感染，因此夏季保证饮水的干净是非常重要的。保证饮水干净的措施：及时更换饮水，把饮水器垫高以减少泥土等杂物进入水盘，对饮水进行消毒处理，定期对饮水器进行清洗和消毒等。

4. 及时出售鸡蛋 夏季鸡群产的鸡蛋容易受污染，高温也不利于鸡蛋的存放。因此，高温季节鸡蛋收集后尽量在5天内出售。为了保证蛋品的质量，在夏季尽量把公鸡与母鸡分开，防止交配，因为受精蛋在夏季更容易变质。

5. 饲料中添加抗热应激添加剂 夏季给鸡补饲的饲料中可以添加0.1%的小苏打和0.03%的维生素C，这样有助于改善高温季节蛋鸡的生产性能。

（十）需要注意的问题

1. 注意天气变化 遇到刮大风、下雨的天气不要让鸡群外出，当风雨停止后再放出鸡群。如果雨很大，要考虑河流或湖泊的水位上涨是否会影响到鸡群的安全。

2. 防止野生动物危害 放养前要在场地内拿竹竿走一趟，把蛇及其他体型较大的野生动物驱赶走。白天放牧期间要定期在放养场地内巡查，夜间帐篷附近要有灯泡照明。

3. 控制放养数量 一般每亩滩地可以放养30～50只柴鸡，如果放养数量大则放养区内的杂草等野生饲料资源会在较短的时期内被吃净，甚至新的杂草也无法生长，后期放牧就没有野生饲料可以利用。

4. 合理补饲 根据滩区野生饲料资源情况安排鸡群的补饲用饲料的类型和数量。

（十一）如何辨别真假放养鸡的蛋

目前，市场上各种包装的柴鸡蛋类型很多，其中不乏假冒伪劣产品，许多市民在购买柴鸡蛋的时候担心买到假货。如何从感官指标上判断柴鸡蛋的真假就很受人们关注。

1. 看蛋壳颜色 如果是真正的柴鸡蛋，蛋壳的颜色会不一致，有褐色、浅褐色、青绿色、粉色和灰色等多种。如果是放养的蛋鸡配套系则蛋壳颜色比较一致，也比较鲜艳。

2. 看蛋重大小 真正的柴鸡蛋其大小不均匀，而笼养鸡所产鸡蛋的大小比较均匀。放养的蛋鸡配套系所产的鸡蛋大小也比较均匀。

3. 看蛋壳表面 笼养鸡所产鸡蛋在蛋壳表面会有一条或多条灰尘的印痕；放养鸡所产鸡蛋没有灰痕，但是蛋壳表面会粘有一些草屑等杂物。

4. 看蛋白 放养鸡所产鸡蛋在打开后将蛋白、蛋黄倒入盘子中，会发现其蛋白比较黏稠，扩散面较小，而笼养鸡蛋的蛋白较稀。

5. 看蛋黄　同样放养鸡的蛋黄较稠、隆起呈半球形，而笼养鸡蛋的蛋黄隆起得较低、感觉较平；放养鸡的蛋黄颜色为正黄色或橘黄色；笼养鸡蛋的蛋黄颜色或者为浅黄色、灰黄色，如果添加合成色素后颜色深黄或发红。添加合成色素的鸡蛋如果把蛋白和蛋黄在碗内打碎搅匀再用开水冲，会发现蛋黄颜色明显变浅，而柴鸡蛋则几乎没有变化。

第八章　快大型肉鸡生产

快大型肉鸡也称白羽肉鸡，以早期生长速度快、体重大而著称。在发达国家的肉鸡生产中基本上都是饲养快大型肉鸡，在我国快大型肉鸡和优质肉鸡各占半壁江山，这主要与消费者的习惯有关。发达国家的消费者重视食物的营养，而我国的消费者更多重视的是食物的色香味形。

第一节　肉种鸡的饲养管理

肉种鸡的生产目的是提供更多的符合要求的商品代肉鸡苗。但是，在其不同的生理时期对饲养管理的要求差异很大。

肉种鸡饲养管理一般分为两个时期，即生长期和繁殖期；生长期包含了育雏期和育成期。

一、生长期的饲养管理

生长期白羽肉种鸡是指从雏鸡出壳到23周龄这个阶段的鸡群。其中，4周龄之前称为育雏期，5～23周龄为育成期。

（一）饲养前的准备工作

1. 饲养方式的确定　网上平养是国内外使用最多的生长期白羽肉种鸡饲养方式。它是在鸡舍内沿两侧墙边铺设板条，架设网床（网床距地面的高度约60厘米），网床的边缘同样要用网挡起来，高度为0.8米左右，目的是防止鸡从网床上跳下来。鸡舍中间留1条宽约1.2米的走道，作为饲养员操作的通道。网床上要用网片分隔成小圈，每个小圈可以饲养100～200只鸡。每个小圈朝向走道的地方设置一个门，供饲养员进出。

两高一低混合地面是繁殖期肉种鸡最常用的饲养方式，它是将鸡舍内的地面平均分为3部分，靠两侧架设成高度约50厘米的网床，作为成年种鸡采食、饮水和休息的场所，中间的1/3使用地面垫料饲养方式，铺设垫草，供鸡群活动和交配，每间隔3米左右安设一个木制台阶供鸡只上下网床（图8－1）。

图 8－1　两高一低种鸡舍示意图

2. 鸡舍与设备的准备　鸡舍和设备要提前 7 ~ 10 天进行清扫、冲洗、检修。进鸡前 4 ~ 5 天进行密闭熏蒸消毒，36 小时后进行通风换气，进鸡前约 10 小时用消毒药物对鸡舍进行喷洒消毒。

根据季节特点（外界温度高低）和加热方式特点，提前 2 ~ 4 天对鸡舍进行加热以提高舍温和排出湿气，并检查加热设备的运行是否正常。在雏鸡到来前 1 天使鸡舍内温度上升到 33 ℃。喂饲和饮水用具经过消毒后提前摆放到圈内。

3. 饲料及药品准备　准备好前 2 周所用的饲料，同时把前期所需要的维生素添加剂、口服补液盐、抗生素、葡萄糖等也准备好。有关的疫苗和接种用具备好。

4. 按标准选好饲养人员　生长期肉种鸡培育是一项细致、复杂而辛苦的工作，育雏前要慎重地选好饲养人员。作为育雏人员要有一定的科学养鸡知识和技能，要热爱育雏工作，具有认真负责的工作态度。对于初次做此项工作的人员，要进行岗前技术培训。

5. 制定生长阶段鸡的饲养管理和卫生防疫规程　育雏开始前要结合所养配套系的饲养管理手册、当地养殖现状、本场以往养殖实践等制定雏鸡的饲养管理和卫生防疫规程，让育雏人员提早熟悉这些规程的细节和要求，能够按照规程中的具体要求落实工作任务。

青年鸡的限制喂饲、称重与调整喂料量也要及早制作表格和提出相应措施，保证青年鸡群体重发育符合标准。

（二）接鸡与安置雏鸡

1. 接鸡　在雏鸡到来前，饲养员和技术员要在鸡舍内进行全面检查，排除问题。雏鸡运到鸡舍后要有序地卸车、搬运雏鸡盒、放置雏鸡盒、清点鸡数和将雏鸡放入圈内。

2. 安置雏鸡

（1）公母分开安置：父母代肉种鸡通常是按照1只公鸡、5～6只母鸡的比例配发的。公鸡和母鸡要分别放在不同的圈内。为了防止混圈，中间最好相隔2个小圈。

（2）剪冠：雏鸡接入育雏室后当天就需要对父系雏鸡进行剪冠处理。剪冠的目的在于能够明显区别父系鸡和母系鸡，便于及时淘汰鉴别错误的个体。剪冠时用剪刀贴近冠的基部将冠剪掉，残留的部分尽可能少，剪后用乙醇进行消毒处理。

（3）分圈安置：按照进鸡前制订的方案，使用哪些小圈、每个小圈安置多少只雏鸡、哪个圈安置父本雏鸡，都要有计划进行。安置完毕后统计父本和母本雏鸡的数量，并在每个小圈的门上挂一个记录表，登记有关项目。

（三）生长期环境条件的控制

环境条件对生长期肉种鸡的生长发育和健康影响很大，控制好环境是保证获得良好培育效果的重要保证，密闭式肉鸡舍育雏2周龄内肉鸡的环境条件控制要求见表8－1。

表8－1　2周龄内肉种鸡的环境控制要求

日龄	光照时间/时	光照强度/勒克斯	温度			温度	湿度/%
			使用育雏伞			整舍取暖时育雏室温度/℃	
			育雏器下/℃	围栏生活区/℃	围栏外室温/℃		
0	24	60	34～35	28	22～23	31～32	55～60
1	22	60	34～35	28	22～23	30～31	55～60
2	20	60	34～35	28	22～23	29～30	55～60
3	18	40	34～35	27	22～23	28～29	55～60
4	17	30	31～33	26	22～23	28～29	55～60
5	16	20	31～33	25	22～23	26～27	55～60
6	15	20	31～33	25	22～23	26～27	55～60
7	14	20	27～28	22～23	22～23	24～25	50～55
8	13	20	27～28	22～23	22～23	24～25	50～55
9	12	20	27～28	22～23	22～23	24～25	50～55
10	11	10	27～28	22～23	22～23	24～25	50～55
11	10	10	27～28	22～23	22～23	24～25	50～55
12	9	10	27～28	22～23	22～23	24～25	50～55
13	8	10	27～28	22～23	22～23	24～25	50～55
14	8	10	27～28	22～23	22～23	24～25	50～55

1. 环境温度控制　对于2周龄前的雏鸡来说，由于其自身的体温调节功能尚不健全，需要为其提供适宜的环境温度以保证其健康和发育（表8－1）。3周龄后肉种鸡对环境的适应能力逐步提高，其对环境温度的要求见表8－2。

表8－2　生长及后备期肉种鸡的温度控制参考标准

周龄	3	4	5～7	7～24
鸡体周围温度/℃	26～29	21～27	≤18	≤15
室内温度/℃	22	20	≤18	≤13

在生产实践中除经常观察温度计所显示温度是否与标准相同外，还要注意观察鸡群的表现以确定温度控制是否适当。雏鸡活泼、精神状态好、休息时分散伏卧在地面，则说明温度适宜；如果雏鸡表现为张口喘气、翅膀下垂，则说明温度偏高；雏鸡若出现在加热器附近或角落挤堆、尖声鸣叫，则说明温度偏低。在温度控制方面要注意避免由于加热设备问题造成的温度忽升忽降现象。

注意夜间温度和低温季节的舍内温度，不仅要注意保温，还需要防止舍内温度出现大幅度的波动。

2. 光照控制　肉种鸡在生长期应饲养在密闭鸡舍或遮光鸡舍内，有窗鸡舍所有的窗户都要配备不透光的窗帘用于必要时的遮光。3～20周龄内每天光照时间控制在8小时，也有的鸡场在3～4周龄每天光照时间为9小时，5～8周龄每天为8小时，9～20周龄每天为7小时。不能让光照时间太长，否则在限饲期间容易造成鸡群的不安，诱发啄癖。

光照强度宜弱不宜强，以饲养人员能够看清饮水器内水和料槽内饲料情况即可，光照强度高不利于鸡群的管理。尤其是对于有窗鸡舍，早晚必须用较厚实的窗帘遮光，中午前后也需要适当遮光。

从21周龄开始增加每天的光照时间，每周递增1小时，28周龄每天照明时间达到16小时。

3. 通风换气控制　保持鸡舍内良好的空气质量是提高肉种鸡培育效果的重要基础条件。除最初7～10天主要考虑鸡舍的保温外，适当的通风是日常管理的重要内容，以保证鸡舍内有害气体的含量不超标。要求饲养人员进入鸡舍后无明显的刺鼻、刺眼感觉。

在温度适宜的季节，当鸡群达到5周龄以上可以适当加大通风量和每天的通风时间；夏季高温期间对于青年鸡群还需要通过加大通风量以缓解热应激。低温季节通风时注意防止室温下降过多和避免冷风直接吹到鸡身体上。

4. 相对湿度控制　60%左右的相对湿度对于各个生理阶段的肉种鸡都是适宜的。生产中常见的问题是室内湿度偏高，这种情况容易造成寄生虫病、大肠杆菌病和曲霉菌病的发生，也容易造成鸡舍内有害气体含量偏高；对于鸡的体温调节也不利。因此，生产中需要考虑采取综合措施，降低室内湿度。

5. 饲养密度控制 采用网上平养方式，1～2 周龄为每平方米床面养 18～25 只；3～6 周龄为每平方米 8～10 只；7～16 周龄为每平方米 5～6 只；16 周龄后每平方米 4～5 只。密度大不利于鸡群的均匀采食，会影响群体发育的整齐度，啄癖多，健康状况不佳。

（四）喂饲管理

1. 喂饲用具 肉种鸡所使用的喂饲用具，在前 3 天一般是料盘或硬纸板、塑料布等；4 天以后换用料桶，4 周龄前使用容量为 3 千克左右的小料桶，4 周龄后使用 10 千克左右的大料桶。饮水设备可以使用乳头式饮水器（第 1 周要用真空饮水器，第 2 周两种饮水器混合使用，第 3 周撤掉真空饮水器），也可以一直使用真空饮水器。

2. 初饮与饮水管理 雏鸡接入鸡舍安置妥当后就可以让其饮用真空饮水器中的水，初饮的水一般为凉开水或经过消毒处理的井水，水温为 25 ℃左右。每个圈内根据雏鸡的数量放置 1～3 个饮水器，饲养员用手指轻轻敲击饮水器发出小的响声以吸引雏鸡饮水，也可以抓几只雏鸡将其喙部浸入水盘内，之后放开让它们自己饮水，其他雏鸡会模仿饮水。雏鸡的开水见图 8－2。

图 8－2 雏鸡的开水

初饮之后进入正常的饮水管理。整个生长期间要保证饮水的清洁和充足。育雏的前 3 天可以在饮水中间歇性地加入复合维生素、抗生素、葡萄糖等用于缓解应激，提高抗病力，添加有这些添加剂的饮水应在 2 小时内饮用完，1 天内可以使用 2～3 次，中间都要让雏鸡饮用凉开水或经过消毒处理的井水。

生长期肉种鸡圈内的饮水器容量、数量和放置高度要及时调整，既要保证鸡群的饮水要求，也要注意减少水的抛洒。使用乳头式饮水器是比较理想的，也需要随着鸡只体重和体格的发育逐渐升高其高度。

饮水用具要定期清洗、消毒，保证饮水的卫生。

3. 开食与前期喂饲 雏鸡初饮后就可以开食，雏鸡的饲料一般为干粉状配合料。把少量饲料放在红色的料盘内或硬纸板、塑料布上，并用手轻轻敲击发出响声，就会吸引雏鸡啄食饲料。一旦一个小圈内有几只雏鸡会采食，其他雏鸡在2个小时内基本都能够学会采食。

肉种鸡饲养过程中前2周基本是采用自由采食。第1周可以每天喂饲6～8次，第2周每天喂饲6次。3～4周龄按照规定喂料量喂饲，一般每天喂饲1～2次。

在第1周的饲料中可以添加益生素类制剂以保持雏鸡肠道中良好的微生态环境，有助于减少肠道感染。

4. 断喙 公鸡和母鸡都应该在7～12日龄时进行断喙，因为肉种鸡育成期要采用限制饲养措施，如果不断喙将会发生严重的啄癖，可能造成鸡群出现严重的损失。

断喙应该使用专门的断喙器，当断喙器的刀片呈暗红色时可以进行。母鸡断喙时将上喙切去1/2，下喙切去1/3；公鸡上喙切去1/3，下喙仅将喙尖烧烙一点即可，如果上喙切去太长会影响以后的交配。

鸡群在6周龄前后需要检查喙部生长情况，对喙部不整齐或上喙重新长尖的个体需要修整。生产中断喙处理不好的鸡群经常出现啄死啄伤的现象。

断喙应注意以下具体事项：①避免烧伤舌头，否则将严重影响采食。②断喙时饲料中应添加维生素K，饮水中加电解质，以防应激和出血。③断喙时料盘（槽）中料要加厚，以免鸡喙碰到盘底有痛感而影响采食。④断喙人员应受到良好训练，且不可操之过急，喙留短了影响采食，造成终身残废，留长了又有可能再生长，需要重新断喙。⑤对免疫日或受其他应激影响、鸡体状况不佳的鸡群以及病、弱鸡不进行断喙。⑥断喙时应注意观察鸡群，有创口出血的鸡应抓出重新烧灼止血，以免失血过多引起死亡。⑦种鸡平养时公鸡比母鸡烧灼时间短些。

5. 青年鸡的限制饲养 由于肉种鸡在培育的过程中同样强调其早期生长速度，就形成了早期增重快的遗传特点。肉种鸡进入4周龄之后要采用限制饲养方案，防止鸡体重增加过快、体重过大而影响以后的产蛋性能。

（1）限制饲喂的目的：控制鸡的体重发育，防止超重，使鸡的体重符合该品种标准；控制生殖器官发育，让鸡群适时开产；防止腹部脂肪过度沉积，保证鸡群发育匀称，整齐度高，能提高产蛋率和种蛋受精率；限制饲喂还能提高饲料效率。

（2）限制饲喂的方法：尽管在有关资料中介绍限制饲喂的方法有限量法、限质法和限时法等多种，但是目前在白羽肉种鸡生产中都采用限量法，规定鸡群每天、每周或某个阶段的饲料用量。其应用方式有以下几种。

1）每日限饲：每日喂给一定量的饲料，让鸡群每天都能够在某一时间段内吃饱，在其他时间段内饥饿。这种方法对鸡的应激较小，适用于幼雏转入育成期前（3~6周龄）和育成鸡转入产蛋鸡舍前（20~24周龄）。

2）隔日限饲：把两天的饲料量合在1天中喂给，让鸡群在当天吃饱，次日停饲1天。此法应激大，适用于生长速度快、体重难以控制的阶段，如7~19周龄。

也还有使用五二限饲的，即在一周内把7天的饲料供应量分在5天喂饲，其他2天不喂饲（停饲），停饲的2天要分隔开，即喂饲3天停饲1天，再喂饲2天停饲1天。

（3）限饲程序：要想获得最佳效果，饲养管理人员必须对几种限饲方式灵活运用。一般开产之前，使限饲程度随鸡龄提高而逐步放宽，以利于正常开产。表8-3是白羽肉种鸡常用限饲程序推荐表，仅供参考。

表8-3　白羽肉种鸡常用限饲程序推荐（母鸡）

周龄	饲料种类	限饲程序
0~3	育雏料	自由采食
4~6	育成料	每日限饲或五二限饲
7~17	育成料	隔日限饲
18~20	产前料	隔日限饲或五二限饲
21~24	产前料	每日限饲

限饲期间在喂料日要把所有的饲料一次性加入到喂料设备中，让所有的鸡在喂料后的一段时间内都能够吃饱，这是保证均匀采食的重要措施。

（4）限饲鸡群的管理：

1）限饲前的分群：3周龄末（限制饲养开始前），通过对鸡群的目测和逐只称重，按体重将其分成大、中、小三种类群，通常体重偏大和偏小的各占约15%，体重中等的约占70%。如果鸡群整齐度很高，不必全群逐只称重，只需做个别调整即可。一般每类群中的鸡只可以分为若干个小圈，每个小圈饲养100~200只鸡；要使每个圈内鸡只的数量相同，可以使最后一个小圈内鸡只的数量少一些。分群的同时将过度瘦弱、体质差、性别鉴别错误的鸡淘汰。

2）每个小圈前悬挂记录表：记录表上要显示每天圈内鸡的周龄（或日龄）、鸡的数量、计划喂料量、实际喂料量、本周的标准体重、实际称重结果等。因为实际喂料量会因为鸡群的实际体重大小而有所调整。育成期肉种鸡限饲每周记录见表 8－4。

表 8－4　育成期肉种鸡限饲每周记录表

周龄＿＿＿＿＿＿　品系＿＿＿＿＿＿　进雏日期＿＿＿＿＿＿　圈号＿＿＿＿＿＿

日期	日龄	鸡只数量	标准体重	实际体重	计划喂料量	实际喂料量	备注

3）确定给料量：应根据体重标准，每周称重情况、季节、饲料的营养水平、鸡群状况等因素综合考虑，其最终目的是通过调整喂料量，达到规定的体重标准。

第 4 周可以按照育种公司提供的体重和喂料量参考标准执行，周末根据体重测定结果决定第 5 周的喂料量，同样要根据第 5 周末的体重测定结果决定第 6 周的喂料量。表 8－5 和表 8－6 是 AA 育种公司提供的父母代肉种公母鸡体重和饲喂量参考数值。

表 8－5　爱拔益加肉用种母鸡体重和限饲程序

周龄	体重/克		饲喂料量/（克/只）			喂料量/（克/只）	
	体重	周增重	每日	隔日限饲	五二限饲	每周	累计
1	91		24	自由采食	自由采食	168	168
2	180	89	26	自由采食	自由采食	182	350
3	318	138	28	56		196	546
4	409	91	31	62		217	763
5	449	90	34	68		238	1 001
6	590	91	37	74	52	259	1 260
7	681	91	40	80	56	280	1 540
8	772	91	43	86	60	301	1 841

续表

周龄	体重/克		饲喂料量/（克/只）			喂料量/（克/只）	
	体重	周增重	每日	隔日限饲	五二限饲	每周	累计
9	863	91	46	92	64	322	2 163
10	953	90	49	98	69	343	2 506
11	1 044	91	52	104	73	364	2 870
12	1 135	91	56	112	78	392	3 262
13	1 249	14	61	122	85	427	3 689
14	1 362	113	66	132	92	462	4 151
15	1 476	114	71	142	99	497	4 648
16	1 589	113	76	152	106	532	5 180
17	1 703	114	82	164	115	574	5 754
18	1 816	113	88	176	123	616	6 370
19	1 930	114	94	188	132	658	7 028
20	2 043	113	100	200	140	700	7 728
21	2 202	159	105	210	147	735	8 463
22	2 361	159	112	224	157	784	9 247
23	2 520	159	122	244	171	854	10 101
24	2 679	159	132			924	11 025
25	2 838	159	142			994	12 019
26	2 951	113	152			1 064	13 083
27	3 042	91	160			1 120	14 203
28	3 133	91	160			1 120	15 323
29	3 201	68	160			1 120	16 443
30	3 246	45	160			1 120	17 563
31	3 254	8	160			1 120	18 683
32	3 262	8	160			1 120	19 803
33	3 270	8	160			1 120	20 923
34	3 279	9	160			1 120	22 043
35	3 287	8	159			1 113	23 156
36	3 295	8	159			1 113	24 269
46	3 377		154			1 078	35 189
56	3 458		149			1 043	45 159
66	3 540		144			1 008	55 979

表8－6　爱拔益加肉用种公鸡体重和限饲程序

周龄	体重/克		饲喂料量/（克/只）			喂料量/（克/只）	
	体重	周增重	每日	隔日限饲	五二限饲	每周	累计
1	135		25	自由采食	自由采食	175	175
2	300	165	32	自由采食	自由采食	224	399
3	490	190	40	自由采食	自由采食	280	679
4	715	225	48	自由采食	自由采食	336	1 015
5	815	100	53	106		371	1 386
6	915	100	54	108	95	378	1 764
7	1 015	100	55	110	96	385	2 149
8	1 125	110	56	112	98	392	2 541
9	1 245	120	57	114	100	399	2 940
10	1 365	120	59	118	103	413	3 353
11	1 495	130	61	122	107	427	3 780
12	1 625	130	63	126	110	441	4 221
13	1 760	135	65	130	114	455	4 676
14	1 895	135	68	136	119	476	5 152
15	2 030	135	71	142	124	497	5 649
16	2 170	140	74		130	518	6 167
17	2 310	140	77		135	539	6 706
18	2 455	145	80		140	560	7 266
19	2 605	150	85			595	7 861
20	2 760	155	90			630	8 491
21	2 930	170	96			672	9 163
22	3 105	175	102			714	9 877
23	3 285	180	108			756	10 633
24	3 465	180	116			812	11 445
25	3 650	185	125			875	12 320
26	3 795	145	133			931	13 251
27	3 951	120	133			931	14 182

续表

周龄	体重/克		饲喂料量/（克/只）			喂料量/（克/只）	
	体重	周增重	每日	隔日限饲	五二限饲	每周	累计
28	4 030	115	133			931	15 113
29	4 210	90	133			931	16 044
30	4 180	60	134			938	16 982
31	4 195	15	134			938	17 920
32	4 210	15	134			938	18 858
33	4 225	15	134			938	19 796
34	4 240	15	135			450	20 741
35	4 225	15	135			945	21 686
36	4 270	15	135			945	22 631
46	4 420	15	138			966	32 186
56	4 520	10	140			980	41 916
66	4 620	10	142			994	51 814

4）定期称重和调群：限饲的基本根据是各周龄末的实际体重，从4周龄起，每周末在鸡群空腹时随机抽样测定体重一次，算出平均体重，作为限饲的根据。一般要求生长期抽测每栏鸡数的5%～10%。平养鸡群采用对角线取样法，用铁丝网把一定数量的鸡围起来，逐只称重。每日限饲时在下午称重；隔日饲喂时，在周末上午10时前空腹称重，称量准确。饲养者要根据每周称重结果及日常观察，随时调整鸡群，将体重接近的鸡调到同一群，再具体实施增减料计划。

5）调整喂料量：根据标准体重和实测的鸡群体重确定给料量，如低于标准体重，可适当增加料量，如体重超出标准，可暂停增加料量，但不能减量，直到与标准体重一致以后再增加料量。一般情况下，料量的增加要根据体重的增长变化，4～15周龄每周增重约100克，每日料量增加3～5克/只；15～20周龄每周增重约135克，每日料量增加6～7克/只；21～25周龄，仍保持每周增重135克。20周龄前每次增加料量的幅度一般不超过8克。

预计投给鸡群一天的饲料，要一次性投喂。此外给料量的确定要考虑鸡舍温度、鸡的健康状况及所用饲料的能量水平等，例如冬季舍温低时多喂些，夏季舍温高时少喂些。

6. 提高鸡群均匀度 鸡群均匀度不仅包括体重的整齐度，还包括骨骼和性成熟的整齐度。它是肉种鸡育成期一个很重要的技术指标，均匀度的高低既能检验育成期限饲的效果，又能预测鸡群的生产性能。均匀度高的鸡群，开产一致，产蛋高峰突出而持久，累积产蛋数、种蛋合格率高。一般 20 周龄左右，体重均匀度平养应达 80% 以上。

体重均匀度的计算办法是：所测定体重的鸡群内，在标准体亘 10% 变动范围内的个体所占比例。

（1）严格的防疫卫生制度、科学的免疫程序：雏鸡进场前，根据具体情况制定科学而合理的免疫程序，做好各种卫生防疫消毒工作。雏鸡到汤就进行严格的隔离饲养，即封闭式育雏，以使鸡群不发病或少发病。如果没有这一措施，或者措施不严，鸡群一旦感染疾病，即使没有死亡，也会带来个体大小不一，因此，实行严格的卫生防疫措施是提高鸡群均匀度的前提与保证。

（2）合理分群和调群、及时调整喂料量：每周通过称重将体重适中小群（M 群）内的体重偏大的个体调到体重偏大的群（H 群）内，把体重偏小的个体调到体重偏小的群（L 群）内；把体重偏大群（H 群）内体重偏小的个体调到体重适中小群（M 群）内；把体重偏小群（L 群）内体重偏大的个体调到体重适中小群（M 群）内。体重适中小群（M 群）的喂料量按标准执行，体重偏小的群（L 群）喂料量要适当增加，体重偏大群（H 群）则减少喂料量或不增加喂料量。工作流程如图 8 －3 所示。

每次调群后及时调整喂料量。生产中最好能够保持每个小圈内鸡只数量的稳定。

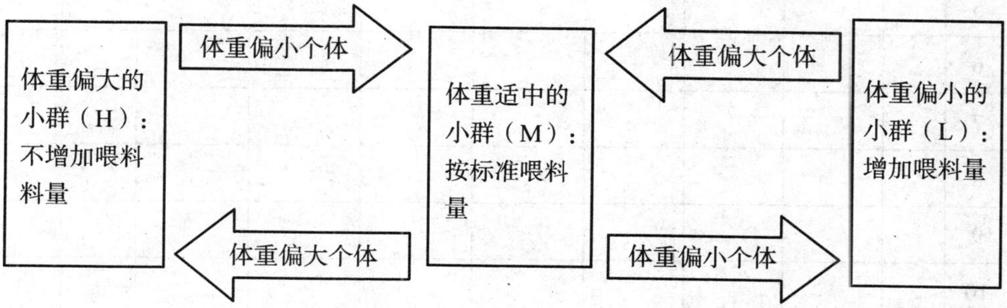

图 8 －3　青年期肉种鸡调群和喂料控制示意

（3）保证同群内的鸡均匀采食：主要通过以下几方面的措施来落实。

1）适宜的饲养密度及足够的采食、饮水位置：鸡群饲养密度的高低，采食、饮水位置的多少，对均匀度的影响较大。饲养密度要根据鸡舍和设备配置情况来决定，饲养密度不可过高，料位、水位要充足，每次喂料后每只鸡都能够同时采食，给鸡群提供适宜的生存空间。

2）保证快速投料：每个小圈分别喂饲，无论采取何种方法喂料，应在 3 分钟内将饲料均匀地撒满料槽或料桶，尽可能地使同圈的鸡在同一时间吃到饲料。

7. 育成期公母分饲 由于公、母鸡的采食速度和喂料量有所不同，所以在育成期公母应分开饲养，这不但有利于提高母鸡的均匀度，而且也有利于提高公鸡的均匀度，减少公鸡腿脚病发生率。

从入雏开始，公、母鸡分别饲养于不同小圈内。

8. 转群 青年肉种鸡饲养到18～20周龄时从青年鸡舍转入到成年鸡舍。转群时要注意应先将公鸡提前4～5天转入成年鸡舍，使其熟悉公鸡料桶和占有环境优势，再转入母鸡。也有在16周龄前后转群的，公、母鸡混群同样需要在19～20周龄进行。

转群前将成年鸡舍准备好，所有设备要经过检修和调试，鸡舍要经过消毒。

9. 做好生产记录 青年肉种鸡饲养过程中要及时填写记录表，参见表8－7。

表8－7 肉种鸡育成期饲养管理记录表

品种＿＿＿＿ 品系＿＿＿＿ 代次＿＿＿＿ 鸡舍号＿＿＿＿ 圈栏编号＿＿＿＿

周龄	日期	鸡只数量/只			体重/克		喂料量/克		卫生防疫事项	备注
		鸡只实有数量	死淘数	转入或转出	周末标准体重	实际体重	本周标准喂料量	本周实际喂料量		
4										
5										
6										
7										
8										
9										
10										
11										
12										
13										
14										
15										
16										

续表

周龄	日期	鸡只数量/只			体重/克		喂料量/克		卫生防疫事项	备注
		鸡只实有数量	死淘数	转入或转出	周末标准体重	实际体重	本周标准喂料量	本周实际喂料量		
17										
18										
19										
20										
21										
22										
23										
24										
25										

10. 搞好卫生防疫管理　在生长期的最初3周，鸡的抗病力差，容易被感染，5周后采用限饲方式，是一种人为的应激，也影响鸡群的免疫力。因此，在此期间必须加强卫生防疫管理工作，确保鸡群的健康。

（1）加强消毒管理：每周至少对鸡舍内外喷洒消毒剂2次，饮水消毒要根据具体情况安排。饲喂和饮水用具每周清洗消毒2次。工作人员进入鸡舍前需要消毒并更换经过消毒处理的衣服。鸡舍进风口处每天消毒2次，减少进入鸡舍空气中微生物的含量；排风口外每天消毒1～2次，将从舍内随空气排出的微生物及时杀灭。

（2）及时接种疫苗：目前在肉种鸡生产中常见的病毒性传染病，必须通过接种疫苗进行预防。一般的育种公司都会提供该公司推荐的免疫程序，不同育种公司的免疫程序大同小异。在应用时需要根据当地鸡病流行情况，向专业兽医师进行咨询，确定本场鸡群的免疫程序。

（3）合理使用抗生素和抗球虫药物：第1周、第4周分别使用抗生素和抗球虫药物预防鸡白痢和球虫病的发生。

（4）保持鸡舍内的清洁卫生：每天必须清扫鸡舍，注意地面、网床、墙壁、屋顶的清洁；喂料和饮水设备及时清理；垃圾及时清除以保持舍内良好的卫生。

（5）合理处理病、死鸡：每天观察鸡群情况，发现病、死鸡及时拣出检查。

需要剖检的病、死鸡应由兽医在特定地方解剖，剖检后的尸体需要经消毒后焚烧或深埋处理。

二、繁殖期的饲养管理

（一）预产期的饲养管理

肉种鸡预产期是指 19～24 周龄，这是从发育到成熟的生理转折时期。此期间的饲养管理首先要对体成熟和性成熟做出正确的估测，然后制订一个合理的增重、增料、增光计划，使之与产蛋期的管理相衔接。

1. 体成熟和性成熟的估测 种母鸡进入预产期后，体增重和性腺发育处于最旺盛的阶段，为即将开产做机体上的准备，此时鸡只的外貌特征发生较大变化（如鸡冠的大小、面部的颜色、公鸡特征性羽毛的形成等），利用这些变化可正确估测其生殖器官发育情况，以便实行加光和增料计划。体成熟程度可由体重、胸肌发育和主翼羽蜕换三方面综合评定。

（1）体重：体重是体成熟程度的重要标志，育成期体重应符合要求，如果前期体重超出标准，预测开产体重应比标准体重高一些。另外，应考虑生长期所处的季节不同，顺季（8 月至翌年 2 月出壳的雏鸡）鸡群开产体重轻一些，而逆季（3～7 月出壳的雏鸡）则重一些。

（2）胸肌发育：肌肉发育状况以胸肌为代表，19 周龄时用手触摸鸡的胸部，胸肌应由育成期的 V 形发育成 U 形，但不应过肥。

（3）主翼羽蜕换：有关换羽研究表明，20 周龄左右的鸡主翼羽停止蜕换，此时虽有 2～3 根尚未更换，但会因性激素分泌量的增加而终止。如果主翼羽蜕换根数少，说明鸡的体成熟和性成熟时间将会延迟。

（4）性成熟：母鸡产下第一个蛋表明生殖系统发育成熟，开产前特征为冠和肉垂开始变大、变厚、红润、耻骨开张，此时只要鸡群中绝大多数个体有此表现明显，即表明鸡群已处于临产状态。

2. 饲养管理

（1）增重计划：20～24 周龄鸡的体重增量最大。预产期要根据实际情况调节鸡体增重，将发育正常或超重鸡群每周增重控制在 160 克之内，发育不良的调至 160 克以上。为便于控制体重，此时可把低于标准体重的鸡挑出，单独饲养管理。

（2）增料计划：从 20 周龄起，限饲的同时，将生长料换成预产料（Ca 为 2%，其他成分同产蛋料）。每天喂料量随之增加，此时应改用每天限饲方式，保持体内代谢的稳定性，减轻限料造成的应激。注意加料不能操之过急，此阶段的超量饲喂，将直接导致种母鸡子宫结构异常、体重超标、种蛋品质差、孵化率低，同时造成双黄蛋的比例高及由于腹膜炎或脱肛引起的死亡率增加等。产蛋率达到5%以前，每周加料2～3次，每次不超过3克；产蛋率达到5%以后，要每天加料，直到达到产蛋高峰。24周更换为产蛋料。

（3）增光计划：肉种鸡增加光照刺激一般提早到产蛋前一个月进行，于19周龄或20周龄转入增光刺激阶段。增光刺激与成熟体重的一致性，是实施增光措施的基本要求。过早加光会使鸡体失去对光照刺激的敏感性，导致延迟开产。如果鸡群出现体成熟推迟或性成熟提前时，应推迟1～2周进行增光刺激，而在性成熟和体成熟同步提前的鸡群，则应提前增加光照刺激。另外，开放式鸡舍饲养的肉种鸡，一般逆季生长鸡群提早增光刺激，防止开产过迟；顺季生长鸡群则应推迟1～2周，以防止开产过早。

（4）管理要点：20周龄将育成鸡转入产蛋舍，并注意饲养密度的调整、产蛋箱的放置与料槽位置的确定。母鸡在23～25周龄临产阶段，常表现出高度神经质，极易惊群造成异常蛋增加，严重者产蛋率下降。因此尽量减少各种应激，一些必须进行的操作，如接种疫苗、抗体监测、选择淘汰、清点鸡数等应在此之前完成。

（5）公母混群：21周龄时将公鸡按照公母1∶10的比例放入母鸡圈内，使彼此在开产之前熟悉，有利于保证其后产蛋率的上升和提高种蛋受精率。

（6）产蛋箱管理：在23周龄鸡群见蛋之际要在产蛋窝内铺上柔软的垫料，以吸引鸡只进窝产蛋。

（二）繁殖期肉种鸡的饲养管理

肉种鸡通常在24周龄进入繁殖期，生产中鸡群在23周龄就已经见蛋，24周龄的产蛋率能够达到10%左右。此后，产蛋率每周以10%以上的速度递增，通常在28周龄前后产蛋率能够达到80%左右。

产蛋期肉种鸡的饲养管理和卫生防疫要围绕提高产蛋率、种蛋合格率、种蛋受精率、种鸡成活率和饲料效率来开展。

1. 饲养管理设备要求标准　与育成阶段相似，在环境控制全密闭舍内产蛋鸡群容易管理。然而产蛋期在开放式鸡舍饲养照样能取得良好的生产成绩，只要采取必要的措施，例如：屋顶增加隔热层，寒冷季节能取暖，强制通风，直到安装并在热天启用降温系统（湿帘、喷雾系统）。

产蛋期间鸡群的饲养密度和设备要求见表8－8。

为防止公鸡偷吃母鸡饲料，应在母鸡饲喂系统上安装格栅，但此网格一定要适于所饲养种群的母鸡形体特性。少数几处无法安装格栅的弯角等必须封闭。公鸡用的料桶需要悬挂，其底盘与地面或网床之间的距离应调整到母鸡无法吃到其中的饲料，而又不影响公鸡采食。

表8－8　产蛋期的饲养密度和设备要求

	温和气候		炎热气候
	全部平养或20%棚架	1/2垫料＋1/2棚架	
饲养密度(以实际可利用面积计算)	5只母鸡/米^2	5.5只母鸡/米^2	4只母鸡/米^2
饲喂器	15厘米/母鸡	15厘米/母鸡	15厘米/母鸡
链式	7.5米/100只母鸡	7.5米/100只母鸡	7.5米/100只母鸡
盘式(直径35厘米)	12只母鸡/盘	12只母鸡/盘	12只母鸡/盘
饮水器			
钟形	80只母鸡/个	80只母鸡/个	70只母鸡/个
乳头	6～8只母鸡/个	6～8只母鸡/个	6只母鸡/个
上料时间	4分钟	4分钟	4分钟
产蛋窝	4只母鸡/个	4只母鸡/个	4只母鸡/个
通风量	5米^3/(千克活重·时)	5米^3/(千克活重·时)	80米^3/(千克活重·时)
最大光照强度	60勒克斯	60勒克斯	60勒克斯

注：棚架面积通常无需超过50%的鸡舍平面空间。通风良好且设施优良的鸡舍内，20%的板条空间就足够了。饮水器应置于棚架上。

2. 体重和均匀度　用与育成期相同的方法进行体重监控，称重要求如下：每周称重1次直至35周龄（开始产蛋到产蛋高峰期间一周称重2次），以后至少每3～4周称重1次。较理想的是继续每周称重，直到鸡群淘汰。

（1）从转群至产蛋高峰：鸡只过肥不利于后期产蛋，为防止鸡只过肥，见蛋之前应该严格地按体重来决定用料量。当鸡群每天产蛋率达到5%～10%时，考虑到要让产蛋率和蛋重取得良好的增长，建议快速增加用料量。这种饲养管理方法能让鸡群获得产蛋高峰，同时取得理想的体重（从20周直到28周时产蛋高峰，母鸡体重应增长1.1～1.2千克）。

（2）产蛋高峰后：在产蛋高峰后至鸡群淘汰期间，鸡群体重的良好管理可以在产蛋和孵化方面获得持久良好表现。尽量让鸡群以平稳的生长曲线达到最终的体重（32周到产蛋结束，每周增重10克）。从开始产蛋到产蛋高峰期间汇集的鸡群信息有助于决定高峰后采用何种减料速度。必须在产蛋高峰后的第1周就开始减少喂料量，根据以下情况确定具体的减料量：产蛋率、产蛋重、体重、鸡舍温度、采食时间。喂料量可以参考表8－5中有关数据。

（3）分群：种鸡繁殖期建议采用小群管理，每个小群安置200只左右的母鸡和20～24只种公鸡。小群管理有利于体重控制，也有助于通过个体调整使每个小群内的个体体重接近。

3. 喂饲管理

(1) 沙石和谷物：谷物，3～5克/（羽·天）；不溶性沙石，3克/（羽·次），1～2次/周。应在下午3～4时把谷物或沙石撒在垫料上，以刺激公母交配及翻刨垫料。

(2) 见蛋到产蛋高峰：母鸡开始产蛋后，用一周的时间来过渡到产蛋料及每天喂料程序。如果鸡群的均匀度好，应该在日产蛋率达到5%时就可依据《父母代种鸡群生产手册》来确定增加用料。

鸡群的性成熟及体重的均匀度将决定加料的速度。鸡群的均匀度越好，日产蛋率会增加越快。对于均匀度好的鸡群来讲，可在日产蛋率达40%时就给予高峰料。对于均匀度差的鸡群，在日产蛋率达50%时才给予高峰料。

繁殖期间鸡群每天喂料两次，通常在早晨开灯半小时后，开始第1次喂料。在夜间禁食后，第2天早上投料后快速地满足鸡群的食欲有助于防止出现母鸡产地面蛋。剩余的饲料可在当天的产蛋高峰过后再投放，即第2次喂料可以在熄灯前3小时投放。如果采用这种喂料方法，要注意确保最后一顿的饲料量能足以均匀地分布到整个喂料系统中。

如果为了减少鸡群出现过长的连续采食时间，或者是为了提高鸡群在下午的活动性能来增进交配，分料饲喂的技术是有效的。例如，在炎热的气候条件下，效果就很显著。

(3) 产蛋高峰期过后到产蛋结束：产蛋高峰过后，必须限制鸡群的体重增长，因为这时增长的体重实质上来自腹部脂肪的沉积。因此，产蛋高峰后应该及时地减少喂料量。最高的每只每天用料量可维持到产蛋高峰为止。随后，直至产蛋期结束，逐渐减少用料量。在产蛋高峰后的那一周就可以首次减料（减少量按每天每只2克或3克）。接下去，根据产蛋率、产蛋重以及体重来减少喂料量（按0.5～1克/只的幅度逐周递减）。有时，为了控制鸡群出现肥胖的危险，产蛋高峰后的3～4周，需要以每周减少2克/只的顺序来较大幅度地减料。

对产蛋高峰差的鸡群（低于80%），加高峰料以外的额外饲料（测试料），不仅不会提高产蛋水平，反而更有可能诱发肥胖，影响产蛋的持续性。

每周监控鸡群的体重，直至鸡群淘汰。产蛋期结束时获得的体重应该尽可能地遵循平稳的增重（从32周龄开始直至产蛋期结束，每周增重约10克）。任何过多的突发性的增长可能导致不必要的肥胖。相反，体重长时间停滞不前，则会影响产蛋。

4. 饮水管理标准

(1) 水质：由于缺少畜禽饮水的卫生标准，多数情况下采用人的饮用水卫生标准作为家禽的卫生标准。在各种情况下，饮用水中不应该有沙门菌和致病性微生物。

在饮水中盐分含量很高的地区，可适当降低饲料中的含盐量，但同时要保证不出现盐分的缺乏。在水质硬度非常高的地区，使用水质软化剂或离子交换剂，能导致钠离子水平的显著升高。水质中过高的钠离子水平，可能使鸡群排水样粪便，蛋壳质量下降，甚至是出现某些产蛋问题的原因。

（2）水质的监控：饮水水质必须定期地在一个可靠的实验室中进行细菌学和化学检测。实验室监测结果的价值取决于何时、何处（饮水进入鸡舍处或饮水管道末端）以及如何采集水样。为了排除错误的结果，最好是用打火机或喷灯对取水点及周围（如水龙头）进行加热灭菌，然后放掉大约 10 升水后再取水样。水质应定期分析，如果是井水，一年至少两次。

（3）鸡群淘汰后清洁饮水管道：在鸡群一个生产周期中，饮水管道内积存的矿物质和有机物为细菌的生长创造了有利的条件，同时会降低氯的活性。因此在鸡群淘汰后，马上给饮水管道除污是很重要的。最好的办法是相继用碱性和酸性的产品溶解到水中，让其在水管内停留 2 小时之后用清水冲洗；酸性和碱性除垢剂要间隔使用，中间要用清水将残留的除垢剂洗掉才可以用另一种除垢剂；使用除垢剂清洁饮水管道后要使用消毒剂再次对水管消毒。在下一批鸡群抵达前，应在饮水管道的末端采水样进行细菌学检测，以判定清洁效果。

（4）饮用水的处理：氯化处理仍然是现行的最好的和最经济的饮用水处理方法。氯制剂可以通过定量泵加入。为了取得满意的消毒效果，水和氯制剂间需要 15 ~ 30 分钟的接触时间。每周要在饮水管道的末端监测残余活性氯的水平 1 次，在饮水管道的末端残余活性氯的含量应该为 0.3 ~ 0.4 毫克/升。水中的有效氯以两种不同的形式存在，即次氯酸和次氯酸盐，而这两种形式的有效氯的杀菌活性差异很大：次氯酸的活性是次氯酸盐的 120 倍。水中活性氯这两种形式的比例取决于水的 pH 值。pH 值越低，次氯酸形式的比例越高。所以要取得良好的饮水消毒效果，应该将水的 pH 值保持在 7 以下。在水管进入鸡舍后要在管线上安装过滤器，以清除水中的杂质。

（5）清洁饮水器：饮水器中的水经常被残留的饲料污染，有时甚至会滋生具有传染性的病原菌。为了防止细菌的滋生繁殖，饮水器在最初 2 周应该至少每天清洁 1 次，随后每周 1 次。天气炎热时，每天清洁 1 次，水位至少应有 15 毫米。

（6）控制饮水量：为了避免鸡只过量饮水和由此而产生垫料潮湿，在培育期通常有必要对种鸡限水。在实际操作时，在上料前约半小时开始供水，并且吃完料后，必须继续供水 1 ~ 2 小时。建议在每天熄灯前 30 ~ 45 分钟再提供一次饮水。如果喂料计划中鸡群只在一周的某些天喂料，在停料日保持同样的供水方式。当气温升高时或鸡群表现出过分干渴行为时，应立即放缓对鸡群饮水限制。最好能为每栋鸡舍配备一个准确的水表来记录每天的饮水量。在温和气候条件下，种鸡的饮水量大约是采食量的 1.6 倍。

5. 环境管理　肉种鸡的生产成本比较高，生产中要加强环境管理以保证鸡群的健康与高产。生产中常见的健康与繁殖问题常常与鸡舍环境质量有关。

（1）温度管理：肉种鸡适宜的环境温度为 13～23 ℃，超出这个范围则会影响其生产性能，实际温度与此范围偏离的幅度越大则负面影响也越大。夏季做好防暑降温对于肉种鸡尤其重要，因为肉鸡体重大、耐热性差，更容易发生热应激；采用湿帘降温和纵向通风系统是比较理想的措施。冬季采用热风炉对鸡舍进行供温和通风是解决冬季保温与通风这对矛盾的最有效措施。

（2）控制湿度：鸡舍内湿度高会使垫料潮湿，影响鸡舍内的空气质量和鸡体羽毛的清洁度，不利于健康，也容易造成种蛋的污染。防止湿度偏高主要的措施是合理通风、防止饮水器漏水、鸡舍排水系统设计合理、及时清粪等。

（3）光照管理：从 20 或 21 周龄开始增加光照时间，每周递增幅度为 0.7～1 小时，到 28 周龄时每天的光照时间达到 16 小时，以后保持稳定。每天开灯和关灯的时间要相对固定。光照强度以饲养员能够清楚地观察到鸡群状态、饲料和垫料情况为准，不要求光线过强。

（4）通风换气：注意平时的通风，尤其关注冬季寒冷时期的通风。保证饲养员进入鸡舍内没有刺鼻、刺眼等不适感受。常温和高温季节的通风换气没有大的问题，问题容易发生在低温季节，冬季通风要防止冷风直接吹到鸡身上，这是冬季通风管理的关键。

（5）饲养密度：按照每平方米饲养 5 只鸡的密度控制。饲养密度过大会严重影响鸡群的健康和生产性能。

（6）减少外界因素的影响：禁止非生产人员、飞鸟、老鼠、猫、狗等进入鸡舍；鸡舍周围尽量保持安静，减少噪声。

6. 减少窝外蛋　窝外蛋是指种鸡产在产蛋窝之外的蛋，窝外蛋不利于保证种蛋质量：一是减少合格种蛋数，二是增加其他种蛋被污染的可能性，三是增加了额外工作量。地面蛋和不清洁的产蛋箱内的种蛋会降低雏鸡质量。减少窝外蛋应从以下几方面采取措施。

（1）母鸡行为：母鸡产蛋时输卵管外翻，这使它们特别易于受到攻击。所以它们必须选择在一个它们自身和种蛋免受攻击的地方产蛋。如果产蛋箱不舒适或不足，一部分母鸡将选择在鸡舍内别的地方产蛋，如在喂料器和饮水器下、靠墙边、棚架上等。一旦养成这种习惯将很难根除，并且其他母鸡还将模仿。因此，为母鸡提供数量充足的、设计合理的、放置位置恰当的产蛋箱相当重要。

公鸡能影响母鸡的产蛋行为。在开产时，公鸡经常有侵略性行为。根据产蛋箱的不同位置和方向，公鸡常干扰母鸡进入产蛋箱。因此，仔细观察鸡群的行为很重要；如有必要可减少公鸡的数量。

（2）产蛋箱的数量：通常应为每4只母鸡配备一个人工的个体产蛋窝，可为35至40只母鸡提供1米长的自动共用产蛋箱。产蛋窝不足常常会造成母鸡争窝而将蛋产在窝外。

（3）产蛋箱的设计：一般有两种类型的产蛋箱：加入秸秆、刨花、稻壳的人工收集种蛋的个体产蛋箱和配备自动传送带集蛋的共用自动产蛋箱。产蛋箱常见的是2层，在底层排两根厚木条，上层排一根厚木条，上下层的栖息条必须相隔一定的距离让母鸡能上下跳跃。在育成期鸡舍内放置必要的栖息设备能更好地训练母鸡的栖息和跳跃行为。

建议为人工产蛋箱配备关闭装置，或为自动产蛋箱配置驱逐装置，这样可避免产蛋箱在夜间受到鸡粪污染。为了避免出现地面蛋，产蛋箱必须离垫料足够高（至少50厘米）。同时鸡舍内灯泡的排列应尽可能地减少产蛋箱下产生的阴影。

（4）鸡舍内产蛋箱的位置：在选择摆放产蛋箱的位置时，应考虑母鸡产蛋时的舒适性和安全性。避免把产蛋箱置于较冷的墙边、通风处和光照强的地方，同时应保证母鸡上下栖息条和进出产蛋箱的方便。如使用共用的自动产蛋箱，产蛋箱应放在木架上，而不是垫料上。当地面蛋的比例较高时，可将产蛋箱直接在垫料上放置数周，然后再恢复正常的高度。当向成年鸡舍转群时，地面垫料不宜放置太厚（母鸡会认为这种厚垫料区更适合产蛋），这样可以减少地面蛋。

（5）产蛋箱内的材料：对母鸡有吸引力的产蛋箱垫料是一项重要因素。避免采用比地面垫料差的材料。切断的麦秸比刨花好，最好不用干草。在自动产蛋箱内通常使用塑料垫子，效果不错。在塑料垫子和收集种蛋的传送带之间应有足够的空间让鸡粪干燥后脱落。在鸡群即将开产前开放产蛋箱和添加填充材料，能充分发掘母鸡在此生理期间活跃的探究心理。这种变化与活动将更加激发母鸡在此关键时期对产蛋箱的好奇心。刚开始时，产蛋箱内留置一部分鸡蛋有助于更多的母鸡在产蛋箱内产蛋。一次性在产蛋箱内加入太多材料不可取，应定期补充。

（6）喂料和饮水：必须能让母鸡产蛋前采食和饮水。管理不当或设备不足可导致母鸡在安排采食、饮水、产蛋等各项活动时在时间上产生冲突，从而导致地面蛋增多。当限水太严或水位太低时，鸡群在水源周围相互拥挤浪费时间，并耽搁部分母鸡及时进入产蛋箱产蛋。同样，必须让母鸡在早上有一定的采食时间，吃饱后产蛋。实际操作时，常在开灯30～60分钟后开始投料。开灯后5～6小时喂料也行，此时大部分的母鸡已经完成产蛋。

（7）收集窝外蛋：刚开产时，频繁地收集窝外蛋很重要，从上午8时到下午6时每小时收拣1次，否则其他母鸡就会接着在原地产蛋。在此期间，饲养员注意观察产窝外蛋的母鸡，并把它们抓回产蛋箱里产蛋。这些动作应尽可能地平和，不要打扰已在产蛋箱内的母鸡。

7. 评价生产效果　在种鸡生产过程中及时把实际生产性能与生产标准相对照，看鸡群的实际生产性能是否达到标准要求，如果达不到则要及时查找问题的根源并采取解决措施。表 8－9 是 AA 父母代肉种鸡产蛋性能参考标准，可以在生产中作为参照，以了解自己鸡群的生产性能是否正常。

表 8－9　AA 父母代肉种鸡产蛋性能参考标准（常规系）

周龄	产蛋周	产蛋					孵化率/提供雏鸡数		
		饲养日产蛋率/%	入舍母鸡累积产蛋/枚	平均蛋重/克	入舍母鸡产合格蛋/枚	入舍母鸡累计产合格蛋/枚	入孵蛋孵化率/%	入舍母鸡周产雏鸡/只	累积入舍母鸡产雏/只
25	1	5	—	—	—	—	—	—	—
26	2	20	2	51.3	0.3	—	75	0.2	—
27	3	38	4	53.5	1.1	1	78	0.9	1
28	4	55	8	54.3	2.6	4	82	2.1	3
29	5	74	13	56.7	4.5	9	84	3.8	7
30	6	82	19	57.3	5.2	14	86	4.5	12
31	7	85	25	57.9	5.7	19	88	5.0	17
32	8	86	31	58.5	5.7	25	90	5.2	22
33	9	85	37	59.1	5.7	31	90	5.1	27
34	10	85	42	59.7	5.6	37	91	5.1	32
35	11	84	48	60.3	5.6	42	91	5.1	37
36	12	84	54	60.9	5.6	48	90	5.0	42
37	13	83	60	61.5	5.5	53	90	4.9	47
38	14	83	65	62.1	5.5	59	90	4.9	52
39	15	82	71	62.7	5.4	64	89	4.8	57
40	16	81	76	63.3	5.3	69	89	4.7	61
41	17	80	82	63.8	5.2	74	89	4.6	66
42	18	79	87	64.3	5.1	80	88	4.5	71
43	19	78	92	64.8	5.1	85	88	4.5	75
44	20	77	97	65.3	5.0	90	88	4.4	79
45	21	76	102	65.7	4.9	95	88	4.3	84
46	22	75	107	66.1	4.8	99	87	4.2	88
47	23	74	112	66.5	4.8	104	87	4.1	92
48	24	73	117	66.9	4.7	109	87	4.1	96
49	25	72	122	67.3	4.6	113	86	4.0	100
50	26	71	126	67.7	4.5	118	86	3.9	104

续表

周龄	产蛋周	产蛋					孵化率/提供雏鸡数		
		饲养日产蛋率/%	入舍母鸡累积产蛋/枚	平均蛋重/克	入舍母鸡产合格蛋/枚	入舍母鸡累计产合格蛋/枚	入孵蛋孵化率/%	入舍母鸡周产雏鸡/只	累积入舍母鸡产雏/只
51	27	70	131	68.1	4.4	122	85	3.8	108
52	28	69	135	68.4	4.4	127	85	3.7	111
53	29	68	140	68.7	4.3	131	84	3.6	115
54	30	67	144	69.0	4.2	135	84	3.5	119
55	31	66	148	69.3	4.2	139	83	3.4	122
56	32	65	153	69.5	4.1	143	82	3.3	125
57	33	64	157	69.7	4.0	147	82	3.3	129
58	34	63	161	69.9	3.9	151	81	3.2	132
59	35	62	165	70.1	3.9	155	81	3.1	135
60	36	62	169	70.3	3.8	159	80	3.1	138
61	37	61	173	70.5	3.8	163	80	3.0	141
62	38	60	176	70.7	3.7	166	79	2.9	144
63	39	59	180	70.9	3.6	170	79	2.9	147
64	40	58	184	71.1	3.6	174	78	2.8	150
65	41	57	187	71.2	3.5	177	77	2.7	152
66	42	56	191	71.3	3.4	181	77	2.6	155

表8－9中所列出的产蛋标准是在最佳饲养管理条件下爱拔益加种鸡所具有的生产潜力，当遇极端气候或饲养管理不善或饲料中的营养水平与本手册推荐值出入较大时，对种鸡的生产性能会产生影响。

8. 种公鸡的管理

（1）目标：转群时，公鸡有良好的性发育。性成熟与母鸡相一致。留有充足的公鸡，以备日后挑选。24周龄时，为每100只母鸡配9～10只公鸡。

（2）公鸡管理的要点：公鸡常规饲养管理技术和母鸡相同。

1）饲养设备要求：育成期公鸡的饲养密度为4只/米^2，料槽位置10米/100只公鸡，塞盘式喂料器每8只公鸡需要1个料盘（直径35厘米），乳头式饮水器每10只公鸡1个饮水乳头，或每60只公鸡1个真空饮水器；成年阶段料槽位置11米/100只公鸡，塞盘式喂料器或料桶每8只公鸡需要1个料盘或料桶（直径35厘米），乳头式饮水器每8只公鸡1个饮水乳头，或每50只公鸡1个真空饮水器。

2）饲养要求：公鸡最好与母鸡在不同的鸡舍内培育。这样，在调整公鸡或母鸡其中一个的光照计划时就不会影响另一个的光照计划。从第1天开始就控制公鸡的用料量。育成期限制饲养的方法与母鸡一致。随后，根据每周的体重来调整用料量。调整用料量所依据的原则和母鸡相同。

3）中期检查：17周龄左右对鸡群做第2次详细评估，仔细地检查公鸡的性成熟情况：鸡冠、肉髯、公鸡的行为以及喙尖的质量。如有必要，可把发育迟缓的公鸡隔离到一个单独的围栏内，并且调整它们的光照计划。这些准备工作对于成功转群十分重要。它可确保公、母鸡获得一个近似的性成熟水平，并且可以避免混群时混入发育较差的公鸡。

4）转群与公、母鸡混群：通常是在20～21周龄时进行转群。公、母鸡之间的大部分关系在转群后的几天就建立了。这个时期对鸡群后续的产蛋性能发挥格外重要。混群后的头几天，应仔细观察公鸡和母鸡之间的行为。如果公鸡攻击性过强，应移走一部分公鸡，将这些移出来的公鸡放置于一个单独围栏内，当母鸡更为成熟且已准备好接受公鸡时，再把公鸡逐步放回鸡群。另一个选择方案是分成两个阶段来混公鸡：开始第1次混群时，混入不超过6%的性成熟最充分的公鸡；母鸡开始产蛋时混入剩余比例的公鸡。采用第2种方法意味着必须找一个地方饲养剩余的公鸡，无论是在育成舍还是产蛋舍，饲养密度和设备要求应与育成期一致。为了保证在挑选出那些质量差的公鸡后有可补充的公鸡，应在24周龄时留有约9%～10%的良好备用公鸡。

5）繁殖期公鸡的管理：产蛋期公鸡必须生长平稳（每周增重25克），为避免公鸡出现在舍内分布不均的问题，必须在早上给母鸡加料后就马上给公鸡上料。公鸡喂料器应有足够高，让母鸡够不着公鸡喂料器中的饲料。饲喂公鸡时最好让鸡群管理人员在场，管理人员要确保每只公鸡都能吃上饲料且吃料时间控制在30分钟内。

良好的垫料质量对防止腿病特别重要，若公鸡有腿病就会影响交配活动。如果条件许可，可在40周龄时更换一部分公鸡。淘汰那些体况差的公鸡并且用年轻的性成熟公鸡（约25周的）替代。

9. 提高白羽肉种鸡的种蛋受精率　在采用混合地面平养、自然交配条件下提高鸡群的种蛋受精率的主要措施如下。

（1）合理的公母配比：一般对于快大型肉种鸡的公母配比要控制为1:（8～10）。公鸡多会相互干扰配种，公鸡少则配种负担重，都不利于提高种蛋受精率。

（2）合理分群：每个小圈内种鸡数量不超过300只的情况下种蛋受精率相对较高。群内鸡只数量过多，有时种蛋受精率不高。

（3）防止公鸡腿脚疾病：公鸡体重大，腿脚承受的压力也大。另外，如果腿和脚底有外伤会造成公鸡跛行，这会严重影响交配行为。

（4）防止公鸡体重过大：公鸡体重过大会影响其交配行为。这需要通过控制喂料量来控制体重。

（5）及时调换或更新配种能力差的公鸡：配种过程中，有的公鸡会因为腿脚问题、健康问题、体重过大等原因造成配种能力下降。发现后要及时用候补公鸡进行替换。一般种公鸡在22周龄前后选留时都要多留一些，用于替补。也有的种鸡场，在第2批种鸡中把公鸡选留的数量多一些，用于替换前一批种公鸡中不适宜继续配种的公鸡。

10. 肉种鸡笼养技术要点　白羽快大型肉种鸡笼养技术在部分地区有应用，从育雏开始到繁殖阶段都在笼内饲养，采用人工授精技术，与蛋种鸡的生产方式基本相同。但是，由于肉种鸡具有体重增加快、体型大的特点，在采用笼养技术时需要充分考虑其生理特点和习性。

（1）使用专用鸡笼：白羽肉种鸡饲养笼的高度、深度和宽度都比蛋鸡笼要大一些，底网铁丝的直径也稍大，这主要是考虑适应其体重大、体格大的特征。

（2）使用专用饲料：笼养情况下可以适当降低饲料的能量水平，适当提高复合维生素和微量元素的用量。

（3）定期称重以监控体重增长：笼养条件下种鸡的活动量小，能量消耗少，体内更容易出现脂肪沉积，体重容易超标。生产中要求每2周抽样称重1次，随时了解鸡群的体重增长情况并以此为据调整喂料量，防止鸡只过肥。

（4）科学喂饲：产蛋期的种鸡每天喂饲1～2次。如果喂饲1次不仅能够减小劳动量，也能够保证所有的鸡只在喂料后均可以吃饱，不足之处是料槽内加料过多容易造成饲料抛撒；如果每天喂饲2次，第1次喂料量占60%、第2次占40%，加料要均匀以保证采食均匀。

第二节　肉仔鸡的饲养管理

白羽快大型肉仔鸡具有生长速度快、饲养周期短、饲料效率高、肉质嫩、易烹调、营养价值高等特点，在欧洲、美洲普遍饲养，在亚洲和大洋洲的一些发达国家和地区的肉鸡生产中也占有较大的比重。在我国，白羽肉鸡的产量占鸡肉总产量的50%左右。

一、肉仔鸡的生产特点

1. 早期生长快　白羽快大型肉仔鸡早期生长速度非常快，35日龄体重能够达到2.0千克，42日龄体重能够达到2.5千克；体重分别为出壳体重的50倍和63倍。这种快速生长是现代肉鸡育种和配套营养与环境管理所取得的结果。但是，在肉鸡养殖过程中一旦出现严重应激就会导致其在一定时间内停止生长或生长减慢，而且难以弥补。

2. 饲养周期短　目前，白羽肉仔鸡的出栏时间一般控制在 42 ~ 45 日龄，个别情况下有提前至 35 日龄或延迟到 49 日龄的。饲养管理和卫生防疫条件良好、鸡群健康状况好的可以让出栏日龄大一些，否则出栏时间要早一点。与传统的养鸡相比，地方鸡种需要饲养 5 个月以上体重才能够达到 1.5 千克以上，白羽肉仔鸡的饲养时间大大缩短。这也使得一个鸡舍在一年内能够饲养 5 批肉仔鸡。

饲养周期短也能够使得资金的周转加快，为提高资金的利用效率提供了便利。

3. 饲料效率高　目前，42 日龄出栏的肉仔鸡每千克增重所需要消耗的配合饲料量约 1.8 千克，这种转化效率是其他家畜无法比拟的。

4. 肉质好　肉仔鸡生长速度快、肉质嫩、易烹调，在沸水中 5 ~ 10 分钟就能煮熟；肉仔鸡屠体的脂肪主要集中在腹部，在屠宰过程中将腹部脂肪垫去掉后的屠体中脂肪含量非常低，蛋白质的含量高。

5. 肉的自身味道淡　肉仔鸡由于生长太快，肉中风味物质的沉积很少、味道淡，不符合我国大多数消费者的口味。在快餐店中也需要提前使用各种作料进行腌制，以提高其适口性。

6. 可以较高密度饲养　由于肉鸡比较懒，除吃喝外走动较少，大多数时间都是伏卧在地面或网床上，因此其占用的空间较小，能够较高密度饲养。目前，在鸡舍环境条件良好的情况下 42 日龄（平均体重约 2.5 千克/只）时每平方米地面的饲养数量能够达到 15 只。

7. 抗病力低　由于肉仔鸡生长速度快，其抗病力相对较低，尤其是在 29 日龄以后日增重很快，采食量增加也很快，给其心肺带来较大的负担，此阶段更容易受到应激，感染后的危害也表现很严重，死亡率也较高。

二、肉仔鸡饲养方式

1. 地面垫料平养　这是肉仔鸡生产中较常用的饲养方式，尤其是在北方地区中小规模的肉鸡养殖场（户）应用较多。其方法是在鸡舍地面铺设约 10 厘米的厚垫料，雏鸡从入舍到出售一直生活在垫料上。使用地面垫料饲养肉鸡，有利于其腿部的发育、减少脚垫和胸囊肿的发生，冬季垫料发酵产热，保持地面温暖。常用垫料有稻草、麦秸、锯末等，要求干燥松软、吸水性好、无霉变、长度小于 10 厘米。国外也有用废轮胎颗粒或碎报纸揉成的纸球做垫料的。

地面垫料平养的管理要点：保持垫料的干燥、松软和卫生是日常管理的关键。

这种饲养方式的缺点：肉鸡一直与混有粪便的垫料接触，受感染的概率高，药物使用成本高，垫料成本高，卫生管理难度大，热源利用效率低。

2. 网上平养 在大型肉鸡养殖企业大多数使用这种饲养方式。它是在离开地面50～60 厘米高度设置平网，肉仔鸡整个饲养期都生活在网上，采食、饮水也在网床上。如图 8－4 所示。

图 8－4 网上平养的肉鸡

网上平养最大的优点是减少了肉鸡和粪便接触的机会，能及时清走粪便，舍内的氨气和尘埃量较少，减少了球虫病、呼吸道病和大肠杆菌病等的发病率，提高了成活率，肉鸡的健康状况和产品的卫生质量更好。缺点是在肉鸡的饲养后期，如果垫网较硬，腿病和胸部囊肿的发病率较高，如果网床设计不好会使雏鸡掉到床下。网上平养要求使用较多的料桶和饮水器，鸡稍走几步即能有吃有喝，否则肉鸡可能因为在网上行动不便而减少采食量，从而影响生长与上市体重。

一些企业使用的高床平养，网床平面距地面的高度约 1.8 米，一批肉鸡出栏后不需要拆卸网床，工作人员可以直接在网床下进行清理粪便和打扫卫生、消毒。

3. 笼养 使用专门的肉鸡笼进行饲养，鸡笼有阶梯式的，也有叠层式的。一般在底网的上面另铺一层塑料网以增加底网的弹性，减少腿部疾病和胸囊肿的发生。

三、进鸡前的准备

1. 人员确定 根据肉鸡舍的数量、养殖规模、自动化程度和劳动定额确定所需人员数量。要求饲养人员能够吃苦耐劳、认真负责、了解养殖技术、熟悉生产设备的操作技术，如果不具备这些要求则需要提前进行专门化培训。一个养殖场或小区至少配备 1 名技术员。

2. 制定肉鸡饲养规程 结合本批肉鸡的养殖时间、数量、季节等因素制定本批肉鸡各个日龄（周龄）的环境控制、饲料与喂饲、饮水、分群与调群、卫生防疫等项目的具体操作要求，使得整个生产过程能够有序进行。

3. 肉鸡舍整理、清扫　肉鸡舍应在上一批鸡出栏并清理、冲洗和消毒后间隔3周以上才能够饲养下一批肉鸡，目的在于尽量避免疾病的循环感染。进鸡前10天要对鸡舍进行全面的清扫、冲洗和维修，包括地面、墙壁、饲养设备、环境控制设备、门窗等，检修完毕要用3%的氢氧化钠溶液喷洒消毒，之后再用清水冲洗，保证鸡舍内设备完好、干净。

4. 设备整理与调试　饲养设备要在进鸡前5天整修好：网床要做好小区分隔，检查是否有大的漏缝，网片连接处是否平滑、严密；喂料系统要在清洗、消毒晾干后安装好并放置到位；饮水系统在冲洗、消毒后调整好高度；把开食盘、真空饮水器消毒、清洗后放到雏鸡圈内；检查灯泡、风机是否正常；检查加热系统并在雏鸡到来前2～3天进行预热，预热过程中要注意鸡舍各部位的温度差异，必要时进行调整，雏鸡到来前1天室内温度要升至34 ℃左右，不能低于32 ℃；如果鸡舍内相对湿度高于80%则在预热期间要进行通风排湿。

5. 消毒　要求先进行熏蒸消毒，之后再进行喷雾消毒。

（1）熏蒸消毒：当鸡舍和设备检修完毕之后就需要进行消毒，在进鸡前3～4天进行熏蒸消毒，按照鸡舍空间每立方米用福尔马林40毫升、高锰酸钾20克，或20%的过氧乙酸5毫升进行消毒。使用福尔马林和高锰酸钾熏蒸消毒时，在鸡舍内放置若干搪瓷盆或陶瓷盆（每20平方米放1个，要求在药液加入后容量不超过盆子深度的一半），加药应从鸡舍最里面开始，最后加门口附近的盆子，加药前将排风口、窗户关严，加完后将门关严，使药物挥发后在鸡舍内发挥消毒作用。也有在育雏室内放置若干个煤火炉并让煤球燃烧，按照每立方米消毒空间用50毫升的福尔马林加入到盆子中（可以添加至盆子容量的2/3），再将盆子放在火炉上加热使甲醛气体挥发。要求鸡舍密闭24小时，之后打开风机和门窗进行换气。

如果使用过氧乙酸熏蒸消毒则在盆子中加入1份过氧乙酸、3份清水，将过氧乙酸浓度稀释至5%，每个盆子中的容量约为2/3，放在火炉上进行熏蒸。熏蒸消毒期间同样注意保证鸡舍的密闭效果。熏蒸时间12～24小时，之后进行换气。

在密闭消毒结束后加热设备继续运行并打开门窗或风机进行充分的通风换气以排出甲醛气体，保证雏鸡到来前鸡舍内没有明显的药物气味。

采用熏蒸消毒时工作人员要注意自我防护。

（2）喷雾消毒：在雏鸡到来前5～12小时使用喷雾器对鸡舍内部、窗户外部、进风口外部和鸡舍房门内外进行喷雾消毒，使用的药物应为腐蚀性小、刺激性小、毒性小的药物，常用的有季铵盐类消毒剂、次氯酸钠、络合碘等。

6. 鸡舍的预热与除湿　在肉鸡到来前要将鸡舍内鸡群活动区域的温度升高至35 ℃，以保证雏鸡接入后有一个温暖舒适的环境。根据所使用的加热设备类型和季节，鸡舍预热需要提前 2～4 天进行，使舍内空气温度升高的同时也使墙体、设备和地面的温度升起来。

预热的同时需要定时打开风机进行通风除湿以保持室内的相对干燥，如果鸡舍处于潮湿的状态而接入肉鸡则容易发生疾病。

7. 其他物品准备

（1）垫料：采用地面垫料平养方式的肉鸡需要使用大量的垫料。

垫料要符合吸水性强、干燥、柔软、无异味、不霉变等要求，生产中常用的垫料有刨花、锯末、稻壳、碎花生壳、碎秸秆等。国外也有使用废旧轮胎碎粒、碎报纸球等做垫料的。

垫料在使用前要进行筛检以挑出发霉部分和异物，要经过消毒处理，经过太阳暴晒以保证干燥。在雏鸡到来前两天将垫料铺好，主要先铺早期雏鸡群生活的区域，厚度约 9 厘米。

（2）药品与添加剂：药品包括早期预防鸡白痢、大肠杆菌和球虫病的药物，消毒药物、疫苗、免疫增强剂等。

添加剂主要有葡萄糖、水溶性复合维生素、碳酸氢钠等。

（3）其他：温度计用于测量鸡群生活空间的温度，需要每个小圈配备 1 支，悬挂的高度为水银球与鸡的头部相同。记录表用于记录每天各项生产管理项目和数据。手电筒用于夜间检查生产情况。

四、肉仔鸡的环境要求

环境条件不仅影响肉鸡的生长发育速度，也会影响肉鸡的屠体组成，更会影响肉鸡的健康。只有良好的环境条件，肉鸡才能健康生长。由于肉鸡生长期短，不良环境条件的影响会很显著，而且这种负面影响形成后很难弥补。

1. 鸡舍环境温度 环境温度是肉仔鸡生产中最重要的环境因素，与成活率、生长速度、饲料转化率关系密切，合适的温度可以保持良好的食欲和高的抗病力。各个周龄（或日龄）肉仔鸡所需的适宜温度见表 8－10。

表 8－10 肉仔鸡温度要求

日龄	身体周围温度/℃	室温/℃
1～3 日龄	34～35	25～28
4～7 日龄	31～33	24～26
2 周龄	27～30	24
3 周龄	24～26	20～24
4 周龄	22～25	20
5 周龄以后	20～23	20

肉鸡饲养的前10天对温度的要求非常严格，任何不适宜都会影响到肉鸡的健康和生长速度。因此，在生产上必须重点关注前10天的温度控制。5周龄之后的温度不宜低于20℃，温度低会造成饲料效率的下降，增加饲养成本；温度也不宜超过27℃，温度高会降低肉鸡的采食量，影响生长速度。温度过高还会造成热应激。

肉仔鸡舍温度应尽量保持平稳，不可以忽高忽低。尤其是在进行通风的时候，进风口要进行遮挡处理，防止其前方附近由于冷空气的进入而造成温度较大幅度的下降。

在整个肉鸡生产的过程中晚上是温度控制容易出问题的时候。这是因为在晚上工作人员容易瞌睡，如果使用火炉地下火道或地上火龙加热，容易出现温度高低变化的问题；其次是晚上肉鸡休息多、活动少，缺少自主寻找合适温度的地方，容易受到高温或低温应激。因此，饲养肉鸡（尤其是前3周的肉鸡）一定要注意观察鸡群在夜间的表现，观察夜间的温度控制是否得当。

2. 湿度 湿度是肉鸡生产中较为重要的环境条件之一，肉鸡饲养过程中环境湿度的控制要求：第1周65%～70%，第2周以后65%左右。

环境过于干燥，肉鸡绒毛容易脱落，前期的肉鸡脚趾干瘪，卵黄吸收不良，直接造成肉鸡的成活率下降。湿度过高，易形成高温高湿环境，影响体热的散发，使肉鸡感到不舒服。对于地面垫料平养的肉鸡，湿度高会使垫料变得潮湿，容易发生球虫病、大肠杆菌病、曲霉菌病等，不利于肉鸡生长，也不利于保证鸡肉的品质。潮湿的垫料还容易诱发腿部疾病。

实际生产中湿度偏小的情况比较少见，只有在饲养的第1周而且采用地下火道加热方式的情况下才可能出现。增大湿度比较简单方便的方法是增加鸡舍内喷雾消毒次数，既可增大湿度又可消毒。

肉鸡生产中常见的是湿度偏高的问题，尤其是在第3周之后肉鸡的饮水量和排泄量加大，呼吸过程中呼出的水汽多，饮水时常将饮水器内的水洒到地面，更容易造成鸡舍内的潮湿。湿度过高时可通过增加通风换气来降低，也可在地面撒过磷酸钙粉，注意饮水器是否漏水，及时更换饮水器周围潮湿垫料等措施来控制。

3. 光照

（1）光照时间控制：一般有窗式鸡舍经常采用长光照制度。具体为前3天，每天24小时连续照明，4天以后到出栏期间每天光照22小时、黑暗2小时；白天充分利用自然光照，夜间开灯补充光照。

（2）光照强度控制：前5天可以采用略强的光照，让雏鸡能够更好地熟悉生活环境，鸡舍内每平方米空间用6瓦的普通灯泡，1周后光照强度逐渐减弱，每平方米空间有3瓦的普通灯泡就能够满足，光线以人员能够看清鸡只的状态、饲料和饮水的状态为准。后期降低光照可以保持鸡群安静，有利于增重，防止啄癖的发生。

密闭式鸡舍可以采用间歇光照制度，照明1小时让肉鸡采食、饮水和适当活动，之后黑暗2小时让肉鸡卧下休息。这种照明和黑暗交替进行，可以保证休息，有利于增重，又节省电能。也可以采用长光照方式。

4. 通风换气 良好的通风可以排出舍内水汽、氨气、尘埃以及多余的热量，为鸡群提供充足的新鲜空气。通风不良、氨气浓度大时会给生产带来严重损失。实际生产中，2~4周龄时如通风换气不良，有可能增加鸡群慢性呼吸道病和大肠杆菌病的发病率。中后期的肉鸡对氧气的需要量不断增加，同时排泄物增多，必须在维持适宜温度的基础上加大通风换气。通风量以3.6~4.0米^3/（小时·千克体重）为宜。鸡舍中间部位的气流速度冬季约0.2米/秒，夏季加大气流速度到1米/秒。

在肉鸡生产中，一般季节的通风容易控制，关键是冬季通风的管理。因为，在一般的季节外界温度比较高，通风不会使舍内的温度明显下降；而冬季由于外界温度低，许多肉鸡场关闭鸡舍门窗，减少通风以保持舍内合适的温度。但是，由于注意了保温、忽视了通风，常常造成鸡舍内空气污浊、垫料潮湿、疾病较多（尤其是呼吸系统疾病）。冬季通风要注意把握通风时间和方法，可以在每天中午前后外界温度较高的时候通风，在进风口设置挡板以避免冷风直接吹到肉鸡身上，要设法防止通风的时候造成局部温度明显下降的问题。如果有条件，可以使用热风炉，进入鸡舍的空气是热的，就可以避免冬季通风所带来的问题。

5. 饲养密度

合适的密度可以保证均匀采食、生长均匀一致和高的成活率。不同周龄的肉鸡采用不同的饲养方式时，对饲养密度的参考要求见表8－11。

表8－11　AA肉仔鸡各周龄饲养密度

周龄	1	2	3	4	5	6	7
周末平均体重/克	165	416	779	1 228	1 731	2 253	2 760
垫料地面/（只/米^2）	30	27	24	18	15	12	10
网上平养/（只/米^2）	40	33	28	23	19	14	11

饲养密度偏高容易使垫料潮湿、脏污、空气污浊、肉鸡羽毛脏乱、腿病增多、寄生虫病、大肠杆菌病和呼吸道疾病增加、增重较慢、弱残鸡较多。饲养密度低则会使资源浪费。在生产实践当中，饲养密度的控制原则一般是：当鸡群卧

下休息时地面或网上要有1/3的空闲部分。

五、肉仔鸡的饲喂

（一）饮水管理

1. 初饮　雏鸡进舍后一旦安置好就要进行第一次饮水，称初饮，初饮水应为凉开水，水温为25～30℃。初饮用0.01%的高锰酸钾水，以清洗肠胃和促进胎粪排出。初饮时饲养人员在每个圈内要抓几只小鸡，将其喙部浸入水盘内，之后放下让其自己饮水，一般在一个圈内有几只雏鸡会饮水，其他雏鸡很快也通过模仿就学会了饮水。

初饮时要注意观察，对于少数不到饮水器旁饮水的个体需要将其抓住，把喙部浸入到水盘内，之后再放到水盘旁边，这样有助于引导其饮水。

2. 饮水用具　一般在规模化肉鸡场内平养肉鸡第1周使用真空饮水器，7～10日龄真空饮水器和乳头式饮水器结合使用，11日龄以后使用乳头式饮水器。在小型肉鸡养殖场户可能一直使用真空饮水器，只是10日龄前使用容量1.5升左右的小饮水器，以后使用容量5～8升的大型饮水器。个别的肉鸡场使用的是普拉松（吊塔式）饮水器。

3. 饮水管理要求　初饮半小时后将高锰酸钾水换掉，把饮水器刷洗后改为含葡萄糖、电解质、复合维生素的水，配制方法为100升凉开水中加入3千克葡萄糖、15克电解多维、15克维生素C，连用3～4天，每天上下午各用1次，每次饮用1小时，其他时间饮用清水。炎热夏季长途运输应注意雏鸡到育雏室后的“暴饮”现象，防止因暴饮而导致腹泻等消化不良症状的发生。

肉仔鸡整个生长期采用全天自由饮水。对于肉鸡饲养来说，缺水会严重影响其生长速度。因为肉鸡多数使用颗粒饲料，缺水时会使采食量下降。缺水后再添加饮水会造成肉鸡出现“暴饮”。造成缺水的问题可能有：饮水器放置偏高或饮水乳头悬挂偏高，肉鸡饮不到水；停电造成停水，水管内压力不够；饮水乳头堵塞等。

要确保饮水器不漏水，每天清洗、清毒1次，消毒剂建议选择符合《中华人民共和国兽药典》规定产品，如百毒杀、漂白粉和卤素类消毒剂。

无论使用哪种类型的饮水器，都要注意及时调整其高度，方便肉鸡的饮水。饮水器高度调整以不锈钢饮水乳头（乳头式饮水器）比肉鸡的背部高度高出的程度来调整，第1周为1～2厘米，第2～3周为3～5厘米，4周以后高出7～10厘米。如果使用真空饮水器则要求水盘边缘与肉鸡的背部高度相等。

使用乳头式饮水器，雏鸡进舍前调节好水压，保证每个乳头有水珠出现，吸引雏鸡饮水。水质不好的地区，乳头式饮水器易出现漏水、堵塞，注意购买正规厂家产品。

肉仔鸡每天饮水量参考表 8－12。

表 8－12　肉仔鸡每天需水量

（单位：升/1 000 只）

周龄	环境温度	
	20 ℃	30 ℃
1	30	38
2	60	102
3	91	208
4	121	272
5	155	333
6	185	390
7	216	428
8	235	450

（二）饲喂管理

肉仔鸡饲喂原则是让其采食充足，摄入足够的饲料量，为快速生长提供足够的营养。

1. 开食　雏鸡接入育雏室后第 1 次喂料称为开食，时间掌握在出壳后 24～36 小时。通常在雏鸡接入鸡舍后要求先饮水后开食。

开食料最好用过筛的全价破碎颗粒饲料（鸡花料），保证营养全面，又便于啄食。如使用粉料，则应拌湿后再喂。把饲料放在小料盘或塑料布上，用手指轻轻敲击饲料就会引诱部分小鸡啄食饲料，雏鸡采食有模仿性，大群雏鸡很快就能学会采食。

2. 喂料用具　对于小型肉鸡养殖场户，前 3 天一般都采用开食盘喂料，3 天后常常使用料桶喂料；规模化肉鸡场一般前 5 天使用开食盘，5 天以后使用自动喂料系统（目前使用较多的是螺旋推进式喂料系统）。

每个料桶或螺旋推进式喂料系统的料盘（直径 40 厘米）可以供 30 只 3 周龄前的肉鸡使用，或供 20 只 3 周龄后的肉鸡使用。

3. 加料次数　1～3 日龄雏鸡每 3 小时喂 1 次。每次的饲喂量应控制在使雏鸡 30 分钟左右采食完，从每只鸡 0.5 克/次开始，逐渐增加；4 日龄每隔 4～5 小时喂 1 次，15 日龄后将料桶内饲料添足，让肉鸡自由采食。如果采用自动喂料系统，一般每 3～4 小时开动 1 次。在 29～35 日龄要适当控制鸡的采食量以防止采食量和体增重增加过快导致的后期死亡率过高的问题，可以每天喂饲4次，每次喂饲后30～45分钟能够吃完，喂料量控制为标准采食量的85%左右。

4. 饲料的更换　目前肉仔鸡的饲料配方采用三段制：0～3周龄用前期料，4～5周龄用中期料，6周龄至出栏用后期料；也有采用两段制，即4周龄前为前期料，4周龄后为后期料。应当注意的是，各阶段之间在转换饲料时，应逐渐更换，有3～5天的过渡期，若突然换料易使鸡群出现较大的应激反应，引起鸡群生长减慢甚至发病。不同阶段的饲料主要原料不应发生大的变化。

5. 注意事项　料桶放置好后，注意经常调整料桶高度，使其边沿与鸡背高度相同，每次加料后将料桶顶部盖好，可减少饲料浪费和污染。使用自动喂料系统，料槽或料盘上要有格栅，让肉鸡头部能够自由进出，但踩不进去。每天记录采食量，计算每只鸡每天的大致采食量。当采食量异常时，应该注意鸡群情况，立即采取相应措施。

（三）快大型肉仔鸡的生长与耗料标准

1. 我国肉鸡体重与耗料量　根据我国《鸡饲养标准》（NY/T 33—2004）资料，肉仔鸡体重与耗料量见表8－13。

表8－13　肉仔鸡体重与耗料量

周龄	体重/（克/只）	耗料量/（克/只）	累计耗料量/（克/只）
1	126	113	113
2	317	273	386
3	558	473	859
4	900	643	1 502
5	1 309	867	2 369
6	1 696	954	3 323
7	2 117	1 164	4 487
8	2 457	1 079	5 566

2. 爱拔益加肉鸡耗料量　爱拔益加肉鸡商品代增重与饲料消耗见表8－14。

在实际生产中肉鸡的生产数据与表中的相关数据存在很大差异，如AA^+肉仔鸡6周龄末的平均体重能够达到2 400克，每千克增重的饲料消耗量约为1.9千克。因此，表8－13、表8－14中的数据仅能作为参考。

表 8－14　爱拔益加肉鸡商品代增重与饲料消耗

公母混养						
周龄	体重/克	每周增重/克	耗料量/克		料肉比	
			每周	累积	每周	累积
1	165	125	144	114	1.5	0.887
2	405	240	298	441	1.4	1.09
3	735	330	485	926	1.7	1.26
4	1 150	415	707	1 633	1.0	1.42
5	1 625	475	935	2 568	1.7	1.58
6	2 145	520	1 186	3 754	2.8	1.75
7	2 675	530	1 382	5 136	2.1	1.92
8	3 215	540	1 648	6 784	3.5	2.11

六、肉仔鸡的管理

1. 采用“全进全出”的饲养制度　同一个鸡场或同一栋鸡舍只能饲养同一日龄的肉仔鸡，而且同时进舍，达到出栏体重或日龄时同时出舍，便于对房舍进行彻底清扫、消毒。一般两批肉鸡饲养的间隔空舍时间至少要有 21 天，以切断传染病的传播途径。目前，已经普遍要求采用这种饲养制度。

许多肉鸡生产企业都把一个肉鸡场作为一个养殖小区，无论这个小区内有多少鸡舍，都是在同一时期内饲养同一批肉鸡。这样做不仅有利于卫生防疫，也有利于饲养管理。

2. 搞好分群管理　肉仔鸡生产应该采用分群管理，在一个鸡舍内可以把鸡分为若干个群，每个群的数量为 500～1 500 只。生产中要根据生长情况，进行强弱分群，把那些体质差、体重小的个体挑出单独组成一个群以便于加强护理，提高其成活率和上市体重。

有条件的还可以进行公母分群饲养。采用公母分群饲养可以分别配制饲料、提供更适于各自需要的环境温度，有助于提高生产性能和群体整齐度。

3. 做好带鸡消毒工作　带鸡喷雾消毒能及时有效地杀灭病原微生物，净化鸡舍内空气，创造良好的鸡舍环境，抑制氨气产生。带鸡消毒应选择刺激性小、高效低毒的消毒剂，如 0.02% 百毒杀、0.3%～0.6% 毒菌净、0.3%～0.5% 过氧乙酸或 0.2%～0.3% 次氯酸钠等。消毒前提高舍内温度 1～2 ℃，中午进行较好，防止水分蒸发引起鸡只受凉。消毒药液的温度也要高于鸡舍温度，控制在 35～

40 ℃。喷雾量按每立方米空间15毫升药液，雾滴要细。

1～20日龄鸡群每3天消毒1次，21日龄后隔天消毒1次。注意喷雾器喷头朝上，尽量使鸡舍内更多的空间能够接触到消毒剂，接种疫苗当天和其后2天停止带鸡消毒，以免影响疫苗接种效果。带鸡喷雾消毒要注意避免引起肉鸡的惊群，一旦发生惊群将会影响其生长速度。

4. 加强垫料的管理　采用地面垫料饲养方式的肉鸡，要选择比较柔软、干燥、吸水性和释水性良好的材料。垫料应灰尘少、无病原微生物污染、无霉变。垫料在鸡舍熏蒸消毒前铺好，进雏前先在垫料上铺上报纸，以便雏鸡活动和防止雏鸡误食垫料。

刚开始垫料含水率在25%以下时容易起灰，可以用喷消毒液的方法增加垫料湿度。中后期要防止垫料过湿结块，一方面要加强通风换气量，及时补充新垫料和更换过于潮湿结块的垫料。此外，还要采取措施防止垫料燃烧，注意用火安全。每天下午翻动垫料，及时清除潮湿、结块和污染严重的垫料，控制好垫料的水分，减少舍内尘埃。地面上的垫料要经常用铁耙翻动，使粪便落在下面，并将垫料抖松；把舍内地面各处垫料摊均匀，避免水泥地面裸露出来。这是减少胸囊肿的重要措施。

5. 预防腿病和胸囊肿的发生

（1）肉鸡的腿病：肉仔鸡发育快，容易患腿部疾病，表现为腿软、运动失调、跛行、不能站立等。其原因主要是肉鸡的增重快、体重大，腿部骨骼和肌腱的发育滞后于体重发育，造成腿部承受的压力过大。生产上要注意饲料中钙磷的含量和比例，补充维生素D_3。注意运动，定时在鸡舍内走动并轻轻驱赶肉仔鸡，适当提高其活动量，以促进内脏器官发育，特别是肺脏和心脏的发育，在较大程度上可减少胸部的压力刺激。

（2）肉鸡胸囊肿：其表现是在肉鸡的胸部出现一个长条形突起，屠宰后能够看到这个地方有一块赘生物，如果剪开里面有干酪样物，影响产品的外观质量。其形成的主要原因是因为肉鸡不爱运动，吃料和饮水后就卧下休息，而且卧下的时候常常用胸部接触地面以支撑大部分体重。如果地面较硬，长时间接触后产生刺激就形成了胸囊肿。主要控制措施就是保持地面垫料松软（或在网床上铺比较柔软的塑料网），不让地面裸露，定期让肉鸡站起来活动（如饲养员在鸡舍内定时走动或定时让自动喂料系统空转几分钟）。

6. 做好生产记录　每一栋鸡舍都应建立生产记录档案，包括进雏日期、进雏数量、雏鸡来源；每天的生产记录包括肉鸡日龄、死亡数、死亡原因、存栏数、温度、湿度、免疫记录、消毒记录、用药记录、喂料量、鸡群健康状况、出售日期、数量。记录应保存两年以上。

根据农业部第67号令与农业部《关于加强畜禽养殖管理的通知》文件的要

求，所有的商品肉鸡养殖场均应建立养殖档案，格式及填写记录要求见表8-15~表8-25。

肉鸡养殖场可根据这些表格的基本要求，结合本场在生产管理中的实际情况，对表格进行适当调整（包括内容和表格的样式与宽度）。表下的标注内容可在每种表格的首页印刷，也可以印在第2页（扉页），不必在每个表下都印刷标注的内容。

表8-15　鸡场生产记录（按天或变动记录）

鸡舍号	时间	变动情况（数量）			存栏数	备注
		调入	调出	死淘		

注：（1）鸡舍号：填写肉鸡饲养的舍编号或名称。

（2）时间：填写调入、调出和死淘的时间。

（3）变动情况：填写调入、调出和死淘的数量。调入的需要在备注栏注明动物检疫合格证明编号，并将检疫证明原件粘贴在记录背面。调出的需要在备注栏注明详细的去向。死亡的需要在备注栏注明死亡和淘汰的原因。

（4）存栏数：填写存栏总数，为上次存栏数和变动数量之和。

表 8－16　鸡场饲料、饲料添加剂使用记录

开始使用时间	鸡舍号	名称	生产厂家	加工日期	用量	停止使用时间	备注

注：（1）鸡舍号：填写肉鸡饲养舍的编号或名称。

（2）生产厂家：肉鸡场外购的饲料应在备注栏注明原料组成：肉鸡场自加工的饲料在生产厂家栏填写自加工，并在备注栏写明使用的饲料添加剂的羊细成分。

表 8－17　鸡场兽药、饲料药物添加剂使用记录

开始使用时间	鸡舍号	用药鸡数量	药品名称	生产厂家	批号	方法及剂量	停止使用时间	休药期	使用人签字

注：1. 开始与停止使用时间：填写开始使用的日期和停止使用的日期。

2. 用药鸡数量：填写本场当时使用药物、添加剂的鸡只数量。

3. 药品名称：填写药物或添加剂的化学名称。

4. 生产厂家与批号：填写药物或添加剂外包装上面的相应信息。

5. 用药剂量：填写药物或添加剂的使用量和使用浓度。

6. 休药期：填写出栏前停止使用该药物或添加剂的时间（天数）。

表8-18　鸡场免疫记录

时间	鸡舍号	免疫数量	疫苗名称	疫苗生产厂	批号（有效期）	免疫方法	免疫剂量	免疫人员签字	监测时间及项目	监测结果	监测单位	处理情况

注：1. 鸡舍号：填写肉鸡饲养的舍编号或名称。

2. 疫苗名称、生产厂家与批号：填写药物或添加剂外包装上面的相应信息。

3. 免疫方法与剂量：填写疫苗的使用方法（滴鼻点眼、肌内注射、饮水等）和剂量（每个疫苗包装都有使用头份，填写实际使用剂量是推荐剂量的倍数）。

4. 监测时间、项目：填写抽血的时间和具体的监测内容如新城疫免疫抗体监测。

5. 监测单位：填写实施监测的单位名称，如：某某动物疫病预防控制中心。企业自行监测的填写自检。企业委托社会检测机构监测的填写受委托机构的名称。

6. 监测结果：填写具体的监测结果，如阴性、阳性、抗体效价数等。

7. 处理情况：填写针对监测结果需要对肉鸡采取的相应处理方法。

表8-19　鸡场病死鸡无害化处理记录

日期	数量	处理或死亡原因	畜禽标识编码	处理方法	处理单位（或责任人）	备注

注：（1）日期：填写肉鸡无害化处理的日期。

（2）数量：填写同批次处理的病死肉鸡的数量，单位为只。

（3）处理或死亡原因：填写实施无害化处理的原因，如染疫、正常死亡、死因不明等。

（4）处理方法：填写《病害动物和病害动物产品生物安全》GB 16548—2006 规定的无害化处理方法。

（5）处理单位：委托无害化处理场实施无害化处理的填写处理单位名称；由本厂自行实施无害化处理的由实施无害化处理的人员签字。

表 8－20 鸡场兽药、饲料药物添加剂采购及入库记录

采购日期	兽药名称	生产厂家	批准文号	批号	有效期至	规格	数量	采购人	购货地点	入库日期	保管员

注：（1）兽药：包括血清制品、疫苗、诊断制品、中药材、中成药、化学药品、抗生素、生化药品及外用杀虫剂、消毒剂等。

（2）兽药名称：填写通用名或商品名。

（3）批准文号：填写农业部颁发给该生产厂家允许生产此产品的批准文号。

（4）批号：填写兽药的批号。

（5）有效期至：填写购进的兽药失效日期。

（6）规格：填写该兽药主要药物的含量。

（7）购货地点：填写在哪个兽药经营企业购买的兽药；如从厂家购进，直接填厂家名。

（8）采购人：填写亲自采购兽药的人。

表 8－21　鸡场饲料、饲料添加剂购进记录

购进日期	产品名称	生产厂家	批准文号或审查合格证号	生产日期	包装规格	数量	购货地点	购货人	保管员

注：（1）产品名称：指购进的饲料（包括单一饲料、配合饲料、浓缩饲料、精料补充料、添加剂预混合饲料）和饲料添加剂名称。

（2）生产厂家：指生产饲料和饲料添加剂的厂家。如是原粮型的单一饲料记供应商即可。自加工的饲料在生产厂家栏填写自加工，并在备注栏写明使用的饲料添加剂的详细成分。

（3）批准文号或审查合格证号：指省级饲料主管部门颁发的产品批准文号或饲料生产企业审查合格证号。添加剂预混合饲料、饲料添加剂要填写批准文号；配合饲料、浓缩饲料、精料补充料要填写饲料生产企业审查合格证号。未规定有批准文号或审查合格证的单一饲料此处不填。

（4）生产日期：指饲料厂家生产该产品的日期。未规定有批准文号或审查合格证的单一饲料此处不填。

（5）包装规格：千克/袋等。

（6）数量：指袋、千克、吨等。

（7）购货地点：指在哪个饲料经营企业购买的饲料和饲料添加剂。如从厂家购进，直接填厂家。

（8）购货人：指亲自采购饲料和饲料添加剂的人。

表 8－22　鸡场肉鸡销售记录

出场日期	名称	日龄	数量	动物检疫证明编号	价格	购买人及联系方式	销售负责人

注：（1）名称：填写肉鸡的品种或商品名称。

（2）日龄：填写肉鸡出栏时的日龄。

（3）动物检疫证明编号：填写动物检疫合格证明（动物 A、动物 B）编号。

（4）购买人及联系方式：填写具体的购买单位或个人以及联系方式。

表 8－23　鸡场粪便及污染物无害化处理记录

日期	种类	数量	处理方法	处理地点	处理单位（或责任人）

注：（1）日期：填写粪便及污染物无害化处理的日期。

（2）种类：填写处理物为粪便或污染物（被病原微生物污染或可能被污染的垫料、饲料和其他物品）。

（3）数量：填写具体数值，以立方米为单位；不清楚者，填写全部或部分。

（4）处理方法：填写深埋、焚烧、堆积发酵或其他方法。

（5）处理地点：填写场内或场外具体地点，若有特定处理场所者，填写具体名称。

（6）处理单位：委托无害化处理场实施无害化处理的填写处理单位名称；由本厂自行实施无害化处理的由实施无害化处理的人员签字。

表 8－24　鸡场环境控制记录表

鸡舍号	日期	日龄	光照	湿度	温度	时间（点）

注：（1）鸡舍号：填写肉鸡饲养的舍编号或名称。

（2）日龄：填写肉鸡日龄。

（3）光照：填写每天光照小时。

（4）湿度：填写每天定时测定的舍内湿度。

（5）温度：可根据需要确定每天固定的时间测定舍内的温度次数，填写每次测定的温度。

表 8－25　肉仔鸡饲养记录表

进鸡日期： 年 月 日									鸡舍编号					负责人			
来源：				鸡种：					进鸡数目：								
周龄	日期	日龄	死亡	淘汰	实存	耗料	累积耗料	备注	周龄	日期	日龄	死亡	淘汰	实存	耗料	累积耗料	备注
		1									22						
		2									23						
		3									24						
1		4							4		25						
		5									26						
		6									27						
		7									28						
	合计									合计							
		8									29						
		9									30						
		10									31						
2		11							5		32						
		12									33						
		13									34						
		14									35						
	合计									合计							
		15									36						
		16									37						
		17									38						
3		18							6		39						
		19									40						
		20									41						
		21									42						
	合计									合计							

7. 注意观察鸡群状况　观察鸡群状况的目的在于及早发现管理与健康问题，

以便于及时采取控制措施，保证鸡群良好的健康和生产状态。注意鸡群的活动、叫声、休息是否正常，对刺激的反应是否灵敏，分布是否均匀，有无扎堆、呆立、闭目无神、羽毛蓬乱、翅膀下垂、采食不积极的鸡。夜间倾听鸡群内有无异常呼吸声，出现呼吸道症状时，立即注意改善环境和投药。观察粪便状况，正常粪便为成形的青灰色，表面有少量白色尿酸盐。绿色粪便多见于新城疫、马立克病、急性霍乱等，血便多为球虫病、出血性肠炎等，感染法氏囊病时为白色水样下痢。

七、肉仔鸡的生产规程

为了方便肉鸡养殖者及时了解生产管理规程，这里将肉鸡饲养的前期准备、不同日龄的工作要求进行归纳，供参考。

（1）上一批鸡群出栏后3天内：清理鸡舍，将能搬出的器具都搬到舍外清洗消毒。彻底清除舍内的粪便、垫料、羽毛、灰尘等，注意将顶棚、墙壁和门窗清扫干净。用消毒剂对鸡舍屋顶、墙壁、地面和用具进行全方位的消毒，12小时后用清水冲洗干净，打开门窗通风。

（2）进雏前13天：冲洗顶棚、墙壁、窗户和地面，应做到无粪便、灰尘等脏污有机物残留，地面和1米以下的墙面要边冲边刷。

（3）进雏前12天：打扫舍外环境，清除鸡舍四周的污物，清除杂草，清扫院落，做到场内无鸡粪、羽毛、垃圾，鸡场周围环境也应进行清理。

（4）进雏前11天：对干燥后的鸡舍进行第1次消毒。地面和1米以下的墙面用2%的氢氧化钠溶液消毒，顶棚和四壁可用次氯酸钠或1210等消毒药喷雾消毒。鸡舍内如果使用氢氧化钠溶液消毒则在消毒后5小时用清水冲净。舍外和整个场区以及场外的道路可用2%的氢氧化钠溶液消毒或直接撒生石灰。地表过脏的地方在消毒后将其翻到地下。工作人员需经消毒、换好干净的衣服和鞋后再进入消毒好的环境，不能因为进出时的疏漏而破坏消毒效果。

（5）进雏前9～10天：将在舍外洗刷消毒干净的器具搬入鸡合，检修网床、供热、通风及照明等设备。进行第2次消毒，用消毒液从上至下对整个鸡舍和器具进行喷洒。墙壁用生石灰乳浆粉刷一遍，地面仍用2%氢氧化钠溶液消毒。

（6）进雏前7天：制定本批肉鸡生产作业日程表。如果是地面垫料平养方式，应待地面干燥后，搬进垫料。

（7）进雏前5～6天：熏蒸消毒。关闭门窗和通风孔，并使舍温达到24℃以上，相对湿度达到75%以上。用药量按每立方米空间40毫升福尔马林、高锰酸钾20克计。舍内每隔10米放一个熏蒸盆，先放入高锰酸钾，然后从距舍门最远端开始依次倒入福尔马林，出门后立即把门封严。

（8）进雏前4天：打开门窗或风机和通气口，充分换气。进出净化后的区域必须消毒，更换干净的衣服和鞋，搬入的物品也必须是干净的。每舍门口设消毒池（盆）。

（9）进雏前3天：关闭门窗，准备和检查落实进雏前的一切准备工作，包括保温措施、饲料、药品疫苗、煤等。冬春季节鸡舍开始预热升温，注意检查炉子是否能正常使用，有无漏烟、倒烟现象，有无火灾隐患。

（10）进雏前2天：温暖或高温季节开始试温加热，同时打开风机通风，在加热的过程中注意排湿。

（11）进雏前1天：保持加热设备运行，使舍温和育雏器温度达到要求，铺好垫料报纸，准备好雏鸡料、抗生素、疫苗、葡萄糖、复合维生素等所需物品，设置好雏鸡的护栏。

（12）1～3日龄：在进雏前2小时将饮水器装满20℃左右的凉开水，水中可加3%的葡萄糖、适量多维和恩诺沙星或其他抗生素，必要时饮水中还需加适量的补液盐（添加这些物品的饮水，上下午各饮1次，每次1小时，其他时间用凉开水）。育雏温度稳定在35℃。待雏鸡开始活动后，先教雏鸡饮水。雏鸡饮水2～3小时后，开始喂料，将饲料撒到垫纸上，少给勤添，每3小时喂一次料。保持连续光照。注意观察雏鸡的动态，密切注意舍内的温度，判断环境是否适宜。喂料时注意拣出没学会饮水采食的雏鸡，放在适宜的环境中设法调教，挑出弱雏、病雏及时淘汰。3日龄用新城疫和传染性支气管炎（H120或Ma5）二联苗滴眼，1头份/只，注意等疫苗进入眼内后才能将鸡放开。

（13）4～6日龄：注意观察鸡群的采食、饮水、呼吸及粪便状况。保持鸡舍内温度稳定在33～34℃。每1～2小时打开门窗30秒至1分钟，待舍内完全换成新鲜空气后关上门窗。每天喂料6次，3天之内逐步转换成料桶喂料。温暖季节饮水器中可以直接添加凉水，水中按说明比例添加1210或百毒杀等消毒药，注意消毒药的比例一定要正确。注意观察雏鸡有无接种疫苗后的副反应，如果精神状态等有反应时，应该将舍温提高1℃左右，并在饮水中连续3天加入抗生素。舍内隔天带鸡喷雾消毒1次，消毒液用量为每平方米35毫升，浓度按消毒药说明书配制。根据鸡群活动状况逐渐扩大护围栏。以后每天维持22小时光照。

（14）7日龄：周末称重。午后2时，抽样2%称重。为使称重的鸡具有代表性，让鸡群活动开后，从5个以上点随机取样，逐只称重。计算鸡群的平均体重和均匀度，检查总结1周内的管理工作。完全用料桶喂鸡，每天5次。隔天舍内带鸡消毒，周末对舍外环境清扫消毒。调节好料桶与饮水器的高度。

（15）8～10日龄：接种新城疫－禽流感（H9）二联油苗，背部皮下注射1头份免疫，当天的饮水中不加消毒药，饮水中加泰乐菌素或红霉素及复合维生素。夜间熄灯后仔细倾听鸡群内有无异常呼吸音。日常管理同前，鸡舍内温度稳定在31～32℃，注意通风换气。连用3天防治大肠杆菌病的药物。

（16）11～13日龄：注意日常管理，注意降温和通风换气。注意观察鸡群，鸡舍内温度稳定在31 ℃。注意垫料管理。13日龄法氏囊疫苗D78饮水免疫。每只鸡的免疫用水量冬季22毫升左右，夏季28毫升左右。为延长疫苗在饮水中的存活时间，在水中加入0.3%的脱脂奶粉，要求在1～1.5小时内饮完。

（17）14日龄：鸡群称重。方法同第1次，根据平均体重和鸡群均匀度分析鸡群的管理状况。舍外环境彻底清扫，用2%氢氧化钠溶液消毒。

（18）15～20日龄：鸡舍温度可降至28～29 ℃（视鸡群状况和季节温度灵活掌握）。检测新城疫和禽流感抗体水平，为下一步的接种提供依据。注意通风换气和垫料管理。20日龄法氏囊疫苗饮水免疫，方法如前，免疫用水量为雏鸡当天采食量的40%左右。

（19）21日龄：周末称重，方法同前。对舍外环境清理消毒。

（20）22～27日龄：工作重心为在维持正常温度的基础上加强通风换气。饲料过渡性更换。24～26日龄饮水中添加防治大肠杆菌病的药物。27日龄新城疫活苗饮水免疫，每只鸡2头份。

（21）28日龄：称重，方法同前。对舍外环境清理消毒。

（22）29～34日龄：连用3天针对呼吸道病及大肠杆菌病的药物。注意垫料管理。隔天带鸡消毒；舍温控制在20～25 ℃。适当控制喂料量（为自由采食量的85%）。

（23）35日龄：称重，方法如前，比较与标准体重的差距，分别计算公母鸡的均匀度。

（24）36～42日龄：按日常管理注意事项工作。以加强通风换气、维持舍内宁静舒适的环境为工作重心，舍温控制在20～25 ℃。严禁使用任何药物。出栏前4～6小时停料。出栏时抓鸡方法要得当，动作要轻缓，尽可能减少肉鸡的物理性损伤。清点鸡数，算出肉鸡群的总重量，做好记录。

八、肉仔鸡的捕捉与运输

（一）出栏时间的确定

目前，白羽肉鸡的出栏时间一般在42日龄前后，在生产实际中需要考虑多方面因素的影响而提早或推迟出栏。

1. 根据市场需要确定出栏时间　有的市场主要销售白条鸡或西装鸡，供应这类市场的肉鸡场一般把出栏时间安排在35～40日龄，这时肉鸡的体重在1.7～2.1千克，屠宰后的屠体（半净膛）重量约为1.5千克，适合一般家庭的消费要求。有的市场以出售分割鸡为主，肉鸡一般可以饲养到45～50日龄，体重达到2.5千克以上，其胸肉和腿肉更丰满。

2. 根据市场价格确定出栏时间　肉鸡的市场价格经常出现波动，甚至在较短的时间内就会有较大的价格差异。因此，如果价格处于上升期就可以多养几天，如果价格有下降趋势就可以提前几天出栏。

3. 根据生长规律确定出栏时间 肉鸡生产要充分利用其快速增重的阶段，在6周龄之前随着日龄的增加其日增重和耗料量都快速增加，是可以充分利用的阶段。进入7周龄后，尽管鸡的绝对增重依然保持在较高水平，但是其每千克的增重所消耗的饲料量会比此前显著增加，生产成本增高，屠体的脂肪含量也会增加。在生产中一般把出栏时间控制在40~45日龄。

雄性肉鸡通常到8周龄后其增重速度减缓，雌性肉鸡到7周龄后增重速度就减缓。因此，不同性别的肉鸡出栏时间也不同，但是很少会把出栏时间延长到50日龄。

此外，在近年来一些地方由于生产环境不理想，鸡群进入35日龄以后发病率和死亡率显著增高，而且没有有效的控制措施。对于这种情况，一般把出栏时间安排在35日龄。

（二）抓鸡与运输

1. 快大型肉仔鸡的捕捉 肉鸡出栏时要对其进行捕捉。捕捉时要减少对鸡只的应激和损伤。要尽量选在早晚光线较暗、夏季温度较低时进行，也可在白天将窗帘遮住并将室内灯光变暗，减少肉鸡的活动，有利于捕捉。

抓鸡前需要将舍内的喂饲设备和饮水设备升高或移出，既方便于抓鸡操作也有利于减少鸡的外伤（尤其是皮下瘀血）。抓鸡前应该先用隔网将部分鸡只围起来，可有效减少鸡只因惊吓拥挤造成踩压死亡。应该注意的是，用隔网围起鸡群的大小应视鸡舍温度和抓鸡人数多少而定。在鸡舍温度不高、抓鸡人数多时，鸡群可适当大一些，同时在操作时还须有专人不定时驱赶拥挤成堆的鸡群。在炎热季节，肉仔鸡出栏时，则要求所围的鸡群以200只左右为宜，应该力求所围起的鸡在10分钟左右捕捉完毕，以免鸡只因踩踏而窒息死亡。

抓鸡动作要轻柔而快捷，可以从鸡的后面握住双腿，倒提起轻轻放入鸡筐或周转笼中，严禁抓翅膀和提一条腿，以免出现骨折。肉仔鸡出栏时，每筐装鸡不可过多，以每只鸡都能卧下为宜。

肉鸡出栏前4~6小时停喂饲料，自由饮水。屠宰前的活鸡应来自非疫区，出售前要做产地检疫，按《畜禽产地检疫规范》（GB 16549—1996）标准进行。检疫合格肉鸡出具检疫证明方可上市，不合格肉鸡按《病害动物和病害动物产品生物安全处理规程》（GB 16548—2006）处理。

2. 快大型肉仔鸡的运输 它指肉仔鸡出栏时运送到屠宰场的过程。首先将鸡装筐，再小心地将鸡筐码放到运输车上，要求码放整齐，筐与筐之间扣紧扣死。待一整车装好后，用绳子将每一排鸡筐于运输车底部绑紧，以防止运输途中因颠簸而使鸡筐坠落。运输途中要防止淋雨，冬季注意保温。

九、白羽肉鸡后期死淘率偏高问题的分析

（一）问题表现

目前，在我国白羽快大型肉鸡生产中，鸡群的生长速度和饲料效率能够达到世界平均水平，而鸡群的成活率则相对较低。例如美国2010年肉鸡的出栏日龄为47日龄、平均体重2.56千克、饲料效率为1.96、鸡群死亡率为4%。我国的相应指标为42日龄、2.2千克、1.98和10%。鸡群死淘率偏高是很多肉鸡场面临的主要问题，而且鸡群的死淘主要发生在25日龄以后，生产条件良好的企业鸡群40日龄成活率能够达到95%左右，而条件较差的肉鸡场为85%左右，多数的肉鸡场的肉鸡成活率约为90%。一些肉鸡场由于考虑鸡群成活率的情况不得不在35日龄前后就提前出栏、屠宰。这种现象不仅导致肉鸡产品的质量安全问题，还浪费了种苗资源和优质分割产品的生产。

肉鸡生产中后期死亡的鸡只常常出现的是猝死，每天上、下午在鸡舍中都会发现有死亡的个体，很多个体在死亡前没有明显的症状表现；死亡个体既有体型大的也有体型中等或偏小的，没有明显差异；在鸡舍内没有发现明显的死亡区域分布特点。

这种情况在低温季节的表现比较严重，而在高温季节则相对较轻。如我们对6个肉鸡场的统计，12月和1月出栏鸡群的成活率平均为88.62%，6月和7月为93.75%。

（二）原因分析

从这些情况进行综合分析，导致养殖中后期肉鸡死淘率偏高的主要原因有以下几方面。

1. 疾病感染问题 根据我们对鸡群相关症状和病理变化的检查，推测有非高致病性禽流感、新城疫、大肠杆菌和败血支原体病的存在，而且更多的情况是混合感染。主要是感染禽流感H9毒株、新城疫和大肠杆菌。发生这种情况的鸡群一般有呼吸道啰音、咳嗽。

从病死鸡的病理剖检情况看，发现比较多的病理变化有：肠壁变薄、有出血斑块，支气管内有干酪样分泌物，心包炎、肝周炎和气囊炎的症状明显；肾脏肿大出血，腺胃出血，肌胃脂肪出血，肌胃角质层下出血，肠道黏膜出血，肺脏出血。

2. 鸡舍空气质量差 鸡群中后期死亡率增高的现象在低温季节表现得很严重，而且饲养人员的描述高度一致，即鸡舍内空气污浊、有害气体和粉尘含量超标，刚进入鸡舍有明显的不舒适感。我们在2010年12月中旬对3个存在问题的肉鸡场鸡舍空气进行测定，发现其中氨气含量分别为28.3毫克/升、32.8毫克/升和30.6毫克/升，远远超出一般要求的标准（<20毫克/升）。氨气含量高会

对肉鸡的眼结膜和呼吸道黏膜产生刺激，造成黏膜水肿，降低黏膜对病原微生物的抵抗力，一些在呼吸道黏膜上存在的病原微生物就会乘机进入黏膜下组织繁殖，引起鸡只发病。

3. 局部温度骤降的影响 尽管在一些肉鸡场使用了热风炉加热送风系统，但是鸡舍内的温度变化却控制得不理想。常见的问题是当启动排风机的时候，进风口附近的温度出现显著下降，尤其是当外界温度很低的情况下进行通风，鸡舍内的降温幅度更大。据我们于2010年12月中旬对一个肉鸡场的测定（鸡群为27日龄），上午10时外界温度为3℃，密闭式鸡舍内使用热风炉加热，距进风口5米、15米和25米处鸡舍中间部位距地面30厘米的温度分别为24.3℃、25.5℃和25.3℃。按照常规操作，打开2个直径1.0米的风机进行通风换气，开机后10分钟测定3个位置的温度，分别为15.5℃、16.9℃和18.3℃，分别降低8.8℃、8.6℃和7.0℃。短时间内较大幅度地降温会导致雏鸡受凉而发生感冒，降低抵抗力，诱发其他疾病或加重其他疾病的危害。

4. 饲养密度偏高 很多资料上介绍冬季鸡群饲养管理的措施有适当地提高饲养密度的情况，在实际生产中也确实有一些肉鸡场冬季鸡群的饲养密度偏大。据部分肉鸡场的生产资料显示，冬季35日龄白羽肉鸡的饲养密度为20只/米^2，按照爱拔益加公司的技术资料常规系的AA肉鸡符合这个密度标准，但是那是在环境条件控制良好的鸡舍制定的标准。对于国内大多数肉鸡舍的实际情况，这个饲养密度明显偏高。饲养密度大虽然能够增加鸡舍内鸡群的总产热量，但是会消耗更多的氧气，排出更多的二氧化碳、水汽、粪便，更容易导致鸡舍内空气质量的恶化。

5. 早期生长速度过快 肉鸡养殖场（户）为了使鸡只提前上市，不考虑实际生产条件存在的问题，在生产中不采取限饲措施，不限制光照，饲料营养浓度过高，导致早期生长速度过快。而早期生长过快容易引发腿病、猝死症、腹水症等代谢性疾病。

6. 用药导致肝肾损伤 根据对肉鸡群的观察，部分鸡没有前期症状，突然倒地抽搐而亡。剖检仅见肝脏肿大、瘀血、出血、个别出现肝脏被膜上有凝血块，肾脏肿胀，其他内脏无异常，产生的原因主要是肉鸡养殖过程中乱用药导致肝肾功能损伤引起死亡。

（三）应对措施

作为应对这一问题的措施，目前尚无可靠的方案，可以从以下几个方面入手。

1. 严格控制饲养密度 肉鸡3周龄、4周龄、5周龄、6周龄每平方米的饲养数量应分别控制在28只、22只、16只和12只。适当降低饲养密度可能会使一栋鸡舍每批出栏的肉鸡数量减少15%左右，总的销售收入会下降8%左右。但是，降低饲养密度使鸡群的成活率提高3%所带来的效益就足以弥补降低饲养密度所减少的销售收入。如果考虑到鸡群发病和死亡减少、药物使用减少、鸡肉质量安全水平得到提高，这样带来的间接或长远效益将会更大。

2. 合理通风并要防止通风造成的舍温突降 在冬季，肉鸡舍的保温和通风是一对矛盾，由于害怕鸡舍温度骤然下降而关闭门窗、风扇，结果造成鸡舍内有害气体含量偏高。当饲养员感觉不舒服的时候就打开门窗或风机进行通风，这时常常导致鸡舍内靠近进风口部位温度下降幅度过大，造成鸡只受凉、抵抗力下降，容易感染疾病或激发已有疾病的症状表现。

如何防止鸡舍通风造成的舍内局部降温过快问题，可以采取如下的措施，有些措施需要协同使用。

（1）使用热风炉向鸡舍内送热风。将热风进口设置在鸡舍的前部和中部，在鸡舍末端安装合适型号的风机（一般使用直径0.75～1.0米的轴流风机）用于排风，这样在风机启动后鸡舍前、中部的暖风在鸡舍内流动并最终排出，鸡身体周围都是暖空气。

（2）对进风口进行适当处理。在进风口内侧设置风斗，通风时凉风经过风斗被挡向鸡舍的中上部，与舍内原有空气混合后再流动到鸡舍其他部位，也可以防止肉鸡生活的部位温度下降幅度太大。如果能够对进风口处采取合适的加热方式，使进入鸡舍的空气经过适当加热则效果会更好。

（3）排风机逐渐开启。对于密闭式鸡舍平时可以打开1～2个风机用于维持舍内的通风，保持舍内空气的流动。需要加大通风量时要逐渐增加风机开启的数量，使鸡舍内的换气量逐渐加大，使舍内温度的下降幅度相对平缓。如果一次性打开风机数量多则会导致舍内温度下降幅度过大。

（4）平时通风要求。冬季通风时，结合外界气温情况鸡舍平时要打开若干个门窗和天窗，保持舍内空气的缓慢流动，防止有害气体的聚集而影响鸡的健康，只要能够在进风口合理设置风斗就能够防止局部降温的影响。

3. 合理使用抗菌药物 造成肉鸡中、后期死亡率偏高的细菌性疾病主要是大肠杆菌病，也有败血霉形体感染和曲霉菌病。这些疾病基本都属于条件性疾病，改善鸡舍内的环境条件如保持合适的温度、湿度、合理通风、降低空气中粉尘和有害气体含量、饲养密度适中，是减少这类疾病发生的重要条件。此外，合理使用药物进行预防也是非常必要的。目前，这方面的主要问题是用药不及时，当症状出现后才开始使用药物，其治疗效果不理想；使用的药物治疗不可靠也是重要原因之一，有的防治用药的有效成分含量不够甚至没有，虽然使用了药物却起不到任何防治效果而耽误病情；再者使用的药物对这些病原体的敏感性差，防治效果不佳。

从目前肉鸡生产中、后期死亡偏多这一情况看，细菌性疾病的问题持续存在，很多问题是初开始进行预防性用药时就没有发挥出药物的效果，造成以后这些病原菌在鸡体内长期存在和对机体进行侵袭。当在4周龄以后对病死鸡进行剖检，发现有大肠杆菌病或败血霉形体病、曲霉菌病的病理变化时已经失去治疗的最佳时机，再使用药物也难以消除已有的问题。

因此，在白羽快大型肉鸡生产中对于防治细菌性传染病的药物必须在15日龄之前要选准、用好，在早期就能够获得良好的防治效果，以后这些病原体的危害就会大大减轻。使用具有抗菌消炎作用的中草药进行日常性预防也有一定的辅助作用。

在临床用药过程中要注意合理用药，由于在饲养后期肉鸡的肝肾损伤比较严重，在用药时添加维生素C和保肝护肾的中药，能够减少因为肝肾损伤所导致的死亡率增加。

4. 合理接种疫苗 从生产中的问题看，中、后期白羽快大型肉鸡的死亡原因中新城疫和禽流感H9毒株感染也是不容忽视的问题，在有些肉鸡场甚至是主要问题。

对于这两种病毒性传染病的预防要在5~7日龄颈部皮下注射0.3毫升新城疫-禽流感（H9亚型SS株）二联灭活疫苗，18日龄前后用新城疫Ⅳ系饮水免疫。

5. 加强隔离和消毒管理 一些资料报道，野鸟是禽流感病毒（H9）的携带者，防止野鸟进入鸡舍是减少肉鸡群感染的重要措施。

合理的消毒措施在本问题的解决方面具有重要意义。对于已经发生过本问题的肉鸡场，必须采取“全进全出”的管理制度，在空舍期间要对鸡舍内外、建筑物表面、室外场地、道路、用具等进行全面彻底的消毒，有必要进行多次消毒，以尽可能清除环境中的病原体。在饲养管理过程中，定期进行带鸡消毒也是非常必要的。

6. 早期适当限光、限饲 肉用仔鸡在20日龄前采用限制光照时间，达到限制饲喂的目的。控制肉鸡早期生长速度可以降低肉鸡腹水综合征、猝死症、腿病等代谢病的发病率。因肉鸡具有补偿生长的潜力，早期限饲的肉鸡可以在后期得到补偿生长，并不影响相同年龄的上市体重，且能提高饲料转化率。

第九章　优质肉鸡生产

优质肉种鸡主要有两种，一是外来种与我国育成品种杂交，其后代的生长速度较快，中速型和快大型优质肉鸡都属于此类；二是利用我国的地方良种鸡进行选育形成的特优型肉鸡，其生长速度较慢。目前，优质肉鸡的羽毛颜色以黄色或麻色为主，少量为芦花羽色或黑色。部分地区使用肉用种公鸡与褐壳蛋鸡商品代母鸡杂交的后代（俗称“817”）鸡作为肉鸡饲养，也有人把其纳入优质肉鸡的范畴。

第一节　优质肉种鸡的饲养管理

由于不同品种的优质肉种鸡体形和生长速度差异很大，在种鸡的饲养管理过程中所采取的饲养管理措施也有所不同。

种鸡各饲养阶段的划分大致如下：育雏期（0～6 周龄）、育成期（7～20 周龄），21 周龄以后为繁殖期。

优质肉种鸡的饲养方式和饲养管理技术与蛋种鸡有很多相同的地方，这里以饲养较多的中速型优质肉鸡为例来介绍其特殊的饲养管理技术。

一、育雏期的饲养管理要点

目前，绝大多数的种鸡场都采用笼养育雏方式。

1. 公母分群饲养　优质肉种鸡的父系和母系通常是不同的品种或品系，其生产用途和生长速度也不同，所以肉种鸡在育雏期间要公母分群饲养，以达到各自的培育要求。为了能够准确区分其性别，可以在 1 日龄把公雏的冠剪掉。

2. 做好疫病防治　要做好鸡白痢、球虫病、呼吸道病的防治和免疫接种工作。尤其是一些种鸡场忽视鸡白痢的净化工作，白痢阳性率偏高，育雏期要做好预防和治疗。

3. 选择和淘汰　育雏结束时青年羽更换完成，此时要根据父系和母系各自的特征要求进行选择，淘汰体质差、发育不良、羽毛颜色不符合要求的个体。

二、育成期的饲养管理要点

1. 光照控制 光照制度对育成期种鸡的性成熟时间有很大影响。育成前期（12 周龄前）可以采用较长时间的光照，每天照明时间控制在 14 小时左右，育成后期（13 ~ 20 周龄）每天照明时间逐渐缩短，每天光照时间不超过 12 小时以抑制生殖器官发育，防止早熟。

2. 体重监测与调群 育成期至少每 2 周要称重 1 次，称重时间要固定，并做到随机抽样，抽样比例为公鸡 10%，母鸡 3% ~ 5%，逐只称重并做个体记录。然后计算平均重、标准差和均匀度。

称重后要及时按体重大小调整鸡群，让每个群内的个体大小、强弱相似，对体重偏大的要减少喂料量以减缓其生长速度，对体重小的要增加喂料量以使其增重速度适当加快，使全群内个体差异逐渐缩小并在后期达到一致，符合标准要求。以平均体重 ±10% 为限，均匀度应达到 85% 以上。

3. 合理限制饲养 优质肉种鸡在育成期（尤其是后期）体重容易偏大、体内脂肪容易较多沉积，如果不控制喂饲则会出现体重超标、腹部脂肪沉积过多的问题。

限饲方法一般采用每天限饲法。中等体型的优质肉种鸡育成前期每只鸡每天的喂饲量为 50 ~ 70 克，后期控制为 80 克，每天的饲料一次性喂给。小体型或大体型的优质肉种鸡则适当减少或增加日喂饲量。每天的饲料一次性喂给，以保证每只鸡都能吃到足够的饲料份额。

4. 控制饲料质量 优质肉种鸡育成期的饲料营养水平不宜高，适当增加饲料中糠麸的用量有助于提高其繁殖期的生产性能。但是，这主要是控制饲料中能量和蛋白质含量，复合维生素和微量元素添加剂按照正常用量添加。

5. 选择与淘汰 18 ~ 20 周龄鸡群成年羽更换完成，需要进行第 2 次选留。此次选留既要考虑公鸡的毛色、体型符合标准要求，又要选择体质健壮、冠鲜红、雄性特征明显、性刺激反射敏感的公鸡。此次选择按母鸡数量的 4% ~ 5% 留足种公鸡。

种公鸡与种母鸡可以同舍异笼饲养，以便于人工授精，也可单舍饲养。种公鸡要放入特制种公鸡笼内饲养，每个单笼 1 只。种公鸡的其他饲养管理要求可参照母鸡的规程进行。

6. 转群 如果采用两段式饲养则青年鸡转入产蛋鸡舍的时间为 10 周龄前后，如果采用三段式饲养则转群时间在 16 ~ 18 周龄。

7. 白痢净化 18 周龄对全部种鸡进行白痢净化，淘汰所有阳性个体。

三、繁殖期优质肉种鸡的饲养管理要点

繁殖期优质肉种鸡的环境条件控制、人工授精管理、卫生防疫要求可以参照蛋种鸡进行。

1. 饲料的要求 性成熟前7～10天或鸡群产蛋率达0.5%时，利用产蛋鸡饲料与育成期料各半混合后喂饲，产蛋率达5%以后完全更换为产蛋鸡饲料。产蛋期饲料分前期和后期两种。营养水平应参考育种公司提供的标准。前期料的蛋白质、复合维生素用量相对较高，后期料的钙、蛋氨酸含量较高。与蛋种鸡相比，优质肉种鸡的饲料能量水平稍高、蛋白质含量略低。

饲料要保持相对稳定，突然变更饲料容易导致鸡群的采食量和产蛋率下降。

饲料要新鲜，发霉变质、被污染和结块的饲料坚决不能使用。每周向料槽内添加1次不溶性石粒，石粒大小与绿豆或黄豆相似，每次按每只鸡10克添加。

2. 饲喂要求 每天喂饲次数为2～3次，第1次在早上开灯后进行，第2次在晚上关灯前4小时进行。每次喂料后30分钟要匀料1次，使每只鸡都能够采食到合适的饲料量；每天要保证鸡群把料槽内的饲料吃干净1次。

产蛋前、中期采用自由采食方式，产蛋后期由于鸡群产蛋率下降，需要适当限制采食量以防止母鸡过肥，一般在45周龄后按照产蛋率每降低2%，每只鸡每天的喂料量比上周减少1～2克，但是减少的总量不超过10克。我国鸡饲养标准（NY/T 33—2004）中对黄羽肉种鸡生长期体重与耗料量的推荐标准见表9－1。

表9－1 黄羽肉种鸡产蛋期体重与耗料量

周龄	体重/（克/只）	耗料量/（克/只）	累计耗料量/（千克/只）
21	1 780	616	616
22	1 860	644	1 260
24	2 030	700	1 960（2 660）
26	2 200	840	2 800（4 340）
28	2 280	910	3 710（6 160）
30	2 310	910	4 620（7 980）
32	2 330	889	5 509（9 758）
34	2 360	889	6 398（11 536）
36	2 390	875	7 273（13 286）
38	2 410	875	8 148（15 036）
40	2 440	854	9 002（16 744）

续表

周龄	体重/（克/只）	耗料量/（克/只）	累计耗料量/（千克/只）
42	2 460	854	9 856（18 452）
44	2 480	840	10 696（20 132）
46	2 500	840	11 536（21 812）
48	2 520	826	12 362（23 464）
50	2 540	826	13 188（25 116）
52	2 560	826	14 014（26 768）
54	2 580	805	14 819（28 378）
56	2 600	805	15 624（29 988）
58	2 620	805	16 429（31 598）
60	2 630	805	17 234（33 208）
62	2 640	805	18 039（34 418）
64	2 650	805	18 844（36 028）
66	2 660	805	19 649（37 638）

注：本表最后1列累计耗料量前面为原始数据，从24周龄开始计算是错误的，括号中为修正后的数据。

3. 及时催醒就巢母鸡 母鸡的就巢性因品种而不同，现代肉种鸡的就巢性很弱，而土种鸡的就巢性特别强，从而使产蛋量下降。现介绍几种催醒就巢母鸡的方法。

（1）物理方法：将抱窝鸡隔离到通风而明亮的地方，并给予物理因素的干扰，如用冷水泡脚、吊起一只脚、用鸡毛穿鼻孔等，数天之后即醒巢。

（2）化学方法：皮下注射1%的硫酸铜溶液，1毫升/只，据报道有效率可达70%以上；每千克体重注射12.5毫克的丙酸睾丸素，效果很好；喂服退热的复方阿司匹林（APC），大型母鸡每天2片，小型母鸡每天1片，连服3天左右，催醒率可达90%以上。

（3）育种方法：由于就巢性的遗传力很高，个体选育有效，容易通过选育减轻或失掉就巢性，如现代商品蛋鸡通过长期选育几乎没有就巢性。但有人指出不能完全清除就巢性。

第二节 商品优质肉鸡的饲养管理

不同类型优质肉鸡的饲养时期有差异，快大型的饲养期约8周，公、母鸡体重分别达到1.75千克和1.6千克，中速型的饲养期约11周，公、母鸡体重分别达到1.75千克和1.6千克，特优型的饲养期约17周，公、母鸡体重分别达到1.75千克和1.5千克。

1. 饲养方式

（1）地面平养：这是优质肉鸡生产中采用的主要饲养方式。缺点是地面环境差，球虫病、细菌性疾病发生率高，药费高，劳动强度大，房舍利用率低。

地面平养方式，常常在鸡舍的南侧设置室外运动场，3周后的鸡在天气晴好、温暖无风的时候可以到室外运动场活动或喂饲。这对于提高肉鸡的健康和肉的品质具有很好的效果。

（2）网上平养：网上平养的优点是减少了鸡与粪接触的机会，切断了球虫卵囊的循环感染，球虫病及其他环境性疾病发生率低，降低了生产成本。在生产中，有的鸡场采用地面平养和网上平养相结合的方式，4周龄前在地面平养，4周龄后网上平养。

（3）笼养：采用肉鸡饲养笼进行饲养。在实践中有些场采用平养与笼养相结合，即4周龄前平养，4周龄后转入育肥笼中饲养。

2. 喂料 选择适合本品种鸡群生长需要的全价配合饲料。除第1周定时喂饲外，优质肉仔鸡的喂料原则是敞开饲喂，自由采食。要求有足够的采食位置，使所有鸡能同时吃到饲料。

3. 合适的饲养密度 合适的饲养密度是保证优质肉鸡健康和生长良好的重要条件。不同的品种类型和饲养方式对饲养密度的要求也不一样。以中速型优质肉鸡为例，其合适的饲养密度见表9－2。

表9－2 中速型优质肉鸡饲养密度参考表（只/米^2）

周龄	1	2	3～4	5～6	7～8	9～10	11～出栏
地面平养	40	32	25	20	15	12	9
网上平养	48	40	30	24	20	15	11
笼　养	55	50	40	30	26	20	15

对于速生型优质肉鸡的饲养密度可以在中速型的基础上降低15%左右，特优型优质肉鸡则可以提高10%左右。

4. 采用“全进全出”的饲养制度

“全进全出”就是在同一鸡场或养殖小区内只进同一批雏、饲养同一日龄的鸡，同时进雏、同时出栏销售。出场后彻底打扫、清洗、消毒，切断病原的循环感染。

5. 断喙 优质肉鸡如果采用舍内饲养（包括平养和笼养）很容易发生啄癖，

断喙则能减少损失。但是，断喙的优质肉鸡市场销售价格偏低。因此，饲养者需要权衡利弊。如果断喙则可以参照蛋鸡育雏阶段的断喙方法。

如果采用室外放养或设计有室外运动场的鸡舍，让鸡群能够有一定的时间到室外运动，同时能够补充一些青绿饲料、满足其沙浴习性，则很少发生啄癖，可以不进行断喙处理。

6. 鸡群的室外活动 地面平养鸡舍（包括有些网上平养鸡舍）可以在鸡舍的南侧设置室外运动场，让20日龄以后的鸡群在天气晴好、温暖无风时到室外活动，以增强体质、提高外观质量。

7. 提高产品合格率的措施 优质肉鸡在大多数情况下是以活鸡的形式出售，鸡的外观质量对销售价格会有很大影响，因此提高鸡的合格率是提高生产效益的关键措施。做好前述的饲养管理工作是提高产品合格率的基础，但还要从以下几方面做好工作。

（1）搞好免疫接种，培养健康鸡群：在优质肉仔鸡饲养中，除做好常规免疫接种外，1日龄要接种马立克疫苗，原因是优质肉仔鸡饲养期相对较长，注射马立克疫苗可以预防马立克病的发生，提高成活率，从而提高屠体品质。任何疾病的发生都会使鸡的精神状态不佳，如鸡冠小而且发黄、发白或发紫，羽毛散乱。

（2）公母分群饲养：由于公、母鸡在生理机能上存在较大差异，对生活条件的要求与反应也有差异。如公鸡骨架大，活泼好斗；母鸡少动，不善斗，采食力较差；公鸡生长速度快于母鸡，对饲料中的蛋白质和赖氨酸能很好利用，故饲料转化率较高；母鸡转化沉积脂肪的能力强，长羽快，而公鸡羽毛长速慢。试验表明，公、母鸡分开饲养既能节省饲料，又能提高生长速度、整齐度和产品合格率。

（3）提高鸡群发育整齐度：鸡群发育的整齐度是评价优质肉鸡质量的重要指标。在实际生产中需要采用分群饲养的措施，把体重大小、体质强弱不同的鸡挑开，让每个小群内的鸡体重和体质相似。这样做的目的是把体格相对较小、体质较弱的鸡集中单独饲养，加强管理，避免在大群饲养中出现吃不到料或吃剩料而导致的死淘率高、整齐度差等现象。如果有羽毛不全的鸡，也要挑出单独隔离饲养，并补充能促进羽毛生长的添加剂。

（4）减少药物残留：尽管优质肉仔鸡抗病力较强，但在环境条件差、管理水平低的情况下，同样会感染发病，用药治疗是普遍现象。在优质肉鸡生产中药物滥用现象比较多，这就要求作为一个生产经营者要有质量意识，只有高质量的产品才能拥有长期、大量的客户。不能使用违禁药品和添加剂，出栏前7～10天停止使用各种药物。

第十章 鸡场污物处理

当前，畜产品质量安全问题已经成为畜牧业发展的主题，而鸡群的健康直接关系到鸡肉和鸡蛋的质量安全。但是，从目前的生产现状看，环境污染是导致鸡群感染疾病的重要根源。因此，做好养鸡场的污物无害化处理、减少环境污染是解决禽产品质量安全问题的基础。鸡场内的污染物主要包括粪便、污水、病死鸡和孵化废弃物等。

第一节 粪便处理

鸡粪是养鸡场内主要的污染物和病原体的滋生场所，如果不能有效进行无害化处理则很容易造成鸡场的环境污染。据报道，鸡能够利用饲料中60%左右的干物质，其余40%左右则会变成粪便。1只成年鸡日均排泄鲜鸡粪约100克，其中含干物质约35克，1只蛋鸡1年大约能排鲜粪38千克，每只白羽肉鸡6周内能排鲜粪4千克。

鸡粪中含有丰富的营养，其中粗蛋白18.7%、脂肪2.5%、灰分13%、糖类11%、纤维7%，含氮2.34%、磷2.32%、钾0.83%。此外，饲料中所含的各种添加物如药物、砷、重金属等也会随粪便排出体外。另外，鸡粪中含有大量的微生物，包括以下病原微生物，当鸡群内存在患有传染病的鸡只的时候，鸡粪中病原微生物的含量会更高。如果鸡粪不能及时得到处理，其富含的各种有机或无机成分及微生物将会成为鸡场内主要的污染源。

养鸡场内鸡粪的处理包括以下环节：鸡粪的清理、鸡粪的堆放、鸡粪的发酵处理、烘干处理和专用有机肥生产。

一、鸡粪的清理

鸡粪不宜长期在鸡舍内积存，否则容易造成鸡舍内湿度和有害气体含量偏高，还有可能使空气中粉尘和微生物含量增高，影响鸡舍空气质量，进而影响鸡群的健康和生产性能。

目前，在规模化养鸡场基本上都采用了自动清粪系统，每天上、下午各进行一次清粪，缩短鸡粪在鸡舍内的积存时间，有助于保持良好的鸡舍内空气质量。但是，有的小规模养鸡场依然采用人工清粪方式，把鸡粪从鸡笼下刮到走道上，然后再装入粪车运到舍外粪场，这种清粪方式容易污染走道，污染工作人员的鞋子和其他接触地面的工具。有的肉鸡场采用地面垫料平养或网上平养方式，当鸡群出栏后（白羽肉鸡约需42天、优质肉鸡约需70天）才集中清理粪便或粪便与垫草的混合物，这种方式如果鸡舍通风不良很容易造成舍内空气质量恶化。

自动清粪系统将粪便从鸡舍内清理出来后集中到位于鸡舍末端之外的贮粪坑内，然后再装到专用粪车上运送到贮粪场存放。运送过程必须注意防止粪便洒落到道路上，减少环境污染。

鸡粪运送过程中存在的突出问题是在夏季，由于温度高、鸡群饮水量大、粪便比较稀，运送过程中稀粪容易洒落在地上，很难清理。

二、鸡粪的堆放

在鸡场内粪便应该在专门的贮粪场堆积存放，贮粪场离鸡舍的直线距离不能小于50米，能够防止粪便存放过程中被雨淋以及粪水向地下的渗漏。因此，贮粪场设计要对地面进行硬化处理，有专门的粪水蓄积池，要设置顶棚用于防止雨淋。

目前，很多鸡场内粪便的贮存期间是最容易造成污染的阶段，主要问题在于贮粪场地面没有进行防渗处理、上面没有顶棚，平时粪水渗入地下，雨后粪水到处流淌。

鸡粪在堆积过程中要设法降低其中的水分，使用玻璃钢屋顶以提高棚下温度并加强通风是增加水分蒸发量的重要措施；向含水量高的稀粪中添加切碎的作物秸秆也是降低含水量的有效措施。

鸡粪只有在含水量下降后才便于进一步的处理。

三、鸡粪发酵处理

1. 堆积发酵处理 堆积发酵是鸡粪传统的处理方法，也是目前应用最广的方法。

堆积发酵是将半干的鸡粪（也可以混入一些碎秸秆）在固定的场地堆积起来，体积可大可小，用草泥将粪堆的表面糊严进行厌氧发酵，经过3~5周的时间即可完成发酵过程。经过发酵的鸡粪其中的尿酸盐被分解、各种病原体被高温杀死、含水率也有所下降，可以作为优质的有机肥使用。

2. 槽内发酵 一些大型养鸡场设置有若干个专门的贮粪槽，用砖混结构并用水泥抹面，一端开放。高度约 1.5 米，宽度和长度各约 5 米和 20 米（可依据养殖规模而改变）。在一定时期内清理出的鸡粪集中存放到某一个贮粪槽内，如果粪便稀可以适当掺入碎秸秆，当一个贮粪槽装满后可以在表面覆盖塑料膜并用土将周边压实。经过 1 个月左右就能够达到发酵的目的。

有些发酵过程需要定期翻动堆积的粪便以利于全面接触氧气，提高有氧发酵效果，可以使用发酵物料翻动设备（见图 10－1）。

图 10－1 鸡粪发酵设备

3. 袋装发酵 一些小型养鸡场每天生产的鸡粪量较少，可以将含水率约 35% 的鸡粪（如果含水多可以用碎秸秆调整含水率）用塑料膜内衬完整的旧饲料袋装起来，将袋口抓紧，放置到专门的堆积棚下，经过 4 周左右的时间就能完成发酵过程。

四、烘干处理

烘干处理需要使用鸡粪烘干机，配套设备包括鸡粪烘干主机、热风炉、螺旋上料机、除尘器、除臭塔、控制操作台等。可以把高达 65% 含水量的粪便烘干到 13% 含水量的粪便。鸡粪烘干机运行的整个过程处于全封闭状态，既可以减少对环境的污染又可以起到节能环保的作用。

鸡粪烘干处理的成本相对较高，尤其是在高温季节鸡粪含水率超过 75% 的情况下处理很困难。从鸡粪无害化处理方面看，政府需要设立专项补助以促进鸡场开展鸡粪烘干处理；再者，在鸡粪含水率高的情况下需要进行预脱水处理以使待处理的鸡粪含水率降至 65% 以下。鸡粪烘干处理设备及工艺见图 10－2。

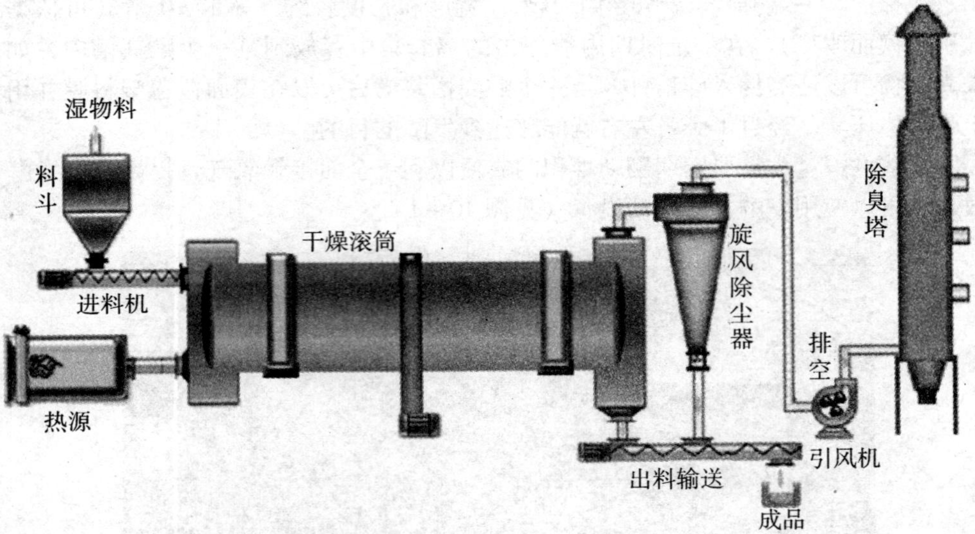

图 10－2　鸡粪烘干处理设备及工艺

五、专用有机肥生产

纯鸡粪有机肥是以鲜鸡粪为主要原料，经彻底去尘、净化、高温烘干、浓缩粉碎、消毒灭菌、分解去臭等工序，精制而成。也可以在加工过程中添加一些微量元素用于生产专用肥。

第二节　污水处理

养鸡场的污水产生量相对较小，来自鸡舍内的污水需要通过专用污水管道集中到离场区较远的污水处理池内。污水池内的水经过多重沉淀、过滤，可以用于农田灌溉。

对于鸡场内的污水问题，更重要的是要将雨水与污水分离，雨水排放管道要单独设置，防止雨水进入污水管道而造成污水溢出或污水量大增。

一些鸡场利用生产污水进行沼气化处理，但是常常遇到一些技术问题，如粪水中氮含量偏高而碳含量偏低，需要人为调节（会明显增加成本）；粪水产量少且季节性产量差异大（非雨季和高温季节的污水产生很少）等。很难保证沼气发生设施的正常运行，因此在鸡场内一般不建设沼气池。一般中小型养鸡场产生的污水量很少，不能满足沼气生产需要，只有在大型养鸡场内污水产生量较多的情况下才进行沼气生产。

第三节　死鸡和孵化废弃物处理

一、病死鸡的处理

在养鸡场内出现死鸡是不可避免的事情，当前国内蛋鸡产蛋斯每个月的死亡率大约为0.8%，一个存栏5万只成年鸡的规模化蛋鸡场，每个月可能有400只左右的死鸡，其中因病死亡的约占70%，即有280只左右是因病死亡的。肉鸡42日龄出栏时成活率约90%，与感染传染病有关而死亡的约占80%，一个年出栏50万只的规模化肉鸡场在一年中死亡的肉鸡有5万只，其中医病死亡的约4万只。

鸡场内病死的鸡只体内可能含有较多的病原体，如果不及时进行无害化处理则会成为重要的疾病传染源。

病死鸡要严格按照《病害动物和病害动物产品生物安全处理规程》（GB 16548—2006）规定进行运送、销毁及无害化处理，处理的全过程均应有专人负责，并如实、规范填写《病死畜禽无害化处理表》以备查。

目前，病死鸡的无害化处理主要有消毒后深埋、高温处理和发酵处理等。

1. 消毒后深埋　一个鸡场应该有专门的病死鸡深埋场所，该场所与生产区要保持足够的距离并且处于鸡场规划区的下风向，多数位于鸡场的污物处理区内。有的鸡场发现死鸡后在场内随地挖坑掩埋，会对鸡场内环境造成广泛的污染。

埋鸡的专用坑深度不应小于3米，直径约1米。使用前先在坑底铺一层生石灰，以后每天上、下午各收集一次死鸡，在填埋坑附近置一大盆或砌一消毒池，将死鸡在其中的消毒药中浸泡30分钟左右再捞出丢入坑内，当死鸡填埋厚度约0.7米时撒一层生石灰并覆盖厚度约30厘米的土，之后继续填入死鸡。

当死鸡填埋到距离坑口约1米的时候，撒上生石灰并用土将坑填平。

一个鸡场可以陆续挖多个填埋坑使用。

填埋坑使用期间要在其上面搭设防雨棚用于防止雨水进入坑内，同时要求坑口比附近地面高出35厘米以避免雨后的雨水灌入坑内。

2. 高温处理　病死鸡经过高温处理后其所携带的各种病原体都会被高温杀死，不再成为鸡场内的传染源，是无害化处理的重要方法。

（1）焚烧处理：使用专用的焚尸炉，每天根据病死鸡的数量分次将其投入到焚尸炉内，在尸体上洒一些燃油，在下面的燃料炉内加上木材并点燃后将病死鸡的尸体焚烧成灰。这种方法常常由于使用燃料不足而留下没有烧尽的死鸡尸体需要进一步处理，同时焚烧过程产生的烟雾也对环境有污染。

（2）煮熟处理：对于规模较小的鸡场，每天死亡的鸡只数量不多，可以在鸡场的一角搭建棚舍饲养几头猪，在猪圈旁设一炉灶并放置一个大锅，每天将死鸡收集后丢入锅内加水后煮沸1个小时，待放凉后与饲料一起喂猪。采用这种方法要注意，不能等到鸡只尸体有腐烂迹象时才煮沸，应该在鸡只刚死或濒死的时候丢入沸水锅内。

（3）高温高压处理：在一些大型养鸡企业集团，有专门的死鸡处理厂，每天收集各个分场（小区）的死鸡，运送到死鸡处理厂集中投入高温高压炉内，经过高温高压处理把病原体杀灭，脱去水分的同时死鸡体内脂肪融化后分离处理成为“禽油”，固体部分干燥并粉碎成为“禽副产品粉”，两者都可以作为饲料原料使用。

3. 发酵处理 发酵是利用微生物对死鸡进行生物学处理，通过微生物的活动使被发酵物料的温度升高以杀灭其中的病原体。

（1）发酵罐处理：发酵罐用玻璃钢制成，高度约3米、直径约1.2米、罐口直径约50厘米并带有密封盖。发酵罐约3/4的部分埋在地下，其余1/4露出地面并在周围封土。

每天及时将死鸡投入发酵罐内，投入后将盖封严，当投入的死鸡尸体达到发酵罐深度的3/4时将罐盖密闭，经过3个月左右的时间发酵，罐内只剩下骨骼。取出后消毒，发酵罐可以继续使用。注意罐内不要加消毒药。

（2）混合发酵：在肉鸡场内的污物处理区挖深约2米、宽约2米、长度5~10米的深坑，先在坑底铺一层切碎的草秸，然后铺一层死鸡，死鸡上面铺一层更换出的垫草，这样一层死鸡一层垫草交替铺设。当距坑沿30厘米左右的时候再用垫草铺平，在垫草上面垫上一层30厘米厚的土，经过2~3个月的发酵就能够杀灭病原体。发酵后的物料可以用作有机肥。

也可以将发酵坑做成半地下形式或全地上形式。

二、孵化废弃物的处理

孵化废弃物主要有未受精蛋、死胚蛋（毛蛋）和蛋壳等。

未受精蛋主要用于食用，一般情况下孵化10天内拣出的未受精蛋的食用价值较高，如果是孵化后期拣出的未受精蛋其蛋白质会发生变性而影响加工，口感也差。

死胚蛋在一些地方也常常被食用，但应注意卫生，避免腐败物质及细菌造成的中毒。一般来说，不建议食用死胚蛋，因为造成死胚蛋的原因很复杂，其中有一些是因为感染所造成的，这样的死胚蛋食用是不安全的。死胚蛋一般是经高温消毒、干燥处理后，制成粉状饲料利用。由于孵化废弃物中含有大量蛋壳，故其钙含量非常高，因而在利用孵化废弃物时应注意。

蛋壳可以使用磷酸进行处理，获得磷酸钙作为饲料中的钙源。对于大型孵化场需要对蛋壳收集后集中处理（图 10－3）。

图 10－3 孵化厂的碎蛋壳集中装车待运

第十一章　鸡场经营与管理

第一节　概　　述

经营管理水平对一个养鸡场的生产和经营效益影响很大，也是衡量一个养鸡场综合水平的重要尺度。

一、鸡场经营管理的职能

鸡场经营管理职能包括以下五个方面的内容。

1. 企业发展战略职能　企业发展战略管理主要研究企业作为整体的功能与责任、所面临的机会与风险，重点讨论企业经营中所涉及的跨越如营销、技术、组织、财务等职能领域的综合性决策问题。作为一个养鸡企业所面临的经营环境是一个非常复杂的环境，需要与很多部门和人员打交道，如土地管理、税务、环保、畜牧局等政府职能部门，还有附近村镇和其他企业等。影响这个环境的因素多、变化快，而且竞争激烈。在这样一个环境里，企业欲求长期稳定的生存与发展，就必须高瞻远瞩，审时度势，随机应变，科学制定企业的发展战略。经营管理的战略职能包括经营环境分析、制定战略目标、选择战略重点、制定战略方针和对策、制定战略实施规划。

企业发展战略管理的核心是对企业现在及未来的整体经营活动实行战略性的管理，是一项涉及企业所有部门以及所有相关因素的管理活动，是一种关系企业长远生存与发展的管理，它必须由企业的高层领导推动方能顺利进行。例如，一个鸡场如何确定下一年的生产规模、鸡群周转、产品营销、资金筹措、关键问题的解决、争取政府扶持等涉及企业发展的核心问题，必须由鸡场的领导层经过认真磋商后才能确定。

企业发展战略管理的目标是使企业内部因素与外部环境因素相适应，从而实现企业的目标。而企业的外部环境因素是不断发生变化的，所以企业发展战略管理活动也必须时时随之调整。

企业发展战略规划不可能面面俱到，在某个时期要有该时期的战略重点，否则企业发展战略目标的实施就要打折扣；战略重点表现为集中优势打歼灭战，即采取重点针对性措施，实行资源重点配置，组织重点保证，行动重点推进，以实现企业的突破性发展。如当前的肉鸡生产企业如何解决好30日龄后鸡群死亡率偏高的问题、如何解决好生产中药物残留的问题等，这些问题很可能是关系到企业能否顺利发展的关键。

2. 企业生产经营决策职能　企业在市场中能生存多久，能在经营之路上走多远，能否最终在所在产业中形成独特的竞争优势，无不取决于企业在每一个战略期内所做出的战略选择是否科学、是否正确。决策正确，企业的优势能够得到充分的发挥，扬长避短，在风险经营环境中以独特的经营方式取得压倒的优势；决策失误，将使企业长期陷于困境之中。如在蛋鸡生产中，要学会分析市场变化信息，要科学预测未来几个月或1年的市场蛋价变化，并依此决定今后一段时期鸡群的淘汰时间、育雏时间和数量等。例如在2011年10月就要能够预测到2012年上半年鸡蛋价格偏低、下半年鸡蛋价格偏高的市场规律，把产蛋鸡群的淘汰放在2011年10～12月（这个时期淘汰鸡的价格较高），把育雏放在2012年1～2月，使得雏鸡达到开产日龄时为6～7月。实践证明，如果这样做了，鸡场就会获得很好的收益，否则就会出现亏损。

美国管理学家西蒙将企业经营决策分为三个步骤，第一步提出决策目标；第二步拟订多种可行方案；第三步分析、比较各种可行方案，从中选出最合适的方案。首先，决策是为了达到组织的某一既定目标，没有目标就无从决策，作为鸡场的经营目标就是获得最佳效益；其次，决策是在一定的条件下寻求实现目标的较为满意的方案，要获得最佳效益就需要在生产经营方案中包含如何使产品销售价格最高化、生产成本最低化、鸡群生产性能最佳化；最后，决策必须进行多方案的优选，通过多方案对比就会使决策更科学。

对于企业来讲，需要做出的决策主要有：经营战略与目标决策、市场营销决策、新产品开发与老产品淘汰决策、技术开发与投资决策、成本决策、生产计划决策、价格决策、经营方式选择及人事决策等。

3. 企业经营的开发职能　经营管理的开发职能的重点在于产品的开发、市场的开发、技术的开发和能力的开发。产品的开发是企业不断发展的动力，按照市场需求生产适销对路的产品才能保证企业的顺利运行，如在华南地区优质型肉鸡的市场需求远远大于白羽肉鸡，而且对优质肉鸡的羽毛颜色、鸡冠大小都有特殊的要求，这些年来一些企业培育的优质肉鸡在当地市场备受青睐，养殖企业也获得了较好的效益。一些产品也需要通过宣传来开拓其消费市场，为企业提供更高的发展平台。企业要在激烈的市场竞争中稳操胜券，就必须拥有第一流的人才、第一流的技术、制造第一流的产品、具有第一流的市场竞争力。只有企业在技术、人才、产品、服务、市场适应性方面都出类拔萃，企业才能在瞬息万变的市场竞争中得心应手，应付自如。

4. 企业经营的财务职能 财务职能集中表现为资金筹措职能、资金运用职能、增殖价值分配职能以及经营分析职能。企业经营的战略职能、决策职能、开发职能，都必须以财务职能为基础，并通过财务职能做出最终的评价。

5. 公共关系职能 企业同它赖以存在的社会经济系统的诸环节保持协调，这种同外部环境保持协调的职能，被称为社会关系职能或公共关系职能。也有的认为公共关系职能是指以优化公众环境，树立组织形象为任务的一种传播沟通职能。即运用各种传播、沟通的手段去影响公众的观点、态度和行为，争取公众舆论的理解和支持，为组织的生存和发展创造良好的社会环境。作为养鸡场在处理公共关系问题时就要注意设法使企业的优势和特色让更多的人知道，使问题尽可能地减少。

公共关系的内容包括：企业与投资者的关系、与往来厂商的关系、与竞争者的关系、与顾客的关系、与职工的关系、与地区社会居民的关系、与政府机关的关系。所有这些关系都会直接或间接地影响企业的生产经营过程和效果。

二、经营管理的原则

根据相关文献介绍，经营管理要遵从以下 6 项原则。

（一）有关目标的原则

经营管理的目标不是支配，而是以满足劳资双方为优先，使得企业和员工对工作和报酬都乐于接受。也就是说，双方设定统一的目标，这样才能使员工充分发挥劳动的积极性，才能使企业获取更高的效益。

（二）命令一元化原则

在原则上，一位职员只接受一位上司的命令，如饲养员只需要听从技术员的要求、技术员需要听从技术场长的要求。为了避免复数命令造成混乱局面，这是绝对必要的。不过在特殊条件下，可以打破这项原则。

（三）管理幅度原则

它也称为“管理范围”，即每个管理人员所管理的人数皆有一定限度。在蛋鸡场内一个区长（育雏育成区、产蛋区等），所管理的饲养员数量为 15 ~ 25 人，一个技术场长管理的技术人员数量为 4 ~ 6 人，一个总经理管理的业务场长数量为 3 ~ 5 人。不过，根据鸡场的生产规模、自动化程度等情况可弹性增减。

（四）管理层次原则

管理阶层愈短愈好。如果拉得过长，不但命令传到低层需要浪费较多的时间，且内容亦有可能被误读。一个肉鸡场可能只有一个场长、2 ~ 4 个技术员作为管理者。技术员可以直接负责若干个鸡舍。

（五）权限委让原则

权责对等，工作与权限有密不可分的关系。把工作交给部属时，必须连同权限一起委让。也就是不同的管理层要有各自的权责，管理者能够实施自己的权责。

（六）目标管理原则

各级管理者必须自己设定生产或经营目标，或与上司一起设定目标。目标的设定要科学合理，既不能超出实际也不能低于一般标准，兼顾到企业和管理人员、基层工作人员的利益。

第二节　养鸡场人员管理

人力资源管理，就是指运用现代化的科学方法，对与一定物力相结合的人力进行合理的培训、组织和调配，使人力、物力经常保持最佳比例，同时对人的思想、心理和行为进行恰当的诱导、控制和协调，充分发挥人的主观能动性，使人尽其才，事得其人，人事相宜，以实现组织目标。

一、人员选用与培训

（一）人员选用

在选人的过程中，要求企业管理者要尽可能以平和的心态，立足于企业的未来发展来进行人才的识别和引进。选人要与具体工作任务以及工作任务的发展相结合，合理确定工作任务对人之专长的需求。

1. 企业选人的原则

（1）界定企业对人员的需求：企业的管理者要清楚自己选人的真正需求是什么，选什么样的人。一般来说，鸡场人员包括场长、业务场长、技术员、办公室人员和饲养员等。在选用人才的时候既要考虑解决好技术和管理方面的人才需求，也要考虑基层工作者的素质和能力。

（2）考察对方素质及应聘目的：在工作中，一个人的品德要比其专业能力更重要，要了解一个人的人品可以通过与他（她）接触较多的单位和人员了解；同时还要仔细查明，对方看中你的是薪水还是你这个企业的前途，还是把应聘的岗位作为一个临时性的谋生台阶。尤其是对于关键岗位的技术人员，如生产场长、兽医等。

（3）查验对方的实际能力：实际工作能力是一个人价值的真正体现，选人时需要根据其应聘岗位分别确认。譬如技术场长人选，除了专业学历以外，一定要了解他以前工作的经历和成绩，离开原单位的原因，他本人对技术场长岗位的观点以及某些成功的案例。对经营场长人选，除了要看他的理论素养和实践能力以外，还要看他的综合协调能力、跟上下级的沟通能力以及带领队伍的能力。

(4) 敢于授权并给予一定的配合：新上任的管理者，要明确其管理职责和权限，需要根据企业发展战略和岗位职责而推出新的改革措施，而改革往往会触及一些既得利益者，如果改革方向是正确的就要给予坚定的支持，树立其职业威信，推动企业的管理和经营向前迈进。

(5) 判断人才素质需要时间：作为一个新来的应聘者，需要有一定的时间了解企业内部和外部的情况，对于自己提出的改革措施也需要一定的时间去落实，其工作成效也需要经过一个周期才能体现出来。不能因为一时一事的具体情况去认定其素质和能力。

2. 企业选人的步骤

(1) 分析企业的人才需求：在企业生产经营的现实需求和发展战略指导下，对公司现有人员进行分析，对需要配备的人员进行统计与预测。人员的层次不同，招聘要点也应有所不同。从事体力劳动的人员，往往更看中薪水；而以脑力劳动为主的知识型员工和公司的中高级管理人才，可能会把个人能力展示和未来发展作为应聘的关键。因此，企业在招聘人员的时候要针对不同岗位从不同侧面考察人选。

(2) 制定完整的招聘说明书：说明书中要明确所招聘的岗位及此岗位的职责、权限及任职资格要求等，这是保证公司招到合适人才的基础，让应聘者知道这个岗位是干什么的、有什么要求、自己能否胜任等。说明该岗位的待遇构成，让应聘者提前考虑这个岗位是否符合自己的薪资愿望。

(3) 进行有效面试：对于应聘资料要进行初步筛选，把不合格的简历排除掉。设计面试问题及评价表格，选择面试人员。针对不同的应聘人员要设置不同的面试人。在面试时要注意以下几个问题：首先是应聘人的道德品质。没有好品质，就不可能干好工作。其次要考虑应聘人的能力是否能胜任所聘岗位。

(4) 聘用：对聘用人员要进行入职培训，让他们明确公司的具体情况、工作任务、岗位职责、薪酬等，使入聘者能够及早融入企业。对于重要岗位人员一般要有试用期，在试用期内有关部门和人员要进行跟踪考核，并及时与用人部门进行沟通，了解其工作情况并给予及时的指导。

(二) 员工培训

员工培训是指一定组织为开展业务及培育人才的需要，采用各种方式对员工进行有目的、有计划的培养和训练的管理活动，其目标是使员工不断地更新知识、开拓技能，改进员工的动机、态度和行为，使企业适应新的发展要求。员工培训应当有明确的针对性，从实际工作的需要出发，与职位特点紧密结合，与培训对象的年龄、知识结构、能力结构、思想状况紧密结合，目的在于通过培训让员工掌握必要的技能以完成规定的工作，最终为提高企业的经济效益服务。只有这样培训才能收到实效，才能提高工作效率。

员工培训包括技能培训和素质培训。技能培训是企业针对岗位的需求，对员工进行的岗位能力培训。员工素质培训是企业对员工素质方面的要求，主要有心理素质、个人工作态度、工作习惯等的素质培训。要强化对员工的企业理念培训以培养员工的主人翁意识。只有员工不断调整自己，与企业经营目标、发展方向、发展规划等企业理念保持高度一致的同时，员工才可能视企业为家，才可能产生强烈的主人翁意识，从而保持对工作更高的责任感与主人翁心态，才能为公司做出更大的奉献，产生更大的利润。

培训效果的检查标准主要通过以下几个方面来评价：员工知识的增加度、员工技能的提升度、员工态度的转变度和员工行为的改变度以及企业效益的增加度等。

二、劳动定额

劳动定额是指在一定的生产和技术条件下，生产合格的单位产品或完成一定工作量应该消耗的劳动量（一般用劳动或工作时间来表示）标准或在单位时间内生产产品或完成工作量的标准。它是计算完成单位合格产品或单位工作量所需人工的依据。如在一个蛋鸡场内一个饲养员可以饲养多少只产蛋鸡，既能保证其不过于劳累也不过于清闲，又能保证各个生产环节能够按照标准落实。

现代化生产要求把每个人的活动在时间和空间上协调起来，缩短生产周期，对完成每件产品或每项工作有严格的时间要求。企业有了先进合理的劳动定额，才能合理配备劳动力，保证生产协调地进行。如在蛋种鸡生产中如何对喂饲、清粪、收拣鸡蛋、人工授精等工作合理有序地进行安排。

劳动定额是实行全面经济核算和完善经济责任制的工具，是核算和比较人们在生产中的劳动消耗和劳动成果的标准。贯彻劳动定额、提高定额的完成率，就意味着降低产品中活劳动的消耗，节省人力，增加生产。通过劳动定额核算和准确地规定包干基数和分成比例，把生产任务层层分解落实到车间、班组和个人，明确和检查督促所承担的经济责任，有利于完善和推行企业经营责任制。

劳动定额是衡量劳动者在生产中付出劳动量和贡献大小的尺度。在评定职工工资时，除技术业务能力外，完成定额的程度是评定条件之一。有先进合理的劳动定额，就可以核算劳动者的劳动数量和质量，保证一定量的劳动领取一定量的报酬。

三、提高劳动积极性

企业管理者要专注于用人之长，在用人过程中尤其要充分发挥员工的专长，并根据有关变化及时调整，动态地实现人的专长能力与工作任务的合理匹配。

（一）影响工作积极性的因素

1. 领导态度与方法的影响 领导是员工工作指令的来源，也是员工工作业绩的主要评价者，领导与员工之间的互动对员工的工作态度起着非常重要的影响。若要有效地提高员工的工作积极性，则要求领导者应该恩威并重，公平、公正地对待下属。同时，领导者需要敏锐地洞察下属的情绪状态，了解其心理状态并适当地满足其合理的需求，这也是有效地提高其积极性的重要方法。

2. 工作岗位特点的影响 同一件工作对于不同价值取向的员工来说，意义是不同的。这就要求管理者有能力分辨出员工的价值取向，分配恰当的工作，以有效地提高员工的工作积极性。

3. 激励机制的影响 恰当的激励对于提高员工的工作积极性有着不可忽视的作用。激励从不同的角度可以分为奖励和惩罚、物质激励与精神激励。激励又分为静态激励和动态激励，静态激励就是企业的奖罚制度，例如奖金制度、处罚条例等，这是基本的激励；动态激励就是指管理的领导者根据阶段的变化和环境的要求以及下属员工的实际情况等做出的具有激励作用的决定，而这个激励又是最关键的，是激励的核心所在。

（二）合理的奖惩措施

合理进行奖惩是企业人员管理的重要措施，奖惩要分明、措施要让人信服。

1. 奖励条件 符合奖励的条件有：维护企业荣誉，重视企业利益，有具体事迹者；工作成效突出，对企业确有重大贡献者；对生产技术或管理制度，提出具体改进方案或合理化建议，采纳后具有成效者；积极参与企业组织的集体活动，表现优秀者；以企业名义在市级以上刊物发表文章，为扩大企业在行业中影响做出贡献者；具有其他特殊功绩或优良行为，经部门负责人呈报上级考核通过者。

2. 惩罚条件 惩罚的条件有：违法犯罪，触犯刑律者；利用企业名义在外招摇撞骗，牟取非法利益，致使公司名誉受损者；贪污挪用公款或盗窃、蓄意损害公司或他人财物者；泄露科研、生产、业务机密者；工作时间内打架斗殴、喝酒肇事妨害生产秩序者；妨碍现场工作秩序或违反安全规定措施者；管理和监督人员未认真履行职责，造成损失者；遗失经济管理的重要文件、物件和工具，浪费公物者；因疏忽导致设施设备或物品材料遭受损害或伤及他人者；拒不接受领导建议批评者；无故不参加公司安排的课程培训者；玩忽职守或有违反公司其他规章制度的行为者。

（三）合理设置绩效考核机制

合理有效的竞争奖励机制，能够大大刺激员工对工作的积极性和责任心，使其能够提高工作效率，为企业创造更大的经济效益。

要想保证员工尽职尽责，首先对业务流程、服务流程和管理流程等所有工作流程要科学设计，从流程上确保工作质量。只有流程上科学合理，才能高效。

对员工按照流程和标准进行要求，而要求的内容就是制度。制度是从物质上、精神上等多方面约束，是强迫员工按照流程标准尽职尽责工作的手段。企业要通过制度，让员工明白违反流程、不尽职的后果。

监管是管理工作所必需的机制，监管分传统人力上的监管和技术上的监管，随着工作复杂程度的提升，技术监管也越来越重要。制度是死的、是条文性的东西，有了制度没有人监管，等于没有制度。监管者首先自己要遵守应该遵守的制度，其次还要破除情面、不徇私情进行监管，监管同样需要智慧、需要原则性和灵活性相结合。

奖励能使员工看到自己的成就，赢得尊重、信任和社会地位。奖励包括物质奖励和精神奖励。物质奖励包括企业股权、期权、工资、奖金和各种公共福利等，它决定着人们的基本需要满足情况；同时，员工收入及居住条件也影响其社会地位、社会交往，甚至还影响其学习、文化娱乐等精神需要的满足状况。精神奖励包括对于成效的认可、表彰、授予称号、提级升职等，它可以激发起员工工作的积极性和创造性。奖励的方式可以多种多样，可依据员工取得的工作成效和他们对不同需求的程度而定。物质奖励与精神奖励结合起来，只有这样才能发挥最大的效用。

第三节　养鸡场管理

一、生产管理制度

（一）制定生产管理制度的原则

企业管理制度是企业员工在企业生产经营活动中须共同遵守的规定和准则的总称。它作为员工行为规范的模式，能使员工个人的活动得以合理进行，同时又成为维护员工共同利益的一种强制手段。因此，企业各项管理制度，是企业进行正常经营管理所必需的，它是一种强有力的保证。各项制度的制定和形成要把握和遵循的若干原则如下：

1. 适用性原则　制定的制度要从企业的实际出发，根据本企业的规模、业务特点、行业类型、技术特性及管理沟通的需要等方面综合考虑，制度要体现企业特点，保证制度具有可行性、适用性。

2. 科学性原则　制定制度应遵从客观规律，将管理引向科学、理性、规范的轨道，实现管理的稳定性和有效性。制度的制定要体现制度严谨、公正及高度的制约性、严肃性，同时要考虑人性的特点，避免不近情、不合理等情况出现。

3. 必要性原则 制定制度要从需要出发，必要的制度一个都不能少，不必要的制度一个也不可要。如在企业中的一些非正式行为规范或习惯能很好发挥作用的前提下，就没有必要制定类似内容的行为规范，以免伤害企业组织成员的自尊心和工作热情。

4. 合法性原则 制定的制度内容应与国家、政府相关的法律、法令、法规保持一定程度的一致性，绝不可以相违背。因为法律是全社会范围内约束个人和团体行为的基本规范，是企业组织正常生存发展的基本条件和保证，制定制度时切不可忽视这一方面，应予以重视。

5. 完整性原则 企业制度要完整，因为企业的管理制度是一个体系，制度内容要求全面、系统、配套。也就是说，要考虑周密，不能疏忽大意，出现漏失或衔接不当，更不能有前后矛盾或相互重复、要求不一的情况。

（二）生产管理制度介绍

1. 种蛋库的管理制度

（1）种蛋库管理员应切实履行岗位职责，积极认真地完成本职工作。

（2）除种蛋库工作人员外，其他人员未经许可不准进入。

（3）种蛋应在收集后立即进行熏蒸消毒方可入库，入库必须认真检查，不符合要求的蛋（破蛋、畸形蛋、软壳蛋等）需要单独存放。入库时应认真登记基本信息（包括生产日期、本批数量、品种、鸡舍号）。

（4）种蛋保存温度为 15 ~16 ℃。保存时间若超过 1 周，温度以 12 ℃为宜。

（5）种蛋库内空气相对湿度保持为 70% ~80%。

（6）种蛋保存时间以不超过 5 天为宜。若保存时间超过 1 周则每天应翻蛋 1 次。

（7）入库种蛋按标识存放并核实数量，种蛋入库、出库必须有详细记录。

（8）保持种蛋库内的整洁，种蛋库每间隔 2 天消毒 1 次，其他工具用品每周转 1 次要及时进行消毒。

2. 养殖场车辆消毒制度

（1）未经允许外来车辆禁止进入场内，进入场内的车辆必须经过严格消毒。

（2）进入生产区的车辆应经过车辆消毒间进行全面消毒。使用门框型雾化消毒系统，雾化喷头应能对车辆进行全方位消毒。

（3）消毒池长度大于汽车轮周长，消毒池内消毒液的深度不小于 10 厘米，消毒液定期更换或补充。

（4）运送饲料、药品的车辆最好固定，进入场内同样要进行消毒；场区内转运鸡的车辆、清粪车辆应专用并在使用前后进行消毒。

3. 门卫管理制度

（1）严格执行员工进出场管理制度，坚持原则，一视同仁，按制度办事。

（2）劝阻无关人员和车辆进入场内，需要进入场内的人员和车辆要经领导批示，对外来人员及车辆进行登记并对所有进入场内的车辆进行消毒。

（3）对工作认真负责，工作时间不干私活、不喝酒、不抽烟、不打瞌睡、不玩手机。

（4）物资出厂要一律凭证，并检查物、证是否相符。

（5）做好安全保卫工作，夜间必须定时巡查，发现安全隐患，及时采取补救措施，保证安全生产。

（6）保持门卫周围清洁卫生。

（7）做好工作情况登记和交接班记录。

4. 人员更衣消毒室管理制度

（1）消毒室由专职管理人员负责管理，对进入生产区的人员消毒工作进行监督，所有进入生产区的人员必须经过消毒。自觉维护消毒室的清洁卫生。

（2）所有进入生产区的人员必须遵守防疫制度，在更衣、消毒、淋浴后，穿上专用的工作衣帽和鞋子方可进入生产区。消毒室内严禁逆行。

（3）定期检修消毒室的各种设备，保证其正常运行。

（4）消毒室内的公用物品如浴巾、香皂、洗发精等物品，不得带出消毒室。

（5）所有职工的工作服、大衣、胶鞋、拖鞋、浴巾必须按编号放置在专用的柜子中，不得混用。个人的贵重物品不得放在消毒室柜子中，以防丢失。

（6）工作服按照要求定期进行洗涤、消毒和晾晒。该工作由专人负责。

（7）消毒溶液定期更换，保证其消毒效果；保持更衣消毒室的清洁卫生。

（8）不得在消毒更衣室内从事无关事项。

5. 兽医室管理制度

（1）兽医室人员要具有相应的从业资格。

（2）卫生防疫用品和用具的购置、保管和使用要按照规定落实并有详细记录。

（3）负责本场的鸡群免疫程序制定、落实和监督，做好抗体监测工作；指导药物使用工作。

（4）负责本场卫生防疫制度的建设、执行和监督工作，指导各生产环节的消毒工作。

（5）负责病鸡的诊断与无害化处理。

（6）各种物品、药品、试剂按照要求分类存放，抗原、菌株要保存在专门的容器中。

（7）每天对兽医室进行消毒，尤其是在处理病死鸡或其他病料之后要及时进行消毒，防止病原扩散。

（8）遵守国家畜牧兽医法规中的相关规定，严禁使用违禁药品和从事违法行为，遵守重大疫情上报制度。

（9）加强自身安全防护。

（10）做好各项工作记录。

6. 养鸡场隔离制度

（1）在思想上一定要有养殖“全程独立”的概念，隔离从开始到结束，来不得半点马虎。

（2）对外来人员的隔离，在养殖场周围除了必要的净道和污道的门口之外，要有能够阻挡人员和大的野生动物出入的篱笆等作为防护屏障。

（3）减少养殖过程中的一切对外交往，每一次外出购物、残鸡处理、清运鸡粪、垫辅料等都是有风险的。

（4）必要的散装料车进入鸡场要经过严格的冲刷消毒，尤其是轮胎和底盘的消毒，司机原则上不允许随便下车。

（5）在养殖过程中遇有特殊情况需要外出的，如采购药物、疫苗、生活用品等，回来后要经过严格的更衣、沐浴消毒手续才能允许再次进入生产区，正常情况下可联系供应商送货上门。

（6）在养殖区内定期灭鼠、灭蝇。在鸡舍通风窗上安装防止野鸟进入的铁丝网，必要的警卫用的家犬要拴养或圈养，不能到处乱跑，更不能喂食病死鸡。

（7）饲养人员不能相互串舍，鸡舍门口必须设消毒盆以供进入鸡舍的必要消毒之用。

（8）各个鸡舍内日常所用的工具要严格管理、配套使用，不能相互转借。

（9）通过政府干预或依照《中华人民共和国畜牧法》的相关规定，禁止在鸡场周围1～2 千米发展同类养殖场或相关的养殖场（养猪场、养鸭场、蛋鸡养殖场）、屠宰场等。

（10）在养殖过程中应谢绝同行业组织的参观、考察和访问。一切观摩活动可安排在出栏过程中或出栏后进行，有条件的养殖场也可以设置并安装鸡舍内监控系统。

7. 生产区卫生制度

（1）严格遵守生物安全消毒隔离制度。人员进入生产区，必须按照消毒通道操作规程消毒。

（2）在进鸡后卫生区每天早上 8：00 打扫一次，并定期喷洒消毒水。

（3）严禁在鸡舍周围堆放废料，脏的开食纸、油纸、彩条布以及垃圾等必须放到指定地点。

（4）严禁在鸡舍周围乱扔或堆放死鸡。

（5）严禁在生产区乱倒饭菜，洗刷餐具时必须将剩余饭菜倒在指定地点再洗刷。违者将罚款处理。

（6）养殖区内禁止养猫、狗等宠物。

（7）随时清除场内杂草和积水坑，防止蚊蝇滋生。

（8）场区严禁购买、带入和食用任何外来禽类制品。

8. 鸡舍卫生制度

（1）保持操作间、值班室内整齐干净。

（2）保持整栋鸡舍卫生干净，育雏间前后不准堆放死鸡、闲杂物品等。

（3）鸡舍门前设脚踏消毒盆，消毒液必须按要求配制，保持药液的有效浓度，每天更换，特殊情况下，根据污染程度可随时更换。工作人员进入鸡舍前必须洗手、脚踏消毒盆，穿工作服、工作鞋。

（4）由操作间进入舍内网架前要执行换鞋制度。

（5）饮水器每加 1 次水要洗刷 1 次，保持开食纸干净干燥。

（6）水线高度合理，定期冲洗，确保不漏水，料线不漏料。

（7）定期清理散热器上的灰尘，确保不漏水，能正常使用。

（8）严禁将生活区穿用的鞋、衣穿入鸡舍。

（9）饲养人员严禁串舍，饲养工具及设备都必须固定，专舍专用。如确需在舍内使用的工具，须经严格消毒后方可入舍。

（10）严格执行免疫程序。

（11）按时、如实填写各项记录，并能严格执行公司有关肉鸡饲养规定。

（12）认真按饲养管理手册中的指导要求，掌握舍内温度、湿度、光照、通风等养殖管理要点，创造一个有利于鸡只快速生长和健康发育的优良环境；通风良好，无异味，舍内温度、湿度适宜。

（13）注意观察鸡群情况，将弱、残鸡单独隔离饲喂，发现病情后立即报告，经保健中心确诊后方可用药。

（14）发现死鸡及时拣出，确保架上无死鸡，架下无活鸡。

9. 肉鸡场药品使用管理制度

（1）所有养殖场必须使用经国务院兽医行政管理部门批准的、注册过的兽药。

（2）不得使用国务院兽医行政管理部门规定的禁用药品、激素类药、原料药、人用药等。

（3）不得在饲料里面直接添加任何兽药原料药和其他禁用药品。

（4）所用药品必须符合对外出口的“肯定列表制度”上的规定，或符合出口地兽医行政管理部门的规定。“肯定列表制度”是指日本为加强食品（包括可食用农产品）中农业化学品（包括农药、兽药和饲料添加剂）残留管理而制定的一项新制度。日本“肯定列表制度”涉及的农业化学品残留限量包括“沿用原限量标准而未重新制定暂定限量标准”“暂定标准”“禁用物质”“豁免物质”和“一律标准”五大类型。

（5）必须按照药物所规定的保质期、休药期和剂量使用，饮水给药将全天药量集中1～2次饮完。宰前14天停止使用任何抗生素类药物。

（6）由质控中心对新购药物进行检测，并定期对库存药物进行检测，看所使用的药物是否符合药物标准，不符合要求的要反馈，禁止入库和使用，并勒令退货。

（7）由质控中心对每批鸡出栏前3天抽样检测药物残留，对超出最大残留限值的鸡群，要追溯到位，并启动纠偏计划进行纠偏处理。

（8）对于过期药物、疫苗等要求清晰标识，按要求分开存放，并上报主管兽医和兽医总监鉴定认可后选择合适地点焚烧处理，并详细填写纠偏计划表。

（9）所用药物要做翔实准确的记录。

（10）对药物、疫苗等存放要符合该药物、疫苗等说明书上的贮存要求，不同类型的分开放置，先用有效期短的，后用有效期长的，并由有资质的专职人员负责，防止失效。特别是活疫苗至少要每天检查一次，并记录贮存温度；油苗至少每周检查1次，确保疫苗质量。冷冻室内经常冻有足够的冰块，以备停电后制冷用。

（11）对于兽用药及消毒药品包装要集中密封保存，统一按照国家有关规定焚烧处理；对活疫苗瓶经现场消毒后焚烧处理；对于灭鼠药包装及剩余药饵要选择安全地点焚烧处理。

（12）称、兑药所用的电子计量器要调试准确。

（13）填写质量记录表。

10. 饲料车间管理制度

（1）严把原料入库关，拒绝接受霉变、劣质、含水量大、杂质多的原料入库。

（2）保持原料的合理存量，协助供销部门制订采购计划。

（3）坚持“先进库、先出库”的原则。原料和成品饲料要分类存放，摆放整齐，标识清晰。

（4）保持库房内阴凉、干燥，经常检查库存原料质量，发现变质情况立即上报主管领导，及时采取措施。

（5）饲料加工严格按照饲料配方进行加工，确保饲料配比准确、混合均匀。

（6）按照规定填报入库单据、账表，严格出入库手续，饲料出库要填写相应表单；做到账目清晰，账实相符，日结算，月盘点。

（7）保持库房卫生整洁，及时回收包装袋。

（8）做好安全防范工作，防火、防盗、防虫、防鼠、防漏雨。

（9）工作人员要认真负责，因为工作疏忽而造成原料、饲料损失或者丢失者，责令追回损失，并给予经济处罚。

（10）饲料原料和添加剂要来自正规生产企业，禁止使用违禁添加剂。饲料原料、添加剂的购买和使用要有完整的记录。

11. 物品仓库管理制度

（1）仓管人员要熟悉业务，对岗位工作认真负责，热情服务。

（2）仓管人员要严格执行入库手续，所有物品进仓库时及时入账。仓管人员要核实数量、规格、种类是否与货单一致，并准确登记。

（3）库房内的物品应分类摆放整齐，并设物料卡，标识要清楚。

（4）物品出库数量要准确，仓管人员应按审核无误的领料单和“先进先出”的原则发料。做好记录，不可漏出库、多出库，领用人要签字。仓管人员要妥善保管好原始凭证、账本以及各类文件。

（5）为使仓库存货账单与实际相符，所有物品应凭单下账，不跨月记账，必须做好日常盘点和月末盘点工作。

（6）仓管人员要随时了解仓库的储备情况，避免物品浪费或缺少的现象发生。

（7）仓管人员还要做好防火、防盗、防潮、防腐工作，保障仓库和物资财产的安全。并保持库内清洁、整齐、卫生、空气流通；定期检查存货，防止存货变质。并定期上报不合格的存货资料，根据有关规定及时处理。及时维修损坏的物品。

（8）严禁无关人员进入仓库，严禁在仓库内吸烟、用火和乱接电器。上下班前还应做好门、窗、电、水的开关工作。

（9）仓管人员如不履行自己的职责，对公司财产造成的损失，公司有权追究其经济责任；情况严重的，应追究其法律责任。

（10）仓管人员调动或离职前，首先办理账目移交手续，要求逐项核对点收；如有短缺，必须限期查清，方可移交，移交双方及上级主管人员必须签字确认。

二、生产操作规程

操作规程，一般是指有关职能部门为保证本部门的生产、工作能够安全、稳定、有效运转而制定的，相关人员在操作设备或办理业务时必须遵循的程序或步骤。这里介绍鸡场中部分生产环节的操作规程供借鉴。

（一）产蛋鸡舍人工喂料操作规程

（1）饲养人员要有责任心。

（2）每次喂料时间相对固定，如需调整应逐渐进行。

（3）让鸡将饲料吃干净后再加料，避免挑食；每天净槽1次。

（4）喂料时要快而均匀。

（5）当鸡采食20分钟后要匀料。

（6）每次喂料前要提前准备饲料，合理分配每次喂料的量。

（7）减少饲料的浪费。

（8）注意饲料的保质期。

（9）记录鸡群每天的采食总量和平均采食量、饲料的类型。

（10）每天清理1次料槽，每周对料槽消毒1次。

（二）肌内或皮下注射免疫操作规程

（1）皮下注射一般接种部位是颈部背侧，常用于雏鸡的接种；肌内注射接种部位一般为胸部或腿部外侧，多用于青年鸡和成年鸡的接种。

（2）注射器械的消毒。免疫前，将注射器、针头、胶管用75%的乙醇浸泡消毒30分钟，然后用蒸馏水或凉开水冲洗干净。

（3）校正剂量。校准注射器，保证注射量与免疫剂量一致。

（4）疫苗使用前要检查是否有异常。如果出现异常坚决不能使用。

（5）活疫苗按照使用说明进行稀释。灭活疫苗使用前要让其温度自然升至室温（约25 ℃），并摇匀。

（6）皮下注射时用左手将雏鸡颈部背侧皮肤提起，将针头刺入皮下约1厘米，注入合适剂量的疫苗。

（7）肌内注射：胸肌注射时针头与胸肌成20度角斜插入胸肌约1厘米深（防止针头刺入腹腔或胸腔），注入疫苗；腿肌注射选择大腿外侧，针头与腿肌成20度角斜插入约1厘米（防止刺到骨膜），注入疫苗。

（8）需要紧急预防接种时应先接种健康鸡群，再接种假定健康群，最后接种有病的鸡群。

（9）健康鸡群接种过程中每接种100只鸡要更换1个新的针头，如果是紧急接种则不能让健康鸡和疑似病鸡、病鸡混用针头。

（10）接种完成后要将所用器械进行清洗消毒，疫苗瓶及其未用完的疫苗也要做消毒处理。

（三）饮水免疫操作规程

1. 确保疫苗质量　要到正规部门购买疫苗，使用前仔细阅读说明书中的使用方法。弱毒疫苗如新城疫、法氏囊弱毒冻干疫苗等适合于饮水免疫。用前检查疫苗有无异常，性状异常的不能使用。

2. 饮水器的用前处理　饮用疫苗时，使用真空饮水器一定要确保数量充足，并清洗干净，不能残留消毒液和清洁剂；如果使用乳头式饮水器时，放出水箱里的水，要把整个供水系统用清水全面清洗干净。

3. 疫苗的稀释用水　要选用深井水或凉开水，水中不能含有氯、锌、铜等离子。

4. 疫苗的使用剂量　一般剂量的3～4倍。

5. 疫苗的稀释

（1）稀释疫苗用水量的控制原则：配制疫苗时要正确计算好鸡只的饮水量，疫苗水能够供鸡群饮用30分钟左右。7～10日龄雏鸡，饮水量为5～6毫升/只，30～35日龄雏鸡饮水量为10～15毫升/只。

（2）使用疫苗时在稀释液里加入0.1%～0.3%的脱脂奶粉，脱脂奶粉可使小于病毒粒子的乳蛋白分子逐个将病毒粒子包裹起来，保护病毒粒子，以避免遭受有害因素的破坏。

6. 断水时间的控制　根据不同的季节、饲料等方面的情况确定断水时间。一般来说夏季2小时，冬季3小时。

7. 饮水免疫注意事项

（1）免疫前后1天不进行饮水消毒，饲料加入倍量的多种维生素，尤其是维生素A、维生素E及维生素C。

（2）饮水免疫前后应减少鸡群应激，适当采取降低应激的一些有效措施。

（3）夏季饮水免疫要注意避开中午高温时段。

（4）可以在饮水中添加食用色素以便于检查鸡只饮用疫苗水的情况。

（四）蛋种鸡人工授精操作规程

（1）授精前一天将授精器具清洗干净，做好标记放于授精器具室。集精杯、试管可多备几个。

（2）14:30到指定地点集合，取自己的授精器具检查后开始套滴管，装好后放入托盘中用纱布覆盖，15:00开始人工授精。

（3）采精注意事项：

1）严格剔除含粪、尿、血、尿酸盐、黄色黏稠物等污染物的精液。

2）采精员保持稳定，采精时环境应安静。

3）隔日采精，采精时按摩时间不宜过长，捏挤不应用力过大。

4）从采精到输精完毕不要超过30分钟，采精量每次2～3毫升。

5）严禁粗暴对待种公鸡。

（4）输精注意事项：

1）翻肛人员的右手抓母鸡膝关节上部，尽量靠近腹部，有利于腹压的产生。

2）翻肛时切勿用力过大，减少脱肛鸡只，让母鸡自然回笼，以免精液挤压出阴道。

3）抓鸡以尾巴与笼门在同一平面为准。

4）翻出的阴道与泄殖腔呈同心圆，阴道口位于正中间，阴道壁稍稍高于泄殖腔即可。

5）给母鸡腹部施加压力时，一定要着力于腹部左侧。

6）大拇指掌握阴道口翻出的方向，用手指去捋，不用指甲去抠，切忌用力。

7）食指与拇指呈平行状在泄殖腔口的上下边缘，且两指不要碰摸阴道。

8）严禁粗暴对待鸡只，翻不出来时不要硬翻。

9）每只鸡输入 0.025 ~0.03 毫升原精液：输精深度为滴管插入深度 2 厘米。

（5）授精结束后将授精器具清洗干净后送入授精器具室。

（五）肉鸡出栏操作规程

（1）根据出栏计划，提前 3 天做好本场的用料计划。

（2）提前报质控中心，质控中心进行抽样检测并根据饲养总报表确定产品放行，并填写合格毛鸡鉴定放行单。

（3）提前检查，铺修场区及场门口的道路，以保证出栏时运输车辆的畅通。

（4）出栏前 1 天，召开全场员工会议，安排出栏的具体工作，并责任到人。

（5）抓鸡前 5 ~6 小时不再往料斗加料，前端料斗去掉，要求把料线内的料转空，并升料线到 1.5 米高处（特别注意鸡舍靠边上两条料线）。

（6）为便于抓鸡，从鸡舍中间纵向用平网分成两大栏，操作时为避免惊群关中间两路灯。

（7）抓鸡前 1 小时停水，水线提升至 1.5 米以上。

（8）抓鸡开始，适当关灯或减光，用周转筐或围栏把每栏鸡圈成小群，网片上放置垫板。负责赶鸡的人员防止鸡群挤压，并监督抓鸡人员的动作行为，监视每个筐的装鸡数量（7 ~8 只 / 筐）。

（9）抓鸡人员要双手抱鸡，或提鸡腿，严禁抓鸡翅，轻抓轻放，盖好筐盖。装好的鸡筐不准放在网架上，必须放在垫板上或走道楼板上。

（10）监督装车，搬筐要两手平端鸡筐，动作不能粗暴。

（11）监督装好车后，用绳固定牢鸡筐，及时运送到屠宰场，并且每车进出屠宰场要严格用合适剂量的消毒液喷淋消毒 2 分钟。

（12）出栏结束后，整理报表、票据，3 天以内上交肉鸡部核算员及统计，计算出成本情况。

（13）注意事项：

1）合理安排剩余饲料，准确把握断料时间。

2）水线升高水平一致，不能高低不等。

3）炎热季节要把已出栏鸡舍的窗户及时封闭，并对已装车的鸡只及时采取洒水等防暑降温措施，到达屠宰场后停站在风扇下或阴凉处。寒冷冬季要对毛鸡运输车采取保温措施（两侧和前面加保温布），以防冻伤。

4）监督过磅，处理好善后工作。

5）出栏最后把场内的活鸡必须全部拉走。

（14）做好质量记录，如实填写肉鸡饲养周报表、车辆进出场消毒记录表、饲料使用记录表、肉鸡部培训记录、抓鸡伤残记录。

（六）鸡舍风机的使用规程

（1）使用风机之前，检查各接线端是否接触良好、检查风机正反转、电机是否正常、检查皮带的松紧度（用手在皮带中部推进以皮带被压下 10 ~ 15 毫米为宜）、扇叶与周边是否有摩擦、风机轴承是否正常、护网是否完整、检查电动机的接零保护是否良好。

（2）查看排风扇的百叶是否能正常打开，如打不开应立即查找原因，待百叶维修好后才可以运转，防止打坏风扇叶。百叶清洗时应先打开铁网用干布擦干净然后把铁网用螺钉固定好，确认没有异常才可以使用。

（3）风机控制盘分操作间控制盘和鸡舍后控制盘，在启动风机前，一定保证后面没有人员，注意人身安全。

（4）风机通风量从进鸡到出栏，数量在增加，有时需要有计时器，不允许对风机采取不同程度的阻拦，以免折断扇叶或烧毁电动机。

三、制定岗位责任制

鸡场内不同的岗位有不同的职责，某个特定岗位的工作人员必须了解本岗位的职责才能更好地履行职责，才能保证工作的顺利进行。

（一）养鸡场场长岗位职责

（1）负责制定鸡场各项规章制度和生产操作规程并监督执行。

（2）为各个鸡舍确定负责人和岗位职责。

（3）为各个岗位、车间、库房确定负责人和岗位职责。

（4）熟悉本场生产计划，了解各个岗位的工作情况。

（5）指导各岗位负责人开展工作。

（6）做好员工的思想工作，调动员工的工作积极性，提高员工的责任意识。

（7）指导做好生产档案的记录、分析和存放工作。

（8）监督各种物品购买、保管、使用和后续处理工作的执行情况。

（9）监督有关技术规程的执行情况。

（10）处理好与外界有关部门和人员的关系。

（11）认真学习畜牧兽医相关法规，做到依法经营。

（二）养鸡场技术场长岗位职责

（1）协助场长制定各生产环节的规章制度和生产操作规程并监督执行。

（2）协调鸡场内各个生产技术部门和岗位之间的工作。

（3）加强学习，不断提高自身业务与管理素质。

（4）审阅当天各项生产记录，及时发现问题，提醒有关人员注意。

（5）定期对员工进行技术培训，不断提高员工专业素质。

（6）定期检查各个生产技术岗位工作执行情况。

（7）及时向场长提出生产与管理方面的改进建议，不断提高企业生产管理水平。

（8）每天检查生产记录表，了解各个鸡舍的生产状态，判断生产效果，及早发现存在的问题，对鸡舍负责人提出工作建议。

（9）对生产投入品的购买、使用提出建议。

（三）成年种鸡舍负责人岗位职责

（1）熟悉本鸡舍鸡群的基本情况，了解不同阶段种鸡群饲养管理和卫生防疫工作要点。

（2）合理分配本鸡舍人员的工作，做好协调，指导饲养员实施生产管理操作并定期检查执行情况。

（3）直接参与鸡群的饲养管理和卫生防疫工作，为其他饲养员起示范作用。

（4）定时观察鸡群和生产设备运行情况，发现问题及时解决或上报。

（5）及时、如实填写生产记录表，按时报送鸡场技术负责人。

（6）定期检查鸡舍的各项安全状态，保证安全生产。

（7）及时向有关部门提出生产改进建议，促进全场工作的协调开展。

（8）认真落实和检查各项生产环节的管理要求，保证生产指标的落实。

（9）按照要求落实人工授精工作，保证种蛋受精率符合标准。

（四）育雏室技术负责人岗位职责

（1）对工作要有高度的责任心，能够把主要精力用于生产管理。

（2）要熟悉育雏生产管理规程，保证各项生产措施落到实处。

（3）合理安排人员值班，尤其是夜间值班，定时检查值班工作情况。

（4）亲自操作并指导饲养员给雏鸡喂饲、饮水，检查雏鸡采食情况。

（5）及时检查鸡舍内的环境条件（尤其是温度）是否适宜，必要时及时进行调整。

（6）及时观察雏鸡群的精神状态、粪便情况、行为表现以了解雏鸡群是否存在健康问题，如有问题及时上报。

（7）按照技术场长的要求，及时为雏鸡群接种疫苗，保证疫苗的接种效果。

（8）协助技术员检查鸡群状态。

（9）与饲养员一起做好育雏室的日常卫生工作。

（10）负责填写育雏工作记录表。

（11）根据育雏时间及时调整鸡群饲养密度，按照雏鸡发育情况及时调整鸡群并调整喂饲情况，做好弱雏复壮工作。

（12）按照技术员要求和使用说明保证必要药物的合理使用。

（13）对于病雏、弱雏要按照要求进行治疗，死雏要按照无害化处理规定进行处理。

（五）鸡场兽医负责人岗位职责

（1）要有专科以上学历，能够经常学习专业知识和技能，熟悉专业知识，熟练掌握专业技能。

（2）经常保持与外界的联系，及时了解当前鸡病的发生与流行动态，为本场防疫提供参考。

（3）把好药物、疫苗购入与使用关，做好药品与疫苗的保存工作。

（4）指导有关岗位人员做好车辆、人员、鸡舍、道路、场地、物品的消毒工作。

（5）指导相关人员做好疫苗的接种工作，确保接种质量。

（6）每次接种疫苗后及时检测抗体水平，每个鸡群每个月也要检测1次，了解疫苗的接种效果和确定下次的接种时间。

（7）指导饲养员的药物使用。

（8）定期为鸡场员工开展技术培训，提高员工专业素质。

（9）每天了解各个鸡群的健康状况，对病死鸡要及时进行诊断，及时提出防范措施。

（10）监督病死鸡的无害化处理，防止病原扩散。

（11）对于外售产品按照要求做好检疫工作。

（12）做好各项卫生防疫记录。

（六）饲养员岗位职责

（1）坚守岗位，不得擅自离岗，有事请假，工作人员调休必须调整适当，不得影响正常工作。

（2）定时巡回检查鸡舍，观察鸡群，检查设施。认真观察有无异常现象，采食饮水是否正常，避免鸡群应激。

（3）工作人员不得擅自带外来人员进入鸡舍和放养区，不准在值班室留宿。

（4）及时报告饲料使用情况，提前准备次日所有饲料。

（5）积极配合检验检疫人员和公司实施日常监管和抽样工作。

（6）每天如实填写各项记录，保证各项记录符合公司和其他管理和检验检疫机构的要求。

（7）每天做好生产和生活场所的卫生工作，保持鸡料槽、饮水器、鸡舍等清洁。

（8）按时做好鸡舍和周围环境的消毒工作。生产区1周消毒1次，工作区和周围环境两周彻底消毒1次。

（9）每天按时喂料、供水、开关灯、清粪、通风。

（10）密切关注天气预报，及早防范高温和下雨等恶劣天气，遇到恶劣天气不放牧，但要做好通风、保温、防暑等工作。坚持每周带鸡喷雾消毒两次，但避免在免疫的当天和次日进行。

（11）鸡有精神状态不佳或其他不良症状时，要及时报告技术员，病死鸡不得随意乱扔，须按照技术员要求或条例规定进行处理。

（12）防止活体媒介和中间宿主与鸡群接触。如搞好卫生，消灭蚊蝇滋生地，设置捕鼠工具并经常检查，禁止猫、狗进入鸡场等。

（13）认真学习养殖理论知识和基本饲养技术，不断地提高饲养技能。服从场区经理调遣和技术员饲养管理安排，遵守各项管理制度。

（七）免疫人员岗位职责

（1）严格按照孵化厂免疫程序做好免疫工作。

（2）免疫器械定时消毒，并检查运行是否正常。

（3）配制疫苗前所有用具需用蒸馏水刷干净。

（4）将稀释好的疫苗液放在装好冰块的盘中，放在冰块中稀释的疫苗须在半小时内用完。

（5）使用时要随时注意容器内或管内疫苗的量不得有中断的情形发生，并需随时轻微振荡疫苗，以防止疫苗发生沉淀。

（6）稀释疫苗时需根据疫苗说明书要求操作。

四、生产档案管理

建立养殖档案是落实畜禽产品质量责任追究制度、保障畜禽产品质量的重要基础，是加强畜禽养殖场管理、建立和完善动物标识及疫病可追溯体系的基本手段。通过建立养殖档案加强畜禽养殖管理，有利于规范畜牧业生产行为，依法科学使用饲料、兽药，切实保障畜禽产品质量和安全；有利于改善养殖条件，健全档案记录制度，有效防控重大动物疫病；有利于引导散养农户向规模化、规范化方向发展，加快畜牧生产方式转变，建设现代化畜牧业。因此，农业部也有专门文件要求加强养殖场档案管理。养鸡场档案主要有以下几项内容。

1. 养鸡场管理档案　包括养鸡场名称，养鸡的种类，动物防疫合格证编号，种畜禽生产经营许可证编号，养鸡场生产计划及养鸡场平面图等。

2. 养鸡场免疫程序　根据当地动物疫病流行情况和养鸡场动物疫病监测情况科学制定本场的免疫程序。不同阶段、不同鸡群的免疫程序都要单独记录。

3. 生产记录　包括鸡群饲养圈、舍、栏的编号或名称，出生、调入、调出和死亡淘汰的时间、数量、存栏数，产蛋数量、产蛋率、蛋重、破蛋率、种蛋合格率、种蛋受精率，料蛋比、料肉比等。

4. 饲料、饲料添加剂和兽药使用情况　主要填写饲料、饲料添加剂和兽药的名称、生产厂家、批号或加工日期、进货时间、进货渠道、开始使用时间、用量、停止使用时间等。

5. 消毒记录　主要填写消毒日期、消毒场所、消毒药名称、用药剂量、消毒方法及操作的人员等。

6. 免疫记录　主要填写免疫的时间、圈舍号、存栏数量、免疫数量、疫苗名称、疫苗批号、免疫方法、免疫剂量及免疫操作人员。

7. 诊疗记录　包括诊疗的时间、圈舍号、鸡只的日龄、发病数量、发病原因、诊疗人员、用药的名称、用药的方法及诊疗的结果等。

8. 防疫监测记录　主要填写采样日期、圈舍号、采样数量、监测项目、监测单位、监测结果及处理的情况等。

9. 病死鸡无害化处理记录　包括病死鸡处理的日期、数量、死亡原因、处理时间、处理方法、操作人员等。

10. 种禽个体养殖档案　该档案主要针对有种禽养殖的场。

11. 产品销售记录　主要包括肉鸡、种蛋、商品蛋、淘汰鸡的销售时间、数量、去向等。

12. 从业人员档案　要求记录从业人员的姓名、年龄、性别、学历或职称、资格证书情况、工作岗位、劳动合同、健康证等。

第四节　养鸡产品经营

一、无公害与绿色产品生产

推广无公害农产品生产技术、发展无公害畜产品生产，是提高畜产品质量、增强畜产品市场竞争力的有效技术手段，是保障人民群众身体健康和生命安全的有效技术措施，是促进养鸡业可持续发展的技术保障。推广无公害畜产品生产技术，着力发展无公害畜产品生产，对主要畜产品和养殖投入品及生产环境在养殖生产的产前、产中、产后按无公害技术标准进行全程质量控制，有利于消费者身体健康；有利于促进畜产品市场竞争，有利于出口创汇和增加农民收入，有利于保护生态环境、维护生态平衡，有利于开发无公害畜产品名优品牌和绿色食品品牌、提高农业经济效益。

（一）基本概念

1. 无公害畜产品　无公害畜产品是指产地环境、生产过程和产品质量符合国家有关标准和规范的要求，经认证合格获得认证证书并允许使用无公害农产品标志的未经加工或者初加工的食用畜产品。它分为三大类：一是在无任何污染的自然条件下生产的畜禽产品；二是在自然条件下，通过添加对人体无害的生物制剂生产的畜禽产品；三是在生产过程中，通过添加作用小、残留最低的非人用药品和添加剂而生产的符合绿色食品要求的畜产品。

2. 绿色食品（畜产品） 绿色食品（畜产品）是我国农业部门推广的认证食品，分为A级和AA级两种。其中A级绿色食品（畜产品）生产中允许限量使用化学合成生产资料，AA级绿色食品（畜产品）则较为严格地要求在生产过程中不使用化学合成的兽药、饲料添加剂、食品添加剂和其他有害于环境和健康的物质。

3. 有机食品（畜产品） 有机食品（畜产品）是指以有机方式生产加工的、符合有关标准并通过专门认证机构认证的畜产品及其加工品。它要求在生产加工过程中绝对禁止使用激素等人工合成物质，并且不允许使用基因工程技术；有机食品在土地生产转型方面有严格规定，即土地从生产其他食品到生产有机食品需要2~3年的转换期；有机食品在数量上进行严格控制，要求定地域、定产量。

（二）无公害畜产品生产过程中的主要控制环节

1. 饲养场地的选择 饲养场地应选择在地势高燥、排水良好、易于组织防疫的地方，场址用地应符合当地土地利用规划的要求，周围3千米内无大型化工厂、矿厂、皮革厂、肉品加工厂和屠宰场。

2. 场内的分区规划 饲养场内部要分设管理区、生产区及粪污处理区，场区净道和污道分开，互不交叉。栏舍建设要向阳、通风，便于清洗、消毒和防疫。

3. 饲料和饲料添加剂使用要求 可根据生产需求，配制不同的配合饲料，禁止在饲料中添加β-兴奋剂、促生长类激素、砷制剂和安眠镇静类等违禁药品。蛋鸡在产蛋期禁止使用任何药物，包括中草药和抗生素。

4. 要严格控制使用抗生素药物 必须要用时，在兽医的指导下，严格控制用药量，并有一定时间的休药期。

5. 畜禽饮用水要求 色度不超过30度，混浊度不超过20度，不得有异臭、异味和肉眼可见物。细菌学、毒理学指标符合相关要求。

6. 定期做好场地的消毒工作 消毒剂应选择对人畜（禽）和环境比较安全，没有残留性，对设备没有破坏和在畜禽体内不应产生有害积累的消毒剂，如苯酚、煤酚、过氧乙酸、生石灰、新洁尔灭等。并严格按免疫程序，做好免疫接种工作。

7. 产品的包装运输和贮存要求 产品的内外包装材料应符合国家食品卫生标准，应贮存在通风良好的场所，不得与有毒、有害、有异味、易挥发、易腐蚀的物品同处贮存。肉类运输应使用符合食品卫生要求的专用冷藏车（船），不得与对产品发生不良影响的物品混装。

二、品牌化经营

鸡产品是消费者日常食物的主要成分，其质量直接影响消费者的健康。增加优质禽产品的供给，提高禽产品生产经营者的积极性，实施品牌化经营是有效手段。提高禽产品质量单纯依靠政府进行质量标准控制是被动的、单方面的，只有依靠养鸡企业的自觉行为，才能从根本上解决问题，而禽产品品牌就是激发养鸡企业自觉提高农产品质量的有效方式。

与工业产品相比，养鸡业的品牌化经营还十分落后，市场上没有品牌的活鸡、鸡肉和鸡蛋所占份额远远大于有品牌的产品。但是，近年来消费者越来越重视鸡产品的品牌，甚至把品牌与质量有机地联系在一起。如河南济源柳江公司的“依山依林”双有机放养柴鸡蛋的最高售价为每个 6 元，固始三高集团生产的“固始鸡笨蛋”销售价平均每个都在 1 元以上，都远远高于普通的笼养鸡蛋或无品牌的柴鸡蛋。河南大用集团的鸡肉专营店产品的销售价格也高于那些没有品牌的鸡肉产品。北京德青源的淘汰母鸡售价能够达到每只 100 元，是普通淘汰母鸡价格的 4 ~ 5 倍。可见通过品牌化经营，能够使养鸡企业的产品销售价格高出许多，企业由此获得的利润也会更多。

品牌化经营在养鸡业中逐渐增多，并已成为企业经营的主流发展趋势。

第十二章　鸡病防治

疾病尤其是传染病依然是影响养鸡业安全生产的最大障碍。据有关资料介绍，在我国的肉鸡生产中，鸡群的死亡率约为7%，蛋鸡的月死淘率约1%，我国肉鸡的年出栏量约90亿只，一年中肉鸡的死亡数量约6.5亿只，蛋鸡月死淘率约2 000万只，这是很庞大的数字。因为死亡造成的直接经济损失非常大，间接损失也无法估量。发病的鸡群不仅出现死亡，其生产性能也显著降低，由于治疗造成的肉蛋中药物残留问题也无法避免。因此，做好卫生防疫工作是保证鸡群健康、高产的重要基础。

第一节　综合性卫生防疫措施

疾病的发生受多种因素的影响，在疾病的预防中也需要考虑到各种相关因素。这些因素主要包括设施与环境、种源质量、卫生防疫、饲料与饲养管理等方面，其中的任何一个方面出现疏漏都可能造成疾病的发生。

一、设施与环境的管理

（一）设施与卫生防疫

1. 鸡场的隔离　鸡场与村庄、集市、学校、医院等人员来往多的地方，与交通干线车流量大的地方，与其他工矿企业和养殖企业容易产生污染的地方，要保持足够的距离才能减少或避免外来的各种污染威胁。

2. 鸡场地势　地势高于周边有利于雨水和生产污水的排放，有利于保持鸡场内的干燥和防疫。

3. 鸡场规划布局　不同类型鸡舍之间有足够的隔离距离和设施，净道与污道严格分开，污物处理区与生产区要有足够的距离。

4. 卫生防疫设施　包括门卫室、围墙或隔离沟、车辆消毒系统、人员更衣消毒室等隔离消毒设施是鸡场卫生防疫的必备条件。

5. 鸡舍结构　密闭式鸡舍能够把舍内外环境较好地隔离开来，进入鸡舍的空气能够经过处理，外界因素对舍内环境的影响较小，有利于保持鸡群的健康；而半开放式鸡舍受外界因素影响大，不利于鸡群的健康。

6. 鸡舍建筑材料　尤其是鸡舍屋顶材料，应该具有良好的保温隔热效果，并便于冲洗消毒。目前使用的彩钢瓦屋顶在这些方面的性能要比石棉瓦、红机瓦好很多。

7. 饲养设施　饲养设施中影响卫生防疫的主要有清粪设备、饮水设备等，相对而言，自动清粪系统和乳头式饮水系统的使用效果优于其他方式。

8. 污物排放与处理设施　包括污水管道、污水池、清粪工具、粪便堆积场、粪便和污水无害化处理设施、病死鸡无害化处理设备等设计与建造、使用是否合理将会对鸡场的环境污染形成不同的影响。

（二）环境与卫生防疫

鸡群的生活环境质量直接影响鸡群的健康，而鸡舍内环境一方面受场址、鸡舍结构用材料、环境控制设备的设计与使用的影响，同时也受自然气候条件的影响和人为管理措施的影响，需要给予全方位的关注。在养鸡生产实际中，由于环境条件不适造成的疾病问题很多。在华北地区的冬季和早春，鸡群发生呼吸系统疾病较多，大多数与该季节温度低和鸡舍空气质量差有关；秋季多雨季节平养鸡群寄生虫病和霉菌性疾病多发与当时的环境湿度高有直接关系。

1. 鸡舍内气象环境　主要包括温度、湿度、气流、光照、空气中粉尘含量以及这些环境因素的变化情况等。不同类型和生理阶段的鸡对环境条件的要求不一样，这些条件不适将会对鸡群的健康产生影响。

2. 化学环境　主要涉及鸡舍内的空气质量，如其中的有害气体含量等，当有害气体含量高的时候就会刺激鸡的呼吸道，降低抵抗力。

3. 生物学环境　主要涉及鸡舍内空气中微生物的含量，墙壁、地面、饮水、饲料、设备被微生物污染的情况等，微生物含量越高则污染越严重，对鸡群健康的威胁就越大。此外，其他动物（如老鼠、飞鸟等）是否容易进出鸡舍也是影响鸡群健康的重要外因。饲养密度同样是影响鸡群健康的生物学环境，密度高造成环境质量恶化、鸡只紧张度增加，应激增多。

二、种源质量的管理

在过去的30年中，我国从国外引进了大量的良种鸡配套系，对于提高我国家禽生产性能发挥了重要作用。但是，由于一些公司在引进种鸡的过程中忽视了检疫工作，许多疾病也被引进国内，成为威胁鸡群健康的大问题。种鸡场必须有种畜禽生产经营合格证和卫生防疫合格证才能从事经营活动。在实际生产中还发现，有些公司提供的雏鸡易饲养、将来的生产性能也高，而有的公司提供的雏鸡难饲养而且以后的生产性能也不好，这都与种鸡的质量有关。

1. 种鸡的饲料质量 饲料质量不仅影响种鸡的生产性能和健康状况，而且还能够通过对种蛋成分的影响而影响后代雏鸡的质量。如种鸡饲料中维生素 A 和维生素 E 的含量直接关系到种鸡对人工感染大肠杆菌的抵抗力和种蛋蛋黄中这两种维生素的含量，也与后代雏鸡肝脏中这两种维生素的含量呈正比。

如果种鸡饲料中缺乏某种营养素就可能造成后代雏鸡出现先天性营养缺乏症或由于这种营养素的不足而影响健康。

2. 种鸡的健康状况

（1）垂直传播疾病的净化：种鸡群的检疫净化与育雏期的环境控制同样重要，而且是相辅相成的，对鸡败血支原体、鸡白痢等通过蛋传递的疫病，为了防止其垂直传播，每群种鸡在 140 日龄前和产蛋高峰后做两次检疫，检出的阳性鸡要坚决淘汰。因为阳性个体所产种蛋中约有 40% 带有这些病原体，孵化出壳后的雏鸡遇到环境条件不适很容易表现出症状，而且其生长速度和以后的产蛋性能都不如正常的鸡。

（2）种鸡群自身的健康：种鸡在感染疾病期间所产的蛋不仅蛋壳质量差、受精率低，而且蛋中常常也会带有病原微生物，有的蛋清如水样稀薄。这样的种蛋孵化出的雏鸡在健康方面可能存在先天不足。

（3）种鸡群的免疫接种情况：种鸡群接种疫苗的情况也会影响后代雏鸡，疫苗接种后形成的抗体会通过蛋黄转入雏鸡体内，这样种母鸡体内的抗体水平就直接影响雏鸡体内的母源抗体水平。

3. 种鸡的特定疾病净化 对于垂直传播的疾病必须要对种鸡群进行净化，这些疾病包括鸡白痢、败血支原体和鸡白血病。鸡白痢可以通过平板凝集实验的方法，对接近性成熟的种鸡和开产后的种鸡群进行检测，淘汰阳性个体。鸡白血病的净化主要在原种鸡场进行。

4. 严禁从疫源地引进鸡种鸡苗 国家规定严禁从疫源地引进鸡种鸡苗，凡是被认定发生某种重要传染病的地区的种鸡场都不能向其他地方提供种蛋或雏鸡、青年鸡。这是考虑到这一地区的种鸡被感染的可能性很大，从这一地区经过的人员、车辆和设备受污染的可能性也很大。

三、卫生防疫管理

（一）卫生防疫制度

养鸡场要有系统、实用的卫生防疫制度，这些制度能够为每个生产环节提供卫生防疫工作的指导。

卫生防疫制度必须认真落实，鸡场负责人要带头执行并及时监督，防止科学的制度仅挂在墙上而没有落实到生产实际中。

（二）隔离

隔离的目的是把外来传染源阻挡在鸡场或鸡舍之外，减少对舍内鸡群的威胁。

1. 鸡场的隔离　如前所述，鸡场与人员、车辆来往较多的地方，与其他养殖场和屠宰厂要保持足够的距离以减少外界病原体的侵入，与其他工矿企业保持足够距离以减少各种污染对鸡群的影响。

2. 鸡场内的隔离　鸡场内各种类型的房舍之间要有一定的距离以减少相互污染，净道和污道不能交叉。

3. 隔离措施　在鸡场周边可以有水沟或围墙用于阻挡无关人员和其他动物的接近，鸡场周围、鸡舍周围、道路两旁、房舍间空地要进行绿化。场区大门设置门卫以阻止无关人员和车辆进入，生产区门口设置车辆和人员消毒设备以对进入生产区的人员和车辆强制消毒。

4. 隔离管理　鸡场内不同鸡舍的工具不能相互借用，饲养员不能到其他的鸡舍，技术人员一旦进入某个鸡舍后不应直接再进入另一个鸡舍。

（三）消毒

消毒的目的在于及时杀灭环境、饲料、饮水、设备中的微生物，尽可能减少鸡群生活环境中微生物的数量，减少感染的概率。

1. 消毒对象

（1）环境消毒：环境包括鸡舍内环境和鸡舍外周、道路等外环境。在养鸡生产过程中来自鸡只本身的和外界的微生物会扩散到鸡舍内外环境中，如果不及时消毒就会造成这些微生物的大量繁殖，影响鸡群健康。在整个饲养期内，工作间墙壁、地面、鸡舍周围每周消毒 1 ~ 2 次。尤其是人员出入鸡舍的必经之路，每天要喷洒消毒 1 次。清除鸡舍周围的杂草、杂物，因为这些可使昆虫等活的传播媒介数量增多。鸡舍的进风口和排风口每天至少消毒 2 次。

（2）人员消毒：人员是重要的微生物传播媒介，进入生产区的人员必须经过消毒室，通过紫外线照射、更衣、淋浴、喷雾消毒灯环节才能进入生产区。在进入鸡舍之前要在鸡舍门口的脚踏消毒池和消毒盆中消毒鞋底、洗手。从生产区出去的时候也要经过消毒。

（3）车辆消毒：车辆同样是重要的微生物传播媒介，在不同的地方运行的车辆被微生物污染的可能性很大。运雏车、拉料车、拉鸡车、清粪车是传染病的主要传播媒介，因此对接近鸡舍的这些车辆必须经过全方位的消毒，车辆离开后，立即用消毒液喷洒轮胎所接触的地面。

（4）饮水消毒：地下水或水箱、水线中的水都可能存在微生物数量超标的可能，必要时可以在水箱中放置消毒剂缓释器以持续对饮水消毒。每周至少对水箱和水线清理 1 ~ 2 次，使用真空饮水器则每天需要洗刷 2 次。

(5) 器械消毒：生产中使用的器械类型很多，如疫苗接种用品、人工授精用具、病死鸡剖检器械等。这些器械直接接触正常的鸡或病死鸡，使用前后都要经过消毒处理。

(6) 衣服和鞋帽消毒：工作人员的工作服、帽子和鞋子都需要经常进行清洗和消毒以便于及时杀灭上面附着的微生物。

(7) 污物处理区消毒：污物处理区堆放有鸡粪、埋有病死鸡等，是鸡场内最大的污染源所在地，需要定期消毒。

(8) 带鸡消毒：带鸡消毒能有效抑制舍内氨气的发生和降低氨气浓度，可杀灭多种病原微生物。带鸡消毒的对象包括舍内一切物品、设备和鸡群。消毒器械一般选用雾化效果良好的高压动力喷雾器或背式喷雾器。消毒时喷嘴应朝向上方以画圆圈方式喷洒，切忌直对鸡头喷雾。雾粒大小控制在 80 ~ 120 微米。喷嘴距离鸡体 1 米左右为宜，每立方米空间用 20 ~ 35 毫升消毒液。喷雾时按由上至下、由内至外的顺序进行。

2. 消毒方法 目前，鸡场内的消毒方法可以分为 3 类。

(1) 物理消毒法：它包括以下几种方法。

1) 阳光照射法：阳光中的紫外线有较强的杀菌能力，同时阳光的灼烧和蒸发水分引起的干燥亦有杀菌作用。一般病毒和生长性病原菌，在直射阳光下几分钟至几小时可杀死。暴晒的物品应铺开，并不时翻动。如将用具、蛋箱等清洁以后放在太阳下暴晒，能达到较好的消毒效果。

2) 煮沸消毒：它是常用的简单、有效的方法。大部分非芽孢病原微生物在 100 ℃沸水中迅速死亡，大多数芽孢在煮沸后 15 ~ 30 分钟内亦能致死。煮沸 1 ~ 2 小时可以消灭所有病原体。临床实践常用于对各种小金属、木质、玻璃用具、衣服等的消毒。

3) 紫外线灯照射消毒：灯管离地面以 2 米为宜，灯管周围 1.5 ~ 2 米处为消毒有效范围。被消毒物表面与灯管相距不要超过 2 米。每次照射消毒物品的时间应在 1 小时以上，紫外线穿透力弱，只能对直接照射的物体表面有较强的消毒效果，对被遮挡的部分没有杀菌消毒作用。消毒时，人员应离开现场，因为紫外线照射时可引起急性眼结膜炎、皮炎等。

4) 火焰焚烧消毒法：结合平时清洁卫生工作，对清扫的垃圾、污秽的垫草等进行焚烧，对病鸡的粪便、残余的饲料以及被污染的价值不大的物品均可采用这种办法来杀灭其中的病原体。对不易燃烧的鸡舍、地面、栏笼、墙壁、金属制品可用喷火消毒。

5) 蒸汽消毒：它是利用相对湿度为 80% ~ 100% 的热空气携带的热量，在遇被消毒物品时凝结成水、释放大量热能来消毒的。在农村可用铁锅和蒸笼进行。

6) 机械性清除：用机械的方法如清扫、洗刷、通风等清除病原体，是最普通、最常用的方法。如干扫、搬出棚舍内的设备，然后彻底清除舍中所有粪便、垫草、饲料残渣并运至远离棚舍的安全区，然后还要对棚舍进行铲刮、冲洗、除净积聚的污垢。

（2）化学消毒法：化学消毒法是在养鸡实际工作中应用广泛、效果理想的消毒方法。主要是用化学消毒剂进行，所谓化学消毒剂，是指一种能够破坏有害微生物结构而造成其死亡的化学制剂。

在使用化学消毒剂消毒时应注意以下几点：尽可能将消毒剂配成溶液，使药物与病原体直接接触；消毒剂的用量和浓度要符合规定，高浓度的杀菌速度比低浓度的要快；必须达到完全消毒所需要的时间，与被污染物质的性质和污染的性质有关。注意温度、湿度对消毒效果的影响。

（3）生物热消毒：利用微生物发酵产热达到消毒目的，常用于对粪便的处理。粪便经堆集发酵，内部温度可达 60 ~ 70 ℃，经 3 ~ 5 周可杀死一般的病原体及寄生虫虫卵。粪便发酵可生产沼气，既可消毒粪便又提供能源，有利于保护环境，符合无公害养殖要求。

3. 消毒药物

（1）理想消毒药应具备的条件：杀菌效果好，低浓度时就能杀死微生物；作用迅速，对人及畜禽无毒害作用；性质稳定、无异味、易溶于水；对金属、木材、塑料制品等没有腐蚀作用；无易燃性和爆炸性。

（2）饮水用消毒剂的选择：饮水消毒要求所用消毒药物对鸡只的肠道无腐蚀和刺激，一般常选用的药物为卤素类，常用的有次氯酸钠、漂白粉、二氯异氰尿酸、二氧化氯等。

（3）喷雾用消毒剂的选择：喷雾消毒分两种情况，一种是带鸡喷雾消毒，主要应用卤素类和刺激性较小的氧化剂类消毒剂，如双季铵盐 - 碘消毒液、聚维酮碘、过氧乙酸、二氧化氯等。另一种是对空置的鸡舍和鸡舍内的设备进行消毒，一般选择氢氧化钠、甲酚皂、过氧乙酸、福尔马林等。

（4）浸泡用消毒剂的选择：选用腐蚀性小的消毒药物，卤素类是其首选，也可用酚类进行消毒。对于门前消毒池，建议用 3% ~ 5% 的氢氧化钠溶液消毒。

（5）熏蒸用消毒剂的选择：一般选择高锰酸钾和福尔马林，也可用环氧乙烷和多聚甲醛，可根据情况进行选择。

4. 鸡场消毒注意事项

（1）药物浓度和作用时间：药物的浓度越高、作用时间越长，消毒效果越好，但对组织的刺激性也越大。如浓度过低、接触时间过短，则难以达到消毒的目的。因此，必须根据消毒药物的特性和消毒的对象特点，恰当掌握药物浓度和作用时间。

(2) 微生物的敏感性：不同的病原体对不同的消毒药敏感性有很大差别，如病毒对酚类的耐受性大，而对碱性的消毒药物敏感；乳酸杆菌对酸耐受性大，生长繁殖期的细菌对消毒药较敏感，而带芽孢的细菌则对消毒药物耐受性较强。

(3) 消毒剂温度和被消毒物品的温、湿度：在适当范围内，温度越高，消毒效果越好。据报道，温度每增加 10 ℃，消毒效果增强 1 ~ 1.5 倍，因此消毒通常在 15 ~ 25 ℃的温度下进行。如福尔马林熏蒸消毒的适宜温度为 28 ℃、空气相对湿度为 75%；高锰酸钾浸泡消毒的适宜溶液温度为 30 ~ 40 ℃。

(4) 环境中的有机物含量：消毒药物的消毒效果与环境中的有机物含量是成反比的，如果消毒环境中有机物的污物较多，也会影响消毒效果，因为有机物一方面可以掩盖病原体，对病原体起保护作用；另一方面可影响消毒药物与病原体的结合而降低消毒药物的作用。在对鸡舍消毒时，尽量清理干净鸡舍内的鸡粪、墙壁上的污物，以提高消毒效果。

(5) 消毒药物的拮抗作用：两种消毒药物混合使用时会降低药效，这是由消毒药的理化性质决定的，所以在消毒时尽量不要用两种消毒药物配合使用，并且两种不同性质的消毒药使用时要隔开时间。

5. 消毒效果检测 每次消毒后在 30 分钟左右抽取消毒对象的样品，在实验室条件下进行微生物培养以检测鸡舍消毒效果，作为鉴定消毒药物、浓度、方法的依据。

(四) 药物防治疾病

由细菌、支原体和寄生虫引起的疾病都可以使用药物进行防治。

1. 禁止使用违禁药品 在养鸡生产中要注意不能使用违禁药品。农业部于 2002 年发布了第 193 号公告，公布了“食品动物禁用的兽药及其他化合物清单”，包括：β - 兴奋剂类（克仑特罗 Clenbuterol、沙丁胺醇 Salbutamol、西马特罗 Cimaterol 及其盐、酯及制剂），性激素类（己烯雌酚 Diethylstilbestrol 及其盐、酯及制剂），具有雌激素样作用的物质（玉米赤霉醇 Zeranol、去甲雄三烯醇酮 Trenbolone、醋酸甲孕酮 Mengestrol Acetate 及制剂），氯霉素 Chloramphenicol 及其盐、酯（琥珀氯霉素 Chloramphenicol Succinate）及制剂，氨苯砜 Dapsone 及制剂，硝基呋喃类（呋喃唑酮 Furazolidone、呋喃它酮 Furaltadone、呋喃苯烯酸钠 Nifurstyrenate sodium 及制剂），硝基化合物（硝基酚钠 Sodium nitrophenolate、硝呋烯腙 Nitrovin 及制剂），催眠、镇静类（安眠酮 Methaqualone 及制剂、氯丙嗪 Chlorpromazine、安定 Diazepam 及其盐、酯及制剂），林丹（丙体六六六）Lindane，毒杀芬（氯化烯）Camahechlor，呋喃丹（克百威）Carbofuran，杀虫脒（克死螨）Chlordimeform，孔雀石绿 Malachite green，酒石酸锑钾 Antimonypotassiumtartrate，各种汞制剂［氯化亚汞（甘汞）Calomel，硝酸亚汞 Mercurous nitrate、醋酸汞 Mercurous acetate、吡啶基醋酸汞 Pyridyl mercurous acetate]，性激素类（甲基睾丸酮 Methyltestosterone、丙酸睾酮 Testosterone Propionate、苯丙酸诺龙 Nandrolone Phenylpropionate、苯甲酸雌二醇 Estradiol Benzoate 及其盐、酯及制剂），硝基咪唑类（甲硝唑 Metronidazole、地美硝唑 Dimetridazole 及其盐、酯及制剂）等。

农业部在2010年发布的第1519号公告，再次公布了“禁止在饲料和动物饮水中使用的物质”，主要是β－肾上腺素受体激动剂，其名称包括：苯乙醇胺A（Phenylethanolamine A）、班布特罗（Bambuterol）、盐酸齐帕特罗（Zilpaterol Hydrochloride）、盐酸氯丙那林（Clorprenaline Hydrochloride）、马布特罗（Mabuterol）、西布特罗（Cimbuterol）、溴布特罗（Brombuterol）、酒石酸阿福特罗（Arformoterol Tartrate）、富马酸福莫特罗（Formoterol Fumatrate），还有盐酸可乐定（Clonidine Hydrochloride，抗高血压药）、盐酸赛庚啶（Cyproheptadine Hydrochloride，抗组胺药）。

2. 防止病原体耐药性的产生 耐药性又称抗药性，系指微生物、寄生虫对于化学药物作用的耐受性，耐药性一旦产生，药物的杀菌作用就会明显下降。病原体对某种药物耐药后，对于结构近似或作用性质相同的药物也可显示耐药性，称之为交叉耐药。抗药性的产生使正常剂量的药物不再发挥应有的杀菌效果，甚至使药物完全无效，从而给疾病的治疗造成困难，并容易使疾病蔓延。

防止病原体产生耐药性应严格按照抗生素的抗菌谱选用药物，必要时应先进行药物敏感试验；按时按量服用抗生素，使体内药物始终维持在合理的浓度，以求彻底杀灭病原菌而又尽量减少对鸡体的毒副作用，必要时进行治疗药物监测检查；不滥用抗生素，尤其是广谱抗生素等。

3. 药物敏感性试验 抗菌药物敏感性试验通常用于检测被分离的各种病原菌对所选定抗菌药物的敏感或耐药的程度，为合理选用抗生素、提高治疗效果提供科学依据。在大型养鸡企业中一般都要求其实验室能够开展这项工作。常用的药敏试验方法有琼脂扩散试验（K－B法）和稀释试验定量测定最低抑菌浓度（MIC）等。

（1）纸片琼脂扩散法（K－B法）：选用水解酪蛋白琼脂（M－H琼脂）培养基，适合快速生长的致病菌，对于苛养菌则需使用嗜血杆菌专用琼脂平皿（HTMA/GCA）。发酵菌K－B法药敏试验只适用铜绿假单胞菌和不动杆菌属的判断标准，其他非发酵菌，如嗜麦芽窄食单胞菌等建议用最低抑菌浓度（MIC）法检测耐药性，以避免误导临床错用抗生素。

（2）液体稀释法：用于测定MIC、MBC（最小杀菌浓度）、MIC（能抑制50%试验菌的MIC）和MIC（能抑制90%试验菌的MIC）。液体稀释法比较烦琐，一般不作为常规试验。通常用于调查罕见耐药，调查药敏定性试验结果敏感，但临床疗效不佳的原因。MIC 药敏测定必须关注的是在培养基制备和测定过程中药物的失活，在不同培养基中，因为成分和制备过程中药物变化程度不同出现不同的 MIC。

（3）浓度梯度法（E－test）：是一种检测细菌或真菌对抗菌药物敏感性的新方法，主要包括一个含有连续抗菌剂梯度的试条。该法与微量稀释法具有良好的一致性，只是浓度梯度法（E－test）所测 MIC 值普遍略高于微量稀释法。E－test 法药敏试验对于探讨耐药机制、准确鉴定耐药性具有重要的作用。

（4）联合药敏试验：对临床上病原菌不明的感染、单一药物不能控制的混合感染、全身性铜绿假单胞菌感染、长期用药可能产生耐药的感染（结核、慢性骨髓炎）和病原菌为多重耐药菌株等，宜做联合药敏试验。

药敏报告规则通常分敏感、耐药、中度敏感 3 个档次。中度敏感或中介度，这一范围只是抑菌环直径介于敏感和耐药之间的缓冲域，以防止由于微小的技术因素失控所导致的较大的结果解释错误，抑菌环落入中介度范围，意义不明确，如果没有其他可以替代的药物，应重复或以稀释法测定 MIC。一般认为，药敏结果与临床有 80%～90% 符合率。

（五）免疫接种

1. 免疫接种方法 鸡的疫苗接种方法很多，有些已经不再使用，这里只介绍当前生产中常用的方法。

（1）滴鼻、滴眼免疫法：这是使疫苗从呼吸道进入体内的方法。此方法主要用于弱毒苗的接种，如新城疫、传染性支气管炎、法氏囊病等。应用此方法可避免疫苗被雏鸡的母源抗体中和，此法逐只接种，确实可靠，是较好的接种方法。

具体操作方法：先将疫苗按照稀释说明溶于 20 ℃左右（不能超过 28 ℃）的稀释液或灭菌生理盐水中，混合均匀；然后使用标准滴管，将 1 滴疫苗溶液垂直滴进雏鸡眼睛或一侧鼻孔（用手按住另一侧鼻孔），约 0.05 毫升，应确定疫苗溶液被吸入。

（2）浸喙免疫法：将弱毒疫苗按照说明进行稀释后盛在小碗内，逐只将雏鸡的喙部浸入疫苗水内，使水漫过鼻孔，当从鼻孔中冒出一气泡后即可。

（3）饮水免疫法：对于大群鸡较适用，此方法方便省力，可避免因抓鸡而造成应激因素的不良影响。但易造成免疫剂量不均一，免疫水平参差不齐。

具体操作方法及注意事项如下：计算每只鸡每天的饮水量，取全天饮水量的 25% 于容器内，将弱毒疫苗溶于其中，充分混匀后加入饮水器中让鸡群饮用。配制疫苗的水中不能含氯及其他消毒剂；免疫前，夏季鸡群应停水 2～3 小时，其他季节停水 3～4 小时；饮水器要用无毒塑料制品，饮水器消毒后，必须用水冲洗干净；要有足够的饮水器，以确保每只鸡均有足够的饮水位置。

（4）气雾免疫法：该法适用密集饲养的鸡场，是用气雾枪或气雾器，使疫苗形成雾化粒子，均匀地浮游于空气中，随鸡的呼吸进入体内，达到免疫的效果。此方法省时省力，适用于群体免疫，特别是某些对呼吸道有亲嗜性的疫苗，如新城疫、传染性支气管炎等免疫效果较好。

做喷雾免疫前，关闭门窗和通风设备，将疫苗溶液均匀地喷向一定数量的鸡只，喷洒距离为在鸡头部以上 50～80 厘米，最好将鸡只匿于灯光幽暗处时给予免疫。此种免疫方法对鸡群干扰大，易激发慢性呼吸道病等，需要提前预防。

（5）皮下或肌内注射：此法吸收快、剂量准确、效果确实。灭活苗必须用注射方法，一些活苗也可以用此方法。

其方法及注意事项如下：接种部位可以是鸡的颈部、翅膀、胸部、腿部，部位选择应取决于鸡的年龄、接种的疫苗、鸡的最终用途等；注射前将灭活疫苗置于室温下，使之达到周围环境的温度；所使用的注射器、针头使用前必须进行严格消毒处理，每使用一瓶疫苗都必须更换新的针头。

颈部皮下注射时，用手轻轻提起鸡的颈部皮肤，将针头从颈部皮下朝身体方向刺入，使疫苗注入皮肤与肌肉之间；胸肌注射时将针头成 30～45 度角倾斜，于胸部 1/3 处朝背部方向刺入胸肌，切忌垂直刺入胸肌，以免出现穿破胸腔的危险；腿部肌内注射要将针头朝身体的方向刺入外侧腿肌，小心避免刺伤腿部的血管、神经和骨头。

（6）鸡痘的刺种：一般是用接种针或蘸水钢笔尖蘸取疫苗，刺种于翅膀内侧无血管处，小鸡刺种一针即可，较大的鸡可刺两针。

2. 鸡群的免疫程序　免疫程序是根据疾病发生的年龄特点以及免疫后保护期的长短、本地疫病发生情况等制订在什么日龄接种哪种疫苗的方案。由于各地情况和鸡的类型差异，在借鉴免疫程序的时候需要向当地兽医咨询以进行适当的修正。

（1）蛋鸡参考用免疫程序：

程序一：出壳后 12 小时内注射鸡马立克疫苗；5～7 日龄，用新城疫－传染性支气管炎（H120）二联疫苗滴鼻、点眼或浸喙；10～12 日龄，用传染性法氏囊炎弱毒苗饮水免疫；17～20 日龄，再次用传染性法氏囊炎弱毒苗饮水免疫；28 日龄，用新城疫－传染性支气管炎（H52）二联疫苗饮水，同时注射新城疫－禽流感二联油苗；35 日龄，刺种鸡痘疫苗并同时接种传染性喉气管炎疫苗；60 日龄，肌内注射新城疫 Ⅰ 系苗；100 日龄，刺种鸡痘疫苗并同时接种传染性喉气管炎疫苗；110 日龄，肌内注射禽流感油苗；125 日龄，注射减蛋综合征－传染性支气管炎－鸡新城疫三联苗。

程序二：1 日龄，注射马立克疫苗；7 日龄，新城疫－传染性支气管疫苗二联苗滴鼻、点眼或饮水；14 日龄，法氏囊苗饮水、点眼或滴鼻；24 日龄，新城疫－传染性支气管－传染性法氏囊炎三联活苗饮水同时用此三联油苗胸肌注射（0.3 毫升/只）；30 日龄用禽流感油苗肌内注射；38 日龄，鸡痘苗刺种（需两针，约0.01 毫升/只）；50 日龄，慢性呼吸道病（鸡毒支原体）疫苗点眼；80 日龄，Ⅰ系苗、新城疫油苗同时肌内注射；110 日龄，注射新城疫－传染性支气管炎－减蛋综合征三联油苗（0.8 毫升/只）；125 日龄，注射禽流感疫苗（H5、H9，分别0.7 毫升/只）。

程序三：1 日龄，用马立克病双价苗颈部皮下注射 0.2 毫升；7 日龄，新城疫Ⅳ系苗滴鼻；11 日龄，用传染性支气管炎 H120 疫苗浸喙、滴鼻；14 日龄，用法氏囊炎中毒株疫苗（法倍灵）滴口；18 日龄，用呼吸型、肾型、腺胃型传染性支气管炎油乳剂灭活苗 0.3 毫升肌内注射；22 日龄，用法氏囊炎中毒株法氏囊炎疫苗（法倍灵）饮水；27 日龄，新城疫活苗 2 头份饮水，新城疫－禽流感二联油乳剂苗 0.2 毫升肌内注射；35 日龄用鸡痘苗于翅膀下穿刺接种；50 日龄，用鸡传染性喉气管炎活疫苗滴鼻、滴口、滴眼；60 日龄，用新城疫－传染性支气管炎油乳剂灭活苗 0.5 毫升肌内注射；90 日龄，用鸡大肠杆菌灭活苗 1 毫升肌内注射；110 日龄，注射禽流感疫苗（H5、H9 分别 0.7 毫升/只）；120 日龄，用新城疫－传染性支气管炎－减蛋综合征油乳剂灭活苗 0.5 毫升肌内注射。

（2）白羽肉鸡参考用免疫程序：

程序一：2～4 日龄，传染性支气管炎（H120）和新城疫（Lasota）疫苗滴鼻或点眼；10 日龄，传染性法氏囊炎疫苗（D78）饮水免疫；20 日龄，传染性法氏囊炎疫苗（D78）饮水免疫；25 日龄新城疫－禽流感油苗皮下注射免疫。

程序二：1～3 日龄，新城疫（Ⅳ系或克隆 30）－传染性支气管炎（H120）二联弱毒疫苗点眼、滴鼻或气雾免疫；10～12 日龄，重复上次免疫1 次，同时用禽流感（H5＋H9）油乳剂灭活疫苗皮下注射免疫；18 日龄，传染性法氏囊炎疫苗（D78）饮水免疫；25 日龄，新城疫（Ⅳ系或克隆 30）弱毒疫苗点眼、滴鼻或饮水免疫（3～5 头份）。

（3）优质肉鸡参考用免疫程序：

程序一：1 日龄，马立克疫苗皮下注射；3 日龄，新城疫－传染性支气管炎（H120）二联苗点眼、滴鼻或气雾或饮水免疫；8 日龄，传染性法氏囊炎疫苗饮水；20 日龄，传染性法氏囊炎疫苗饮水；28 日龄，新城疫－传染性支气管炎（H52）二联苗气雾或饮水免疫，同时用新城疫－禽流感二联苗（ND＋H9）皮下或肌内注射；56 日龄，用新城疫－禽流感二联苗（ND＋H9）皮下或肌内注射。

程序二：孵化厂内在出壳后用马立克疫苗皮下注射；2～3日龄，新城疫－传染性支气管炎二联苗（ND＋IB）点眼、滴鼻或气雾免疫；10日龄，新城疫－禽流感二联苗（ND＋H9）皮下或肌内注射；17日龄，免疫传染性法氏囊炎疫苗；24日龄，新城疫－禽流感二联苗（ND＋H9）皮下或肌内注射；38日龄，新城疫（Ⅳ系或克隆30）弱毒疫苗传染性支气管炎（H52）点眼、滴鼻或气雾；50日龄，免疫新城疫－禽流感二联苗（ND＋H9）皮下或肌内注射。

3. 影响免疫接种效果的因素

（1）来自疫苗方面的原因：

1）疫苗的质量：购买疫苗要通过正规的渠道，必须检查生产企业、产品批号、毒株类型等；疫苗使用前应仔细检查，对那些标签说明不清、有裂缝破损、色泽性状不正常或瓶内发现杂质异物、超过保质期等的疫苗不能使用。

2）疫苗自身的效价：有些疫苗产品效价不足，使用后产生的免疫效果差。

3）疫苗的毒力：如果对雏鸡使用毒力强的疫苗有可能引起发病。

4）疫苗的运输：在运输过程中，应根据疫苗类型注意控制温度，如油乳剂疫苗应在5～20℃条件下运输，而冻干苗则应在冷冻状态下运输。如果在运输过程中不能达到低温的要求，运输时间越长、中途周转次数越多，疫苗病毒或细菌死亡就越多，疫苗的效价下降也越快。

5）疫苗的保存：各种疫（菌）苗，必须按照其说明书上的要求、规定进行保存。对活毒疫苗，如鸡新城疫、鸡马立克病、鸡痘、传染性支气管炎及传染性喉气管炎等疫苗，必须在冷冻条件下保存；对于油乳剂疫苗则应在冷藏条件下保存；对由细菌制成的菌苗宜保存在4～8℃，如温度太低，菌苗被冻结，会使菌体死亡造成失效或减效。保存温度要相对稳定，不能忽高忽低，或者反复冻融，否则疫苗的效价会迅速下降。

6）疫苗的稀释：各种疫苗所用的稀释剂、稀释倍数及稀释的方法都有一定的规定，必须严格按照说明书操作。除马立克疫苗有专门配制的稀释液外，其他疫（菌）苗一般用灭菌的生理盐水。气雾免疫时要用蒸馏水，饮水免疫要求用凉开水。自来水如果含有消毒剂，则不宜用于疫（菌）苗的稀释，否则会引起疫苗病毒或细菌部分死亡。此外，稀释液用量过大也会有影响。

（2）来自鸡只自身的原因：

1）接种疫苗时鸡体内相应的抗体水平：接种的疫苗是否有效和效果大小取决于鸡体的免疫反应程度。例如，当种鸡进行鸡新城疫疫苗接种后，其后代雏鸡在一段时间内带有抗新城疫的母源抗体，如在这段时间内进行接种新城疫弱毒活疫苗，则可能由于抗原和抗体的中和作用而使疫苗接种失效或减效。

2）鸡只的健康程度：如果鸡在接种前就感染了疾病或体质本来就差，在接种后也可能发病或加重病情，甚至导致死亡。鸡只早期染上了传染性法氏囊病、马立克病等具有免疫抑制作用的疾病，不仅可以降低抗病力，而且使其对疫苗接种的应答能力减弱。

3）母源抗体水平：母鸡经过免疫以后，其抗体经过蛋传递给雏鸡。如果在母源抗体较高时进行疫苗接种，就会降低疫苗的效力或不产生免疫作用，因此免疫前最好能进行抗体监测，以制定适宜的免疫程序。

4）鸡只的营养状况：接种前后要注意调整家禽的营养素需要量以提高其抗病力和抗应激能力。氨基酸、亚油酸、维生素 A、维生素 E、维生素 C 及硒、锌、铬等有机微量元素等营养素的不足，都会影响免疫效果。

（3）来自免疫接种方面的原因：

1）免疫接种的方法：采用哪种免疫接种方法，应根据具体情况决定，既要考虑工作方便及经济核算，又要考虑疫苗的特性及免疫效果。接种方法（或途径）不当，如传染性喉气管炎强毒疫苗只能用于擦肛或滴肛，若经呼吸道接种，则会引起严重发病。又如对 3 周龄以内的雏鸡进行新城疫初次免疫时，一般只能用滴鼻、点眼或气雾方法免疫，如采用注射法，大半疫苗会被雏鸡体液中的母鸡残留抗体消耗掉。

2）接种剂量：一定剂量范围内，免疫力产生和接种剂量成正比，即疫苗接种剂量越大，产生的免疫应答越强，免疫效果越好。但接种剂量不能任意增减，应按生物制品规定进行。剂量过大过小均可造成免疫耐受性，影响免疫效果。剂量过大还容易出现接种反应。

3）接种间隔时间：包括基础免疫的间隔和加强免疫的间隔。前者的时间长短根据预防接种制剂的性质、产生免疫反应的快慢、注射后机体吸收快慢而定。目前我国规定：不加吸附的疫苗，最低限度间隔 7～10 天注射 1 次；类毒素或吸附制剂，间隔 4～8 周。若免疫计划安排有困难，应适当延长间隔时间。缩短间隔时间可能影响免疫效果。加强免疫间隔需根据体内抗体消失的快慢而定。按时进行加强免疫，能很快提高体内抗体水平，增强免疫效果。

4）漏免：个别鸡只在接种时逃脱，没有被接种。

（4）其他方面的原因：

1）疫苗之间的相互影响：联合使用了具有干扰作用的疫苗或使用这些疫苗的时间间隔不当，则会造成免疫失败。如使用鸡新城疫疫苗和传染性支气管炎疫苗间隔时间太短，后者就会干扰前者抗体的产生。

2）疫苗的血清型：疫苗抗原和鸡只需要抵御的毒（菌）株的抗原类型不符，也会导致免疫的失败。

3）养殖条件：饲养管理条件差、环境条件突变、寄生虫病的感染及营养不良等应激，也会使鸡只产生免疫应答的能力减弱。

4）药物的使用：饲料或养殖中长期加喂氨基糖苷类抗生素会削弱其免疫力。

大剂量链霉素有抑制淋巴细胞转化的作用，大剂量庆大霉素和卡那霉素对B淋巴细胞、T淋巴细胞有明显抑制作用，糖皮质激素有明显的免疫抑制作用。另外，氯霉素、呋喃类药物等的使用均会造成严重的免疫抑制。

5）免疫促进剂的使用：使用免疫促进剂能够提高免疫效果，常用的有胸腺因子、法氏囊提取物、植物多糖、转移因子、白细胞介素、左旋咪唑、脂质体、腐殖酸钠、α－甘露聚糖肽、佐剂、硒、锌、维生素E、维生素A、叶酸、维生素B_{12}等。

4. 免疫效果的检测　对鸡群传染病疫苗免疫后状况进行检测可以及时了解其免疫效果或病毒感染情况，且所得检测结果将为以后的防控工作提供数据支持，同时对疫苗选择、疫苗免疫效果的考察、免疫计划的执行是非常有用的。

通过血清学检测，一方面可以准确把握疫苗的免疫时机，有资料介绍，在进行禽流感疫苗免疫时，如果免疫对象的群体抗体滴度过高会导致免疫后抗体水平出现明显下降，抗体上升速度和峰滴度都难以达到期望的水平；免疫时群体抗体滴度低的群体的免疫效果较好。另一方面能够了解疫苗的接种效果，防止免疫失败造成的鸡群被感染现象。再一方面能够及时掌握免疫后鸡体内抗体滴度的变化情况，为下次免疫时间的确定提供参考。

常见鸡病抗体检测的结果与应用：根据阳光畜牧网（2012年7月6日）提供的资料介绍，常见鸡病抗体检测结果分析与应用见表12－1。

表12－1　常见鸡病抗体检测结果分析与应用

鸡病名称	检测结果分析	备注
新城疫（ND）	蛋/种鸡群：ND抗体正常检测离散范围应为6log2～12log2，离散范围越小，越能说明鸡群免疫应答反应好，如抗体滴度＞13log2，且离散范围大，如6log2～15log2，提示鸡群可能受外界毒株感染所致。 肉鸡群：ND抗体正常检测离散范围为0～10log2，如抗体滴度为11log2，提示鸡群可能受外界毒株感染所致	提示：两者离散范围大小是评价鸡群免疫应答反应效果和野毒感染的重要评价指标。发病前后7～14天抗体滴度升高2log2～4log2，基本可以确定
禽流感（H9）	蛋/种鸡群：H9抗体正常的检测离散范围应为4log2～10log2，鸡群持续接种疫苗后，鸡群抗体离散范围出现4log2～12og2也属于正常，离散范围越小，越能说明鸡群免疫应答反应好，如抗体滴度＞13log2，且离散范围大，如6log2～15log2，提示鸡群可能受外界毒株感染所致 肉鸡群：同ND相似	

续表

鸡病名称	检测结果分析	备注
禽流感（H5）	蛋/种鸡群：H5抗体正常检测离散范围应为4log2～10log2，鸡群感染后，抗体异常上升，且离散范围大 肉鸡群：因该病感染和死亡非常快，且病变典型，抗体对比作用不大	
传染性支气管炎（IB）	蛋/种鸡群：IB免疫效果评价（ELISA检测）：免疫后3周抗体较免疫前抗体有所上升（500～2 000），并且变异系数缩小，说明免疫有效。一般认为，免疫抗体阳性率>80%为免疫成功。从大量的检测结果中发现免疫后阳性率基本都在100%。鸡群产蛋期抗体滴度大于10 000的鸡群在我们长时间检测中也有发现，鸡群无疾病表现，目前不能说明什么，有待进一步的认识 肉鸡群：肉鸡IB抗体在30～40日龄，在3 000以下为正常范围，大于4 000且变异系数>100%，提示鸡群可能受外界毒株感染所致	提示：三者均可以给商品肉鸡提供较高的母源抗体，保护雏鸡前期不受外界毒株影响
传染性法氏囊炎（IBD）	蛋/种鸡群：IBD免疫效果评价（ELISA检测）：免疫后3周抗体较免疫前抗体有所上升（500～3 000），并且变异系数缩小，说明免疫有效。一般认为，免疫抗体阳性率>80%为免疫成功。从大量检测结果中发现免疫后阳性率基本都在100%。鸡群产蛋期抗体滴度大于15 000的鸡群在我们长时间检测中也有发现，抗体诊断几乎用不着，因典型症状较为明显 肉鸡群：以琼脂扩散试验（AGP）方法检测免疫后3周抗体为50%为免疫合格	
病毒性关节炎（REO）	蛋/种鸡群：REO免疫效果评价（ELISA检测）：免疫后3周抗体较免疫前抗体均有大幅度上升（5 000～15 000），并且变异系数缩小，说明免疫有效。一般认为，免疫抗体阳性率>80%为免疫成功。从大量的检测结果中发现免疫后阳性率基本都在100%	

续表

鸡病名称	检测结果分析	备注
支原体（MG）	肉种鸡群：MG 免疫效果评价（ELISA 检测）：我国种鸡常规 MG 抗体检测分两次，第 1 次为免前检测，如免疫前鸡群 MG 抗体为阳性，就可以考虑不进行免疫接种；第 2 次为免后 7 周，因鸡群免过 MG 疫苗后 21 ~ 49 天的血清转化，故在免疫后 7 周检测抗体转阳情况，一般正常情况下抗体阳性率应在 80% 以上 肉鸡群：如在发病后检测 MG 抗体，在未对其项目进行接种有阳性抗体且变异系数大，提示鸡群可能受外界毒株感染所致	提示：MG 免后 6 周内不允许使用治疗支原体药物。因灭活苗 6 ~ 7 周抗体才能达到最高峰

通过血清学检查对鸡新城疫、传染性法氏囊炎、传染性支气管炎、传染性喉气管炎等做定期监测，并做记录，一旦有疫病发生，及时处理。马立克病、白血病的检测，青年鸡测 1 次，开产后 1 个月检测 1 次，预测该批鸡的生产性能。

（六）污物的无害化处理

据资料表明，鸡对饲料中氮、磷的利用率不足 50%，其余的排出体外。未经处理的粪水，渗入地下或排入河流，将造成环境污染。另外，粪便等污染物通常含有大量的致病微生物，容易造成土壤、水、空气污染，进而增加了传染病、寄生虫病的传播。因此，无论是从防疫还是环保角度来看，对粪污进行彻底无公害处理，势在必行。

鸡场内的污染物处理方法：粪便主要采用堆积发酵和烘干处理的措施；污水主要采用沉淀池集中沉淀、过滤和生物氧化的方法，也有采用沼气化处理的；病死鸡主要采用焚烧、消毒后深埋或高温脱脂粉碎用作饲料或肥料的处理方法。

四、饲料与饲养管理

（一）保证饲料质量是提高鸡群健康水平的关键

1. 保证饲料营养的全价性 使用全价饲料不仅可以防止一系列的营养缺乏症，更重要的是可以使鸡具备良好的体质和抵抗力。抗体是由免疫球蛋白构成的，而球蛋白又必须由足够的蛋白质来合成，在维生素和酶的作用下，才会产生抗体。因此，全价营养饲料对防病抗病是非常重要的。

2. 减少饲料毒素的危害 饲料毒素包括其自身所含有的一些有害成分，如棉仁粕中的游离棉酚、菜籽粕中的致甲状腺肿大物质等，还有被污染后产生的有害物质如黄曲霉毒素等。当饲料中这些毒素的含量较高或长期喂饲含这些毒素的饲料都会降低鸡群的抗病力。

3. 防止饲料被污染 饲料原料生产、原料和产品贮存、加工过程等环节有可能受到微生物、杀虫剂、毒鼠药、重金属等的污染。这些污染物都会影响到鸡群的健康，有的直接能够引起发病。

（二）合理的饲养管理制度是减少疾病感染的重要措施

1. 减少应激 应激是机体在各种内外环境因素及社会、心理因素刺激时所出现的全身性非特异性适应反应，又称为应激反应。是在出乎意料的紧迫与危险情况下引起的高速而高度紧张的情绪状态。

在生产过程中，任何一种应激都会对鸡体造成很大危害，使其体内平衡失调，生产性能下降，对疾病的抵抗力降低，甚至直接引起疾病。

2. 制定科学的管理制度 鸡场必须制定一套规范化、制度化的技术管理规程。主要包括鸡场规划布局制度、工作人员及外来人员进出鸡场制度、鸡场用具等消毒制度、疾病诊断用药制度、引苗引种购料购药制度、免疫接种制度、职工学习制度、鸡粪及污水处理制度、鸡群健康监测制度、环境控制制度、饲料管理制度等。通过制度建设和执行，避免问题的发生。

3. 实行“全进全出”制度 要求每一生产区同批进鸡，同批一次销售，实行“全进全出”饲养制度，即育雏、育成、产蛋等对外开放舍要严格隔离，分别实行全进全出。每一批次淘汰、清群后，鸡舍要空栏 20 天以后再引种饲养。

第二节 鸡传染病防治

传染病是由各种病原体引起的能在动物与动物或人与动物之间相互传播的一类疾病。传染病的特点是有病原体（包括病毒、细菌、真菌、支原体等）、传染性和流行性，感染后常有免疫性。有些传染病还有季节性或地域性。鸡传染病的传播和流行必须具备 3 个环节，即传染源（能排出病原体的人或动物）、传播途径（病原体传染鸡的途径，包括空气传播、飞沫传播、接触传播、垂直传播、粪便传播、消化道或呼吸道传播、伤口传播等）及易感鸡（对该种传染病无免疫力或免疫力低下的鸡）。若能完全切断其中的一个环节，即可防止该种传染病的发生和流行。

根据传染病的危害性，家禽的传染病分为 3 类：一类疫病是指对人畜危害严重，需要采取紧急、严厉的强制预防、控制、扑灭措施的禽病，其中包括高致病性禽流感和鸡新城疫；二类疫病是指可造成重大经济损失，需采取严格控制、扑灭措施以防止扩散的禽病，其中包括鸡传染性喉气管炎、鸡传染性支气管炎、鸡传染性法氏囊病、鸡马立克病、鸡减蛋综合征、禽白血病、禽痘、禽霍乱、鸡白痢沙门菌病、鸡毒支原体病、鸡球虫病等；三类疫病是指常见多发、可能造成重大经济损失、需要控制和净化的禽病，其中包括鸡病毒性关节炎、禽传染性脑脊髓炎、传染性鼻炎、禽结核病、禽伤寒。

一、病毒性传染病

鸡病毒性传染病的致病源都是病毒，一旦被感染，多数治疗效果不理想。因此，此类传染病主要靠接种相关疫苗进行预防。在养鸡生产中病毒性传染病的控制原则是：加强隔离和消毒，减少病毒与鸡只的接触；改善环境条件和饲养管理条件，提高鸡群的抵抗力；及时接种疫苗，保证鸡群良好的免疫力；感染后要及时使用抗生素以防继发感染细菌性疾病，同时使用黄芪多糖、白介素等提高鸡只免疫力，使用转移因子等以抑制病毒复制；有的病毒性传染病可以使用特异性高免卵黄或血清进行紧急治疗，有的在发病后可以用疫苗进行紧急接种。

（一）鸡马立克病的防治

马立克病（MD）是鸡的一种淋巴组织增生性疾病。雏鸡对病毒的易感性高，尤其是日龄越小易感性越高。但是，鸡只发病常常在5周龄之后。

1. 症状　根据其临床表现和病变发生的部位，可分为4种类型：神经型、内脏型、眼型和皮肤型。

（1）神经型：主要特征是鸡的外周神经被病毒侵害。当一侧或两侧的坐骨神经受侵害时，病鸡一条腿或两腿麻痹，常见的是一条腿麻痹，形成“劈叉”的特殊姿势。臂神经受侵害时，一侧或两侧翅膀麻痹下垂。颈部神经受侵害时，引起扭头现象，嗉囊因麻痹而扩大。病程较长者则表现消瘦、贫血，体重极轻，羽毛蓬松干燥而无润泽。病鸡采食困难，常因饥饿、脱水而死。

（2）内脏型：主要特征是一个或多个内脏器官发生肿瘤，病鸡起初无症状，冠髯萎缩、颜色变淡，食欲差，腹泻，脱水，羽毛蓬松而无光泽，进行性消瘦，最后衰竭而死。

（3）眼型：当眼球的虹膜受到侵害时，逐渐丧失对光线的调节能力，瞳孔收缩，正常色素消失，呈弥漫的灰白色，称“灰眼病”，严重的可致失明。

（4）皮肤型：在翅膀、颈部、背部、尾部的皮肤上形成大小如绿豆或黄豆样的结节状肿瘤。

2. 病理变化　神经型的主要病变是坐骨神经或臂神经肿大，是正常的2～3倍，颜色由银白色变成灰白色或黄白色，类似在水中浸泡过一样，纹路消失，神经表面可看到小结节。病变的神经多是一侧性的，在剖检时应注意与另一侧变化轻微的神经相比较。

内脏型的表现为内脏器官可能出现一个或几个肿瘤，肿瘤可出现在心、肝、脾、肾等器官，以卵巢最易受害。

3. 防治措施　本病的预防主要是蛋鸡、蛋种鸡和肉种鸡、饲养期超过7周的优质肉鸡。对于饲养期在45天以内的白羽肉鸡可以不接种疫苗。

（1）雏鸡出壳后在孵化厂接种马立克病疫苗，保证每只雏鸡都要接种。最有效的疫苗是CV1988/Rispens液氮苗，鸡马立克病分Ⅰ、Ⅱ、Ⅲ型，有单价，也有二价、三价的疫苗。一般液氮细胞苗比冻干苗效果好，多价苗比单价苗效果好。Ⅰ型HVT疫苗控制强毒株；二价苗或三价苗用来预防鸡马立克病病毒超强毒株感染；对特超强毒株感染，可用CV1988疫苗或由它和HVT、301B/1组成的三价苗。

（2）种蛋入孵前后、雏鸡啄壳时分别用福尔马林熏蒸消毒，以防雏鸡被蛋壳上及孵化器中的马立克病病毒感染。

（3）20日龄以内的雏鸡对马立克病最易感，育雏室必须提前进行全面消毒且在3周龄内经常进行带鸡消毒并与成年鸡舍保持良好的隔离。

（二）鸡新城疫

鸡新城疫（ND）俗名“鸡瘟”，又称亚洲鸡瘟，是养鸡生产中的常见病，雏鸡比成年鸡易感性高。以呼吸困难、下痢、神经症状为主要特征。易感鸡群遭受ND强毒侵害时，发病率和死亡率可高达90%以上。

1. 症状 急性病例的鸡精神委顿，食欲缺乏，喜欢饮水，羽毛松乱，闭目缩颈，头下垂或伸入翅下，鸡冠逐渐由红色变成暗紫色。之后出现咳嗽、呼吸困难、流鼻液、常伸头颈，张口呼吸并发出“咕噜”“咯咯”的喘鸣声。嗉囊空虚，有液体和少量气体，口、鼻有大量黏液，为了排除这些黏液，病鸡常做摇头或吞咽动作，倒提病鸡时口角流出酸臭液体；下痢，粪便呈绿色、黄白色，后期呈蛋清样。病程一般为3~5天。本病流行后期，主要表现为各种神经症状，如腿翅麻痹、跛行或站立不稳、运动失调、伏地旋转、头颈向一侧扭曲或头颈后仰呈“望星”姿势，最后瘫痪死亡。

由于免疫程序或免疫方法不合理等多种因素造成鸡群免疫力不均衡而发生鸡的新城疫常呈非典型经过，其特点为发病率和死亡率低，临诊表现和病理变化不明显。雏鸡和育成鸡主要表现呼吸道和神经症状，产蛋鸡主要表现为产蛋率突然下降、破蛋和软蛋较多。

2. 病理变化 病鸡的主要病变是腺胃乳头或乳头间有点状出血，有时可形成凹陷的溃疡。肌胃角质层下有出血点或出血斑。十二指肠及整个小肠黏膜上有大小不等的出血点，病程稍久的常出现溃疡。非典型新城疫病理变化常不明显，往往看不到典型病变，常见的病变是心冠脂肪的针尖出血点，腺胃肿胀和小肠的卡他性炎症，盲肠扁桃体普遍出血，泄殖腔也多有出血点。

3. 防治措施

（1）适时预防接种：在该病流行的地区，适时接种鸡新城疫疫苗可以控制本病的发生和流行。目前常用的疫苗有新城疫Ⅳ系活疫苗、新城疫Ⅰ系活疫苗、新城疫克隆 30 株疫苗等。不同疫苗的毒力有所不同，在进行接种时应根据鸡群日龄大小、免疫状态和免疫方式等选用相应的疫苗。

（2）被动免疫治疗：发病初期使用新城疫高免血清或卵黄液，每只鸡肌内注射0. 5 ~1. 0 毫升，能够有效控制该病的蔓延和促进康复。

（三）传染性法氏囊炎

鸡传染性法氏囊炎（IBD）主要危害 2 ~6 周龄的雏鸡，本病除造成一些雏鸡死亡外，还常引起病愈鸡免疫抑制，导致免疫接种失败，增加雏鸡对鸡新城疫等许多疾病的易感性。

1. 症状 健康鸡群突然发病，传播迅速，两三天内可使 60% ~90% 的鸡发病，病鸡精神萎靡、缩颈低头、颈部羽毛竖起、伏地昏睡。采食量明显减少，饮水增多，排白色水样稀粪，肛门周围的羽毛沾有粪便，有少数病鸡掉头啄自己的肛门，少数病鸡头、颈、身躯有震颤现象。一般在发病后的第 3 天开始死亡，7 ~8 天停止死亡，而且症状逐渐消失。

2. 病理变化 法氏囊病变具有特征性，发病后 2 ~4 天其体积增大 1 ~2 倍，在法氏囊的外面有淡黄色胶样渗出物，严重的病例，法氏囊大量出血，外观呈紫黑色如葡萄状。切开法氏囊，囊内黏膜水肿、充血、出血、坏死。法氏囊内有奶油样渗出物，渗出物水分被吸收，渗出物嵌入法氏囊皱襞当中，剥离后呈锥形体。发病后 5 天法氏囊开始萎缩。胸、腿肌肉有片状出血斑，腺胃与肌胃的交界处有带状出血。

3. 防治措施

（1）疫苗接种：用传染性法氏囊炎二价弱毒苗（B87、J87）采取饮水、滴鼻、点眼等方法，生产中一般采用饮水免疫。其免疫程序为：无母源抗体（产蛋鸡未免疫接种或未发生此病）的雏鸡在 5 ~7 日龄首次接种，2 周龄后做第 2 次接种；有母源抗体（产蛋鸡进行过免疫接种）的雏鸡在 14 ~21 日龄首次接种，2 周龄后做第 2 次接种。

（2）血清治疗：3 ~6 周龄鸡发病时可用抗传染性法氏囊炎高免血清进行治疗，每只鸡肌内注射 0. 5 毫升，注射 1 次即可，疗效迅速可靠。也可以用高免卵黄抗体来治疗。

（四）鸡传染性支气管炎

传染性支气管炎（IB）是一种呼吸道病毒病，其特征是气管口啰音、咳嗽、打喷嚏，产蛋母鸡产蛋量和蛋壳质量下降。

1. 症状 由于鸡的年龄不同，所表现的症状各有差异，4 周龄以下的雏鸡发病快，3 天内几乎全群发病，发病后的症状有流鼻涕、流泪、喘气、咳嗽、伸颈张口喘气。病雏怕冷，互相挤在一起，食欲减退，雏鸡死亡率可达 25%。蛋鸡产蛋量下降，严重时可减少一半，并可产软壳蛋、薄壳蛋及畸形蛋，蛋壳表面粗糙。

2. 病理变化 病鸡的气管、鼻腔和窦内有浆液性或干酪样的渗出物，雏鸡的气管及支气管内，有淡黄色干酪样物质形成栓子，肺水肿，产蛋母鸡腹腔内有掉落的卵黄，常常由于卵黄膜破裂而呈浆液状。

3. 防治方法

（1）接种疫苗：免疫接种应进行 3 次：10～14 日龄，传染性支气管炎（H120）与新城疫（N79 克隆株）疫苗混合滴鼻或点眼，或与新城疫Ⅳ系疫苗混合饮水；35 日龄，H52 与新城疫Ⅳ系疫苗混合饮水；135 日龄前后，注射多价传染性支气管炎油乳剂灭活疫苗。

（2）加强育雏管理：育雏时要注意保暖，避免拥挤；发病时用抗生素可防止细菌的继发感染，减少死亡。

（五）鸡传染性喉气管炎

传染性喉气管炎（ILT）是青年或成年鸡的一种急性呼吸道病毒病。病鸡以呼吸困难、咳嗽和咳出带血的渗出物为特征。

1. 症状 该病发病突然、传播迅速，病鸡主要表现为咳嗽和喘息，常伏卧，头垂下。每当吸气时，头颈高高举起和伸出，张开嘴，做尽力吸气动作，并有“咕咕”喘鸣声，常咳出带血黏液（有的会粘在笼丝上），严重者因气管中黏液蓄积过多而窒息死亡。呼吸困难的同时一般会伴发结膜炎，眼睛流泪，鼻液增多，眶下窦肿胀。经过疫苗免疫的鸡发病或感染轻微时，表现出轻度的呼吸道症状及眼炎、鼻窦炎的症状。

2. 病理变化 剖检时病变主要集中在喉头和气管的上 1/3 处，急性病例表现为喉头和气管黏膜的严重充血、出血和肿胀，气管内附有带血的黄色黏稠液，有时会发现血条。慢性病例由于炎性渗出物中的水分被吸收，在喉头和气管中会发现有黄白色的干酪样物堵塞。

3. 防治措施

（1）健康鸡群可用疫苗进行预防接种。由于接种弱毒疫苗会使鸡群带毒，因此进行 ILT 疫苗接种时，应遵循的原则就是在没有发生过或不受该病威胁的地区不建议免疫，只在该病流行的地区进行免疫。

（2）治疗上目前尚无特效药，可试用氢化可的松、土霉素各 1 片，溶于 12 毫升冷开水中，用不带针头的注射器注入鸡咽喉部，每只 2 毫升，每天 2 次，连用 2 天。填服甘草片、复方氨茶碱等祛痰的药物能够缓解症状。

（六）禽流感

禽流感（AI）是由 A 型流感病毒引起的，以呼吸困难、产蛋下降为主要特征的一种禽类的急性出血性传染病。高致病性禽流感需要省级以上畜牧兽医职能部门确诊。

1. 症状　高致病性禽流感常常在短时间内引起鸡群大批的死亡。非高致病性禽流感也称温和型禽流感，是目前常见的类型，病鸡采食量明显减少、饮水量增加，精神沉郁，羽毛蓬松、散乱，缩颈，呆立，鼻窦肿胀，头部肿胀，病鸡鸡冠边缘呈现紫黑色，腿部无毛处偶见鳞片下出血。病鸡有不同程度的呼吸道症状，表现为咳嗽、喷嚏、啰音、呼吸困难；个别病鸡腹泻，排出水样稀粪或黄色、绿色、浅绿色的稀粪并带有未消化的饲料。产蛋鸡群产蛋率下降的幅度与持续时间在各个鸡群中不完全相同，一般下降20%～35%，甚至60%。同时可见软壳蛋、退色蛋、沙皮蛋、畸形蛋等明显增多。

2. 病理变化　本病无明显病变，有的病鸡头部水肿、发紫，内脏见明显出血，包括浆膜及黏膜面的小点出血；十二指肠和心外膜出血；肌胃和腺胃交接处的乳头及黏膜严重出血；产蛋率下降的鸡群，病鸡输卵管水肿、充血，输卵管内有白色黏稠的似糨糊样分泌物，子宫充血、水肿，是正常体积的3～4倍，黏膜有不同程度的出血、溃疡。

3. 防治措施　高致病性禽流感只有通过接种疫苗进行预防，一旦发生，不能治疗，需要采取扑灭措施。非高致病性禽流感可以通过接种疫苗进行预防，发病后可以进行对症治疗。

（1）疫苗接种：禽流感油乳剂灭活疫苗预防接种，14日龄雏鸡皮下或肌内注射0.3～0.5毫升；60日龄以上青年或成年鸡，0.5～1毫升/只。每隔3～4个月要进行一次禽流感（H5N1RE－5＋RE－4和H9）的免疫，这两种禽流感疫苗的防疫要间隔10天进行。

（2）对于感染非高致病性禽流感的鸡群可以通过试用抗生素和具有清瘟败毒作用的中药进行治疗，同时配用碳酸氢钠（小苏打）和电解多维饮水。

（3）加强鸡场和孵化室消毒工作。

（七）鸡白血病

鸡白血病（ALD）是由病毒引起的一种慢性传染性肿瘤病。在全身很多器官中产生肿瘤性病灶。

1. 症状

（1）淋巴细胞性白血病（ALL）：自然病例常发生于14周龄以后的鸡，但发病高峰期在性成熟期，无特征症状，主要是渐进性消瘦、精神萎靡、全身衰弱、鸡冠苍白、下痢、停止产蛋。后期病例腹部膨大，用力挤压时，能摸到肿大发硬的肝脏，最后因衰弱而死亡。

（2）成红细胞性白血病（EB）：自然病例常发生于3月龄以上的鸡，可分为增生型和贫血型两种。增生型较常见，以血液中存在大量成红细胞为特征。贫血型则是在血液中只有少量的未成熟红细胞，显著贫血。两种病鸡均表现为身体衰弱、消瘦、嗜睡、鸡冠苍白、下痢，多数毛囊发生出血。

(3) 骨石化症：又称骨硬化症，多发生于8~12周龄鸡。长骨增粗，有温热感。行走拘谨或跛行；病鸡两侧趾骨、跗骨，甚至前臂骨骨干增粗，骨呈纺锤形，断面骨质极度增厚，纤维化或石化，质地坚硬，骨髓腔缩小甚至消失。

2. 病理变化

(1) 淋巴细胞性白血病（ALL）：肝、肾、脾和法氏囊明显肿大。肿瘤结节呈灰白色或淡黄白色。肺、性腺、心、骨髓和肠系膜也形成肿瘤。

(2) 成红细胞性白血病（EB）：明显贫血，肌肉、皮下组织和内脏器官常有出血点。增生型的特征是肝和脾广泛增大，其次是肾呈樱桃红色到暗红色，质软而脆，常发生破裂。骨髓增生，呈水样、暗红色，常有出血。贫血型的内脏器常见萎缩，特别是肝和脾。

3. 防治措施 本病既无疫苗预防，又无药物治疗，应着重抓好预防工作。鸡白血病主要是以垂直传播为主，祖代鸡和父母代鸡场应不含本病。商品蛋鸡场，应做到不从感染本病的种鸡场购进鸡苗。鸡淋巴细胞性白血病病毒不耐热，不耐酸、碱，对外界抵抗力弱，对鸡舍用具要定期消毒，对进出车辆、人员也要切实进行消毒。

（八）鸡产蛋下降综合征

鸡产蛋下降综合征（EDS-76）是以产蛋下降、蛋壳质量降低或蛋颜色变淡为特征的一种仅发生于产蛋母鸡的传染病。

1. 症状 感染鸡无明显症状，主要表现为突然性群体产蛋下降，比正常下降30%~50%。病初蛋壳的色泽变淡，紧接着产畸形蛋，蛋壳表面粗糙像砂纸样，蛋壳变薄，易破损，软壳蛋增多。本病主要感染26~35周龄的鸡，特别是产褐壳蛋的肉鸡，种母鸡易感性最强。40周龄以上母鸡很少发生此病，病鸡的死亡率一般低于0.5%。

2. 病理变化 病鸡卵巢变小、萎缩，子宫和输卵管各处黏膜出血和卡他性炎症。输卵管腺体水肿，单核细胞浸润，黏膜细胞变性坏死。

3. 防治措施

(1) 疫苗接种：4~10周龄的青年母鸡，肌内或皮下注射新城疫-减蛋下降综合征二联油佐剂灭活苗或鸡新城疫-传染性支气管炎-减蛋下降综合征三联油乳剂灭活疫苗，每只鸡0.5毫升；开产前3~4周以相同的剂量再免疫1次。

(2) 本症主要经胚胎垂直传播，注意应杜绝从疫区引种。

(3) 加强鸡场和孵化室消毒工作，在日粮中，注意氨基酸、维生素的平衡。

（九）鸡痘

鸡痘是由病毒引起的一种传染病，主要发病日龄在30天以后，死亡率一般不高，但影响生长和产蛋。秋末冬初发病率高，秋末皮肤型鸡痘较多，冬初黏膜型鸡痘常见。

1. 症状　可分为皮肤型、白喉型、混合型。

（1）皮肤型：主要在皮肤无毛处，在冠、肉髯、眼皮等处有白色小结节，有的为散在性小结节，有的为小结节融合成大块结节，结节起初表现湿润，后变为干燥，外观呈圆形或不规则形，颜色为浅黄褐色到深褐色不等。结节干燥前切开可见切面出血、湿润。结节结痂后易脱落，出现瘢痕。但温和型仅在冠和肉髯上出现局灶性小结节。

（2）白喉型：在口腔和咽喉的黏膜上形成一层灰白色的豆腐样薄膜，不易剥离，并不断地扩展变厚，导致病鸡呼吸和吞咽困难，严重时窒息死亡。

（3）混合型：上述两种症状同时存在，死亡率较高。

2. 防治措施

（1）接种鸡痘鹌鹑化弱毒苗：可于 28 日龄及 110 日龄前后各刺种 1 次。

（2）对症疗法：病鸡皮肤的结痂和口腔、咽喉的假膜，可用镊子剥去伪膜，涂搽碘甘油（80 毫升甘油加 5% 碘酊 20 毫升）局部治疗。

二、细菌性传染病

本类传染病的病原体为细菌，这类传染病可以通过使用抗生素进行防治。但是，细菌容易产生耐药性，这也会给治疗用药的选择带来困难。细菌性传染病使用菌苗接种的预防效果不稳定。细菌性疾病大多数为条件性疾病，如果饲养管理和卫生条件差则容易发病或造成病情更严重。因此，良好的管理条件是减少细菌性疾病发生的重要基础。

（一）鸡白痢

鸡白痢是 3 周龄以下雏鸡常见的传染病，以下痢和败血症为特征。本病的病原体是鸡白痢沙门菌。

1. 症状　蛋中带菌孵出的雏鸡，常在出壳后 7 天内出现症状或死亡；如果是孵出后被感染的，一般在 7 日龄后开始发病，至 2 周龄达高峰。病雏表现怕冷，常成堆地挤在一起，闭眼打盹，两翅下垂，呼吸困难而急促，后腹部快速地一收一缩。病雏排便时常尖叫，排出白色、糨糊样稀粪，肛门周围的绒毛上粘有石灰样粪便，干后结成硬块，堵塞肛门。

成年鸡主要症状是产蛋量下降，排青棕色稀粪，进行性消瘦。

2. 剖检　病程稍长的雏鸡脱水、眼睛下陷、脚趾干枯，可见肝肿大，呈土黄色，有砖红色条纹，有的心肌、肺、肝、肌胃、盲肠或大肠上有灰白色小结节和坏死点。卵黄吸收不良，外观呈黄绿色，内容物稀薄，病程稍长者可见肺有坏死灰白色结节。

成年母鸡有的卵巢仅有少量接近成熟或成熟的卵子，已发育或正在发育的卵子变色，有灰色、黄灰色、黄绿色、灰黑色等不正常色泽；卵子变形，有的呈梨形、三角形、不规则等形状，有的卵子内容物稀薄如水样、呈米汤样，有的较黏稠呈油脂样。

3. 防治措施

（1）种鸡净化：种鸡场应定期进行鸡白痢检疫，发现病鸡及时淘汰。

（2）加强消毒：鸡舍、育雏室的一切用具要经常清洗消毒，孵化器在应用之前，要用甲醛气体熏蒸消毒。

（3）药物防治：对3周龄以下的雏鸡要用药物控制发病，出壳后至5日龄，每千克饮水加庆大霉素8万单位；11日龄起，停药3天，无发病苗头，再用多西环素拌料，连用3～5天。

（二）鸡大肠杆菌病

鸡大肠杆菌病是由大肠杆菌引起的一种疾病，雏鸡及4月龄以下的鸡易感性高。本病的表现有多种，这里主要介绍常见类型。

1. 症状

（1）脐炎型：主要发生于出壳不久的雏鸡，多见有脐环闭合不全、脐孔周围红肿，并常有皮肤破损、发硬、呈黄色，时间较长者脐孔周围发红或呈紫黑色，后腹部肿大皮薄而发红或呈紫青色，拉黄白色或黄绿色稀粪，极为腥臭，并将肛门周围羽毛粘连、俗称糊肛。病鸡全身衰竭，闭眼垂翅不愿走动，减食或废绝，出壳后最初几天死亡率较高。

（2）急性败血型：主要发生于雏鸡和4月龄以下的青年鸡，尤其是肉仔鸡的发病率最高。常与腹水症、慢性呼吸道病、传染性鼻炎等病混合感染。特征为发病急、病程短、死亡率高。病鸡表现：精神委顿、眼半闭，缩颈呆立、两翅下垂、腹式呼吸，减食或不食；部分病鸡拉灰白色、黄白色或黄绿色稀粪；有的鸡临死前出现仰头、扭颈等神经症状。

（3）气囊炎型：常见于5～12周龄的青年鸡，以6～9周龄发病最多。本型常呈继发感染，多因患慢性呼吸道病、传染性支气管炎、非典型新城疫，使鸡体的抗病力下降，而对大肠杆菌的易感性增加，当空气或灰尘中的大肠杆菌被吸入呼吸道而继发本病。

（4）卵巢输卵管炎型：主要发生于产蛋期的种鸡及鸡蛋。多与沙门菌混合感染，呈慢性经过。病鸡精神、食欲尚正常，拉黄白色或黄绿色粪便，鸡冠发白、发红或发紫、无光泽、萎缩并倒向一边。产蛋减少而破壳蛋、畸形蛋增多，蛋壳退色变白或发灰，蛋壳表面粗糙不平，蛋壳上有针头至米粒大小不等的褐色斑点。部分病程较长的鸡后腹部膨大、发硬、下垂，站立时呈企鹅状。卵黄性腹膜炎多见于产蛋鸡，尤其是人工授精的种鸡，多因在输精过程中消毒不严、操作不当而导致泄殖腔、输卵管感染发炎而引起，病鸡精神沉郁、食欲减退，鸡冠发红或暗红、后腹部膨大、下垂蹲伏。

（5）全眼球炎型：一般发生于大肠杆菌败血型的后期，为单侧性或双侧性；病鸡食欲减少或废绝，呆立一隅。病初表现眼结膜潮红、眼睑肿胀，眼前房有浆液性分泌物，眼睑肿胀严重时上下眼帘粘连，随后分泌物形成黄白色干酪样，挤出分泌物后见角膜穿孔，最终失明，因饮水采食困难而衰竭死亡。

2. 病理变化

（1）脐炎型：病鸡和死鸡脐环肿大、皮下有暗红色或黑红色液体。卵黄囊吸收不良，充满黄绿色稀薄液体；胆囊涨满、肝脏肿大，质脆呈土黄色或暗红色，有斑驳状或点状出血。小肠胀气，黏膜充血或点状出血；直肠部扩张呈囊状充满黄白色或黄绿色稀粪。

（2）急性败血型：以心包炎、肝周炎、腹膜炎为特征，肝脏肿大或大出血。肠道发炎，肠管粘连，并有淡黄色或橙黄色腹水。

（3）气囊炎型：多见于胸气囊和腹气囊壁增厚、混浊、囊内常含有黄白色干酪样渗出物。有的病例呈现肺水肿。有时可见气囊炎、心包炎和肝周炎同时发生。

（4）卵巢输卵管炎型：剖检可见卵泡变为暗红色，较大一些的卵黄变稀变软，输卵管及泄殖腔发炎、出血，有的在输卵管内蓄积有大量干酪样卵黄而阻塞输卵管。卵黄性腹膜炎的个体卵黄变稀、出血或破裂，在腹腔中弥漫着破裂的卵黄液，将腹腔内的肠管、脂肪染为蛋黄色。肠管、腹腔发炎，相互粘连，死亡时间稍长，腹壁、腹膜及肠管变为褐绿色腐败，气味腥臭。

3. 防治措施

（1）疫苗接种：15 日龄左右，肌内注射鸡大肠杆菌多价油乳剂灭活疫苗，0.5 毫升/只。有些大型鸡场或小区用本场分离的菌株制作疫苗的使用效果更可靠。

（2）加强饲养管理，保证良好的环境条件和饲料营养，鸡舍和用具要经常清洗消毒。

（3）可用抗生素或磺胺类药物治疗，常用的有庆大霉素、卡那霉素、链霉素、土霉素、复方新诺明等。但用药时要注意观察疗效，如疗效不显著及时换药。

（三）鸡伤寒

鸡伤寒是由鸡伤寒沙门菌引起的主要发生于育成鸡和成年鸡的败血性传染病，以肝、脾等实质器官的病变和下痢为特征。种鸡感染后所产的蛋带有鸡沙门菌，因此可垂直传播。

1. 症状 主要发生于 3 周龄以上的青年鸡及成年鸡，病鸡所表现的症状是体温升高、精神不振、羽毛松乱、头下垂、食欲明显减退、饮水增加、离群独处。主要特征是腹泻，排淡黄色至绿色稀粪，沾污肛门周围的羽毛，如发生腹膜炎，鸡呈企鹅样的站立姿势。慢性病鸡消瘦、贫血、冠及肉髯苍白色。

2. 病理变化 肝、脾肿大为正常的2～4倍，初期肝脏红肿，随后肝表面呈黄色或古铜色，肝和心肌上有灰白色或淡黄色的坏死点。胆囊扩张，充满绿色油状胆汁。有时可见心包膜与心脏粘连。

3. 防治措施

（1）对重病鸡及时淘汰处理，轻病鸡隔离治疗，鸡舍及场地要彻底消毒，做好种鸡群净化。

（2）磺胺类、呋喃类和抗生素均有一定的疗效。雏鸡每天每只在饮水中饮服链霉素0.01克，也有较好的效果。

（四）鸡传染性鼻炎

鸡传染性鼻炎是青年鸡和产蛋鸡的急性上呼吸道疾病，病原为嗜血杆菌。主要病症是眼结膜和鼻黏膜发炎。

1. 症状 全群鸡通常有半数个体会表现症状。轻病例仅见鼻腔流出稀薄的鼻液，重病例鼻液黏稠，有臭味，变干后成为淡黄色鼻痂，为了排除这些分泌物，病鸡不断地甩头、打喷嚏。眼结膜发炎、肿胀，甚至失明，眶下窦肿胀；面部水肿可蔓延到肉垂，公鸡尤其明显。

2. 病理变化 主要是鼻腔和鼻窦黏膜充血、肿胀，有大量黏液和炎性渗出物的凝块。眼结膜充血发炎。眼部肿胀，甚至巩膜穿孔或眼球受损而失明。

3. 防治措施

（1）疫苗接种。皮下注射鸡传染性鼻炎油乳剂灭活菌，首免在21～42日龄，0.3毫升/只，110日龄加强免疫，0.5毫升/只。

（2）鸡群发病时，可用药物治疗。当鸡群食欲尚好时，可投服易吸收的磺胺类药物或抗生素。如在饲料中添加磺胺嘧啶或磺胺二甲基嘧啶，浓度为0.2%～0.5%，连用3天，或在水中加入上述药物，浓度为0.05%～0.1%，连饮3天。当采食明显减少时，应采取药物注射治疗。可用链霉素（成鸡每只15万～20万单位）、庆大霉素（每只鸡2 000～3 000单位）等，连用3天。

（3）注意饲养管理。本病在气候突然改变、鸡群密度过大、通风不良、氨气浓度过高的情况下发生较多。因此，鸡舍应通风良好，防止寒冷和潮湿，不能过分拥挤，多喂富含维生素A的饲料，以增强鸡体的抗病能力。

（五）禽霍乱

禽霍乱又名禽出血性败血病，简称禽出败。家禽都会感染发病，5周龄以前的鸡很少感染本病，以发生剧烈下痢症状为特征。病原为多杀性巴氏杆菌，是一种条件致病菌。

1. 症状

（1）最急性型：常见于本病暴发的最初阶段。病鸡突然倒地拍翅、抽搐，迅速死亡，这样死亡的多为个别发育良好及高产的鸡。

（2）急性型：病鸡体温升高，精神沉郁，嗜睡，羽毛松乱，翅膀下垂，食欲减退，饮水增加；呼吸急促，鼻和口中流出混有泡沫的黏液；严重腹泻，排出黄色、灰白或淡绿色稀粪。鸡冠、肉髯变为青紫色，经 1 ~ 3 天死亡。

（3）慢性型：常发生于流行的后期，病鸡日趋消瘦，冠髯苍白或发紫并有肿胀；腿关节肿胀而跛行，呼吸困难，腹泻。

2. 病理变化 突然死亡的鸡，一般无明显病变。急性的心外膜和心冠脂肪有明显的出血点；肝脏肿大，表面散在许多针尖大小的灰白色坏死点，这是一个特征性的病变。十二指肠出血性炎症严重；产蛋鸡卵泡充血、出血、变形，呈半煮熟状。

3. 防治措施

（1）药物防治：预防措施可以在鸡群处于开产前后用多西环素 2 ~ 3 天拌料，用量按照使用说明。治疗药物：口服磺胺 -5- 甲氧嘧啶 4 份加抗菌增效剂 1 份，按每千克体重 30 毫克内服或 0.04% 拌料连喂 5 ~ 6 天；青霉素肌内注射 5 万 ~ 10 万单位/只，每天 2 次，连用 2 ~ 3 天；链霉素肌内注射 0.1 ~ 0.2 克/只，每天 2 次，连用 2 天。

（2）注射菌苗：有 713 禽霍乱弱毒菌苗、G190E40 禽霍乱弱毒菌苗和 833 禽霍乱弱毒菌苗等多种，使用后能减少发病，但不能完全可靠地阻止发病。2 月龄以上的鸡才能使用，免疫期一般为 3 个月，如果在第一次注射后半个月再注射一次，免疫效果较好；注射弱毒苗后至少 7 天不能使用抗菌药物。

（六）鸡葡萄球菌病

本病由金黄色葡萄球菌引起，主要发生于网上平养的肉仔鸡、笼养鸡及饲养条件较差的鸡，病鸡体表多数有伤口。以病鸡的关节炎或皮肤发生水疱性炎症为特征。

1. 症状及病理变化 败血型葡萄球菌病多见于 3 ~ 6 周龄的鸡，肉仔鸡发生较多。较为特征的症状是胸腹部甚至波及大腿内侧皮下水肿，积聚数量不等的血液和渗出液，外观深红色或紫黑色，有波动感，局部羽毛脱落。

种蛋被葡萄球菌污染或出壳后脐环闭合不全，导致新生雏鸡脐炎，临床上表现为腹部膨大，脐口发炎，卵黄体可从脐部渗出，伴有恶臭。关节炎型鸡葡萄球菌病多发生于 4 ~ 12 周龄的鸡群，病鸡两侧胫、跖关节及邻近的腱鞘肿胀、变形、跛行、不愿走动，有热痛感，有的鸡腹泻，严重者瘫痪或伏卧在地，这种情况多与鸡痘有关。

2. 防治措施

（1）清除鸡舍、运动场上锐物，如钉、铁丝、碎玻璃等杂物，注意消除栖架和铁丝网上的尖端部分，以免损伤鸡体。

（2）断喙、刺种、戴翅号时，注意消毒。

（3）庆大霉素肌内注射，3 000 单位/只；卡那霉素肌内注射 10 000 单位/只，每天 1 次，连用 3 天。新霉素也有很好的治疗效果。

三、其他病原微生物感染引起的传染病

（一）鸡败血支原体病

鸡的支原体病又名慢性呼吸道病，病原是鸡败血支原体。本病的特征是咳嗽、流鼻液，眼睑肿胀，呼吸时发出啰音。本病一年四季都可发生，但以寒冷季节较严重。

1. 症状 病初时鸡流水样鼻液，病鸡常摇头甩掉，或常有吞咽动作，鼻液变稠时呼吸不畅，常张口呼吸；中期咳嗽，打喷嚏，不时发出怪叫声音；后期眼睑肿胀，一侧或两侧眼结膜发炎，流泪，眼眶内蓄积黄白色豆渣样渗出物。雏鸡生长缓慢，母鸡产蛋下降。

2. 病理变化 病变主要在鼻腔、喉头、气管内，表现黏膜水肿、充血、出血，窦内充满黏液或干酪样物质。严重的可波及气囊和肺部，气囊混浊、囊壁增厚，腔内含有大量干酪样渗出物。有的可见纤维素性或脓性心包炎、肝周炎与气囊炎一道发生。

3. 防治措施

（1）用药物处理种蛋、控制蛋的传播，是较为理想的环节。

（2）药物治疗，常用药物有泰乐菌素、红霉素、土霉素、多西环素、链霉素、庆大霉素、卡那霉素、新霉素等。

（二）鸡曲霉菌病

曲霉菌病是由多种霉菌（烟曲酶、黄曲酶及黑曲霉等）混合引起，又称霉菌性肺炎，其特征是呼吸困难。

1. 症状 发病以 1～5 周龄为多见，成年鸡多为散发。主要症状是呼吸次数突然增加，伸颈张口喘气，眼鼻流液，有甩头表现，有的眼睑肿胀，分泌物增多，甚至引起角膜溃疡，后形成白翳。同时出现全身症状，如不食、后期下痢，病程 2～3 天，死亡率可达 50%。

2. 病理变化 肺、气囊和胸腹腔中有一种从针尖至小米粒大小的结节，结节呈灰白或淡黄色，柔软而有弹性。有时在肺、气囊、气管和腹腔，用肉眼即可看到成团的霉菌斑。有的鸡肺的一部分由于霉菌聚集，变为黑、紫、灰白色而发硬，切面坏死。

3. 防治措施

（1）特别注意在梅雨季节做好防潮工作，不喂发霉的饲料，不使用发霉的垫料，鸡舍地面、育雏室要经常清扫，用 5% 苯酚消毒。

（2）消除病因，更换发霉的饲料或垫料等，可试用制霉菌素，剂量为每1 000只雏鸡用50万单位，每天服2次；同时用0.05%硫酸铜溶液饮水，两药同时应用5～7天。再单用硫酸铜5～7天。通过以上措施，可很快制止死亡。

四、常见混合感染的控制

混合感染是指鸡群同时被两种或更多种病原微生物所感染，这也是当前养鸡生产中常见的问题，它给疾病的诊断和治疗带来很多困难，需要在疫病防治中多加注意。这里介绍几种常见的混合感染情况，供参考。

（一）支原体与大肠杆菌混合感染

1. 临床症状　常见于3周龄以上的鸡群，鸡群在发病前多数会有传染性支气管炎的发病史，在康复后鸡群中出现咳嗽、打喷嚏等症状，并逐渐增多。青年鸡群采食量稍减，但精神症状不见明显异常；产蛋鸡群总体精神正常，食欲及产蛋率略减，但每天都有病鸡出现，只要出现发呆、闭眼、拉绿粪症状，病鸡常于数日内死亡。此病以中低发病率、高死亡率为特点，发病率5%～30%，死亡率能够达到80%以上。

接近鸡群，可听到明显的咳嗽、甩头、气喘，部分鸡流鼻涕，鼻孔周围被分泌物和饲料沾污，张口呼吸。个别鸡眼结膜发炎，流泪，眼睑肿胀。特别是有少部分鸡脸发青。部分鸡食欲下降，饮水减少，眼窝下陷，逐渐消瘦死亡。

2. 病理变化　具有明显咳嗽症状的未死亡病鸡，病变主要在气囊，双侧气囊均出现不同程度的混浊，气管有少量黏性分泌物；死鸡和病重鸡，可见鼻腔、眶下窦充血，渗出物增多，气管黏膜增厚，有混浊的黏液，胸腔气囊、腹腔气囊增厚、混浊，内有黏稠性渗出物。部分鸡心包膜肥厚、混浊，心包膜上有纤维性蛋白附着。脸发青的鸡还可见颈部血管充血后明显扩张，肺充血、有炎症。产蛋期的病鸡出现气囊混浊、增厚，肝脏表面覆盖有纤维素性薄膜，腹部气囊混浊、增厚、腹膜发炎，部分鸡腹腔内有散落的卵黄。

3. 防治措施　对于临近性成熟期且新城疫免疫超过一个月的鸡群，首先做好新城疫和传染性支气管炎的预防接种，以防继发新城疫。用新城疫Ⅰ系4倍量肌内注射，同时用新城疫－传染性支气管炎二联苗（C30＋H120）2倍量点眼。

治疗可以选用硫酸黏杆菌素、左旋氧氟沙星、头孢噻夫钠、多西环素、复方新诺明等拌料或饮水。

（二）温和型禽流感与大肠杆菌病混合感染

1. 临床症状　常见于产蛋鸡群，表现为轻微的呼吸道症状，采食下降幅度10%以内，产蛋率下降，一般下降20%～60%。产蛋下降的同时，纹皮蛋、退色蛋、白壳蛋、沙壳蛋、畸形蛋明显增多。

2. 病理变化　剖检腺胃出血，卵泡充血、出血、变形如菜花状，严重的变性、坏死；输卵管充血、水肿，内有大量白色分泌物；子宫黏膜水肿，多呈现卵黄性腹膜炎、气囊炎；输卵管因感染大肠杆菌而发生炎症，炎症产物使输卵管伞部粘连，卵泡不能进入输卵管而掉入腹腔引发本病。腹腔内充满大量卵黄样腥臭液体，卵巢变性、坏死，肠道和脏器粘连。

3. 防治措施 可以使用丁胺卡那（或头孢曲松钠）+黄芪多糖+抗病毒药物进行联合治疗。注意禽流感的免疫，加强免疫效果监测，确保鸡群处于有效免疫保护状态。要控制好大肠杆菌感染。

（三）传染性支气管炎和支原体病混合感染

1. 临床症状 病鸡精神沉郁，呆立，羽毛无光泽，呼吸有啰音，有的眼睑肿胀，缩头，闭眼沉睡，两翅下垂，怕冷挤堆，伸颈呼吸，气管啰音，咳嗽，甩头，打喷嚏，鸡冠呈蓝紫色，浆液性鼻漏，结膜炎，采食少，渴欲增加，排水样乳白色稀粪，粪便中混有大量尿酸盐。蛋品质下降，畸形蛋增加。

2. 病理变化 剖检喉头和气管黏膜充血、出血，气囊增厚混浊、有淡黄色渗出物，眶下窦黏膜充血、出血和水肿，窦腔内含有混浊的黏液。有不同程度的肺炎，纤维素性肝周炎、心包炎，心脏、肝脏表面沉积有一层白霜似的尿酸盐，肾肿大呈灰白色斑驳样的花斑肾，肾小管及输尿管变粗并沉积有尿酸盐。卵巢萎缩，输卵管黏膜水肿变薄。

3. 防治措施 加强饲养管理，搞好传染性支气管疫苗的免疫接种工作，并定期投服一些预防性的药物。鸡群发病后，及时用药，饮水中加抗病毒药、泰乐菌素等药物，饲料内添加清瘟解毒、清肺止咳的中草药。

给予充足饮水，并在每50千克水中加入5克电解多维、5克维生素C、1千克葡萄糖，连用7天。

磷酸泰乐菌素按1克/千克拌料，结合使用黄芪多糖、金丝桃素，提高机体免疫力。

（四）非典型性新城疫与大肠杆菌病混合感染

1. 临床症状 病鸡精神沉郁，羽毛松乱，呆立，厌食，缩头；有的表现为呼吸困难，咳嗽或有喘息音，流鼻涕，鼻窦肿胀，眼睑肿胀，流眼泪。嗉囊内充满气体和液体，倒提病鸡时，从口中流出液体。病鸡排黄白色或黄绿色稀便。产蛋鸡群产蛋量下降，软壳蛋、白壳蛋、畸形蛋增加。

2. 病理变化 喉头及气管黏膜充血，表面有黏液；腺胃乳头出血，小肠黏膜轻度出血、充血，盲肠扁桃体肿胀、出血，直肠黏膜出血。口鼻腔、气管内有多量的淡黄色黏液，气囊混浊，心包肥厚，附有大量纤维素性渗出物。肝脏肿大，表面有白色纤维素性胶状物。卵巢发炎，卵巢卵泡充血、变形，输卵管壁变薄，管内有干酪样物质潴留，卵子进入腹腔，引起卵黄性腹膜炎。

3. 防治措施 全群肌内注射干扰素，饮水中加丁胺卡那（或头孢曲松钠）+黄芪多糖+抗病毒药物。饲料中添加清瘟解毒、清肺止咳、增蛋的中草药。

（五）传染性喉气管炎与传染性鼻炎混合感染

1. 临床症状　病鸡精神沉郁，缩头，呆立，羽毛松乱，食欲下降，甚至绝食，呼吸困难，呼吸时发出湿性啰音，颜面肿胀，张口呼吸，叫声凄惨，甩头，咳嗽，有时会咳出带血块的分泌物。

2. 病理变化　剖检气管喉头黏膜出血，表面覆有黏液性分泌物和条状血凝块，有的病死鸡喉头有黄白色纤维素性干酪样伪膜覆盖，眶下窦有大量的分泌物。

3. 防治措施　加强饲养管理，搞好卫生消毒工作。搞好喉气管炎的免疫接种。病鸡肌内注射链霉素，每只2万~5万单位，连用3天；饮水中加磺胺类、泰乐菌素药物，并配合一些清热解毒、清肺通窍、祛痰平喘、止咳消炎的中草药。

（六）新城疫和支原体混合感染

1. 临床症状　鸡只精神不振，羽毛粗乱，呆立不动，食欲减少或废绝，呼吸道症状加重，咳嗽，张口呼吸，很快波及全群大部分鸡只，鼻涕堵塞一侧或两侧鼻孔，沾满饲料。出现稀薄粪便或水样粪便，呈黄绿色，污染肛门周围羽毛。

2. 病理变化　气管黏膜增厚，黏液增多；腺胃乳头肿胀、出血、黏膜脱落；十二指肠、空肠、回肠有散在的出血点或大面积出血斑；盲肠扁桃体肿胀，出血；气囊增厚，布满黄色点状或片状干酪样物质。

3. 防治措施　新城疫紧急免疫采用6倍量的新城疫Ⅳ系弱毒苗全群饮水免疫。控制支原体病，饲料中按每只鸡添加300毫克恩诺沙星拌料，连喂5天。坚持带鸡喷雾消毒，彻底消毒过道和舍外周边环境，连续1周。

第三节　鸡寄生虫病及杂病防治

一、鸡寄生虫病

（一）球虫病

1. 病原　病原为艾美耳球虫，我国已报道的有7种，其中柔嫩艾美耳球虫和毒害艾美耳球虫的致病力最强。柔嫩艾美耳球虫寄生在盲肠黏膜上，称为盲肠球虫。毒害艾美耳球虫寄生在小肠段黏膜内，称为小肠球虫。10~30日龄的雏鸡易发生，潮湿温暖的环境容易发生。

2. 症状

（1）急性型：雏鸡多发，病程多为2~3周。发病初期精神沉郁，羽毛松乱，不爱活动，食欲废绝，鸡冠及可视黏膜苍白，逐渐消瘦，排水样稀便，并带有少量血液。若是盲肠球虫，则粪便呈棕红色，以后变成血便。雏鸡死亡率高达100%。

（2）慢性型：多见于2～4月龄的雏鸡或成鸡。症状类似急性型，但不太明显，病程也较长，拖至数周或数月。病鸡逐渐消瘦，产蛋减少，间歇性下痢，但较少死亡。

3. 病理变化 死鸡消瘦，黏膜和鸡冠苍白或发青，泄殖腔周围羽毛被粪便污染，往往带有血液。柔嫩艾美耳球虫主要侵害盲肠，多见于雏鸡，急性型时两根盲肠显著肿大，是正常的3～5倍，肠内充满凝固的或新鲜的暗红色血液。肠上皮变厚并有糜烂，直肠黏膜可见有出血斑。毒害艾美耳球虫多见于30日龄以上的青年鸡和初产鸡，主要损害小肠中段，这部分肠管扩张、肥厚、变粗。有严重的坏死，肠管中有凝固血块，使小肠在外观呈淡红色或黄色。

4. 防治 用于防治球虫病的药物很多，下面几种药物都可以使用。但是，球虫的耐药性也很常见，需要定期更换药物。

（1）氯丙啉：预防量为每千克饲料添加40～250毫克，连喂7天，以后将浓度减半，再使用14天。治疗量为每千克饲料500毫克，连用7天，以后减为每千克饲料250毫克，连喂10天。

（2）磺胺二甲氧嘧啶：预防量为饲料或饮水中加入0.05%，连用6天；治疗量为预防量加倍混饲料或饮水，连续3～7天。

（3）磺胺喹噁啉：以间断投药治疗为佳。0.1%混入饲料喂饲，连喂2～3天，停3天再用0.05%混入饲料喂饲2天。

（4）泰灭净：按0.1%浓度混饲，连用5天。

（5）盐霉素：按0.007%混入饲料，预防从15日龄开始，连续投药30～45天。

目前球虫疫苗的种类主要有强毒苗、弱毒苗、基因工程苗等，但是大都处于试用阶段。

（二）蛔虫病

蛔虫病是由禽蛔虫属的鸡蛔虫寄生于鸡小肠中引起的，主要危害2～4月龄的鸡。地面平养和放养鸡群容易发生本病。雄虫长26～70毫米，尾部有尾翼，尾端尖。雌虫长65～110毫米，尾部稍尖。

鸡的肠道内有少量蛔虫寄生时常无明显症状。雏鸡和3月龄以下的青年鸡被寄生时，蛔虫的数量往往较多，初期症状不明显，以后逐渐精神不振，食欲减退，鸡冠苍白萎缩、羽毛松乱无光泽，鸡贫血、消瘦，生长缓慢。鸡常下痢，粪便中有时见血。大量蛔虫堵塞肠道时可引起死亡。成年鸡一般无明显症状，母鸡产蛋量减少或停止。但严重感染时，也表现为下痢、贫血和日渐消瘦。

治疗用左旋咪唑，驱除鸡蛔虫效果可靠，也比较安全，片剂每千克体重25毫克，空腹时经口投服，或拌于少量饲料中喂服；针剂5%的注射液，每千克体重0.5毫升肌内注射。驱虫净按每千克体重40～50毫克混入饲料中，一次投给。枸橼酸哌嗪（驱蛔灵），2.0毫克/千克，拌入饲料中一次内服，或配成0.1%～0.2%水溶液饮服。

对放养鸡群定期驱虫，成年鸡应在冬季10～11月驱虫1次，在春季产蛋前应再驱虫1次；幼鸡在2月龄开始，每隔1个月驱虫1次。

（三）绦虫病

绦虫病是放养鸡的常见寄生虫病之一，绦虫种类很多，常见的对鸡危害也最大的是戴文科赖利属的棘沟赖利绦虫、四角赖利绦虫、有轮赖利绦虫及戴文属的节片戴文绦虫。各种年龄的鸡均能感染，但以小鸡易感性强，25～40日龄雏鸡死亡率最高。

患病鸡表现为消化不良，食欲减退，腹泻，渴感增加，体弱消瘦，翅膀下垂，羽毛逆立，贫血，可视黏膜苍白或黄染。蛋鸡产蛋率降低或停产。雏鸡发育受阻或停止，可能继发其他疾病而死亡。绦虫寄生在鸡的肠道内，头节钻入肠黏膜，损害肠壁，引起出血，并影响鸡的正常消化功能，甚至堵塞肠道，还可随着虫体寄生过程的代谢产物使鸡中毒引起神经症状。病鸡拉稀粪，有时带血，或混有淡黄色黏液。剖检可见小肠黏膜增厚，点状出血，肠腔内有多量恶臭黏液，剪开肠管可看到体型较大的绦虫。

防治可以采取以下任一药物：

溴氢酸槟榔素：3毫克/千克体重，配成0.1%水溶液供病鸡饮服。

硫双二氯酚：100～200毫克/千克体重拌料。

丙硫咪唑（又名肠虫清、阿苯达唑、抗蠕敏、扑尔虫）：15～20毫克/千克体重，拌料，一天用量一次投服。

氯硝柳胺：50～100毫克/千克体重，拌料一次投服。

吡喹酮：10～20毫克/千克体重，拌料一次投服。

（四）住白细胞原虫病

住白细胞原虫病又称白冠病，是由住白细胞原虫引起的以内脏和肌肉组织广泛出血为特征的一种寄生虫病。鸡住白细胞原虫有很多种，其中对鸡危害性较大的是卡氏住白细胞原虫和沙氏住白细胞原虫。本病的流行有明显的季节性，南方多发生于4～10月，北方多发生于7～10月。8月龄以下的鸡感染率和发病率都较高，尤其是3～6周龄的雏鸡发病后死亡率很高；8月龄以上的鸡发病率较低。

主要症状为病初体温升高，食欲缺乏甚至不吃料；羽毛蓬乱，精神沉郁，运动失调，行走困难。典型的症状为贫血，口流涎，下痢，粪便呈绿色水样。病鸡咯血，呼吸困难，常因内出血而突然死亡，死前口流鲜血是最特征性的症状。由本病引起的贫血，可见鸡冠和肉髯苍白。

解剖会发现病鸡血液稀薄，不易凝固，皮下、肌肉出血，尤其是胸肌、腿肌有大小不等的出血点和出血斑。肝脾肿大、出血，表面有灰白色的小结节，肾肿大、出血，心肌有出血点和灰白色小结节，气管、胸腹腔、腺胃、肌胃和肠道有时见有大量积血，十二指肠有散在出血点。

由于本病主要由吸血昆虫传播，因此在发病季节即蠓、蚋活动季节定期在鸡舍内外用0.01%溴氰菊酯或戊酸氰醚酯等杀虫剂喷洒，以减少昆虫的侵袭。

治疗可供选择的药物包括：磺胺二甲氧嘧啶0.05%饮水2天，然后再用0.03%饮水2天；磺胺喹噁啉每千克50毫克混水或混饲给药。马杜拉霉素每千克饲料5毫克药物拌料。泰灭净用200毫克/千克饲料拌料，连用5~7天。乙胺嘧啶按20毫克/千克饲料，配合磺胺二甲氧嘧啶40毫克/千克饲料拌料，连用1周。

（五）鸡虱

鸡虱可以分为鸡羽毛虱、鸡体虱和鸡绒毛虱3种。鸡羽毛虱寄生于鸡毛干部位；鸡体虱寄生于鸡体羽毛较少的皮毛上，常聚集在雏鸡的肛门附近，胸部、背部和翼下也能看到；鸡绒毛虱又称鸡圆羽虱，多寄生于鸡背部和臀部的羽毛基部。本病多在低温季节发生。

受侵害的鸡，羽毛经常断落，鸡虱在吸血时可分泌一种有毒的唾液刺激神经末梢，使鸡发生骚痒，引起鸡只不安，影响采食和休息。鸡虱过多可引起化脓性皮炎，出现结痂、脱毛等现象。鸡体消瘦和贫血，生长发育受阻，产蛋率下降。

伊维菌素皮下注射或氯氰菊酯喷洒都有很好的治疗效果。

二、鸡营养代谢病与中毒病

（一）营养代谢病防治

任何营养物质的缺乏、过量和代谢失常，均可造成机体内营养物质代谢过程的障碍，由此而引起的疾病，称为营养代谢病。当鸡群出现营养代谢障碍时，轻者会影响生长速度和产蛋性能及蛋品质量，降低鸡群的抗病力；重者则会导致鸡群发生营养缺乏症，甚至诱发其他疾病。

1. 营养代谢病的特点

（1）发病慢、病程较长：从病因存在到鸡表现临床症状，一般需要数周时间，这是因为很多营养素在体内都有一定的蓄积，即使某种营养素缺乏也只是在体内贮存的部分耗尽之后才会表现出病理症状。病鸡体温一般偏低或在正常范围内，大多数个体有生长发育缓慢、贫血、消化和生殖功能紊乱等临床症状。有的可能长期不出现明显的临床症状而导致鸡只处于亚健康状态。

（2）多为群发性：对于同一群鸡来说，采食同样的饲料，如果有某种营养素不足、缺乏或补贴营养素的比例不合适会造成大多数个体发病，故发病率高、群发特点明显。

（3）无传染性：这种病在鸡群之间不发生接触性传染，与传染病有明显的区别。在鸡场内可能会有处于某种阶段的鸡群使用同一种饲料而发生营养代谢病，而处于其他生理阶段的鸡群可能由于饲料中不缺乏营养素而没有类似问题。

（4）早期诊断困难，治疗时间长：大多营养代谢疾病缺乏特征性的临床症状，多表现为精神不振、食欲不佳、消化障碍、生长发育停滞、贫血、异嗜表现、生产性能下降、生殖功能紊乱等，容易与一般的营养不良、寄生虫病或一般中毒相混淆。临床症状表现往往缺乏特征性表现，增加了早期诊断的难度。当发现鸡群得病之后，已造成生产性能降低或免疫功能下降，容易继发或并发某些传染病、慢性病，所需治疗时间也相应延长。

2. 营养代谢病的发生原因　对于营养缺乏症需要了解其发生的原因，这也有助于从根本上采取有效的预防措施。

（1）鸡体方面的原因：在营养素需要量高的阶段容易出现某些营养素的不足，如产蛋高峰期、肉鸡生长发育旺盛时期、种公鸡采精阶段等，对各种营养物质的需要量都增加；处于应激状态的鸡对大多数维生素的需要量也增加。

（2）健康方面的原因：鸡只患有消化系统疾病会造成消化吸收障碍；病理情况下机体内营养消耗增多，如热性病、寄生虫病和腹泻症等引起的营养代谢病；为了控制鸡球虫病或某些传染病，日粮中长期添加抗生素或其他药物，影响肠道微生物合成某些维生素、氨基酸等；慢性寄生虫病、马立克病、结核等慢性疾病对营养物质的消耗增多。

（3）饲料方面的原因：饲料配制不科学，在配合饲料中某种营养素不足或过多，总体营养水平偏低；日粮配置时没有充分考虑饲料中的抗营养物质或抗营养因子，如豆科植物中的胰蛋白抑制因子导致肠道蛋白质消化、吸收利用能力下降；草酸在消化道与钙结合形成不溶性草酸钙，影响机体对钙的吸收；硫苷干扰甲状腺对碘的利用；硝酸盐和亚硝酸盐会氧化、破坏胡萝卜素等；植酸过多降低钙的吸收等。饲料中营养物质的平衡失调问题，如钙、磷的吸收需要维生素 D 参与，磷过少则钙的沉积受影响，日粮中钙多会影响铜、锰、锌、镁的吸收和利用等。

（4）管理方面的原因：饲料堆放、贮存、加工调制不当，引起某些营养物质特别是维生素被破坏，从而导致营养缺乏症。如饲料在堆放中受日晒、雨淋、发酵产热或贮存时间过久发生酸败变质，或在高温条件下加工调制等。

（二）中毒性疾病防治

中毒性疾病的类型与原因有以下几种。

1. 药物中毒　主要是使用药物防治疾病时有可能出现药物中毒，包括混合不均匀、药物用量过大或用药时间过长。

2. 毒素中毒 石粉、磷酸氢钙、麦饭石、沸石等矿物质饲料中含氟量和含砷量过高，会引起氟中毒或砷中毒的发生。菜籽饼的有害成分主要是硫葡糖苷，它能分解产生多种有毒物质，此外还有芥子酸和单宁等，不同品种的鸡对菜籽粕中毒素的耐受能力也有差异，如果菜籽粕用量过大可能会造成某些鸡只中毒。饲料由于受潮、受热而发霉变质后即产生多种霉菌与毒素，其中最主要的就是黄曲霉菌及其毒素，鸡吃了这些变质饲料即可引起中毒。饲料生产、加工、贮存过程中如果与灭鼠药、杀虫剂接触也可能造成鸡只中毒。

3. 煤气中毒 多发生于育雏期，由于育雏室内通风不良或煤炉未装置烟筒或烟筒火道漏气等因素，造成空气中的一氧化碳浓度增高而引起雏鸡中毒，甚至造成大量死亡。

4. 饲料中毒 主要表现是食盐中毒，饲料中食盐添加量过多，或采食了含盐多的鱼粉、肉粉、酱油渣，或在饮水中添加了食盐以及过度限制了饮水等因素。饲料中亚硒酸钠添加量过大也容易引起硒中毒。

三、其他杂症

（一）腹水综合征

肉鸡腹水综合征是白羽快大型肉鸡的常见病之一，常常由肺动脉压增高引起，又把此病称为肺动脉高压综合征。

1. 病因 引起腹水综合征的原因较为复杂，包括慢性缺氧、高海拔、氧分压低、寒冷、肥胖、鸡舍通风差、氨气过多、维生素E和硒缺乏、饲料或饮水中钠含量过高、饲料油脂过高、高能量饲料饲喂、快速生长、饲料中毒、霉菌毒素中毒、植物毒素中毒等。其中，机体供氧不足是主要原因。

2. 症状 病鸡食欲减少，体重下降，或突然死亡。最典型的临床症状是病鸡腹部膨大，腹部皮肤变薄发亮，用手触诊有波动感，病鸡不愿站立，以腹部着地，行动缓慢，似企鹅状走动，体温正常。羽毛粗乱，两翼下垂，生长滞缓，反应迟钝，呼吸困难和鸡冠发绀。抓鸡时可突然抽搐死亡。用注射器可从腹腔抽出不同数量的液体。

3. 病理变化 腹腔中有大量（50～350毫升）淡黄色或清亮透明的液体，有的混有纤维素沉积物；心脏肿大、变形、柔软，尤其右心房扩张显著。右心肌变薄，心肌色淡并带有白色条纹，心腔积有大量凝血块，肺动脉和主动脉极度扩张，管腔内充满血液。肝脏肿大或萎缩、质硬，瘀血、出血，胆囊肿大，突出肝表面，内充满胆汁；肺瘀血、水肿，呈花斑状，质地稍坚韧，间质有灰白色条纹。

4. 防治 预防方面主要通过改善鸡群管理和环境条件、控制光照等措施。

加强鸡舍的环境管理，解决好通风和控温的矛盾，保持舍内空气新鲜，氧气充足，减少有害气体，合理搭配饲料，日粮补充维生素 C 以及实行早期限饲，合理控制光照。国内外有多种治疗方法的报道，有中草药、利尿药、助消化药，饲料中添加维生素 C、维生素 E，补硒、补抗生素等对症疗法，对减少发病和死亡有一定帮助，但其效果不尽相同。

（二）脱肛

这是新开产母鸡的常见病之一，当鸡群达到产蛋高峰后就很少发生。

1. 病因

（1）营养因素：后备母鸡日粮营养水平过高，造成过于肥胖，过肥的母鸡因肛门周围组织弹性降低，阻碍了外翻的输卵管正常复位；初产母鸡饲料蛋白质含量增加或喂料过多、维生素缺乏，使产蛋多或大，产蛋时用力过度造成脱肛。

（2）管理因素：光照制度不合理，蛋鸡开产前光照时间延长太多，性成熟过早，提前开产，由于母鸡未达到体成熟，产道狭窄，造成难产脱肛。提前开产的鸡，畸形蛋（尤其是大蛋及双黄蛋）增多，大蛋通过输卵管困难，易发生脱肛。

（3）疾病因素：患胃肠炎或其他病导致腹泻，产蛋时用力过度而脱肛。鸡伤寒、慢性禽霍乱、禽副伤寒疾病都会引起鸡腹泻或输卵管及泄殖腔发炎，产蛋时蛋排出困难，过度努责而引起脱肛，长时间的腹泻使蛋鸡机体水分消耗过大，致使输卵管黏膜不能有效地分泌黏液，输卵管黏膜润滑作用降低，生殖道干涩，造成脱肛。

（4）应激因素：惊吓、响声对产蛋鸡是超强刺激，使输卵管外翻不能复位而脱肛。

（5）生理因素：有的品种如优质肉种鸡在性成熟后的 1 个月内产双黄蛋的比例高，容易难产。

2. 防治措施 针对发病原因采取相应的预防措施，一旦发病治疗效果往往不理想。如果初产母鸡群有个别鸡只脱肛就要适当控制喂料量，减缓加料速度。也可以在出现脱肛问题后适当减少配合饲料喂量，补充一些青绿饲料。

（三）啄癖

啄癖是鸡的一种异常行为。啄癖的类型很多，临床上常见的有啄肛癖、啄肉癖、啄毛癖、啄趾癖、啄蛋癖、啄头癖、异食癖等。蛋鸡、种鸡和部分品种的优质肉鸡容易发生本病。

1. 发病原因

（1）饲料因素：饲料中缺乏蛋白质或某些必需氨基酸，尤其是蛋氨酸、胱氨酸、色氨酸等；饲料中缺乏某些矿物质，如每千克饲料中的锌含量低于 40 毫克，或日粮中的钙、磷缺乏或比例失调；饲料中缺乏维生素，尤其是缺乏维生素D、维生素B_{12}和叶酸等；饲料中氯化钠不足，当日粮中的氯化钠含量低于0.5%时，各种啄癖现象均容易发生；日粮中的粗纤维成分不足，啄癖现象也容易发生。

（2）环境因素：饲养密度太大，鸡群太拥挤；光线太强；舍内的相对湿度太低，空气过于干燥。

（3）疾病因素：螨、虱等体外寄生虫感染时，鸡只由于皮肤瘙痒而啄自己的皮肤和羽毛，或将身体与地板等粗硬的物体摩擦，并由此而引起创伤，易诱发食肉癖；当鸡的泄殖腔或输卵管外翻，并露出于体外时，其鲜红的颜色就会招惹其他鸡只来啄食，并由此而诱发大群的食肉癖和啄肛癖等。

（4）其他因素：笼养鸡缺少运动，闲而无聊，要比放牧的鸡容易发生啄癖；饲喂颗粒料的鸡比饲喂粉料的鸡更容易发生啄癖，鸡群内垂死的或已死亡的鸡没有及时拣出，其他鸡只啄食死鸡，可诱发食肉癖；饲槽或饮水器不足，或停水、停料的时间过长，也是啄癖的诱发因素。

2. 防治措施 由于本病的发生原因很多，在雏鸡阶段进行断喙处理是最有效的方法。一旦发现禽群发生啄癖症，应尽快调查引起啄癖的具体原因，及时排除。可以试用的方法：在日粮或饮水中添加2%的氯化钠，连续2~4天；或在饲料中添加生石膏（硫酸钙），每只每天0.5~3.0克，连续使用3~5天。

（四）肉鸡猝死综合征

肉鸡猝死综合征是白羽快大型肉鸡的常见病之一。常发生在快速生长的肉鸡群中食欲和体况最好的雄性个体，患鸡常常在食槽附近突然翻倒或仰卧，鸡翅扑打和两脚蹬动几次后死去。21日龄以后是本病高发阶段。

1. 发病原因 本病的病因复杂，可能与下列一些因素有关。

（1）性别因素：本病在一个肉鸡群中多发生于雄性仔鸡。

（2）生长速度：生长快速的肉鸡，本病的发病率明显高于生长缓慢的肉鸡。

（3）饲料因素：用高营养浓度的日粮饲喂鸡群，可使本病的发病率升高。

（4）光照：连续光照与限制光照的饲养相比较，前者明显有较高的发病率。

2. 病理变化 患鸡肥壮，肌肉丰满，嗉囊及肠道内充满食糜；心房扩张，内有血凝块，心室紧缩，质地坚硬；肝脏稍肿，色泽较淡，部分病鸡肝脏破裂；胆囊空虚或变小，胆汁少或无胆汁；肺充血水肿；腹膜和肠系膜上血管充血，静脉怒张。

3. 防治措施 对18~30日龄的肉仔鸡进行限制性饲喂，使其采食量为自由采食的85%左右；在鸡舍内变持续光照为间隙光照；在日粮中添加牛磺酸；在饲料中以葵花油替代部分动物脂肪；在日粮中增加复合维生素用量；用粉状饲料替代颗粒饲料可降低发病率。

（五）痛风

痛风是由于蛋白质代谢障碍而引起尿酸盐在体内蓄积的营养代谢性疾病。

1. 病因

（1）饲料因素：日粮中的蛋白质含量过高，或机体内合成的嘌呤类物经次黄嘌呤和黄嘌呤的转化，以及体内的核酸分解增强，都可使尿酸产生增多。生长鸡日粮中钙含量超过3%时，即便可利用磷含量在正常范围内，其痛风病的发病率也会提高。长期饲喂缺乏维生素 A 的日粮，会引起肾小管上皮角质化，细胞脱落物和尿酸盐会阻塞肾小管管腔而引起肾脏痛风。日粮中高水平的维生素 D_3 可促进肠道对钙的吸收，进而引起高血钙症和痛风。日粮中氯化钠过量（$>3.8\%$）即可引起肾脏痛风，原因是肾小球的滤过能力和肾小管的效率下降，血中尿酸浓度增加。缺水会使血浆和肾小管中尿酸和其他矿物质浓度提高。饲料中添加有非蛋白质氮容易诱发痛风。

霉菌毒素如赭曲霉素、卵孢霉素和橘霉素能引发严重的肾损伤和内脏痛风。霉菌毒素使肾小管分泌的尿酸减少，最终导致肾脏和其他内脏器官的尿酸盐沉积。

（2）健康因素：传染性支气管炎病毒中所有的血清型均能引起鸡痛风或尿结石。这些病毒能引发肾炎，如果肾小管损伤严重，就可能导致痛风。中毒、药物以及其他任何引起肾脏的炎症、变性等而使肾功能障碍的因素，都能导致酸排泄减少，造成血尿酸增高。有些药物如磺胺类使用量大或使用期长也会诱发痛风。

2. 症状与病理变化　因尿酸盐在体内沉积的部位不同，痛风分内脏痛风和关节痛风两种类型。

（1）内脏痛风：表现全身性营养障碍，病鸡食欲缺乏，逐渐消瘦、衰弱，精神委顿，羽毛蓬乱，贫血，鸡冠苍白，面部皮肤干枯；母鸡产卵减少或停止，有时从肛门排出白色稀粪。剖检时，可见肾脏肿大，颜色变浅，表面有尿酸盐沉着所形成的白色斑点。输尿管扩张增粗，管腔内充满石灰样沉积物。严重的病鸡，心、肝、脾等内脏器官和肠系膜、腹膜的表面也有石灰样的尿酸盐沉积物。

（2）关节痛风：脚趾和腿部关节肿胀，运动迟缓，跛行。剖检时，在关节表面及关节周围组织中，见有白色尿酸盐沉积，有些关节面还发生腐烂。

3. 防治措施　预防措施包括减少日粮中蛋白质的含量，特别是动物蛋白；供给充足的青绿饲料和饮水。要注意日粮中钙的含量，磷、钙比例及钠和钾的含量。日粮中添加一些酸制剂可降低此病的发病率。日粮中添加一定量的硫酸铵（5.3 克/千克）和氯化铵（10 克/千克）可降低尿的 pH 值，减少尿结石的发病率。日粮中钙、磷和粗蛋白的允许量应该满足需要量但不能超过需要量。建议另外添加少量钾盐，或更少的钠盐。

治疗可以用口服补液盐代替饮水，饮服 3 天可以见效，如浓度减半再饮 3 天，疗效更佳；或用大黄苏打片，每千克体重 1: 5 片（含大黄 0. 15 克，碳酸氢钠 0. 15 克），重病鸡每只直接投服，其余拌料，每天 2 次，连用 3 天有一定的疗效。

（六）笼养产蛋鸡疲劳综合征

笼养产蛋鸡疲劳综合征是由于笼养产蛋鸡钙磷代谢障碍所致的骨质疏松症，其临床特征是站立困难、软壳蛋增加，蛋的破损率增高。在笼养蛋鸡的产蛋初期常见。

1. 病因 缺钙是本病的根本原因，当机体内钙出现负平衡时就可引起生理性骨质疏松，而且影响神经传导和肌肉收缩，造成鸡只无法站立。造成缺钙的原因可能有饲料中钙含量不足、钙吸收障碍等。

2. 症状 病鸡两腿无力，站立困难，瘫倒在笼底，由于无法饮水可能会导致脱水、采食减少。病鸡常侧卧于笼内，不能站立，瘫痪，反应迟钝，不少病鸡发生翅膀和腿骨骨折。发现后将病鸡从笼内取出后放在地面并提供饲料和饮水，几小时后病鸡就会站立活动，但是放入笼内后又可能在几天内发病。

3. 病理变化 尸检可见腿、翅膀和胸骨骨折，易折断。胸骨变形，肋骨特征性向内弯曲。龙骨内缘和心脏周围肌肉暗红色，肝脏质脆易烂，腺胃乳头糜烂，肠黏膜脱落严重、肠道下段内含有未消化的饲料。

4. 防治 育成后期当鸡群见蛋时使用过渡性饲料（钙含量为 2%，蛋白质含量为 15. 5%），产蛋率超过 30% 时使用产蛋鸡饲料。发现病鸡要及时隔离，增加饲料中钙和维生素 D 含量，保证其能够充分地采食和饮水，大多数在几天内就会好转。

主要参考文献

[1] 刘福柱，张彦明，牛竹叶．最新鸡鸭鹅饲养管理技术大全[M]．北京：中国农业出版社，2002.

[2] 王宝英，邓同炜，黄炎坤，等．新编禽病诊疗手册[M]．郑州：中原农民出版社，2006.

[3] 黄炎坤，刘博，范佳英．蛋鸡标准化养殖技术[M]．北京：金盾出版社，2006.

[4] 黄炎坤，睢富根．家禽繁殖障碍病防治关键技术[M]．郑州：中原农民出版社，2007.

[5] 张守然，刘健．肉鸡快速养殖技术[M]．呼和浩特：内蒙古人民出版社，2009.

[6] 黄炎坤，刘健．养蛋鸡关键技术招招鲜[M]．郑州：中原农民出版社，2012.

[7] 黄炎坤．生态养鸡实用技术[M]．郑州：河南科学技术出版社，2010.

[8] 赵聘，黄炎坤．家禽生产技术[M]．北京：中国农业大学出版社，2011.

[9] 韩占兵，张长兴，黄炎坤，等．怎样养好肉鸡[M]．北京：金盾出版社，2012.

[10] 黄炎坤，赵云焕．养鸡实用新技术大全[M]．北京：中国农业大学出版社，2012.

[11] 黄炎坤，钱林东，赵云焕．家禽生产[M]．郑州：河南科学技术出版社，2012.

[12] 陈大君，杨军香．肉鸡养殖主推技术[M]．北京：中国农业科学技术出版社，2013.